Hebestreit

Aufgabensammlung Mess- und Sensortechnik

Andreas Hebestreit

Aufgabensammlung Mess- und Sensortechnik

Mit 135 Bildern sowie zahlreichen Aufgaben und Übungen

Fachbuchverlag Leipzig
im Carl Hanser Verlag

Prof. Dr.-Ing. Andreas Hebestreit
HTWK Leipzig

FSC
www.fsc.org
MIX
Papier aus verantwortungsvollen Quellen
FSC® C014889

Bibliografische Information der Deutschen Nationalbibliothek
Die Deutsche Nationalbibliothek verzeichnet diese Publikation in der Deutschen Nationalbibliografie; detaillierte bibliografische Daten sind im Internet über http://dnb.d-nb.de abrufbar.

ISBN: 978-3-446-44266-5
E-Book-ISBN: 978-3-446-44910-7

Internet: http://www.hanser-fachbuch.de

Lektorat: Franziska Jacob, M.A.
Herstellung: Dipl.-Ing. (FH) Franziska Kaufmann
Satz: Kösel Media GmbH, Krugzell
Coverconcept: Marc Müller-Bremer, www.rebranding.de, München
Coverrealisierung: Stephan Rönigk
Druck und Bindung: Pustet, Regensburg
Printed in Germany

Vorwort

Für Evi

Das Buch richtet sich an Studierende der Fachrichtungen Elektrotechnik, Informationstechnik, Feinwerktechnik, Maschinenbau, Verfahrenstechnik und Physikalische Technik, die ihr Wissen auf dem Gebiet der Mess- und Sensortechnik festigen möchten. Es stellt eine Ergänzung zur Teilnahme an Lehrveranstaltungen dar, ist nicht als Alternative zu diesen gedacht.

Im Teil I ist der Schwierigkeitsgrad niedrig. Dieser richtet sich an Anfänger (Studierende im Grundstudium). Teil II ist für Fortgeschrittene (Studierende im Hauptstudium). Auf der Homepage des Carl Hanser Verlags unter www.hanser-fachbuch.de/buch/Aufgabensammlung+Mess+und+Sensortechnik/9783446442665 finden Sie weitere Angaben und Lösungen, die einen noch höheren Schwierigkeitsgrad aufweisen.

Wie jeder weiß, kennt die berufliche Praxis keine Aufgaben im Sinne von gegeben und gesucht. In der Ingenieurpraxis sind nie genau die Werte „gegeben", die zur Problemlösung benötigt werden. Um der beruflichen Praxis zumindest nahe zu kommen, sind bei manchen Aufgabe Werte gegeben, die für die Lösung nicht erforderlich sind, während bei anderen Aufgaben Zahlenwerte fehlen.

Für Leserhinweise bin ich dankbar.

Leipzig, im August 2016 Andreas Hebestreit

Inhalt

Teil I

Anfänger

1 Grundlagen

Gegenstand dieses Kapitels sind vor allem die Grundbegriffe der Messtechnik, die in allen Bereichen von großer Bedeutung sind.

1.1 Einführung

Es ist in der Praxis von großer Wichtigkeit, dass metrologische Begriffe einheitlich verstanden und angewandt werden. Dies gilt unabhängig davon, ob die Messgröße elektrischer oder nichtelektrischer Natur ist, ob diese mit elektrischen oder mit nichtelektrischen Mitteln erfasst wird, ob die Messung analog oder digital erfolgt, ob in der Industrie oder im Forschungslabor gemessen wird, ob sich die Messstelle in der Stückgutfertigung oder in einer verfahrenstechnischen Anlage befindet, ob die Messung der Qualitätssicherung oder der Gefahrenabwehr dient. Entwickler, Planer, Forscher, QM-Beauftragte, Inbetriebnahme-, Produktions- und Vertriebsingenieure müssen die messtechnische Terminologie richtig anwenden können, um einander zu verstehen. Wichtigen Grundbegriffen und Grundlagen der Messtechnik sind deshalb nachfolgende Fragen und Aufgaben gewidmet. Antworten, Lösungen und erläuternde Hinweise sind in Kapitel 18 zu finden.

1.2 Fragen und Aufgaben

1. Die statische Kennlinie eines Messgerätes wird aufgenommen. Mit welchem Begriff bezeichnet man diesen Vorgang in der Metrologie? Erläutern Sie die Bedeutung!
2. Wozu benötigt man ein Normal?
3. Wie lange ist eine Kalibrierung gültig?
4. Was unterscheidet das Eichen vom Kalibrieren?
5. Wann ist eine Eichung erforderlich?
6. Was unterscheidet das Justieren vom Kalibrieren?

7. Warum ist es nicht möglich, durch beliebig viele Wiederholmessungen die Unsicherheit eines Messergebnisses beliebig zu verringern?
8. Welche Messabweichungen werden durch eine Justierung beeinflusst?
9. Für Sensoren eines bestimmten Typs ist im Datenblatt angegeben: Empfindlichkeitstoleranz 1 %. Dennoch können Sie mit einem solchen Sensor Messunsicherheiten besser 0,1 % erzielen. Wie ist das möglich?
10. Warum ist die Bezeichnung Autokalibrierung für Systeme, die sich selbst nachjustieren, unkorrekt?
11. Was versteht man unter dem „Anschluss von Messgeräten"?
12. Wann sind Kalibrierungen rückführbar?
13. Welche Messergebnisse sind rückführbar?
14. Wie lauten Name und Abkürzung des nationalen metrologischen Instituts in Deutschland?
15. Von einer Messeinrichtung ist bekannt, dass diese eine unzulängliche Langzeitstabilität aufweist. Was ist zu tun, wenn diese Messeinrichtung verwendet wird, um die Qualität von Produkten nach DIN ISO 9001 zu sichern?
16. Welche Größe ist am genauesten und am einfachsten messbar und wie haben sich Messgerätehersteller darauf eingestellt?
17. Die Lichtgeschwindigkeit im Vakuum ist eine Naturkonstante und wird mit 9 Ziffern exakt ohne jede Unsicherheit (!) angegeben. Hat man die Lichtgeschwindigkeit ohne jede Abweichung gemessen?
18. Die PTB gibt für ihre Normalzeit eine Unsicherheit von $1{,}5 \cdot 10^{-14}$ an. Welche Zeit muss verstreichen, bis die absolute Unsicherheit eine Sekunde beträgt?
19. Wodurch ist ein frequenzanaloges Messsignal gekennzeichnet? Nennen Sie ein Beispiel!
20. Wofür dienen statische Kenngrößen?
21. Wofür dienen dynamische Kenngrößen?
22. Woraus bestehen eine Wheatstonesche Viertel-, eine Halb- und eine Vollbrücke?
23. Zeichnen Sie die statischen Kennlinien der Wheatstoneschen Voll-, Halb- und Viertelbrücke und diskutieren Sie diese!
24. Geben Sie die üblicherweise verwendeten Brückengleichungen für die Voll-, Halb- und Viertelbrücke an!
25. Erläutern Sie den Begriff Messprinzip an einem Beispiel!
26. Was sind wichtige elektrische Einheitssignale und in welchen Bereichen liegen deren Hauptanwendungen?
27. Was versteht man unter „eingeprägter Spannung"?
28. Was versteht man unter „eingeprägtem Strom"?
29. Was ist die Voraussetzung für eine eingeprägte Spannung?
30. Was ist die Voraussetzung für einen eingeprägten Strom?
31. Was ist ein live-zero-Signal und worin liegt dessen Vorteil?

32. Warum unterscheidet man zufällige und systematische Messabweichungen?
33. Was sagt die Unsicherheit eines Messergebnisses aus? Geben Sie ein Beispiel!
34. Was versteht man unter einfacher und was unter erweiterter Messunsicherheit?
35. Worin besteht das Wesen der Ausschlagmethode, das der Differenzmethode und das der Kompensationsmethode?
36. Ein Widerstand wird mit der Ausschlagmethode gemessen. Eine Konstantstromquelle prägt hierzu einen Strom von 1 mA in diesen ein. Der Spannungsabfall am Widerstand verhält sich proportional zu diesem und wird mit einem Voltmeter erfasst. Wie groß ist die Messabweichung, wenn die Unsicherheit des Konstantstromes 0,5 % beträgt?
37. Ein Widerstand wird mit der Ausschlagmethode gemessen. Eine Konstantstromquelle prägt hierzu einen Strom von 1 mA in diesen ein. Der Spannungsabfall am Widerstand verhält sich proportional zu diesem und wird mit einem analogen Voltmeter (Messbereich 5 V, Fehlerklasse 2) erfasst (Messwert 2,8 V). Geben Sie den Widerstandswert und die Unsicherheit absolut und relativ an, die infolge der Ungenauigkeit des Voltmeters auftreten!
38. Warum können mit der Wheatstone-Brücke kleinste Widerstandsänderungen gemessen werden?
39. Wie kann man mit einer Wheatstone-Brücke die Wirkung von Einflussgrößen auf den Messwert unterdrücken?
40. Was ist bezüglich der Speisespannung einer Wheatstone-Brücke zu beachten, wenn die beiden darin befindlichen messgrößenempfindlichen Elemente kapazitiv oder induktiv sind?
41. Was ist erforderlich, damit bei Wechselspannungsspeisung einer Wheatstone-Brücke, die Vorzeicheninformation erhalten bleibt?
42. Was ist der Informationsparameter des Ausgangssignals eines induktiven inkrementellen Drehzahlsensors?
43. Welche Parameter einer Rechteckspannung können Informationsparameter sein?
44. Was ist der Informationsparameter des Ausgangssignals eines Widerstandsthermometers?

2 Statische Eigenschaften

Unter den statischen Eigenschaften werden jene verstanden, die das Verhalten einer Messeinrichtung für den Fall beschreiben, dass die Messgröße konstant ist und sich das Ausgangssignal eingeschwungen hat, das heißt ebenfalls einen konstanten Wert angenommen hat.

2.1 Einführung

Alle Arten von Messgeräten, beginnend von einfachen Sensoren bis hin zu vielkanaligen Messwerterfassungssystemen, werden u. a. anhand der statischen Eigenschaften charakterisiert. Diese sind im Datenblatt zu finden. Um das geeignete Messgerät auszuwählen, muss man imstande sein, die Angaben im Datenblatt interpretieren zu können. Zu den statischen Eigenschaften gehören unter vielen anderen der Messbereich, die Empfindlichkeit, der Temperatureinflusskoeffizient und die Linearitätsabweichung. In den nachfolgenden Fragen und Aufgaben spielen statische Kenngrößen sowie die statische Kennlinie eine wesentliche Rolle.

Von Studierenden wird oft fälschlicherweise angenommen, dass statische Kenngrößen das Adjektiv „statisch" tragen, weil sie konstant im Sinne von zeitinvariant sind. Das hat nichts miteinander zu tun!

2.2 Fragen und Aufgaben

1. Was beschreiben statische Kenngrößen?
2. Nennen Sie mindestens drei statische Kenngrößen!
3. Was ist die korrekte Bezeichnung der statischen Kennfunktion von Messeinrichtungen?
4. Zeichnen Sie die statische Kennlinie eines Messsystems, dessen Empfindlichkeit vom Wert der Eingangsgröße abhängt!

5. Worin unterscheiden sich additive von multiplikativen Fehlern? Nennen Sie je ein Beispiel!
6. Warum sind additive Fehler gefährlicher als multiplikative?
7. Mit welchen Parametern werden quantitativ eine Parallelverschiebung und eine Anstiegsänderung der statischen Kennlinie infolge Temperaturänderung beschrieben?
8. Ein Messsignal soll mit einem ADU (Messbereich von 0 bis 10 V) digitalisiert werden. Der Linearitätsfehler darf 10 mV nicht überschreiten. Geben Sie die zulässige Linearitätsabweichung (Bezugsgerade durch Anfangs- und Endpunkt) des ADU in Prozent an!
9. Was sagt die Auflösung eines Messgeräts über den Wahrheitsgehalt des Messergebnisses aus?
10. Welche praktische Bedeutung hat die relative Abweichung?
11. Berechnen Sie die Empfindlichkeit eines Spannungs-Strom-Wandlers, von dem folgender Zusammenhang zwischen Ein- u. Ausgangsgrößen bekannt ist:

Eingangsspannung in V	−10	10
Ausgangsstrom in mA	4	20

Zeichnen Sie die statische Kennlinie! Geben Sie eine Gleichung für diese an!

12. Die statische Kennlinie eines fiktiven Temperatursensors mit Spannungsausgang wird durch folgende Gleichung beschrieben: $U = f(T) = T^2 \cdot 0{,}001\ \text{mV/K}^2$. Zeichnen Sie die statische Kennlinie für den Temperaturbereich von 200 bis 400 K! Berechnen Sie hierfür fünf Stützstellen. Berechnen Sie die Empfindlichkeit für eine Temperatur von 300 K mit Hilfe der Infinitesimalrechnung!
13. Ein resistiver Sensor (dessen Widerstand R_s verhält sich proportional zur Messgröße x) wird in Reihe zu einem Widerstand $R_v = 500\ \Omega$ an eine konstante Spannung $U_0 = 5$ V angeschlossen. Auf diese Weise wird der Widerstand R_s in eine Spannung U_s umgewandelt (R/U-Wandlung), die über dem Sensor abfällt. Worin besteht der Nachteil gegenüber einem Konstantstrom, der den Widerstand gemäß des Ohmschen Gesetzes in eine Spannung umwandelt? Geben Sie die Funktion $U_s = f(R_s)$ als Gleichung an! Zeichnen Sie die statische Kennlinie dieses R/U-Wandlers für den Wertebereich 0 bis 1000 Ω! Falls R_S nur Werte annehmen würde, die kaum von 500 Ω abweichen; welche lineare Gleichung könnte man verwenden, um die Abhängigkeit der Ausgangsspannung vom Sensorwiderstand R_S zu beschreiben?

14. Dargestellt ist die statische Kennlinie eines Wirkdruckgebers.

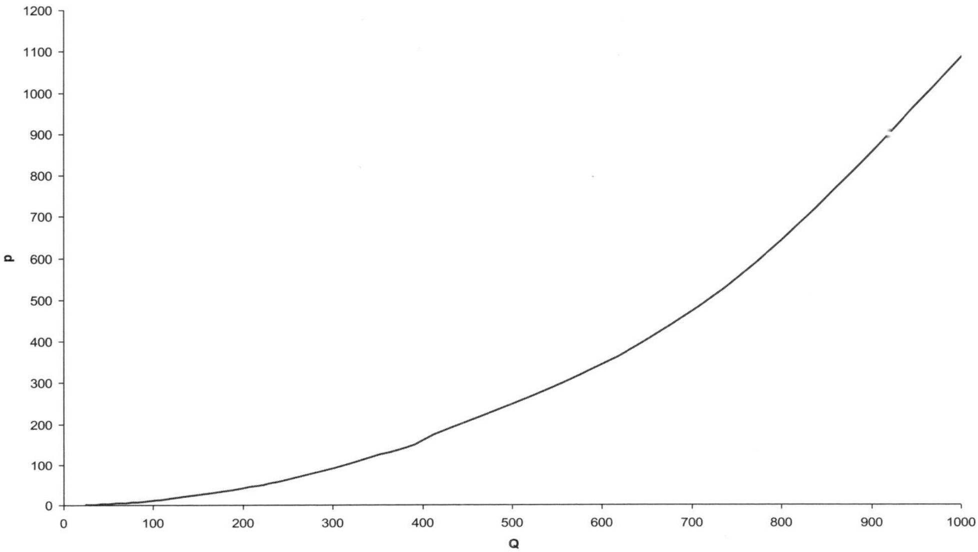

Bild 2.1 Nichtlineare Kennlinie eines Wirkdruckgebers

Dessen Ausgangssignal (Differenzdruck p) ist quadratisch vom Durchfluss Q abhängig. Ein Differenzdruckmessumformer mit linearer Kennlinie wandelt das Drucksignal proportional in eine Spannung um. Damit ein nachfolgendes Digitaldisplay den Durchfluss ziffernrichtig anzeigen kann, ist dem Display ein Spannungswandler mit gekrümmter Kennlinie vorzuschalten. Zeichnen Sie die statische Kennlinie des Spannungswandlers!

15. Von einem Widerstandsthermometer sind Nullpunkt ($R_0 = 100\ \Omega$ bei 0 °C) und Empfindlichkeit ($\Delta R/R_0 = 0{,}004\ K^{-1}$) bekannt. An dieses wird ein zweiadriges Messkabel (jede Ader hat 5 Ω) angeschlossen. Geben Sie die Veränderung der Empfindlichkeit (in %) mit Vorzeichen an!

    Entsteht durch den Zuleitungswiderstand eine Messabweichung?

16. Ein Flüssigkeitsausdehnungsthermometer kann folgende Imperfektionen aufweisen:

    a. Röhrchen zu weit oben an der Skala befestigt

    b. Innendurchmesser des Röhrchens ist über der Länge nicht konstant

    c. Innendurchmesser des Röhrchens ist zu groß

    Welche Auswirkungen auf die statische Kennlinie erwachsen daraus? Begründen Sie Ihre Antworten und benutzen Sie dabei die Begriffe Empfindlichkeitsabweichung, Nullpunktabweichung und Linearitätsabweichung!

17. Die im Bild dargestellte Spannungsteilerschaltung ist Teil eines Messgeräts.

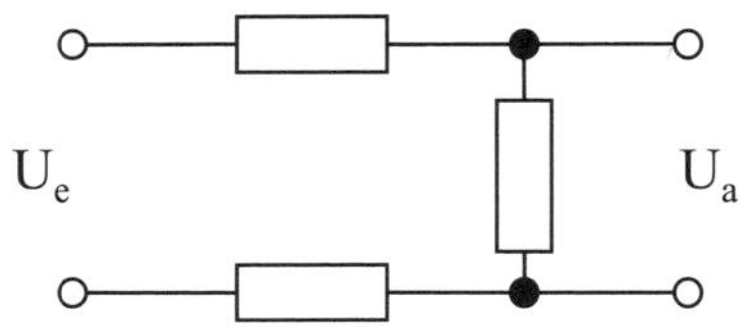

Bild 2.2
Spannungsteiler bestehend aus drei Widerständen

Alle Widerstände betragen 100 Ω und haben einen Temperaturkoeffizienten von 0,01 1/K. Leiten Sie eine Gleichung für die statische Kennlinie her! Geben Sie den Temperaturkoeffizienten des Nullpunkts und den der Empfindlichkeit an!

18. Ein Druckmessumformer wurde bei 20 °C so justiert, dass dieser Drücke von 0 bis 100 bar in Spannungen von 0 bis 10 V umwandelt. Bekannt sind aus dem Datenblatt dessen Maximalwerte der Temperaturkoeffizienten für den Nullpunkt und für die Empfindlichkeit, die beide ±0,5 %/10 K betragen. Zeichnen Sie die statische Kennlinie des Messumformers für 20 °C sowie die möglichen Extremfälle für eine Temperatur von 100 °C!

19. Ein Einheitsspannungssignal (0 bis 10 V) soll in ein Einheitsstromsignal (4 bis 20 mA) gewandelt werden. Wo muss der Nullpunkt (Offset) liegen und welche Empfindlichkeit muss der Spannungs-Strom-Wandler haben?

20. Die statische Kennlinie eines Temperatur-Messumformers ist linear. Bei 0 °C prägt dieser 4 mA und bei 100 °C prägt dieser 20 mA in die Stromschleife ein. Zeichnen Sie die statische Kennlinie einer angeschlossenen Digitalanzeige (Stromeingang), die ziffernrichtig die Temperatur in °C anzeigt. Geben Sie auch die Gleichung für die Kennlinie der Digitalanzeige an!

21. Ein Messsystem wandelt Abstände von 0 bis 100 mm in Spannungen von 0 bis 10 V. Die statische Kennlinie ist linear und weist bei 20 °C keine Abweichungen auf. Außerdem sind die Temperaturkoeffizienten des Systems mit Betrag und Vorzeichen bekannt: TKN = +2 %/10 K, TKE = -4 %/10 K. Diese sind ungewöhnlich groß und wurden mittels Temperaturprüfschrank experimentell bestimmt. Zeichnen Sie die statischen Kennlinien für die Temperaturen von 20 °C und 70 °C!

22. Ein Druckmessumformer (0 ... 6 bar entsprechen 0 ... 10 V) soll an ein DVM (Messbereich = 20 V, R_i = 1μΩ) angeschlossen werden. Der Druck soll vom DVM ziffernrichtig angezeigt werden. Zeichnen Sie den Schaltplan einer geeigneten passiven Anpassschaltung! Geben Sie Werte für die Bauelemente an!

23. Das Tachometer eines PKW darf nicht zu wenig anzeigen. Es darf aber 4 km/h und zusätzlich 10 % der Istgeschwindigkeit zuviel anzeigen. Zeichnen Sie die ideale statische Kennlinie sowie die Kennlinie mit der größten noch erlaubten Messabweichung in ein Diagramm (Messbereich 240 km/h)! Geben Sie die maximal erlaubte Messabweichung (absolut und relativ) für eine Geschwindigkeit von 130 km/h an!

24. Ihre Messkette besteht aus Sensor, Messverstärker, ADU und PC. Nennen Sie wichtige Eigenschaften der einzelnen Glieder, welche für das Auftreten von statischen Messabweichungen relevant sind!

25. Wie sieht die statische Kennlinie des abgebildeten RC-Glieds im Eingangsbereich von -10 V bis +10 V aus?

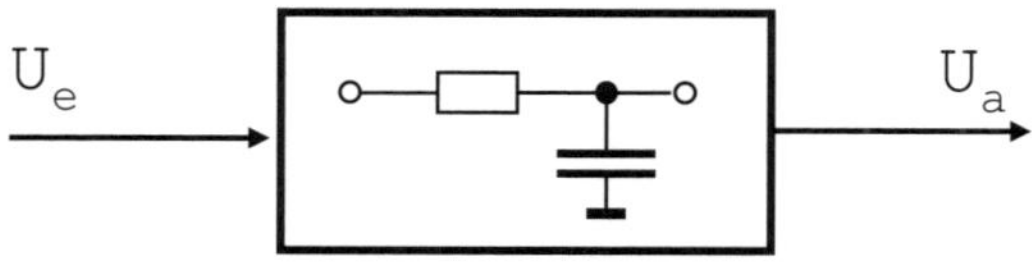

Bild 2.3
RC-Glied

3 Dynamische Eigenschaften

Dynamische Eigenschaften beschreiben das Verhalten einer Messeinrichtung für den Fall, dass die Messgröße veränderlich ist. Diese Eigenschaften sind insbesondere dann von Bedeutung, wenn die Messgröße soeben erst zugeschaltet bzw. an den Eingang des Messgerätes angelegt wurde, oder für den Fall, dass sich die Messgröße so schnell ändert, dass die Messeinrichtung diesen Änderungen nicht leicht folgen kann.

3.1 Einführung

Immer dann, wenn ein Messergebnis schnell gewonnen werden muss oder im Messsignal hohe Frequenzen enthalten sind, kommt es auf die dynamischen Eigenschaften der Messkette an. Wichtige dynamische Eigenschaften (z. B. Einschwingzeit oder Bandbreite) sind im Datenblatt angegeben und für die Konfigurierung der Messeinrichtung von essentieller Bedeutung. Der Anwender muss sich der Bedeutung dynamischer Kenngrößen bewusst sein, sobald die Messgröße nicht konstant ist. Es ist zudem offenkundig, dass viele Messgrößen zeitvariant sind - man denke z. B. an die Geschwindigkeit eines Autos. Nachfolgende Fragen und Aufgaben setzen sich mit dynamischen Kenngrößen und Kennfunktionen auseinander. Bei einigen Aufgaben treten diese Kenngrößen und -funktionen nur hintergründig auf.

Von Studierenden wird oft fälschlicherweise angenommen, dass dynamische Kenngrößen das Adjektiv „dynamisch“ tragen, weil sie variabel sind. Das stimmt nicht! Dynamische Kenngrößen sind meist ebenso zeitinvariant wie statische.

3.2 Fragen und Aufgaben

1. Nennen Sie vier Kenngrößen und Kennfunktionen, welche die dynamischen Eigenschaften von Messeinrichtungen beschreiben!
2. In welchem Zusammenhang stehen Frequenzgang und Übertragungsfunktion?

3. Geben Sie die Formeln an, mit denen aus der Übertragungsfunktion der Amplitudengang und der Phasengang berechnet werden kann!
4. Was beschreibt der Amplitudengang?
5. Ist die Frequenz des Ausgangssignals mit der Frequenz des Eingangssignals identisch?
6. Nennen Sie ein praktisches Beispiel für die Entstehung nichtlinearer Verzerrungen aus dem Bereich Audiotechnik?
7. Was beschreibt der Phasengang?
8. Ein Sensor mit PT_1-Verhalten hat eine Empfindlichkeit von einem mV/K und eine Zeitkonstante von 0,5 s. Das Messsignal am Eingang springt von 20 °C auf 100 °C. Um wie viel mV hat sich das Ausgangssignal nach 1 s geändert?
9. Unter welchen Umständen ist die obere Grenzfrequenz von Bedeutung?
10. Unter welchen Umständen entstehen dynamische Messabweichungen?
11. Das zu messende Signal enthält Frequenzanteile, die nur ein klein wenig niedriger sind als die Grenzfrequenz der Messeinrichtung. Was bedeutet das für die messtechnische Praxis? Legen Sie bei der Beantwortung der Frage die allgemein übliche Konvention für die Grenzfrequenz zugrunde!
12. Das anliegende Signal enthält Frequenzanteile, die über der Grenzfrequenz Ihrer Messeinrichtung liegen. Was bedeutet das für die messtechnische Praxis?
13. Das Messsignal ist sinusförmig und hat eine Frequenz von 1500 Hz. Ihr DAC-System zeichnet das Signal auf. Ein unbedarfter Kollege, hat dessen Filter verstellt, sodass die Grenzfrequenz nur 1 kHz beträgt. Kann man die Frequenz des Messsignals so ermitteln?
14. Im Messsignal sind Störungen (50 Hz Netzbrummen) enthalten. Diese sollen durch Zuschalten eines Tiefpasses (2. Ordnung, Grenzfrequenz 40 Hz) „weggefiltert“ werden. Wie beurteilen Sie die Erfolgsaussichten?
15. Was sollten Sie beachten, wenn Sie obere Grenzfrequenzen verschiedener Geräte untereinander vergleichen?
16. Woraus besteht der Frequenzgang?
17. Welche wichtige Kenngröße kann man aus dem Amplitudengang ablesen?
18. Skizzieren Sie den Frequenzgang eines T_1-Systems ($R = 169\ \Omega$, $C = 4{,}7\ \mu\text{F}$)! Berechnen Sie die obere Grenzfrequenz und geben Sie diese in den Diagrammen an!
19. Welche Testfunktion benutzen Sie, um die Einschwingzeit zu ermitteln und welches Problem kann dabei in der experimentellen Praxis auftreten?
20. Was müssen Sie beachten, wenn Sie Einschwingzeiten von Messgeräten verschiedener Hersteller vergleichen?
21. Zeichnen Sie die Übergangsfunktion eines T_1-Systems ($R = 2\ \text{k}\Omega$, $C = 5\ \mu\text{F}$) Berechnen Sie die Zeitkonstante und die 95 %-Einschwingzeit! Tragen Sie beide Systemparameter (Zeitkonstante und Einschwingzeit) in das Diagramm ein!
22. Welchen Zusammenhang gibt es zwischen Einschwingzeit und Grenzfrequenz?

23. Von einem Tiefpass 1. Ordnung haben Sie die Sprungantwort aufgenommen und aus dieser die 95 %-Einschwingzeit mit 0,3 s abgelesen. Wie groß ist die Grenzfrequenz?
24. In einem Messgerät wurde ein Tiefpassfilter aktiviert, um das Netzbrummen abzuschwächen. Es wurde eine Filterfrequenz von 20 Hz gewählt. Auf welchen Wert ist die Einschwingzeit gestiegen?
25. Sie haben den abgebildeten Verlauf des Ausgangssignals aufgenommen, indem Sie die Eingangsspannung sprunghaft von -2,8 auf -0,8 V erhöhten. Wie groß ist die Empfindlichkeit des Systems? Bestimmen Sie die Einschwingzeit für die 5 % Toleranzgrenze.

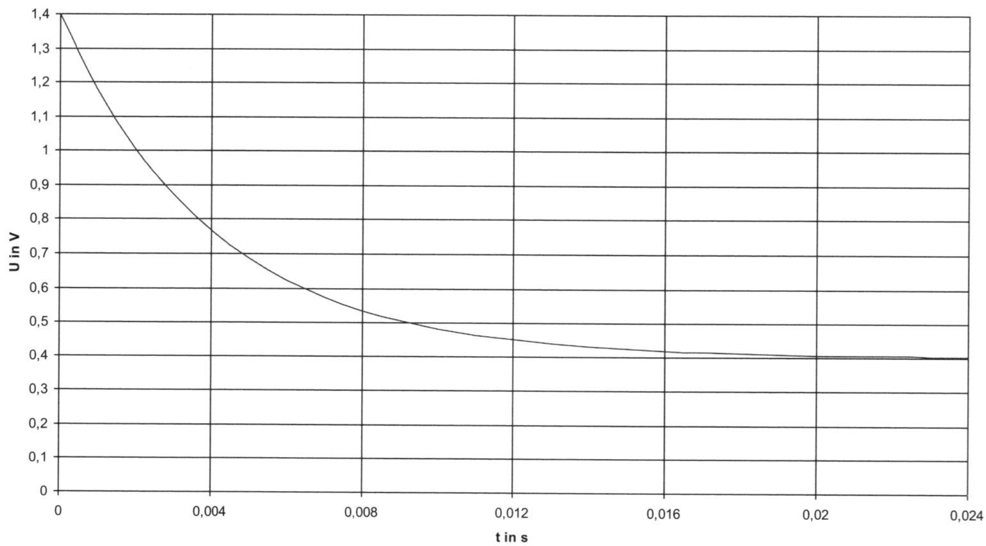

Bild 3.1 Ausgangssignal (Sprungantwort)

26. Wie kann man die Zeitkonstante eines T_1-Glieds grafisch aus der Übergangsfunktion bestimmen?
27. Unter welchen Umständen sind dynamische Kenngrößen von Messeinrichtungen relevant?
28. Welche Testsignale kennen Sie? Worin liegt der praktische Nutzen?
29. Wie kann mit einem Voltmeter und einem Sinusspannungsgenerator der Amplitudengang eines Messverstärkers ermittelt werden?
30. Erläutern Sie, wie der Frequenzgang eines Messverstärkers experimentell aufgenommen werden kann!
31. Zeichnen Sie den Frequenzgang eines idealen Spannungsteilers, der aus zwei ohmschen Widerständen mit jeweils 100 Ω besteht!
32. Wie groß ist die Zeitkonstante des RC-Tiefpasses bestehend aus $R = 1\ \text{k}\Omega$ und $C = 470\ \text{nF}$? Geben Sie die Sprungantwort für das Eingangssignal $U_e(t \leq 0) = 0\ \text{V}$, $U_e(t > 0) = 5\ \text{V}$ als Gleichung an und zeichnen Sie den Verlauf! Zeichnen Sie an die Sprungantwort eine Tangente im Zeitpunkt 0, sodass die Zeitkonstante grafisch erkennbar ist!

33. Legen Sie nun anstelle der Tangente durch den Nullpunkt eine Tangente im Zeitpunkt 0,5 ms an, sodass wiederum die Zeitkonstante ablesbar ist.
34. Ein Tiefpassfilter 1. Ordnung hat eine 95 %-Einschwingzeit von 4 s. Stellen Sie den Amplitudengang logarithmisch über mindestens drei Dekaden im Sperrbereich dar! Lesen Sie aus dem Amplitudengang ab, wie stark Frequenzen von 100 Hz unterdrückt werden!
35. Von einem System ist bekannt, dass dessen Ausgangssignal bei einer Frequenz von 10 Hz um 180° gegenüber dem Eingangssignal in der Phase verschoben ist. Wie groß ist die Phasenlaufzeit?
36. Das Eingangssignal eines Messsystems ändert sich mit Frequenzen, die auch die obere Grenzfrequenz des Systems erreichen. Erläutern Sie die Konsequenzen für die MSR-Praxis!
37. Wann ist die Phasenverschiebung von Messsignalen von Bedeutung?
38. Ihre Messkette besteht aus Sensor, Messverstärker und ADU. Welche Eigenschaften müssen die einzelnen Übertragungsglieder haben, damit auch schnelle Messgrößenänderungen erfasst werden können?
39. Geben Sie eine Näherungsgleichung für die Umrechnung der oberen Grenzfrequenz in die Einschwingzeit an! Was ist bei deren Verwendung zu beachten?
40. Ein Messgerät verfügt über einen verstellbaren Tiefpassfilter. Dessen Frequenz wurde vom Bediener auf 0,1 Hz eingestellt, um das „Zappeln" der Anzeige einzudämmen und so eine leichtere Ablesbarkeit zu erreichen. Wie lange dauert es, bis nach einer sprunghaften Änderung der Messgröße die dynamische Messabweichung kleiner als 5 % ist?
41. Ihr Auftraggeber fordert von Ihnen, Druckspitzenwerte in einer Anlage zu messen. Vor Ort stehen Ihnen ein Oszilloskop und zwei Druckmessumformer mit Spannungsausgang zur Verfügung. In den technischen Daten ist für den Messumformer A angegeben: obere Grenzfrequenz 1 kHz (–3 dB). Für den Messumformer B ist angegeben: obere Grenzfrequenz 1 kHz (–1 dB). Welchen Messumformer benutzen Sie? Begründen Sie Ihre Antwort!
42. Von einer Messeinrichtung mit Tiefpassverhalten 1. Ordnung wurde die 95 %-Einschwingzeit experimentell mit 0,6 s bestimmt. Berechnen Sie die Zeitkonstante in ms und die 3-dB-Grenzfrequenz in Hz!
43. Die obere Grenzfrequenz eines Messsystems beträgt 10 Hz (–3 dB). Der Wert der Messgröße springt von 3 auf 5 V. Wie lange dauert es, bis die Abweichung vom stationären Endwert nur noch 100 mV beträgt? Welchen Wert hat das Ausgangssignal des Messsystems, wenn man nach dem Sprung die 95 %-Einschwingzeit abwartet?
44. Am Eingang eines Systems springt die Spannung von 3 V auf 5 V. Zeichnen Sie die Sprungantwort unter der Annahme, dass sich das System (95 %-Einschwingzeit = 45 ms) wie ein Tiefpass 1. Ordnung verhält! Geben Sie die zu Zeitkonstante und Einschwingzeit gehörenden Spannungswerte an! Zeichnen Sie außerdem die Übergangsfunktion!

45. Ein Spannungs-Strom-Wandler (Versorgungsspannung 230 V) hat eine Zeitkonstante von 2 ms. Die statische Kennlinie geht durch den Nullpunkt. Die Empfindlichkeit beträgt 2 mA/V. Zeichnen Sie die Sprungantwort für eine Änderung der Messgröße von 2 auf 10 V. Welchen Wert hat das Messsignal 6 ms nach dem Sprung? Wie groß sollte der Eingangswiderstand des Wandlers sein? Wie groß sollte der Ausgangswiderstand des Wandlers sein? Begründen Sie die letzten beiden Antworten!
46. Wofür benutzen Messtechniker Tiefpässe?
47. Das Widerstandsthermometer eines Herstellers vom Typ Pt100 hat drei Zeitkonstanten mit den Werten 10 s, 0,8 s und 0,3 s. Es wird einem Temperatursprung von 0 auf 100 °C ausgesetzt. Zeichnen Sie die Sprungantwort (Widerstandssignal) unter vereinfachenden Annahmen! Schätzen Sie auf einfachstem Weg die Grenzfrequenz ab!
48. Zeichnen Sie den Frequenzgang eines Hochpasses (1. Ordnung, Grenzfrequenz 10 Hz)!
49. Wann ist es günstig, einen Hochpass zu verwenden? Beschreiben Sie einen Anwendungsfall!
50. Welche Sensoren weisen Hochpassverhalten auf? Was bedeutet das für die messtechnische Praxis?
51. Ein Spannungsteiler besteht aus zwei ohmschen Widerständen (je 1 kΩ). Wie groß sind Empfindlichkeit, Totzeit und Zeitkonstante?
52. Welche dynamischen Kenngrößen kann man direkt aus der Sprungantwort entnehmen?
53. Wie kann man die Zeitkonstante grafisch aus der Übergangsfunktion eines PT_1-Systems ermitteln?
54. Muss die Tangente im Nullpunkt angelegt werden, um aus der Übergangsfunktion die Zeitkonstante zu ermitteln?
55. Zeichnen Sie die Übergangsfunktion des dargestellten Systems (RC-Glied, RC = 0,1 s).

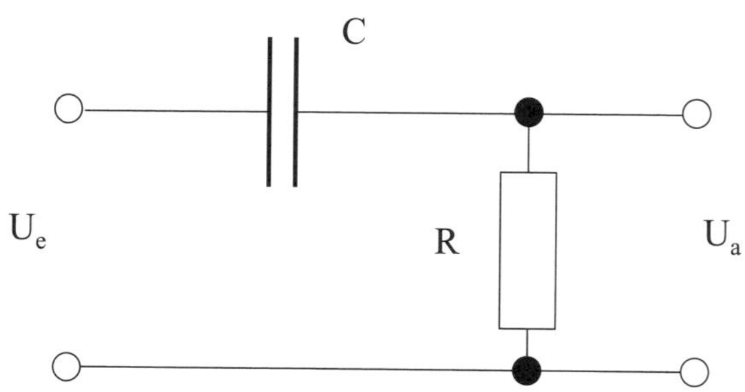

Bild 3.2 RC-Glied

56. Ein Sensor besitzt die dargestellte Übergangsfunktion. Für t = ∞ ist h(t) = 1. Welches Übertragungsverhalten hat der Sensor?

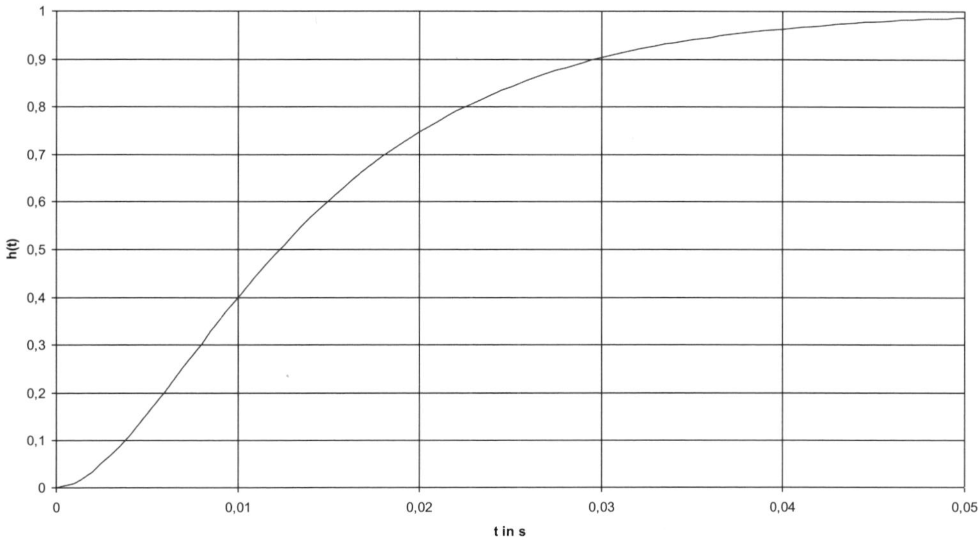

Bild 3.3 Übergangsfunktion eines Sensors

57. Welches Testsignal wird benutzt, um den Frequenzgang eines Systems aufzunehmen? Welcher Parameter des Testsignals wird dabei konstant gehalten und welcher wird verändert?

58. Am Eingang eines Messsystems liegt ein sinusförmiges Signal mit einer Frequenz von 1 kHz. Das Ausgangssignal ist um 90° gegenüber dem Eingangssignal in der Phase verschoben. Berechnen Sie die Phasenlaufzeit!

59. Über ein Messgerät ist bekannt: obere Grenzfrequenz = 10 kHz (-1 dB) bzw. = 15 kHz (-3 dB). Geben Sie die Einschwingzeit des Geräts in µs an! Wie groß ist die dynamische Messabweichung in Prozent, wenn die Frequenz des Eingangssignals 10 kHz und wenn die Frequenz des Eingangssignals 15 kHz beträgt? Welchen Charakter haben diese Messabweichungen?

60. Geben Sie eine Gleichung für das Ausgangssignal eines Messgeräts an. Bekannt sind: untere Grenzfrequenz = 0 Hz, obere Grenzfrequenz = 1 kHz (-1 dB) bzw. = 1,5 kHz (-3 dB), Empfindlichkeit = 100. Das Eingangssignal hat den Verlauf

$$U(\mathrm{t}) = 1\ \mathrm{mV} + 1\ \mathrm{mV} \cdot \sin(2\pi \cdot 1\ \mathrm{kHz} \cdot \mathrm{t}).$$

61. Die obere Grenzfrequenz eines Messsystems mit T_1-Verhalten beträgt 20 Hz (-3 dB). Der Wert der Messgröße springt von 10 auf 12 V. Wie lange dauert es, bis 11,9 V erreicht sind? Angenommen, der Wert der Messgröße würde von 10 auf 0 V springen; welche Amplitude hätte das Ausgangssignal des Messsystems, wenn die 95 %-Einschwingzeit verstrichen ist?

62. Gegeben ist die nachfolgende Gleichung (Betrag der Übertragungsfunktion):

$$\left|G(j\omega)\right| = \frac{2}{\sqrt{1+(\omega \cdot 0{,}004s)^2}}$$

Berechnen Sie die 3-dB-Grenzfrequenz!

63. Woran kann man erkennen, ob es sich bei einer Frequenzangabe um die Frequenz oder um die Kreisfrequenz handelt?

64. Im Zeitpunkt t = 0 ms springt das Eingangssignal eines Übertragungssystems von 15 Ω auf 3 Ω. Das Diagramm zeigt den Verlauf des Ausgangssignals. Ermitteln Sie die Totzeit, die Zeitkonstante, die 95 %-Einschwingzeit und die 3-dB-Grenzfrequenz des Systems! Geben Sie eine Gleichung für die statische Kennlinie an!

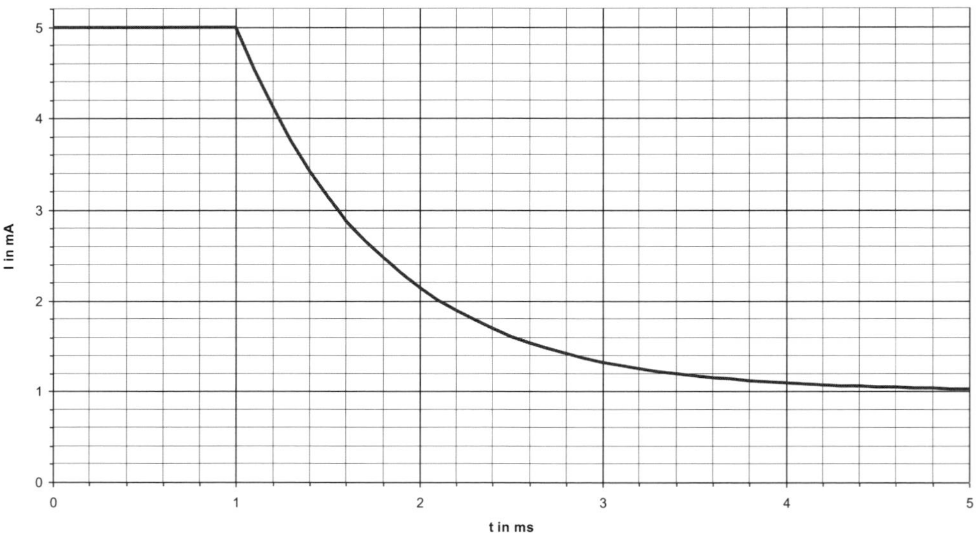

Bild 3.4 Ausgangssignal (Sprungantwort)

65. Ein aktiver Spannungs-Strom-Wandler (Versorgungsspannung 24 VDC) mit PT_1-Verhalten hat eine Zeitkonstante von einer Millisekunde. Dessen statische Kennlinie verläuft durch den Nullpunkt. Die Empfindlichkeit beträgt 2 mA/V. Die Eingangsspannung springt von 10 V auf 4 V. Welchen Wert hat das Stromsignal drei Millisekunden nach dem Sprung?

66. Die Antwort eines Messumformers auf den Sprung von 0 auf 1 V lautet I(t) = 20 mA $(1\text{-}e^{-t/2s})$. Berechnen Sie die Empfindlichkeit des Messumformers! Welchen Wert hat das Ausgangssignal 3 s nach dem Sprung? Berechnen Sie ω_g und f_g.

67. Die obere Grenzfrequenz eines Messsystems beträgt 10 kHz (-3 dB). Das Messsystem hat zwei Zeitkonstanten die gleich groß sind (Tiefpass 2. Ordnung). Beschreiben Sie verbal den Amplitudengang! Wenn das Eingangssignal eine Frequenz von 100 kHz hat, ist dann diese Frequenz im Ausgangssignal zu erkennen?

68. Ab welcher Frequenz sperrt ein Tiefpass 1. Ordnung mit einer Grenzfrequenz von 1 kHz vollständig?

69. Berechnen Sie ausgehend von der Übertragungsfunktion die Amplitude des Ausgangssignals eines Verstärkers ($E = 1000$, PT_1-Verhalten, $f_{g,3dB} = 15$ kHz), wenn an dessen Eingang eine Spannung mit einer Amplitude von einem Millivolt und einer Frequenz von 30 kHz anliegt!

70. Die obere Grenzfrequenz eines Messsystems beträgt 250 Hz (-1 dB). Die Phasenlaufzeit beträgt 1 ms. Das Messsystem hat den im Diagramm dargestellten Verlauf aufgezeichnet:

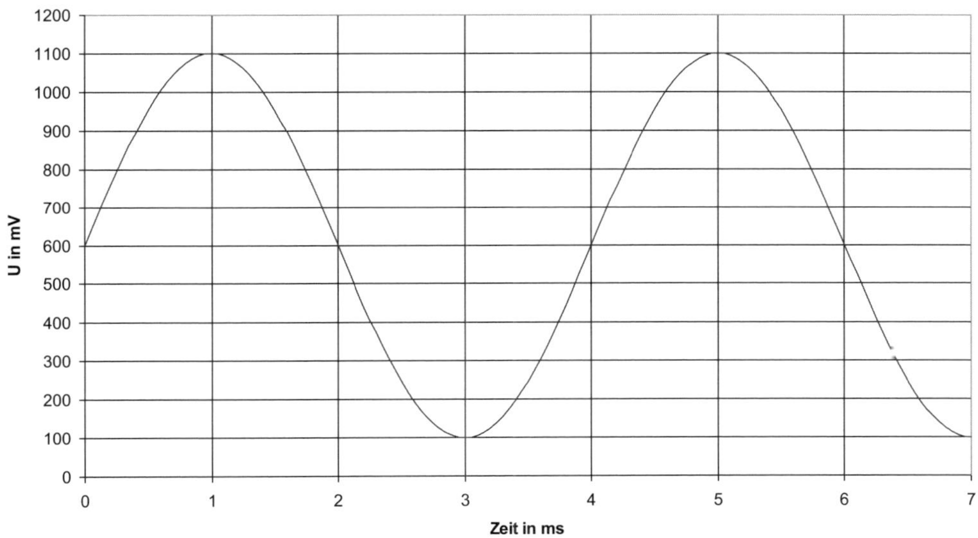

Bild 3.5 Ausgangssignal eines Messsystems

Zeichnen Sie den wahren Verlauf des ursprünglichen Signals (Input) in das Diagramm ein!

71. Das abgebildete periodische Signal liegt an den Übertragungsgliedern a und b (siehe Bild 3.6) an. Zeichnen Sie das Ausgangssignal der Übertragungsglieder mit in das Diagramm ein. Die Phasenlage bei dieser ist nicht von Interesse.

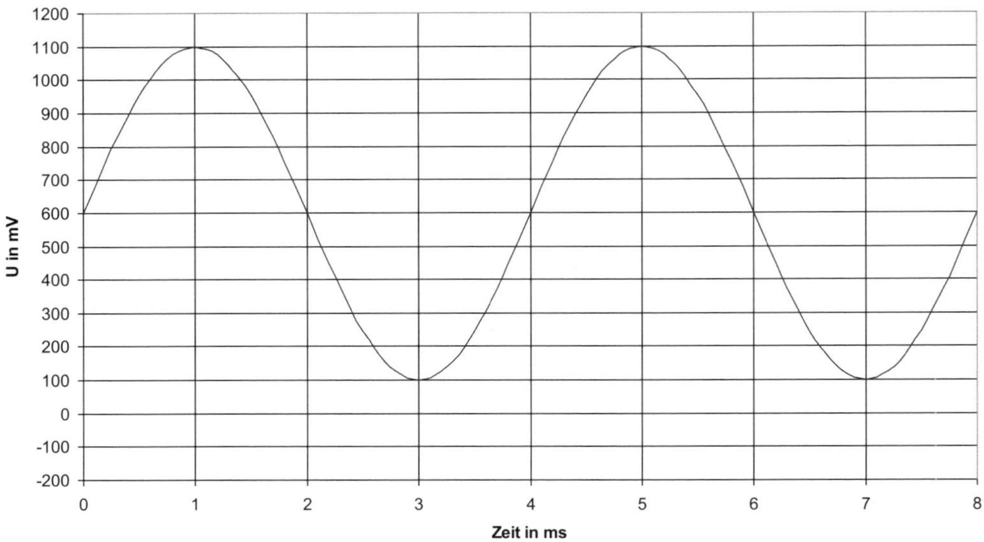

Bild 3.6 Eingangssignal an den Gliedern a und b

a. Übertragungsglied ist Reihenstruktur aus Tiefpass 4. Ordnung ($f_g = 0{,}05$ Hz) und Spannungsteiler ($E = 0{,}5$)
b. Übertragungsglied ist Reihenstruktur aus Spannungsteiler ($E = 0{,}2$) und Hochpass ($f_g = 1$ Hz)

72. Das Eingangssignal eines Übertragungsglieds ist im Diagramm dargestellt.

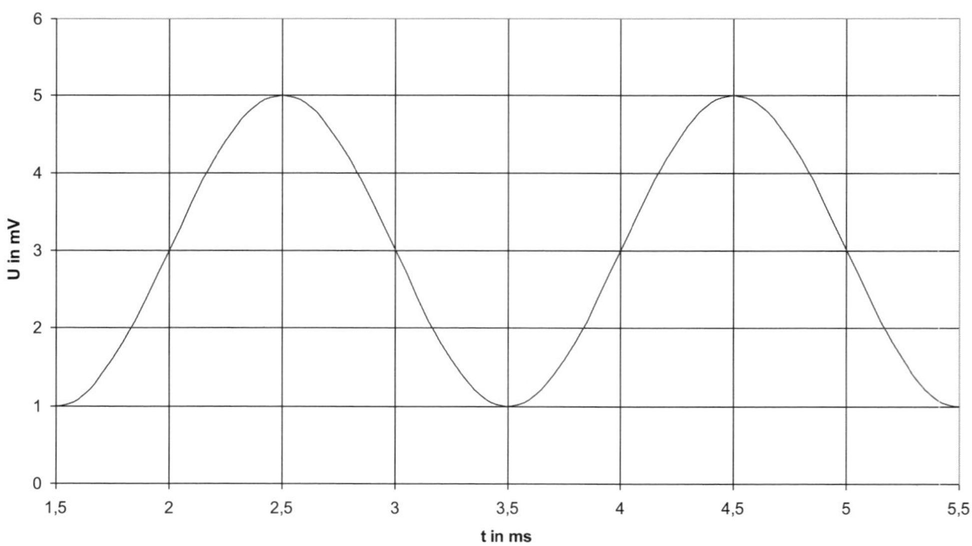

Bild 3.7 Eingangssignal eines Übertragungsglieds

Den Frequenzgang des Übertragungsglieds zeigen die beiden Diagramme.

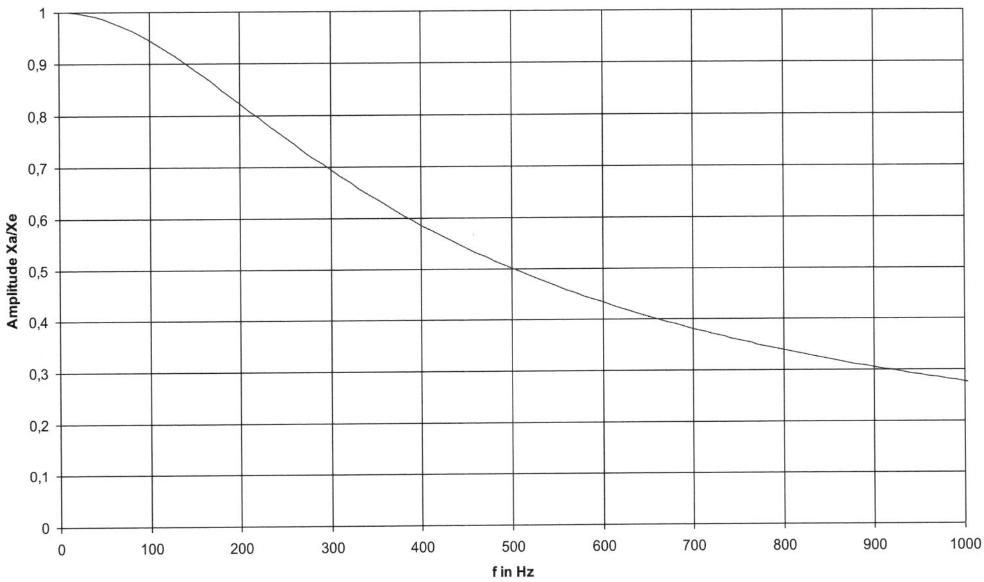

Bild 3.8 Frequenzgang (AFK) des Übertragungsglieds

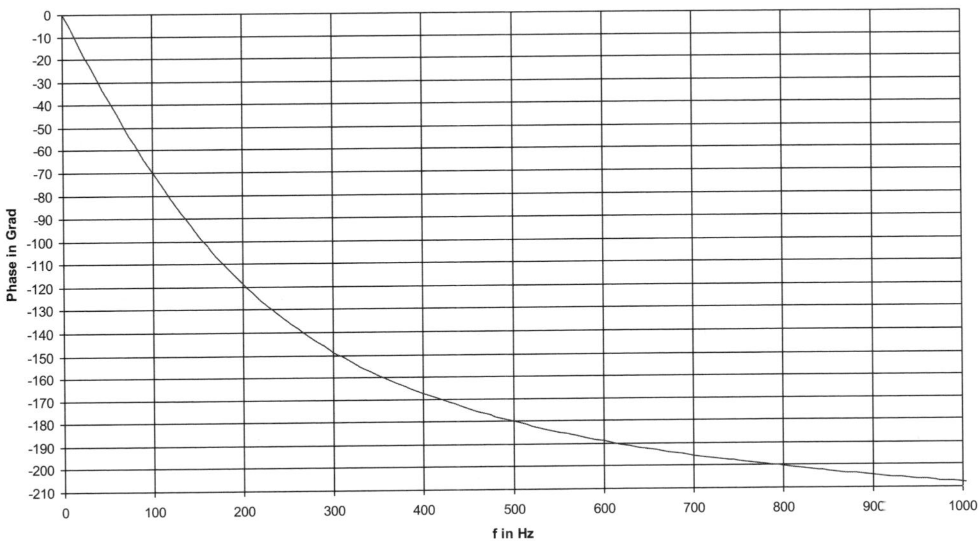

Bild 3.9 Frequenzgang (PFK) des Übertragungsglieds

Zeichnen Sie den Verlauf des Ausgangssignals!

73. Eine Rechteckspannung (siehe Bild 3.10) liegt am Eingang eines Übertragungsglieds mit PT_1-Verhalten an. Dieses hat die Empfindlichkeit 0,5. Dessen 3-dB-Grenzfrequenz beträgt 0,25 Hz. Zeichnen Sie das Ausgangssignal mit in das Diagramm ein!

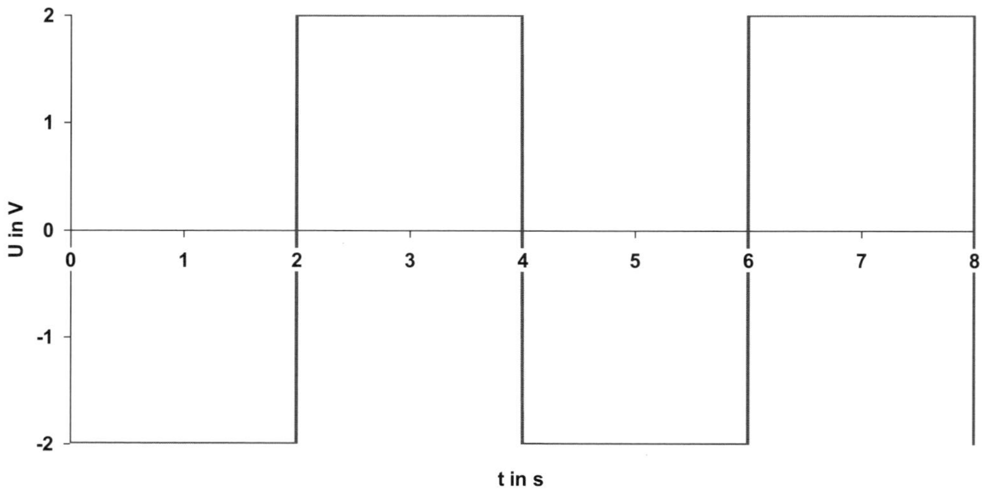

Bild 3.10 Rechteckspannung

74. Eine Messkette besteht aus Sensor und Verstärker. Beide Glieder haben eine Zeitkonstante von 15 ms. Geben Sie die Übertragungsfunktion an. Skizzieren Sie die Übergangsfunktion.

75. Zeichnen Sie die vereinfachte Darstellung des Amplitudengangs einer Messkette bestehend aus Sensor und Verstärker! Beide Glieder der Messkette besitzen genau eine Zeitkonstante. Die Zeitkonstanten betragen 1 ms und 10 ms.

76. Ein Messsystem besteht aus zwei linearen, rückwirkungsfrei in Serie geschalteten Übertragungsgliedern. Beide Übertragungsglieder haben eine Empfindlichkeit von 1, ein Tiefpassverhalten 1. Ordnung und eine Grenzfrequenz von 200 Hz. Am Eingang des ersten Übertragungsglieds liegt das periodische Signal $U(t) = 1\text{ V} + 1\text{ V} \cdot \sin(2\pi \cdot 100\text{ Hz} \cdot t)$ an. Zeichnen Sie das Eingangssignal, das Ausgangssignal des 1. Glieds und das Ausgangssignal des zweiten Glieds in ein Diagramm.

77. Ihre Messkette besteht aus Drucksensor ($T_{E,95\%} = 50\ \mu\text{s}$), Messverstärker ($f_{go} = 1\text{ kHz}$) und ADU ($f_A = 100\text{ kHz}$). Wie groß ist etwa die Bandbreite der Messeinrichtung?

78. Zeichnen Sie die Übergangsfunktion sowie den Amplitudengang eines Sensors, der folgende Eigenschaften hat: T_2-Verhalten, Dämpfungsgrad = 0,1, Eigenfrequenz = 100 Hz!

4 Digitale Messtechnik

Gegenstand dieses Kapitels sind digitale Verfahren der Zeit- und der Frequenzmessung sowie Analog-Digital-Umsetzer. Beim Einsatz digitaler Verfahren treten ganz praktische Probleme auf, die hier thematisiert werden.

4.1 Einführung

Moderne Zeit- und Frequenzmessverfahren haben das Ziel, der Messgröße einen Digitalwert zuzuordnen. Diese Verfahren spielen demzufolge auch bei der Umsetzung analoger Signale in digitale Signale eine wichtige Rolle. Unabhängig davon, welches Verfahren im AD-Umsetzer realisiert ist, hat dieser sowohl statische als auch dynamische Eigenschaften. Diese bestimmen Auflösung und Messrate und vieles mehr.

4.2 Fragen und Aufgaben

1. Warum sind bei der digitalen Frequenzmessung mit Zähler, Zeitgeber/Frequenzgenerator und Tor hohe Zählergebnisse anzustreben!
2. Beschreiben Sie verbal zwei Möglichkeiten, die Frequenz einer rechteckförmigen Wechselspannung mittels Zähler, Zeitgeber (bzw. Frequenzgenerator) und Tor (elektronischer Schalter) in einen Zahlenwert umzusetzen!
3. Das Messsignal hat eine Frequenz von 500 Hz und liegt am Toreingang an. Die Torzeit beträgt 2 s. Wie groß ist der Zählerstand, wenn die 0/1-Flanken gezählt werden? Wie groß ist die relative Messabweichung?
4. Welchen Vorteil hätte es, nicht nur die 0/1-, sondern auch die 1/0-Flanken zu zählen?
5. Welche Torzeit ist beim Frequenzmessverfahren zu wählen, wenn der Zählerstand ziffernrichtig die unbekannte Frequenz in Hz anzeigen soll.
6. Was trägt neben dem digitalen Restfehler (Zählfehler von $\Delta z = 1$) noch zur Messunsicherheit bei?

7. Das Messsignal hat eine Frequenz von 500 Hz. Mit dessen 0/1-Flanken wird das Tor gesteuert. Am Toreingang liegt die Referenzfrequenz ($f_0 = 2$ MHz) an. Der Zähler registriert die 0/1-Flanken. Wie lautet das Zählergebnis? Wozu ist dieses proportional? Wie groß ist die relative Zählabweichung? Welche Frequenz ist an den Toreingang anzulegen, wenn der Zähler die Periodendauer des unbekannten Signals ziffernrichtig in µs anzeigen soll?
8. Warum ist es einfacher, die Frequenz einer Rechteckspannung als die einer Sinusspannung zu messen?
9. Die Frequenz eines Rechtecksignals wird digital (Tor, Zeitgeber, Zähler) gemessen. Der Zähler wertet dabei beide Signalflanken (0/1 und 1/0) aus. Die Frequenz soll ziffernrichtig in kHz angezeigt werden. Welche Torzeit stellen Sie ein? Geben Sie den digitalen Restfehler für ein Messsignal mit einer Frequenz von 100 kHz in % an!
10. Ein Zähler kann Frequenzen bis 100 MHz verarbeiten und zählt beide Flanken. Welche Torzeit benutzen Sie, damit der Zähler die Frequenz ziffernrichtig in Hertz anzeigt? Falls die Abweichung von 0,1 % nicht überschritten werden darf, was ist dann die niedrigste Frequenz, die mit diesem Zähler und der von Ihnen gewählten Torzeit gemessen werden kann! Berechnen Sie die mögliche relative Messabweichung für eine zu messende Frequenz von 2 MHz!
11. Welchen Nachteil haben große Torzeiten beim Frequenzmessverfahren?
12. Für die Messung von Frequenzen steht Ihnen die Torzeit von einer Sekunde (relative Unsicherheit = 10^{-6}) zur Verfügung. Der Zähler berücksichtigt leider nur die 0/1-Flanken. Berechnen Sie die größtmögliche Messabweichung (sowohl absolut als auch relativ) bei einem Messsignal von 4 MHz unter Berücksichtigung der Torzeitunsicherheit und des digitalen Restfehlers.
13. Warum ist ein frequenzanaloges Messsignal mit hoher Genauigkeit digitalisierbar?
14. Sie wollen die Periodendauer eines Rechtecksignals mit unbekanntem Tastverhältnis messen, dessen Frequenz zwischen 0,5 Hz und 2 kHz liegt. Zur Verfügung stehen Ihnen ein Tor, ein Zähler (reagiert auf beide Flanken) und ein Frequenzgenerator (1 MHz), dessen Unsicherheit 4 Hz beträgt. Welche Extremwerte kann die Messzeit annehmen? Angenommen, der Zähler gibt einen Wert von 1 022 080 aus: Geben Sie die Periodendauer des Rechtecksignals in ms an! Geben Sie die Unsicherheit des Messwertes (*worst case*) in µs an!
15. Welche Vor- und welche Nachteile haben Digital- gegenüber Analoganzeigen?
16. Was sind die beiden wichtigsten Kenngrößen eines ADU?
17. Ein ADU hat 16 bit. Wie viele verschiedene Spannungen kann dieser unterscheiden?
18. Ein ADU hat 20 bit. Wie groß ist die relative Messabweichung infolge Quantisierung?
19. Zeichnen Sie die statische Kennlinie eines ADU (8 bit, Auflösung 1 mV) für den Bereich 0 bis 6 mV! Berechnen Sie dessen Eingangsbereich!
20. Ein digital arbeitendes Temperaturmessgerät (Messbereich 0 bis 200 °C) soll Temperaturänderungen von 0,1 K erkennen. Geben Sie die erforderliche Auflösung des ADU in bit an!
21. Ein ADU hat eine Umsetzzeit von 20 µs. Welche Messrate ist möglich?

22. Geben Sie die Formel für das Abtasttheorem von Shannon (bzw. Kotelnikov) an und erläutern Sie dessen Bedeutung für die Messpraxis!
23. Ein symmetrisches Rechtecksignal (Tastverhältnis 0,5, Periodendauer 10 ms) wird mit einer Rate von 2 kHz abgetastet. Ist das Abtasttheorem erfüllt? Begründen Sie Ihre Antwort!
24. Ihr Lieblingssong hat eine Länge von 4 Minuten und befindet sich auf einer Schallplatte. Wie viele Messwerte sind erforderlich, um das Musikstück verlustfrei zu digitalisieren?
25. Wie verhindert man Alias- bzw. Aliasing-Effekte?
26. Was ist die Aufgabe einer Sample-and-Hold-Schaltung?
27. Warum benötigt ein Dual-Slope-Umsetzer kein Abtast-Halte-Glied?
28. Welche Integrationszeit wird beim Dual-Slope-Verfahren häufig benutzt?
29. Der Integrator eines Dual-Slope-ADU verfügt über einen Widerstand und einen Kondensator. Beide Bauelemente unterliegen einer gewissen Drift. Welche Auswirkung hat diese auf das Messergebnis? Begründen Sie Ihre Antwort!
30. Weil der Gleichrichter ausgefallen ist, liegt die dargestellte Rechteckspannung unmittelbar an einem Dual-Slope-Umsetzer an, dessen Integrationszeit (erste Rampe) 20 ms beträgt. Welcher Messwert wird ausgegeben? Begründen Sie Ihre Antwort!

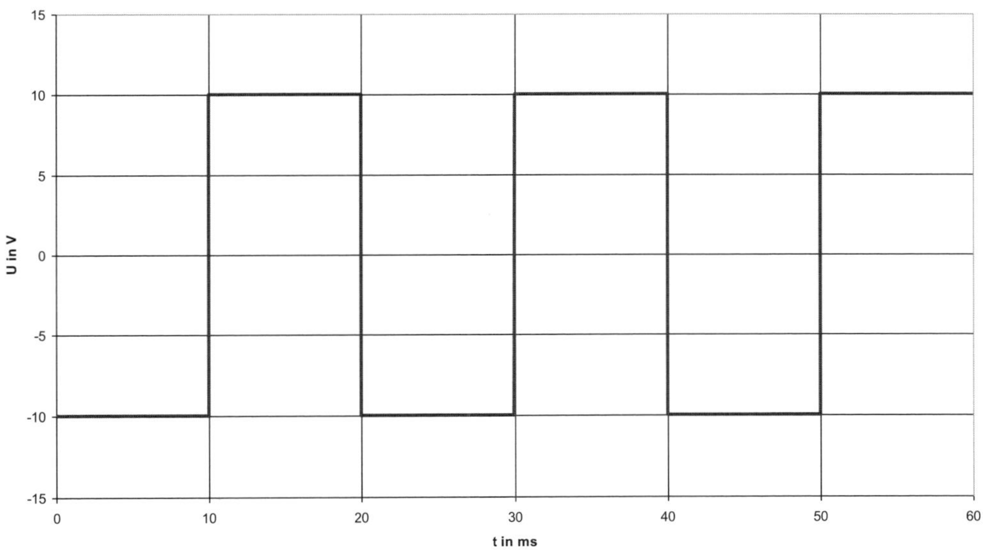

Bild 4.1 Rechteckspannung

31. Welche Vorteile hat ein ADU, der nach dem Zweiflankenverfahren arbeitet, gegenüber einem Momentanwertumsetzer?

32. Sie benutzen einen 14-bit-ADU. Welche Aussage lässt sich über die relative Messunsicherheit treffen?
33. Ein ADU hat 10 bit. Welche Angabe benötigen Sie, um zu berechnen, wie groß dessen Auflösungsvermögen in Millivolt ist?
34. Ein Messsignal, das Werte zwischen 0 und 1 V annehmen kann, soll digitalisiert werden. Welche Auflösung in bit muss der ADU (Eingangssignalbereich −10 bis 10 V) mindestens haben, wenn eine Änderung von 1 mV noch erkannt werden soll?
35. Wenn die Signalamplitude viel kleiner ist als der Eingangsbereich des ADU, büßt man zweifelsfrei an effektiver Auflösung ein. Welche Maßnahme wäre geeignet, den Quantisierungsfehler zu verkleinern, ohne den ADU auszutauschen?
36. Ein Spannungssignal nimmt Werte von 2 bis 4 V an und soll digitalisiert werden. Der Quantisierungsfehler soll 1 mV nicht überschreiten. Schlagen Sie eine Lösung mit einem 12 bit ADU (Eingangsbereich 10 V) vor!
37. Ein ADU arbeitet nach dem Dual-Slope-Verfahren. Am Eingang liegt die unbekannte Spannung U_x an, für diese gilt: $U_x(t) = 4\ V + 0{,}1\ V \cdot \sin(2\pi 50\ Hz \cdot t)$. Die erste Integrationsflanke dauert 20 ms. Die Referenzspannung U_0 beträgt 2,5 V ± 0,04 %. Der OPV ist beschaltet mit $R = 1\ M\Omega$ und $C = 10\ nF$. Wie groß ist die Spannung am Ausgang des Integrators, wenn die erste Integrationsphase beendet ist?

    Wie lange dauert die zweite Integrationsphase?

    Welcher Zahlenwert steht nach der Umsetzung im Zähler, wenn dieser beide Flanken zählt und der Impulsgenerator 62,5 MHz erzeugt?

    Geben Sie die Auflösung des Messergebnisses in mV an!

    Was lässt sich über die Messabweichung sagen?
38. Neben der Bitzahl gibt es weitere Kenngrößen von ADUs. Diese können dazu verwendet werden, die statische Messabweichung abzuschätzen. Nennen Sie drei Kenngrößen!
39. Am Eingang und am Ausgang eines Abtast-Halte-Glieds befindet sich je eine Operationsverstärkerschaltung mit einer Verstärkung von 1. Welche Funktion haben diese Schaltungen?
40. Mit einem PC-gestützten Messsystem wollen Sie über Monate ein Messsignal erfassen und aufzeichnen, in dem auch Frequenzen bis 1,2 kHz auftreten. Am Messsystem kann zwischen den Abtastraten 1, 2, 4, 8, 16 und 32 kHz gewählt werden. Welche Rate stellen Sie ein? Begründen Sie Ihre Wahl!
41. Ein DAQ-System (10 Kanäle mit je einem 16 bit ADU) kann eine Datenmenge von 2 Mbit/s in Summe übertragen. Welche Kanalmessrate ist im günstigsten Fall möglich, wenn alle Kanäle gleichzeitig benutzt werden? Welche quantitative Aussage lässt sich zur Messunsicherheit treffen?
42. Der Eingang eines DAQ-Systems verfügt über einen Messbereich von 0 bis 10 V und hat einen Widerstand von 50 kΩ. Sie möchten den Messbereich auf 60 V mit Hilfe eines Vorwiderstandes erweitern. Berechnen Sie den Widerstand!
43. In welchem Zusammenhang steht das AD-Umsetzverfahren „Sukzessive Approximation“ mit der Kompensationsmethode? Beschreiben Sie das Verfahren!

44. Eine digitale Waage hat einen Messbereich von 200 kg. Die Linearitätsabweichung ist mit 0,1 % angegeben. Der TK des Nullpunkts beträgt 0,1 % je 10 K und der TK der Empfindlichkeit 0,25 % je 10 K. Justiert wurde bei 20 °C. Sie führen Messungen im Temperaturbereich von 10 bis 40 °C durch. Der angezeigte Wert beträgt 80,0 kg. Berechnen Sie die absolute Messunsicherheit (*worst case*)!

45. Eine digitale Waage hat einen Messbereich von 100 kg und eine Auflösung von 0,05 kg. Die Linearitätsabweichung ist mit 0,1 % angegeben. Der TK des Nullpunkts beträgt 0,2 % je 10 K und der TK der Empfindlichkeit 0,1 % je 10 K. Justiert wurde bei 20 °C. Sie führen Messungen im Temperaturbereich von 10 bis 50 °C durch. Unmittelbar vor jedem Auflegen des unbekannten Gewichts erfolgt ein automatischer Nullpunktabgleich (wie bei jeder modernen Personenwaage im Moment des Einschaltens). Berechnen Sie die absolute, im Mittel zu erwartende Messunsicherheit für einen Messwert von 80 kg!

46. Gibt es Messgeräte, bei denen die Anzeigeauflösung auf die tatsächlich erzielte Messunsicherheit begrenzt ist?

47. Bei vielen digital anzeigenden Messgeräten wird durch eine hohe Auflösung eine ebenso große Genauigkeit (bzw. eine kleine Unsicherheit) vorgetäuscht. Welchen Sinn hat es, Messgeräte anzubieten, die beispielsweise eine Auflösung von 0,001 V haben, obwohl die Messunsicherheit bei 0,1 V liegt?

5 Elektrische Größen

Im Kapitel Elektrische Größen nehmen Fragestellungen der Messung von Widerstand, Stromstärke, Spannung und Leistung großen Raum ein.

5.1 Einführung

Für die elektrische Messtechnik (Messung erfolgt mit den Mitteln der Elektrotechnik, zu der auch die Elektronik gehört) ist die Messbarkeit elektrischer Größen fundamental. Denn beim Messen nichtelektrischer Größen werden diese zunächst in elektrische umgeformt: Aus der Temperatur wird ein Widerstand oder aus dem Druck wird z. B. eine Stromstärke.

Nachfolgende Fragen und Aufgaben behandeln Probleme, die bei der Messung von Gleich- und Wechselgrößen, von Kleinsignalen und großen Stromstärken, von quadratischen und arithmetischen Mittelwerten entstehen. Zum Einsatz kommen beispielhaft Digitalvoltmeter, Oszilloskope und verschiedene Messumformer.

Signalparameter, wie Spitzen-, Gleichricht- und Effektivwert sowie das Tastverhältnis, werden thematisiert.

Die Messunsicherheit wird häufig betrachtet.

5.2 Fragen und Aufgaben

1. Ein Widerstand ist Bestandteil einer elektronischen Schaltung. Da dieser bereits einmal zu heiß geworden und die Beschriftung „verbrannt“ ist, können Sie den Widerstandswert nicht mehr ablesen. Deshalb messen Sie Strom und Spannung. Messergebnisse sind $U = 2$ V, $I = 0{,}1$ mA. Berechnen Sie den Widerstandswert sowie die umgesetzte Leistung!

2. Ziel einer Messung ist es, die Stromstärke durch einen hochgenauen Widerstand (500 Ω) zu ermitteln. Zur Verfügung steht ein DVM (Messbereich 10 V). Der Hersteller gibt an: Fehlergrenze = ±(0,5 % v. Mw. + 4 Digit). Das DVM zeigt 6,00 V an. Geben Sie das vollständige Messergebnis in Milliampere an!
3. Warum sollen Voltmeter einen hohen Innenwiderstand haben?
4. Warum sollen Amperemeter einen niedrigen Innenwiderstand haben?
5. Die Widerstände R_1 und R_2 sind in Reihe geschaltet. Mit einem Volt- und einem Amperemeter sollen zeitgleich Spannung und Strom zum Zweck der Leistungsermittlung des Widerstandes R_2 gemessen werden. Skizzieren Sie die stromrichtige Schaltung! Geben Sie eine Formel an, mit der die systematische Messabweichung korrigiert werden kann!
6. An einem Widerstand werden die Effektivwerte von U und I mit der dargestellten Schaltung gemessen, in der sich das Voltmeter parallel zur Reihenschaltung (bestehend aus Amperemeter und Widerstand) befindet.

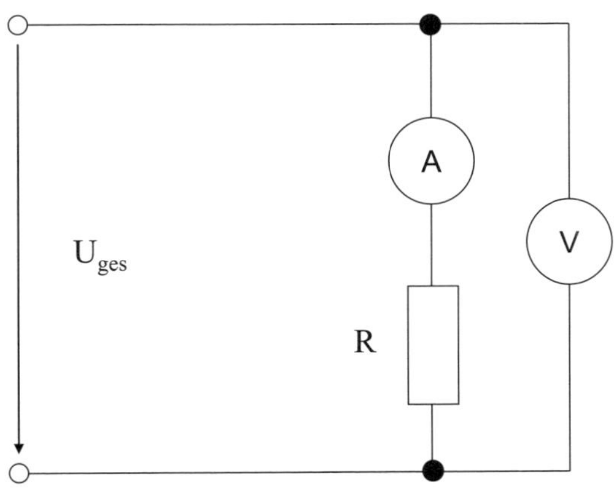

Bild 5.1
Anordnung zur Leistungsmessung

Das Voltmeter (R_i = 100 kΩ) zeigt 20 V an. Das Amperemeter (R_i = 500 mΩ) zeigt 1 A an. Wie groß ist die an R umgesetzte Wärmeleistung? Wie groß ist die systematische Messabweichung?

7. An einem Widerstand werden U und I mit der in Bild 5.2 dargestellten Anordnung gemessen, wobei das Voltmeter unmittelbar parallel zum Widerstand geschaltet ist.

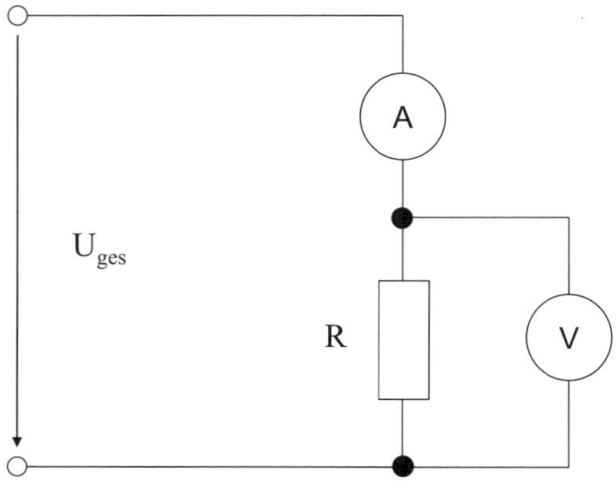

Bild 5.2
Anordnung zur Widerstandsmessung

Das Voltmeter (R_i = 100 kΩ) zeigt 20 V an. Das Amperemeter (R_i = 1 Ω) zeigt 1 mA an. Berechnen Sie den Widerstand R.

8. Die Leistung an einem Widerstand soll mit der spannungsrichtigen Schaltung gemessen werden. Das Voltmeter (R_i = 1 MΩ) zeigt 24,0 V an. Das Amperemeter (R_i = 0,4 Ω) zeigt 1,60 mA an. Zeichnen Sie die Schaltung! Berechnen Sie die systematische Messabweichung! Geben Sie diese in mW mit Vorzeichen an!
9. Welchen Zusammenhang drückt der Scheitelfaktor aus und wovon hängt er ab?
10. Wie kann der Scheitelfaktor berechnet werden?
11. Berechnen Sie den Scheitelfaktor sinusförmiger Signale!
12. Die Nennspannung von 230 V an einer Steckdose wird in Form des Effektivwerts angegeben. Warum eigentlich? Man könnte doch auch den Gleichrichtwert oder den Scheitelwert angeben.
13. Durch Spitzenwertmessung wurde die Amplitude einer sinusförmigen Wechselspannung mit 325 V ermittelt. Wie groß ist der Effektivwert?
14. Warum ist es nicht sinnvoll, DVM zu entwickeln, die den Effektivwert aus dem Spitzenwert einer Wechselspannung gewinnen?
15. Die Effektivwertmessung einer Sinusspannung ergibt 50 V. Wie groß ist die Differenz zwischen den beiden Extremwerten der Spannung?
16. Berechnen Sie den Formfaktor eines sinusförmigen Wechselstroms!
17. Wie misst die Mehrzahl der Digitalmultimeter den Effektivwert einer Wechselspannung bzw. den Effektivwert eines Wechselstroms?
18. Warum wird bei der Effektivwertmessung kleiner Wechselspannungen nicht die Graetz-Schaltung (Brückengleichrichter, bestehend aus vier Dioden) benutzt?
19. Ein Multimeter, das nicht zur Gruppe der True-RMS-Messgeräte gehört (so justiert, dass es den Effektivwert rein sinusförmiger Wechselgrößen richtig anzeigt), wird benutzt, um eine Rechteckspannung zu messen. Welcher Wert wird angezeigt? Wie groß ist der Effektivwert? Wie groß ist die relative systematische Abweichung?
    a. Die Rechteckspannung nimmt Werte von -5 V und +5 V an.
    b. Die Rechteckspannung nimmt Werte von 0 V und 16 V an. Das Tastverhältnis beträgt 0,5.

20. Wie arbeiten True-RMS-Messgeräte? Bei welchen Messaufgaben sollten diese eingesetzt werden?
21. Wie groß ist der Effektivwert einer Rechteckspannung (Wechsel zwischen 0 und 1 V bei Tastverhältnis 0,5)?
22. Messungen des Spannungsabfalls an einem 1 Ω Widerstand ergaben viele Momentanwerte, die alle entweder 0 oder 5 V betragen. Das aus diesen Werten berechnete arithmetische Mittel beträgt 2,5 V. Berechnen Sie die elektrische Energie (in Joule), die an diesem Widerstand in einer Minute in Wärme umgewandelt wurde! Wie groß ist die durchschnittliche Leistung?
23. Der Spannungsverlauf 1 V, -1 V, 1 V, -1 V wurde gemessen, wobei sich der Momentanwert jeweils nach einer Sekunde geändert hat. Wie groß sind Gleichwert, Gleichrichtwert und Effektivwert?
24. Was bedeutet es, wenn der arithmetische Mittelwert einer Wechselspannung von 0 V abweicht?
25. Der dargestellte Verlauf einer Spannung wurde gemessen. Diese Rechteckspannung liegt an einem Widerstand (2 Ω) an.

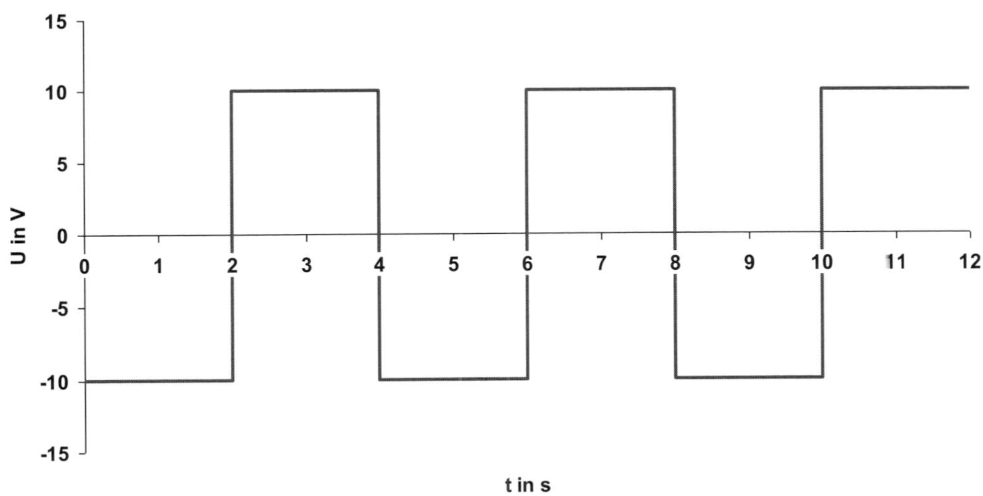

Bild 5.3 Rechteckspannung

Berechnen Sie die Verlustleistung!

26. Die Messung einer pulsierenden Gleichspannung mit einem DSO ergab den in Bild 5.4 dargestellten Zeitverlauf (Periodendauer 4 ms). Berechnen Sie Gleichrichtwert und Effektivwert in mV!

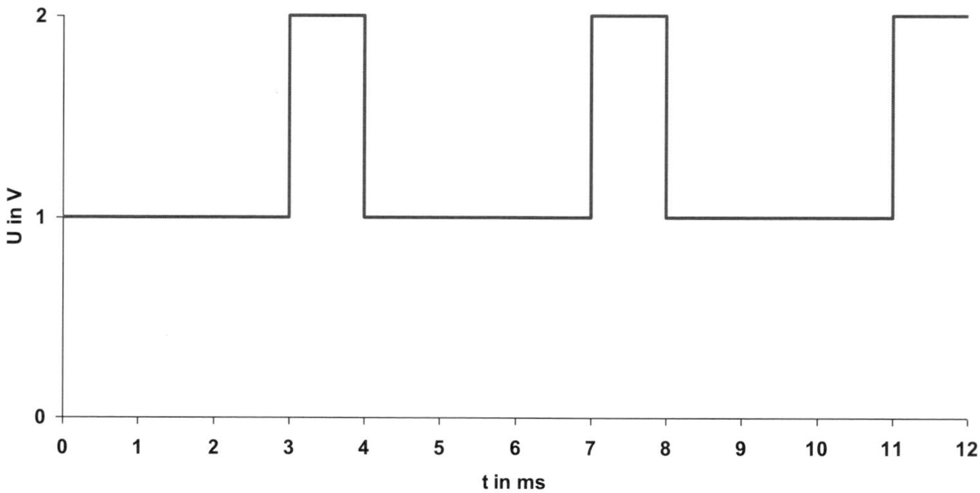

Bild 5.4 Pulsierende Gleichspannung

27. Was hat der Effektivwert eines Wechselstroms mit dem Wert eines Gleichstroms zu tun?
28. Was bedeutet „rms (sinus)“ und was bedeutet „true rms“?
29. Mit welchem Faktor sind der Gleichrichtwert und der Scheitelwert einer sinusförmigen Wechselspannung verknüpft?
30. Wie groß sind der Formfaktor und der Scheitelfaktor der in Bild 5.5 abgebildeten symmetrischen Wechselgröße?

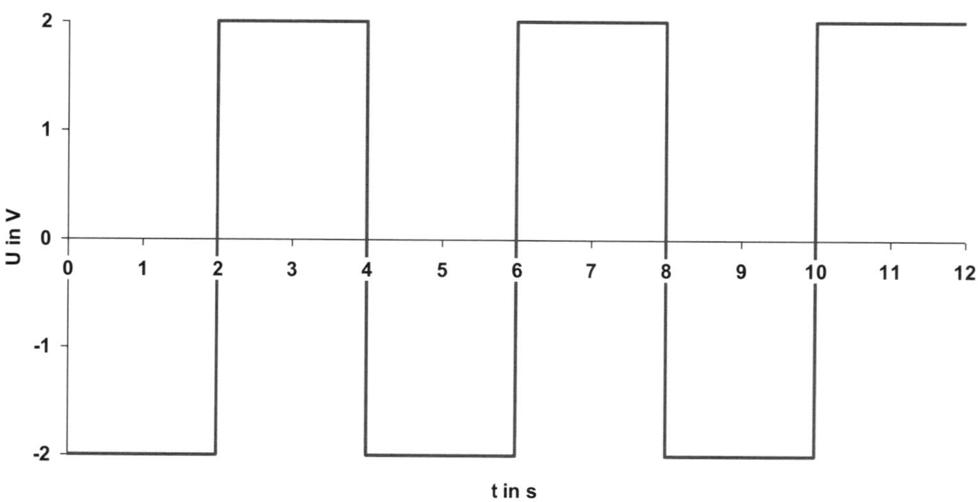

Bild 5.5 Symmetrische Rechteckspannung

31. Der Gleichrichtwert einer sinusförmigen Spannung beträgt 360 V. Wie groß ist der Scheitelwert?

32. Gegeben sei der dargestellte Stromverlauf, mit unsymmetrischem Zeitbezug.

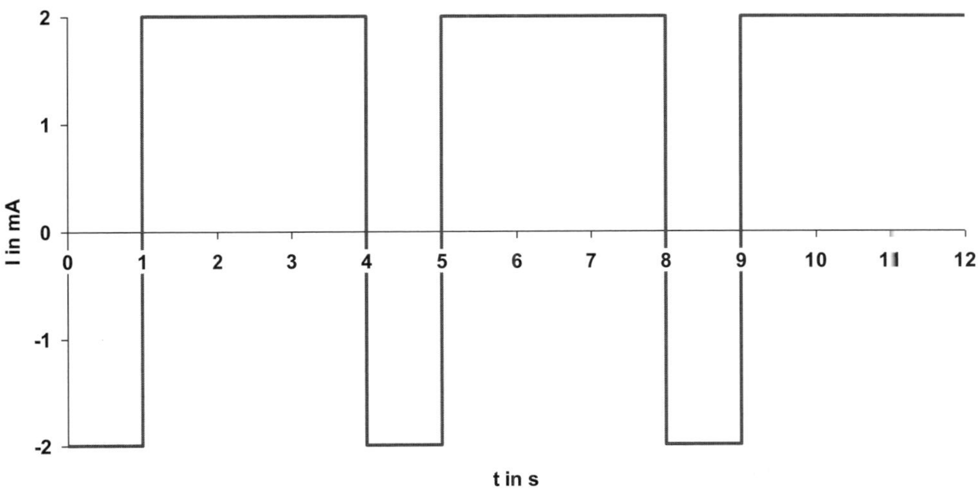

Bild 5.6 Stromverlauf

Der Effektivwert wird mit einem Analog-Vielfachmessgerät oder einem einfachen Digitalvoltmeter (für sinusförmige Größen justiert) erfasst. Dadurch entsteht eine systematische Messabweichung multiplikativer Art. Mit welchem Faktor sollte man alle Messergebnisse multiplizieren, um diese zu korrigieren?

33. Die Periodendauer eines HF-Signals wurde mit 0,2 µs gemessen. Wie groß ist die Frequenz? Wie groß ist die Kreisfrequenz?

34. Ein Amperemeter mit Drehspulmesswerk hat eine Fehlerklasse von 1 und einen Messbereich von 10 A. Es zeigt einen Messwert von 2,30 A an. Geben Sie die Messunsicherheit u in mA und das vollständige Messergebnis in A an! Interpretieren Sie dieses!

35. Was versteht man unter Fehlergrenzen?

36. Ein Hersteller gibt für ein Messgerät im Messbereich 10 V an: ±(0,05 % v. Mw. + 2 dgt.). Das Gerät zeigt 4,000 V an. Berechnen Sie die Unsicherheit und geben Sie das vollständige Messergebnis an! Wie groß ist die relative Unsicherheit des Messergebnisses?

37. Sie verfügen über einen ADU (Messbereich 0 bis 10 V, Innenwiderstand 20 kΩ) und möchten dessen Messbereich auf 50 V erweitern. Berechnen Sie den Wert des erforderlichen Vorwiderstands. Welche maximale Verlustleistung sollte dieser haben? Welche Auswirkungen hat eine Widerstandstoleranz von einem Prozent auf den Messwert?

38. In einer Stromschleife (eingeprägter Strom: 0 bis 20 mA) befindet sich ein Widerstand (50 Ω, TK 0,01 % je K). Dieser dient der Strom-Spannungs-Wandlung. Zeichnen Sie die statische Kennlinie dieses einfachen Wandlers und geben Sie den TK des Nullpunkts und den der Empfindlichkeit an!
39. Was ist ein Trigger und welche Aufgabe hat dieser?
40. Wofür benötigt ein Oszilloskop einen Trigger?
41. Welche Spannungen werden bei einem Analog-Oszilloskop miteinander synchronisiert?
42. Bestandteil eines analogen Sägezahngenerators ist ein Integrator. Zeichnen Sie eine entsprechende Operationsverstärker-Schaltung! Geben Sie den funktionalen Zusammenhang der Ausgangs- von der Eingangsspannung als Gleichung an!
43. Zeichnen Sie das Blockschaltbild eines analogen 2-Kanal-Oszilloskops!
44. Mit einem Oszilloskop kann die Amplitude und auch die Frequenz eines Signals gemessen werden. Welcher der beiden Signalparameter ist mit einem Digital-Oszilloskop viel genauer messbar als mit einem Analog-Oszilloskop? Begründen Sie Ihre Antwort!
45. Zeichnen Sie das Blockschaltbild eines digitalen 2-Kanal-Oszilloskops!
46. Mit welcher Messabweichung für die Messgröße Spannung ist bei einem Digital-Oszilloskop zu rechnen?
47. Wozu dient eigentlich die AC/DC-Taste (meist gekennzeichnet durch ein Kondensator-Symbol) am Oszilloskop?
48. Im Datenblatt eines Oszilloskops ist angegeben: Maximum Sampling-Rate 100 MS/s. Was bedeutet das für die obere Grenzfrequenz?
49. Sie wollen mit einem Oszilloskop eine Rechteckspannung von 5 MHz erfassen. Benutzen Sie ein Gerät mit einer Bandbreite von 5, 10, 20 oder 100 MHz?
50. Die Elektronenstrahlröhre in Ihrem Analog-Oszilloskop enthält eine Heizung. Wofür dient diese? Wie groß ist die Spannung an der Anode bezogen auf das Potential an der Kathode?
51. Zeichnen Sie die ideale statische Kennlinie eines Voltmeters der Fehlerklasse 2 mit einem Messbereich von 100 V! Zeichnen Sie in das Diagramm ebenfalls den Verlauf der Garantiefehlergrenzen ein!
52. Spannung und Strom an einem Widerstand wurden gemessen. Die Ergebnisse lauten $U = 4$ V, $I = 2$ mA. Die Unsicherheit der Messwerte beträgt 5 mV bzw. 3 µA. Berechnen Sie die Leistung und deren Unsicherheit (*worst case*) mit dem Totalen Differenzial!
53. Weisen Sie anhand der Werte in der vorangegangenen Aufgabe nach, dass das Totale Differential nur für kleine Messabweichungen korrekte Ergebnisse liefert!
54. Spannung und Strom an einem Widerstand wurden gemessen: $U = 5$ mV, $I = 2{,}5$ mA. Die Unsicherheit der Messwerte beträgt 6 µV und 5 µA. Geben Sie den Widerstandswert und dessen Unsicherheit als mittlere zu erwartende Abweichung an!
55. Zeichnen Sie den Schaltplan eines Abtast-Halte-Glieds (Sample&Hold) und beschreiben Sie dessen Arbeitsweise!
56. Welche Aufgabe haben die OPVs im Abtast-Halte-Glied?

57. Nennen Sie drei Vorteile, die ein 4/20-mA-Signal gegenüber dem 0/10-V-Signal bietet!
58. Wie kann mit nur zwei Leitern das Messsignal übertragen und gleichzeitig die Stromversorgung einer Messstelle gewährleistet werden?
59. Es soll eine Spannung von ca. 40 V gemessen werden. Zur Verfügung stehen zwei Spannungsmessgeräte mit folgenden Daten:

    Gerät 1: Messbereich (0 ... 60) V, Klasse 0,5

    Gerät 2: Messbereich (0 ... 250) V, Klasse 0,2

    Wählen Sie das Messgerät aus, das die Messung mit der geringsten absoluten Messabweichung ermöglicht! Berechnen Sie die relative Unsicherheit für die Benutzung des besser geeigneten Geräts!
60. Welchen Eingangswiderstand sollte ein Spannungsmessgerät idealer Weise haben? Begründen Sie Ihre Antwort!
61. Mit einem Voltmeter (Innenwiderstand 1 MΩ) und einem Amperemeter (Innenwiderstand 30 mΩ) werden zeitgleich Spannungsabfall an und Strom durch einen Widerstand gemessen. Es wird die stromrichtige Schaltung angewendet. Die Messergebnisse lauten: 5 V, 1 A. Geben Sie den absoluten und relativen systematischen Fehler der Spannungsmessung an!
62. Wie kann der Messbereich eines Spannungsmessgeräts vergrößert werden?
63. Wie kann der Messbereich eines Strommessgeräts vergrößert werden?
64. Sie verfügen über ein Spannungsmessgerät (Messbereich von 20 V, Innenwiderstand 100 kΩ) und möchten dessen Messbereich auf 100 V erweitern. Berechnen Sie den benötigten Widerstand!
65. Ein Spannungsteiler ($R_1 = 90$ kΩ, $R_2 = 10$ kΩ) wird zur Messbereichserweiterung benutzt, um mit einem Voltmeter ($MB = 10$ V, $R_v = 200$ kΩ) die Spannung U zu messen. Das Voltmeter zeigt den Messwert $U_m = 8$ V an. Wie groß ist die Spannung U?
66. Welchen Eingangswiderstand sollte ein Strommessgerät idealerweise haben? Begründen Sie Ihre Antwort!
67. Sie haben ein Amperemeter mit einem Messbereich von 10 A und einen Innenwiderstand von 30 mΩ. Sie möchten dessen Messbereich so erweitern, dass Sie 80 A messen können. Berechnen Sie den Shunt!
68. Erläutern Sie den Hall-Effekt und dessen Anwendung bei der Messung der elektrischen Stromstärke!
69. Welche Stromzangen sind zum Messen von Gleichstrom geeignet und welche sind es nicht? Begründen Sie Ihre Antwort!
70. Induktive Spannungswandler werden im Leerlauf betrieben. Warum?
71. Wie berechnet sich die Empfindlichkeit eines induktiven Spannungswandlers?
72. Welchen Vorteil hat ein ohmscher Spannungsteiler gegenüber einem Spannungswandler (Spannungstransformator)?
73. Welchen Vorteil hat ein Spannungswandler gegenüber einem Spannungsteiler?
74. Warum dürfen Stromwandler (Energietechnik) nie im Leerlauf betrieben werden?

75. Welchen Vorteil hat ein Messwiderstand gegenüber einem Stromwandler (Stromtransformator)?
76. Wofür dient eine Rogowskispule?
77. Erläutern Sie Aufbau und Funktion einer Rogowskispule!
78. Von welchen konstruktiven Eigenschaften ist die Empfindlichkeit einer Rogowskispule abhängig?
79. Nennen Sie Vorteile der Rogowskispule gegenüber einem Stromwandler!
80. Mit dem Oszilloskop erfassen Sie den dargestellten Zeitverlauf einer Spannung.

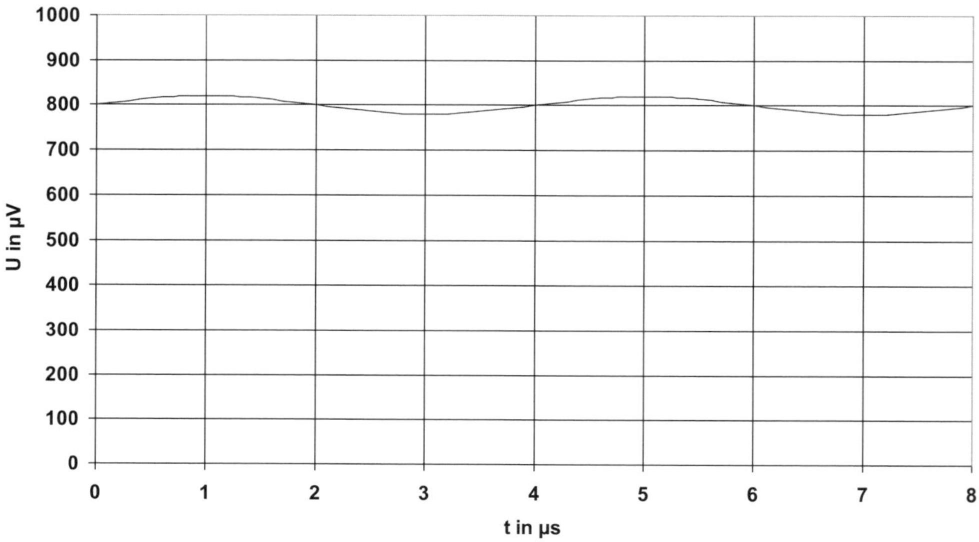

Bild 5.7 Spannung am Eingang eines Oszilloskops

Sie wollen möglichst genau die Amplitude der Wechselspannung messen. Welche Einstellung nehmen Sie am Oszilloskop vor? Begründen Sie!

81. Beeinflusst die Eingangssignalkopplung (AC- oder DC-Kopplung) den Amplitudengang eines Oszilloskops?
82. Ein Oszilloskop hat eine obere Grenzfrequenz von 1 MHz (-3 dB). Dessen Eingangskopplung wurde auf die Betriebsart DC eingestellt. Es wird eine sinusförmige Wechselspannung angelegt (Amplitude 1 V, Frequenz 1 MHz), die mit einem Gleichanteil von 1 V überlagert ist. Zeichnen Sie quantitativ den Verlauf, der vom Oszilloskop dargestellt wird!
83. Zeichnen Sie die Lissajous-Figur für den Fall, dass beide Spannungen sinusförmig (Amplitude 1 V, Frequenz 50 Hz) sind und in Phase liegen!

84. Zeichnen Sie die Lissajous-Figur für den Fall, dass beide Spannungen sinusförmig (Amplitude 2 V, Frequenz 8 kHz) sind und die y-Spannung gegenüber der x-Spannung um 180° phasenverschoben ist!

85. Zeichnen Sie die Lissajous-Figur für den Fall, dass beide Spannungen sinusförmig (Amplitude 1 V, Frequenz 50 kHz) sind und die y-Spannung gegenüber der x-Spannung um 90° phasenverschoben ist!

86. Welche Folgen kann es haben, wenn Sie Ihr batteriebetriebenes Digitalvoltmeter (Made in Europe) mit Dual-Slope-ADU in den USA verwenden? Begründen Sie kurz!

87. Mit welcher Integrationszeit sollte der Dual-Slope-ADU in einem DVM arbeiten, wenn mit Störspannungen einer Frequenz von 60 Hz zu rechnen ist? Mit welcher Integrationszeit könnten sowohl bei 50 als auch bei 60 Hz Netzstörungen unterdrückt werden?

88. Die Eingangsspannung eines Übertragungsglieds beträgt 10 mV. Dessen Ausgangsspannung beträgt 1000 mV. Geben Sie das Spannungsverhältnis in dB an!

89. Strom und Spannung wurden nacheinander (um die Abweichung der strom- bzw. der spannungsrichtigen Schaltung zu vermeiden) an einem ohmschen Widerstand mit einem Multimeter (Fehlerklasse 0,5) im 10-A-Messbereich mit 5 A und im 50-V-Messbereich mit 20 V gemessen. Ziel der Messung ist es, die Wirkleistung zu bestimmen. Berechnen Sie die Unsicherheit (*worst case*) der Leistung mit dem Totalen Differential! Geben Sie das vollständige Messergebnis für die Leistung an! Berechnen Sie die relative Abweichung!

90. Sie haben ein Voltmeter mit einem Messbereich von 1 V und mit einem Innenwiderstand von 10 MΩ. Sie möchten mit diesem Batterieströme bis zu 50 A messen. Wie groß wählen Sie den in den Strompfad zu schaltenden Messwiderstand? Welche Wärmeleistung wird in diesem umgesetzt? Bedenken Sie, dass sich der Messwiderstand bei großen Strömen erwärmen wird: Welche elektrische Eigenschaft soll das Material des Messwiderstands haben? Nennen Sie mindestens einen Werkstoff (Handelsname), der diese Eigenschaft aufweist!

91. Warum werden von verschiedenen Quellen unterschiedliche Temperaturkoeffizienten des spezifischen elektrischen Widerstands für ein und dasselbe Metall angegeben?

92. Wann wird bei der Messung von Widerständen der 4-Leiter-Schaltung der Vorzug gegenüber der 2-Leiter-Schaltung gegeben?

93. Skizzieren Sie die 4-Leiter-Schaltung und beschreiben Sie deren Funktion!

6 Nichtelektrische Größen

Die Messung nichtelektrischer Größen ist aus dem privaten Alltag, aus dem Forschungslabor, aus Fertigungs- und Verfahrenstechnik nicht wegzudenken.

6.1 Einführung

Neben der Zeit, die aufgrund ihrer Verwandtschaft mit der Frequenz eine fundamentale Rolle in der Elektrotechnik und Nachrichtentechnik spielt, ist die Temperatur die wohl am häufigsten gemessene Größe. In diesem Kapitel werden beispielhaft nichtelektrische Größen (u. a. Temperatur, Druck, Drehzahl, Dehnung, Kraft) herangezogen, um ganz praktische Probleme des Messens dieser Größen zu thematisieren. Einige sehr wichtige Messprinzipien für die Erfassung dieser Größen finden Erwähnung. Weit mehr Raum wird dem Messen nichtelektrischer Größen in den Kapiteln Fertigungstechnik und Prozessmesstechnik (Teil II, Kapitel 10 und 11) gegeben.

6.2 Fragen und Aufgaben

1. Um die Drehzahl eines Elektromotors zu messen, wird das Periodendauermessverfahren angewandt. Das Messobjekt verfügt über einen Inkrementalgeber, der einen Impuls je Umdrehung abgibt. Die Impulse steuern mit ihren 0/1-Flanken die Torzeit. Am Toreingang liegt eine Frequenz von 4 MHz $\pm$ 2 Hz an. Der Zähler zeigt nach einer Periode den Wert 100 000 an. Geben Sie die Drehzahl in der üblichen Einheit an!
2. Wie erfolgt die Richtungserkennung bei inkrementellen Drehzahlsignalen?
3. Eine Drehzahlmessung soll mit einer Schlitzscheibe und einer Gabellichtschranke durchgeführt werden. Die Lichtschranke verfügt über zwei Geber und erzeugt so zwei Rechtecksignale, die um 90° zueinander phasenverschoben sind. Ein Zähler mit zwei Eingängen wertet beide Signale aus und reagiert sowohl auf die 0/1- als auch auf die 1/0-Flanke. Die Torzeit beträgt eine Sekunde. Der Messwert soll ziffernrichtig in 1/min angezeigt werden. Berechnen Sie die Zahl der Schlitze, die die Scheibe haben muss!

4. Sie messen die Drehzahl mit einem DC-Tachogenerator ($E = 1$ mV/min^{-1}), wobei die Drehzahl nur langsamen Änderungen unterworfen ist. Leider erzeugt der Tachogenerator konstruktionsbedingt auch eine Wechselspannung, die das DC-Nutzsignal überlagert und periodische Drehzahlschwankungen vortäuscht. Je nach Drehzahl hat diese Wechselspannung eine Frequenz zwischen 20 und 400 Hz. Schlagen Sie eine Maßnahme vor, den Wechselspannungsanteil zu unterdrücken und erläutern Sie diese!
5. Ein Durchflussmessgerät hat eine lineare statische Kennlinie: 0 bis 2 m^3/min entsprechen 4 bis 20 mA. Das Folgegerät erfasst den Strom mit einer Unsicherheit von 500 µA. Geben Sie die Messunsicherheit in m^3/h an!
6. Ein Auswertegerät hat einen Innenwiderstand von leider nur 1 kΩ. Dieses ist an einen Druckmessumformer (Input = 0 ... 40 bar, Output = 0 ... 10 V) angeschlossen, der einen Innenwiderstand von 5 Ω hat. Geben Sie die Messabweichung in Prozent mit Vorzeichen an!
7. Welches der folgenden Materialien ist am wenigsten geeignet, um daraus ein Widerstandsthermometer zu fertigen? Aluminium, Messing, Konstantan, Kupfer, Nickel, Platin oder Silber? Begründen Sie Ihre Antwort!
8. In welcher Größenordnung liegt der Temperaturkoeffizient des spezifischen elektrischen Widerstands vieler Metalle?
9. Ein Messkabel hat bei 20 °C einen Widerstand von 10 Ω. Die Umgebungstemperatur steigt auf 70 °C. Auf welchen Wert steigt der Widerstand?
10. Warum wird ein Widerstandsthermometer nicht mit 20 mA gespeist, sondern besser nur mit 1 mA?
11. Nennen Sie Beispiele für elektrische und für nichtelektrische Berührungsthermometer!
12. Warum sollen Berührungsthermometer, welche die Aufgabe haben, die Lufttemperatur zu messen, abgeschattet werden?
13. Welche Maßeinheit hat das Ausgangssignal eines Thermoelements? Welche Information steckt im Ausgangssignal?
14. Was versteht man unter dem Seebeck-Koeffizienten und wovon ist dieser abhängig?
15. Am „heißen Ende" eines Thermoelements (Typ K) beträgt die Temperatur 100 °C. Die Temperatur an den „kalten Enden" beträgt 20 °C. Berechnen Sie die Thermospannung! Die Temperaturdifferenz soll ziffernrichtig mit einem Millivoltmeter ($E = 1$ Digit/mV) angezeigt werden. Um welchen Faktor muss die Thermospannung verstärkt werden?
16. Sie messen die Temperatur mit einem Widerstandsthermometer Pt100 ($E \approx 0{,}39$ Ω/K). Ihr Digitalohmmeter (Messbereich 500 Ω, Messunsicherheit: 0,5 % v. Mw. + 4 d) zeigt 120,0 Ω. Geben Sie das vollständige Messergebnis in °C an!
17. Mit einem 4-stelligen DVM, Fehlergrenze = ±(0,4 % v. Mw. + 2 Digit), messen Sie die Ausgangsspannung eines Thermoelements (Typ K). Das DVM zeigt 4,715 mV an. Über die Vergleichsstellentemperatur ist bekannt: 20,5 ± 0,3 °C. Geben Sie die Temperatur an der Messstelle in Grad Celsius einschließlich Unsicherheit an!
18. Welche Temperatur misst ein „in der Sonne liegendes" Widerstandsthermometer?
19. Was ist ein Pyrometer? Worin besteht das Messprinzip?

20. Was sind Vor- und Nachteile von Pyrometern gegenüber Berührungsthermometern?
21. Was sind die beiden großen Anwendungsgebiete von DMS?
22. Welche Größe ist mit einem DMS direkt messbar? Welche Größen sind indirekt messbar?
23. Wie ist die Dehnung definiert? Was ist die gebräuchliche Einheit?
24. Ein Kunststoffstab ist 1000 mm lang. Unter Zugbelastung nimmt seine Länge einen Wert von 1001 mm an. Berechnen Sie die Dehnung!
25. Auf einen Metallquader (500 mm lang) wirkt eine Druckkraft, sodass dieser um 0,4 mm gestaucht wird. Wie groß ist die Dehnung?
26. Zeichnen Sie die Draufsicht eines Metallfolie-Dehnungsmessstreifens und geben Sie die Messrichtung an!
27. Erläutern Sie Aufbau und Funktion eines Metallfolie-DMS!
28. Berechnen Sie den Widerstand eines Metallfolie-DMS, dessen Messgitterwerkstoff aus Konstantan besteht! Bekannt sind die Gesamtlänge des Leiters mit 24 mm, die Höhe mit 5 µm und die Breite mit 20 µm.
29. Welche praktische Bedeutung hat der k-Faktor eines DMS? Welche Einheit hat dieser?
30. Zeichnen Sie die statische Kennlinie eines Metallfolie-DMS für den Bereich −1000 bis 1000 µm/m!
31. Nennen Sie Vor- und Nachteile von Halbleiter-DMS gegenüber Metallfolie-DMS!
32. Ein Metallfolie-DMS hat einen Grundwiderstand von 350 Ω. Das Bauteil, auf dem dieser installiert ist, wird gestaucht, sodass der DMS um 0,015 % kürzer wird. Berechnen Sie die absolute und die relative Änderung seines Ausgangssignals!
33. Ein einzelner Metallfolie-DMS ($R_0 = 350\ \Omega$) wird in einer Wheatstone-Brücke betrieben. Berechnen Sie die Höhe der Brückenspeisespannung für den Fall, dass die Dehnung ziffernrichtig in der Maßeinheit µm/m von einem Mikrovoltmeter ($E = 1$ Digit/µV) angezeigt werden soll!
34. Was ist der Hauptgrund für die Anwendung der Wheatstone-Brücke beim Einsatz von Metallfolie-DMS?
35. Ein DMS wird in 3-Leiter-Technik in einer Wheatstone-Brücke betrieben. Zeichnen Sie die Schaltung! Geben Sie an, wo die Brückenspeisespannung angelegt und wo die Brückenausgangsspannung abgegriffen wird! Worin liegt der Vorteil des dritten Leiters?
36. Was ist eine Diagonalbrücke? Zeichnen Sie diese. Nennen Sie deren Vor- und Nachteile gegenüber Viertel- und Halbbrücke!
37. Ein DMS (k-Faktor laut Packung = 2,06) klebt längs auf einer Stütze und ist in einer Viertel-Brücke verschaltet. Infolge einer Druckkraft wird die Stütze um 500 µm/m gestaucht. Wie groß ist die relative Widerstandsänderung in %? Geben Sie die Brückenverstimmung in mV/V an! Welche Angabe benötigen Sie, um die Brückenausgangsspannung zu berechnen; die mechanische Spannung zu berechnen; die Kraft zu berechnen?

38. Je zwei DMS (120 Ω, k-Faktor = 2) sind in Längsrichtung auf und unter einer waagerecht eingespannten Biegefeder (E-Modul = 142 000 N/mm², h = 2,5 mm, b = 20,5 mm, Temperaturausdehnungskoeffizient 22 · 10^{-6}/K) installiert und zu einer Vollbrücke verschaltet. Wie wirkt sich eine Temperaturänderung von 10 K auf die Brückenverstimmung aus? Eine Masse von 1 kg wird in einem horizontalen Abstand von 14 cm von den DMS eingehängt. Berechnen Sie die Dehnung in µm/m und die Brückenverstimmung in mV/V!

39. Eine Wheatstone-Brücke besteht aus einem DMS (120 Ω, k-Faktor = 2) und aus drei Festwiderständen (120 Ω). Der DMS ist in Längsrichtung auf einen 0,2 m langen Rundstab (Aluminiumlegierung mit E = 70 000 N/mm², Durchmesser = 11,284 mm) geklebt. Der Stab wird nun in einer Werkstoffprüfmaschine mit einer Zugkraft von 10 kN beaufschlagt. Berechnen Sie das Brückenspannungsverhältnis in mV/V, die Dehnung in µm/m, die mechanische Spannung in N/mm² sowie die relative Widerstandsänderung in % und die absolute in Ω! Die Speisespannung beträgt 5 V und hat eine Stabilität von 0,1 %. Welchen Einfluss hat die Speisespannung auf das Brückenspannungsverhältnis?

40. Warum ist die Wahl der Speisespannung bei der Arbeit mit DMS immer ein Kompromiss?

41. Zwei DMS (k-Faktor = 2) sind mit zwei Festwiderständen in einer Halbbrücke verschaltet. Bei einer Dehnung von 0 betragen alle Widerstandswerte 120 Ω. Der Effektivwert der Brückenspeisespannung beträgt 5 V. Beide DMS unterliegen demselben Temperatureinfluss. Jedoch wird nur einer der beiden DMS der Messgröße Dehnung ausgesetzt. Welchen Vorteil hat es, zwei DMS zu benutzen? Zeichnen Sie die statische Kennlinie für einen Bereich von −1000 bis +1000 µm/m (Ausgangsgröße: Brückenverstimmung in mV/V, Eingangsgröße: Dehnung in µm/m)!

42. Ein Vierkantstab (E-Modul = 210 000 N/mm², Breite 10 mm, Höhe 2 mm) ist an einem Ende waagerecht eingespannt. Vier DMS (k-Faktor = 2,1) sind in Längsrichtung appliziert (zwei oben, zwei unten) und zu einer Vollbrücke verschaltet, die mit 2,5 V DC gespeist wird. Am anderen Ende (mittlere Entfernung zu den DMS beträgt 10 cm) hängt ein Gewicht, dessen Gewichtskraft eine Brückenverstimmung von 1,2 mV/V verursacht. Welche Masse hat das Gewichtsstück?

43. Im Aufnehmerbau werden fast immer vier DMS für einen Sensor verwendet, obwohl doch auch einer hinreichend ist. Warum der Aufwand?

44. Bei einem DMS-Aufnehmer, unabhängig davon, ob dieser die Kraft, den Druck oder das Drehmoment misst, sind DMS auf einem Federkörper aufgebracht. Welche Aufgabe hat dieser Federkörper im Sinne der Signalwandlung? Welche Kenngröße des Aufnehmers wird allein durch den Federkörper bestimmt?

45. Ein Federkörper (für z. B. einen Kraftsensor) wird meist so ausgelegt, dass die Dehnung auf der Oberfläche des Federkörpers bei Nennlast etwa 1000 µm/m beträgt. Wieso ist diese Auslegung ein Kompromiss?

46. Ein Metallfolie-DMS ist längs auf einen Zugstab aus Baustahl S355 appliziert (Streckgrenze = 355 N/mm²). Es wird eine Dehnung von 1500 µm/m gemessen. Wie groß ist die Materialspannung? Besteht die Gefahr der plastischen Verformung?

47. Warum ist der Begriff Piezo-Sensor nicht eindeutig?

48. Was ist das Ausgangssignal eines piezoelektrischen Sensors?
49. Worin besteht ein großer Nachteil piezoelektrischer Aufnehmer gegenüber DMS-Aufnehmern?
50. Die untere Grenzfrequenz eines DMS-Aufnehmers beträgt 0 Hz. Wie groß ist die untere Grenzfrequenz eines piezoelektrischen Aufnehmers?
51. Ein Überdruckmessgerät (MB 10 bar) zeigt bei anliegendem atmosphärischen Druck 0,2 bar an. Was tun Sie?
52. Ein Druckmessumformer wandelt Drücke von 0 bis 10 bar in Ströme von 4 bis 20 mA. Wie groß ist der Druck, wenn Sie einen Strom von 7,2 mA messen?
53. Eine elektronische Waage hat folgende Eigenschaften:

Messbereich	0 bis 150 kg
Anzeigeauflösung	0,1 kg
TKN	≤ 0,5 %/10 K
TKE	≤ 0,2 %/10 K
Linearitätsabweichung	0,2 %

Die Waage wurde bei 20 °C exakt justiert. Die Temperatur während der Messung beträgt 30 °C. Unmittelbar vor der Benutzung wird die Waage intern automatisch auf Null abgeglichen. Ein Kind stellt sich auf die Waage. Es werden 50,0 kg angezeigt. Berechnen Sie die Messunsicherheit (*worst case*)!

54. Bei einem Duckmessumformer verläuft die lineare statische Kennlinie durch folgende Punkte: 0 bar entspricht 2 V und 40 bar entspricht 10 V. Das nachfolgende Anzeigegerät kann das Messumformersignal auf 10 mV genau messen. Berechnen Sie die mögliche Messabweichung in mbar, die vom Anzeigegerät verursacht werden kann!
55. Ein Druckmessumformer (0 … 2 bar entsprechen 0 … 10 V) soll an ein DVM angeschlossen werden. Dieses hat die Messbereiche 1 V, 2 V, 5 V und 10 V. Der Druck soll vom DVM ziffernrichtig angezeigt werden. Schlagen Sie eine geeignete Anpassschaltung mit passiven Bauelementen vor und geben Sie den Messbereich an, den Sie am DVM einstellen!
56. Ein DMS-Kraftaufnehmer (Vollbrücke) weist bei 1 kN eine Brückenverstimmung von 2 mV/V auf. Sie speisen diesen mit 2,5 V. Die Speisespannung hat eine Unsicherheit von 1 mV. Die Ausgangsspannung beträgt 0,3732 mV. Wie groß ist die Kraft? Geben Sie die Unsicherheit infolge der Speisespannungsinstabilität in Newton an!

7 Verschiedenes

Im Kapitel 7 sind Fragen und Aufgaben zusammengefasst, die sich (noch mehr als viele andere) einer eindeutigen Zuordnung zu einem vorangegangenen Kapitel entziehen.

7.1 Einführung

Werden Aufgaben mit der Intention gestellt, einen großen Bezug zur Praxis aufzuweisen, sind diese sowieso schwer in Kategorien einzuteilen. Denn beispielsweise werden beim Messen nichtelektrischer Größen fast immer auch Probleme des Messens elektrischer Größen und der Digitaltechnik berührt. Auch spielen neben statischen Eigenschaften der Messeinrichtung häufig deren dynamische Eigenschaften eine Rolle. Die Ursache liegt darin begründet, dass praktische Messaufgaben meist doch recht komplex sind. Dem Sachverhalt wird mit diesem Kapitel Rechnung getragen.

7.2 Fragen und Aufgaben

1. Wofür dient eine Druckwaage? Worin besteht das Prinzip?
2. Warum ist der Messwert einer elektromagnetischen Kompensationswaage vom Luftdruck abhängig?
3. DMS haben eine Toleranz des k-Faktors von meist 1 %. Dennoch kann man mit Messgrößenaufnehmern, die auf DMS basieren, Messwerte gewinnen, die genauer als 0,1 % sind. Wie wird das erreicht?
4. Beschreiben Sie mindestens drei praktische Fallbeispiele, für die gilt, dass durch die Messeinrichtung die Messgröße ungewollt verändert wird!
5. Praktiker berechnen die Messunsicherheit gern als Produkt aus Genauigkeitsklasse und Messbereich. Was ist davon zu halten?
6. Messwiderstände und Widerstandsthermometer sind oft bifilar gewickelt. Was versteht man unter einer bifilaren Wicklung? Warum wird dieser Mehraufwand betrieben?

7. Für die Temperaturmessung stehen Ihnen ein Widerstandsmessgerät (Messbereich 500 Ω, Fehlerklasse 0,2) und ein Widerstandsthermometer zur Verfügung. Sie verbinden das Pt100 über ein zweiadriges Kabel (Gesamtwiderstand des Kabels 2 Ω) mit dem Ohmmeter. Berechnen Sie die zufällige und die systematische Messabweichung in Kelvin!
8. Sie haben die Aufgabe, eine 2-Punkt-Kalibrierung eines Widerstandsthermometers durchzuführen. Zur Verfügung stehen Voltmeter, Wasser, Eiswürfel, Kochplatte, Topf und Ohmmeter. Wie gehen Sie vor?
9. Sie vergleichen das Ergebnis einer Zweipunktkalibrierung mit der Sollkennlinie des Messumformers und stellen fest, dass Nullpunkt und Endwert erheblich von den Sollwerten abweichen. Was ist zu tun?
10. Sie möchten die Nullpunktabweichung eines Voltmeters im Messbereich 100 mV bestimmen. Sie verfügen über vier Messkabel (einadrig mit Bananensteckern), einen Widerstand (100 Ω), ein Pt100, einen Kondensator (1 μF), eine alte Batterie (ca. 1 V) und einen 5-Euro-Schein. Wie gehen Sie vor?
11. Mit einem Ohmmeter haben Sie einen sehr kleinen Widerstand gemessen. Später fällt Ihnen ein, dass Sie aufgrund der angewandten 2-Leiter-Technik den Kabelwiderstand mit gemessen haben. Das Messobjekt ist für Sie leider nicht mehr zugänglich, sodass die Messung nicht wiederholt werden kann. Wie lösen Sie das Problem?
12. Sie haben soeben Ihre komplette Messkette justiert (2-Punkt-Justage). Kann mit dieser jetzt „ganz genau" gemessen werden?
13. Welche Aufgabe übernimmt die dargestellte OPV-Schaltung? Wie wird diese genannt? Wie groß ist deren Empfindlichkeit? Zeichnen Sie die statische Kennlinie für den Eingangsspannungsbereich von −2 V bis +2 V!

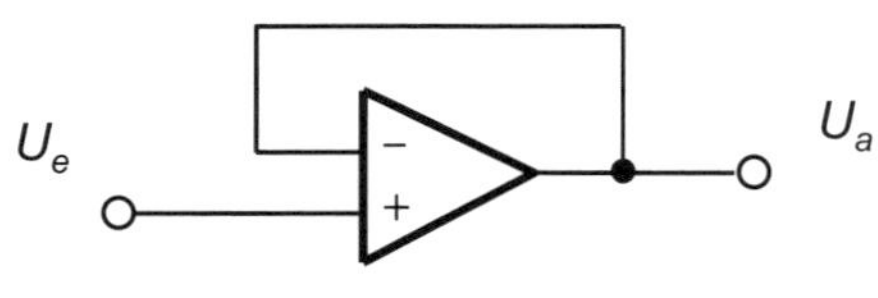

Bild 7.1
OPV-Schaltung

14. Sie haben die Aufgabe, die statische Kennlinie eines DC-Messverstärkers experimentell aufzunehmen. Als Geräte stehen Ihnen zur Verfügung: zwei Sinusgeneratoren, ein Rechteckgenerator, zwei einstellbare Gleichspannungsquellen mit analoger Anzeige, zwei 1-Kanal-Oszilloskope, zwei Ohmmeter, drei hochgenaue DVM. Wählen Sie die benötigten Geräte aus und zeichnen Sie das Blockschaltbild Ihrer Versuchsanordnung!
15. Zeichnen Sie das Blockschaltbild einer Temperaturmesseinrichtung, die aus ADU, S&H-Glied (SH), Widerstand/Spannungs-Wandler (W), Digitalanzeige (DA), Verstärker (V), Antialising-Filter (F) und Pt100 besteht!
16. Der Ausgangsstrom (eingeprägt) eines Temperaturmessumformers (0 bis 100 °C entspricht 0 bis 20 mA) fließt durch einen externen Widerstand (500 Ω). Der Spannungsabfall über diesen wird von einem nachgeschalteten Gerät erfasst. Berechnen Sie die systematische Messabweichung in Kelvin (für einen Messwert von 50 °C) die entsteht, wenn das nachgeschaltete Gerät einen Innenwiderstand von 10 kΩ hat!

17. Ein Temperaturmessumformer bildet den Temperaturbereich von 0 bis 500 °C linear auf einen Strom von 4 bis 20 mA ab. Ein Amperemeter (MB: 0 bis 20 mA) dient zum Messen der Stromstärke. Eine Auflösung von einem Kelvin ist gefordert. Geben Sie die erforderliche Auflösung des Amperemeters in μA und in bit an!
18. Ziel einer Messung ist es, die Leistung zu ermitteln, die von einem Widerstand (100 Ω ± 2 %) in Wärme umgesetzt wird. Hierfür wird die Stromstärke durch den Widerstand mit einem DMM gemessen. Der Gerätehersteller gibt an: Fehlergrenze ±(1 % v. Mw. + 4 digit). Das DMM zeigt im 1A-Messbereich 0,200 A an. Geben Sie das vollständige Messergebnis (*worst case*) an!
19. Was versteht man unter einer Messeinrichtung, die über die Fähigkeit zur automatischen Selbstjustage verfügt?
20. Von welchem Bauteil wird maßgeblich die Genauigkeit einer automatischen Selbstjustage bestimmt?
21. Welche messtechnischen Eigenschaften verbessern sich infolge einer automatischen Selbstjustage?
22. Sie überprüfen die Geschwindigkeitsanzeige Ihres Autos. Ihre Freundin sitzt am Steuer. Die Tachonadel steht auf genau 100 km/h. Sie messen mit Ihrer Digitaluhr (Auflösung 1 s) für die Strecke von einem Kilometer (die Wegstrecke lesen Sie an den Baken ab) eine Fahrzeit von 40 Sekunden. Berechnen Sie die Messabweichung des Tachometers! Berechnen Sie die Unsicherheit, mit der Sie diese Messabweichung bestimmt haben!

Teil II

Fortgeschrittene

8 Signalverarbeitung im Zeitbereich

Die Mehrzahl der Messsignale wird ausschließlich im Zeitbereich verarbeitet. Wichtigen Verarbeitungsschritten und damit verbundenen Problemstellungen widmet sich dieses Kapitel.

8.1 Einführung

Wenn Messgrößen über der Zeit erfasst werden, entsteht ein Messsignal. Das Messsignal wird im Zeitbereich weiterverarbeitet. Die Alternative dazu ist die Verarbeitung im Frequenzbereich (Kapitel 9).

Zunächst wird das gewonnene Rohsignal (auch natürliches Signal) verstärkt und ggf. digitalisiert. Daneben gibt es zahlreiche weitere Möglichkeiten, ein Messsignal analog oder auch digital weiterzuverarbeiten (Wandeln, Filtern, Differenzieren, Integrieren, Gleichrichten, ...). Was mit dem Signal geschieht, hängt vom Ziel der Messung und den Gegebenheiten vor Ort ab.

Die Übertragungsglieder der Messkette haben eine statische Kennlinie. Diese wird beim Kalibriervorgang punktweise aufgenommen. Liegen diese Punkte nicht auf einer Geraden, gibt es verschiedene Möglichkeiten der Approximation, die in diesem Kapitel thematisiert werden.

Neben der Linearisierung von Kennlinien sind Gegenstand des Kapitels u. a. Operationsverstärkerschaltungen, die Anwendung von Filtern, der Aufbau und die Funktion von Trägerfrequenz- sowie Ladungsverstärkern.

8.2 Fragen und Aufgaben

1. Wozu dient die Approximation einer experimentell aufgenommenen Kennlinie?
2. Kennlinien werden gern mit einer Geradengleichung beschrieben, da lineare Systeme relativ einfach zu beherrschen sind. Wovon ist es abhängig, ob eine Gerade für die Beschreibung des tatsächlichen Zusammenhangs zwischen Ein- und Ausgangsgröße hinreichend gut geeignet ist?
3. Warum genügt es nicht, die 90%-Einschwingzeit abzuwarten, wenn die einzelnen Stützpunkte einer Kennlinie aufgenommen werden?
4. Ist es wichtig, die Stützwerte in einer bestimmten Reihenfolge aufzunehmen?
5. Es wurden durch Kalibrierung 11 Stützpunkte einer statischen Kennlinie ermittelt. Diese liegen nicht auf einer Geraden. Was ist die einfachste Möglichkeit der Approximation?
6. Welchen Vorteil haben kubische Spline-Funktionen gegenüber Geradengleichungen?
7. Sie haben *n* Stützpunkte einer Sensorkennlinie aufgenommen und wollen ein Polynom durch alle Stützpunkte legen. Welchen Grad muss das Polynom haben?
8. Sie wollen 6 Kennlinienpunkte, die nicht auf einer Geraden liegen, mit einer einzigen Funktion beschreiben. Welche Funktion wäre geeignet?
9. Welche Gefahr besteht bei der Polynom-Approximation, wenn ein Polynom aufgestellt wird, das genau durch alle Stützpunkte verläuft?
10. Sie haben 21 Stützstellen der nichtlinearen statischen Kennlinie eines Aufnehmers experimentell bestimmt. Die Stützpunkte streuen stark. Der Zusammenhang ist sehr gut mit einem Polynom 4. Ordnung beschreibbar, obwohl das Polynom nicht genau durch die Stützpunkte geht. Bevor Sie die Regression durchführen um die Ausgleichsfunktion zu finden, invertieren Sie die Kennlinie. Warum invertieren Sie diese, bevor Sie die Regressionsrechnung durchführen?
11. Welche Vor- und Nachteile hat die Regression gegenüber den üblichen Interpolationsverfahren, bei denen Polygonzüge, Polynome oder kubische Splines verwendet werden?
12. Welche messtechnische Bedeutung hat die mittlere quadratische Abweichung, die im Allgemeinen als Optimierungskriterium einer Ausgleichsrechnung benutzt wird?
13. Um den Abstand einer Eisenplatte im Bereich von 1 bis 4 mm zu messen, benutzen Sie eine Spule und werten deren Induktivität (10 bis 1 µH) in einer Brückenschaltung aus. Sie nehmen 11 Stützpunkte der nichtlinearen Kennlinie auf. Mit einer Regression bestimmen Sie die Koeffizienten einer geeigneten Ausgleichsfunktion. Die mittlere quadratische Abweichung beträgt 0,01 mm^2. Was kann man über die Messunsicherheit sagen?
14. Ihr Messsignal enthält Nutzanteile im Bereich von 0 bis 40 Hz. Es wird durch Störanteile im Bereich von 50 bis 500 Hz überlagert. Welche 3-dB-Grenzfrequenz stellen Sie an Ihrem Filter ein? Was macht die Wahl der Filterfrequenz so schwierig?
15. Was ist der wesentliche Unterschied zwischen Bessel- und Butterworth-Charakteristik im Zeitbereich?

16. Sie benutzen einen Beschleunigungsaufnehmer als Neigungssensor an einem Bauwerk. Wo sollte die untere Grenzfrequenz des Sensors liegen? Welches Messprinzip wäre völlig ungeeignet?
17. Sie verwenden einen einachsigen Beschleunigungssensor, um die Neigung im Bereich von −5 bis +5° zu messen. Wie ordnen Sie diesen am Messobjekt an (Ausrichtung)?
18. Warum darf die Messachse eines Beschleunigungssensors bei dessen Anwendung als Neigungsmesser nicht zum Erdmittelpunkt ausgerichtet sein?
19. Ein einachsiger Beschleunigungssensor ($E = 1\ \mathrm{V/ms^{-2}}$) dient als Neigungsmesser. Dieser ist waagerecht am Messobjekt montiert (0° entspricht 0 V). Geben Sie den Messbereich in Grad an! Geben Sie eine Funktion an, die den Zusammenhang zwischen Neigung und Ausgangsspannung beschreibt! Geben Sie eine Gleichung für die Signalverarbeitung an, mit der aus der Ausgangsspannung der Winkel berechnet werden kann! Wie groß ist der Winkel, wenn der Sensor eine Spannung von −2 V erzeugt?
20. Werden mit dem oben erwähnten System nur kleine Neigungen (−10 bis +10°) gemessen, spielt die Nichtlinearität eine untergeordnete Rolle, denn die Sinusfunktion hat in diesem Bereich einen fast konstanten Anstieg. Geben Sie eine lineare Näherungsgleichung an, die den Zusammenhang zwischen Neigung und Spannung beschreibt! Testen Sie die Gleichung bei einer Ausgangsspannung von −2 V!
21. Ein Wegaufnehmer misst die Schwingungen eines mechanischen Bauteils. Das Messsignal entspricht der Funktion:

    $$s(t) = s_0 \cdot \sin \omega t$$

    mit $f = 1$ Hz, $s_0 = 1$ mm.

    Durch anschließendes Differenzieren des Messsignals werden die Schwinggeschwindigkeit und die Schwingbeschleunigung ermittelt. Geben Sie die Funktionsgleichungen an! Stellen Sie Weg, Geschwindigkeit und Beschleunigung über der Zeit in je einem Diagramm dar! Welches praktische Problem tritt auf, wenn auf diese Weise die Beschleunigung gemessen wird?
22. Ein Sensor misst die periodische Beschleunigung eines Bauteils:

    $$a(t) = a_0 \cdot \sin \omega t$$

    mit $f = 1$ Hz, $a_0 = 10\ \mathrm{m/s^2}$.

    Durch Integration über der Zeit im Signalverarbeitungsmodul werden die Schwinggeschwindigkeit und der Schwingweg ermittelt.

    Geben Sie die Funktionsgleichungen an!

    Stellen Sie die drei Messgrößen in Zeitdiagrammen dar!

    Welches Problem wird bei längerer Messzeit auftreten?
23. Ein Beschleunigungssensor hat einen Messbereich von $500\ \mathrm{m/s^2}$. Der Nullpunkt ist unbemerkt um 0,01 % gedriftet. Welche Bedeutung hat die Nullpunktabweichung, wenn 10 s lang gemessen wird und aus dem Beschleunigungssignal die Geschwindigkeit und der Weg gebildet werden? Stellen Sie die drei Messabweichungen in einem Diagramm über der Zeit dar!

24. Es liegt auf der Hand, dass das Zuschalten eines Tiefpasses im Allgemeinen die Einschwingzeit vergrößert. Bei bestimmten Sensoren kann ein nachgeschalteter Tiefpass die Einschwingzeit verkürzen und die obere Grenzfrequenz erhöhen. Welche Sensoren betrifft das? Wie funktioniert das?
25. Welche Aufgabe hat ein Messverstärker?
26. Was versteht man unter einem TF-Messverstärker?
27. Was sind die Vorteile eines TF-Messverstärkers gegenüber einem DC-Messverstärker?
28. Wann ist zwingend der Einsatz eines TF-Messverstärkers erforderlich?
29. Warum enthält ein TF-Messverstärker einen phasengesteuerten Gleichrichter?
30. Aus welchen Baugruppen besteht ein TF-Messverstärker?
31. Warum kann die Grenzfrequenz eines TF-Messverstärkers niemals größer sein als die Trägerfrequenz?
32. Warum werden trotz der Vorzüge von TF-Messverstärkern auch DC-Messverstärker eingesetzt?
33. Nennen Sie Ein- und Ausgangsgröße eines Ladungsverstärkers! Welche Aufgabe hat ein Ladungsverstärker?
34. Von welchem Bauelement wird die Empfindlichkeit eines Ladungsverstärkers bestimmt?
35. Ladungsverstärker verfügen häufig über umschaltbare Widerstände. Welche Verstärkereigenschaft wird durch diese bestimmt? Welches Bauelement beeinflusst diese Eigenschaft ebenfalls?
36. In einem Ladungsverstärker sind ein Zeitkonstantenwiderstand von 4,7 MΩ und ein Bereichskondensator von 0,1 µF aktiviert. Wie groß ist die untere Grenzfrequenz?
37. Was kann geschehen, wenn als Zeitkonstantenwiderstand ein unendlich großer Wert gewählt wurde, wenn sich also nur der Ladekondensator im Rückkoppelzweig befindet?
38. Was passiert im Ladungsverstärker, wenn vom Bediener die Reset-Taste gedrückt wird?
39. Die Empfindlichkeit eines Ladungsverstärkers wird an den Messbereich des piezoelektrischen Sensors angepasst. Diese Anpassung ist bei Verstärkern für DMS-Aufnehmer nicht erforderlich. Wie ist das zu erklären?
40. Worin liegt die Herausforderung bei der Realisierung einer automatischen Selbstjustage in Messgeräten für nichtelektrische Größen?
41. Die Abbildung zeigt einen Elektrometerverstärker (Eingangswiderstand im Gigaohm-Bereich).

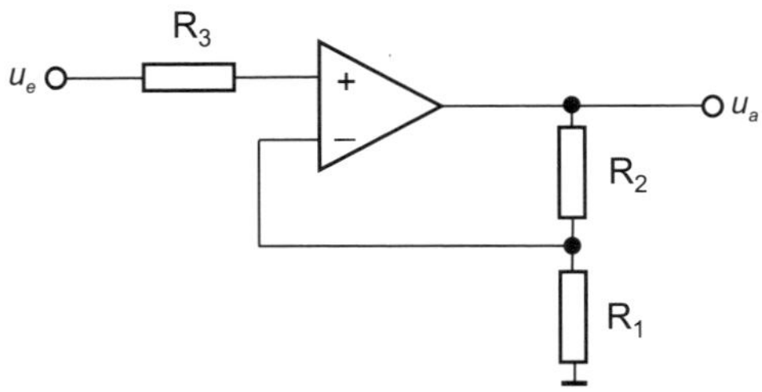

Bild 8.1
Elektrometerverstärker

$R_1 = 1\ \text{k}\Omega$, $R_2 = 9\ \text{k}\Omega$.

Berechnen Sie den Verstärkungsfaktor! Wofür dient $R3$? Wie groß sollte $R3$ sein?

42. Dargestellt ist ein invertierender Verstärker mit $R_1 = R_3 = 200\ \Omega$ und $R_2 = 20\ \text{k}\Omega$.

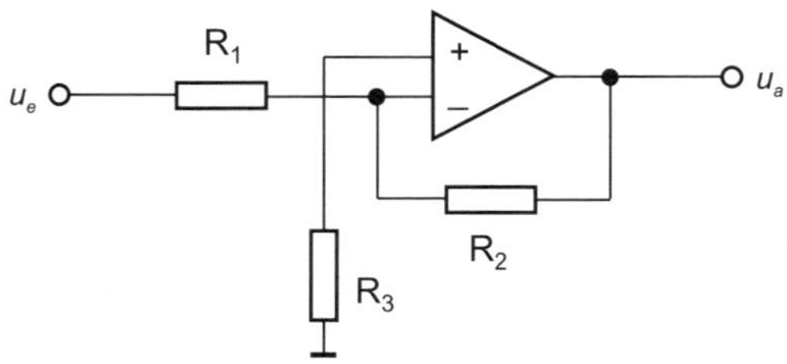

Bild 8.2
Inverter

R_3 dient der Ruhestromkompensation. Berechnen Sie die Ausgangsspannung für eine Eingangsspannung von −5 mV sowie den Eingangswiderstand!

43. In der oben dargestellten Inverterschaltung (Bild 8.2) haben alle Widerstände einen TK von 500 ppm/K. Welche Auswirkungen hat das auf die Temperaturempfindlichkeit der Verstärkerkennlinie?

44. Zeichnen Sie eine Inverterschaltung, bei der die Möglichkeit besteht, den Nullpunkt zu justieren!

45. Man benötigt nicht zwingend einen Prozessor, um eine Subtraktion auszuführen. Die Abbildung zeigt einen Differenzverstärker (Subtrahierer).

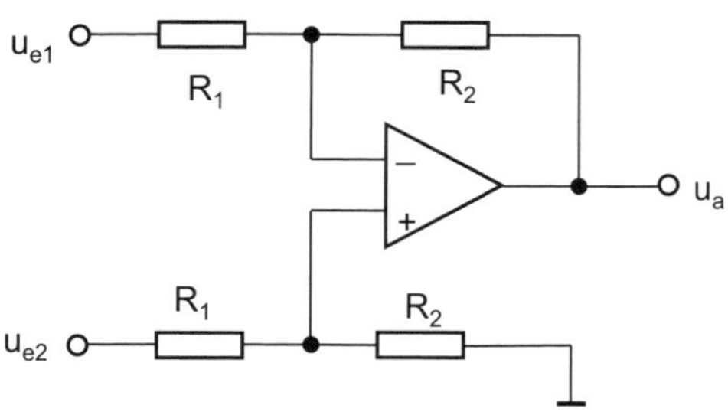

Bild 8.3
Subtrahierer

U_1 beträgt 5 V während U_2 6 V beträgt. Alle Widerstände haben 1 kΩ. Berechnen Sie die Ausgangsspannung!

46. Auch Additionen sind mit OPV-Schaltungen ausführbar. Zeichnen Sie einen Summierverstärker (Addierer) und geben Sie die Gleichung zur Berechnung der Ausgangsspannung an!

47. In der messtechnischen Praxis sind häufig Differenzsignale auszuwerten. Soll eine Spannungsdifferenz (z. B. eine Brückenspannung) verstärkt werden, eignet sich sehr gut ein Instrumentationsverstärker (hochohmige Elektrometerverstärkereingänge, geringer Ausgangswiderstand, hohe Gleichtaktunterdrückung) mit justierbarer Verstärkung (siehe Schaltplan).

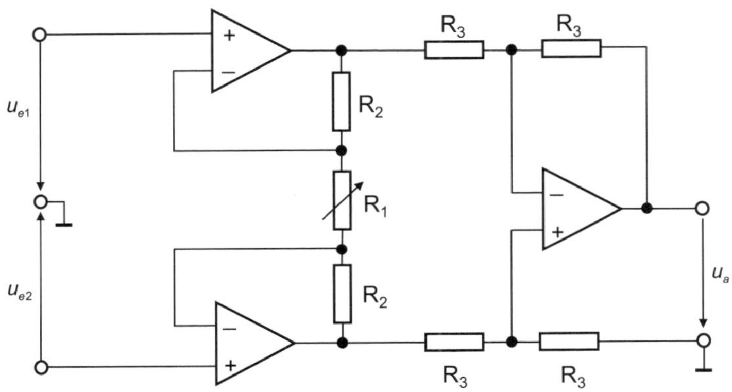

Bild 8.4 Instrumentationsverstärker

Angenommen, der TK von R_1 (1 kΩ) beträgt +500 ppm/K. Die TK von R_2 (100 kΩ) und R_3 betragen +20 ppm/K. Wie groß sind die Temperaturkoeffizienten der Schaltung?

48. Sie verwenden einen integrierten Instrumentationsverstärker. Der Hersteller gibt an: Temperaturdrift der Eingangsoffsetspannung typ. 5 µV/K. Sie benutzen diesen, um das Ausgangssignal eines DMS-Aufnehmers (Kennwert 2 mV/V), der mit 5 VDC gespeist wird, auf 0 bis 10 V zu verstärken. Welche Verstärkung müssen Sie einstellen? Geben Sie diese auch in dB an! Wie groß ist der TK?

49. In der praktischen Messtechnik werden, um eine hohe Störfestigkeit zu erreichen, oft eingeprägte Ströme benutzt. Deshalb sind Spannungen proportional in Ströme zu wandeln. Zeichnen Sie die Schaltung eines geeigneten Wandlers (0 bis 10 V in 0 bis 20 mA)! Geben Sie eine Gleichung an, die den Zusammenhang zwischen Eingangsspannung und Ausgangsstrom beschreibt! Bemessen Sie den Widerstand, der die Empfindlichkeit bestimmt! Wie groß sind Eingangs- und Ausgangswiderstand der Schaltung?

50. Soll ein Stromsignal in ein Spannungssignal gewandelt werden, ist die einfachste Möglichkeit die Serienschaltung eines Widerstands in den Strompfad. Der Widerstand wandelt Ströme in proportionale Spannungen.

    Geben Sie den Übertragungsfaktor dieses Strom-Spannungs-Wandlers für einen Widerstand von 1 kΩ an! Worin besteht der Nachteil dieser einfachen Anordnung?

51. Unterbreiten Sie einen Schaltungsvorschlag für einen Strom-Spannungs-Wandler mit kleinem Eingangswiderstand unter Nutzung eines OPV! Geben Sie den Übertragungsfaktor an!

52. Die Graetz-Schaltung dient in der Stromversorgungstechnik als Zweiweggleichrichter. In der Messtechnik wird diese ungern innerhalb des Signalflusses verwendet. Was ist der Grund?
53. Zeichnen Sie die Schaltung eines linearen Zweiweggleichrichters! Es muss gelten:

$$u_a = |u_e|$$

Erläutern Sie die Funktionsweise!

54. Dargestellt ist eine Operationsverstärker-Schaltung mit Kondensator im Gegenkopplungszweig.

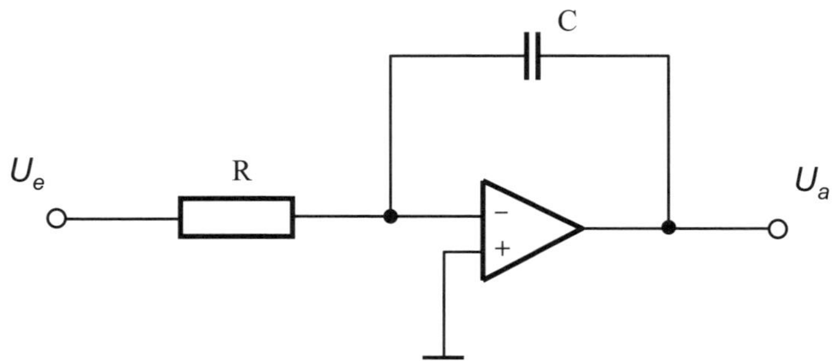

Bild 8.5 OPV-Schaltung mit Kondensator zur Gegenkopplung

Wie bezeichnet man diese? Geben Sie den funktionalen Zusammenhang zwischen Aus- und Eingangsspannung an! Wie groß ist der Eingangswiderstand? Nennen Sie Anwendungen!

55. Zeichnen Sie das Schaltbild eines Differenzierers (Operationsverstärker-Schaltung)! Geben Sie die Differentialgleichung an! Wie groß ist die Zeitkonstante? Nennen Sie Anwendungen!

9 Spektralanalyse

Die Spektralanalyse ist wohl die wichtigste Form der Signalverarbeitung im Frequenzbereich.

9.1 Einführung

Wichtige Informationen liegen oft in den Frequenzen der Messsignale. Die Spektralanalyse dient dazu, aufzuklären, welche Frequenzen mit welchen Amplituden im Signal enthalten sind. Im Ergebnis entsteht ein Frequenzspektrum.

Mit Hilfe der Spektralanalyse ist es auch möglich, die dynamischen Eigenschaften von Messsystemen im Frequenzbereich zu bestimmen, so z. B. die Kenngrößen Resonanzfrequenz, Grenzfrequenz, Bandbreite.

Der Schwerpunkt dieses Kapitels liegt auf den Möglichkeiten sowie bei den Grenzen und Gefahren der Diskreten Fourier Transformation (DFT) und deren Spezialvariante Fast Fourier Transformation (FFT).

9.2 Fragen und Aufgaben

1. Sie regen ein mechanisches Bauteil durch einen Hammerschlag zum Schwingen an, um dessen Eigenfrequenzen zu bestimmen. Nennen Sie die physikalischen Größen, die für die Messung geeignet sein können!
2. Benötigt man eine hohe Abtastrate oder eine große Messzeit, um ein gut aufgelöstes Spektrum zu erhalten?
3. Was bedeutet es, im Zusammenhang mit einer Spektralanalyse kohärent abzutasten bzw. zu messen? Warum ist das bei praktischen Messungen schwer realisierbar?
4. Was versteht man unter dem Leakage-Effekt? Wie kann man diesen verhindern oder wenigstens vermindern?

5. Warum ist es nicht effizient, für eine FFT 8000 Werte zu erfassen?
6. Nennen Sie Vor- und Nachteile einer FFT gegenüber einer „normalen" DFT?
7. Weshalb sind die diskreten Frequenzen, für die Amplituden- und Phasenwerte mit einer FFT berechnet werden, meist gebrochene Zahlen?
8. Sie zeichnen einen transienten Vorgang auf. Z.B. regen Sie ein Bauteil mit einer Stoßfunktion an (Diracimpuls), um dessen Eigenfrequenzen zu finden. Sie unterziehen den gewonnenen Datensatz einer DFT. Welche Fensterfunktion wenden Sie an?
9. Innerhalb von 100 ms wurden 1000 Messwerte erfasst. Bestimmen Sie die Trennschärfe des Amplitudenspektrums, das mit einer DFT berechnet wird! Geben Sie die niedrigste und die höchste Frequenz an, für die eine Amplitude berechnet wird! Wie viele Amplituden werden berechnet?
10. Im Gegensatz zur vorangegangenen Aufgabe soll jetzt eine FFT genutzt werden. Es steht derselbe Datensatz mit 1000 Messwerten zur Verfügung, der in 100 ms gewonnen wurde. Wie hoch ist die Trennschärfe? Wo liegt die höchste Frequenz, für die eine Amplitude berechnet wird? Wie viele Amplituden werden berechnet?
11. Der gewonnene Datensatz besteht aus 8192 Messwerten. Sie wenden sowohl eine DFT als auch eine FFT auf diesen an. Gibt es Unterschiede zwischen den berechneten Frequenzspektren?
12. Messobjekt ist eine kleine Turbine, die mit 30 000/min rotiert. Mit einem passiven Beschleunigungsaufnehmer (horizontal befestigt) und einem DAQ-System (Verstärker, ADU, Digitalinterface) nehmen Sie die Gehäuseschwingungen auf. Mit einer Abtastrate von 10 000 /s messen Sie 10 s lang. Mittels DFT wird im PC das Amplitudenspektrum berechnet.

    Wie hoch ist die Frequenzauflösung?

    Was ist die höchste diskrete Frequenz, für die Amplituden berechnet werden?

    Bei welcher Frequenz ist die größte Amplitude zu erwarten?

    Wie steht es mit der Kohärenz?

    Nennen Sie Zahlenwerte für die dynamischen Eigenschaften, die die analogen Glieder der Messkette haben müssen, um Fehler im Amplitudenspektrum klein zu halten!
13. Die Messwerterfassung erfolgt wieder wie in der vorangegangenen Aufgabe. Diesmal verwenden Sie eine FFT. Wie gut ist die Trennschärfe? Wie steht es mit der Kohärenz?
14. Ein diskretes Amplitudenspektrum liegt vor. Die Spektrallinien haben folgende Länge:

f (Hz)	0	10	20	30	40	50	60	70
U (V)	2	1	0	0	0	0	0	0

    Geben Sie die Funktionsgleichung U(t) für das gemessene Signal an!

    Welche Messzeit wurde benutzt?

    Welche Abtastrate war eingestellt?
15. Welche speziellen Fensterfunktionen kennen Sie? Wann sind spezielle Fensterfunktionen von Vorteil? Worin liegen Nachteile?
16. Können Abschneidefehler vermindert werden, indem lange gemessen wird?

17. Welchen Nachteil bergen lange Messzeiten?
18. Bei einem Crashtest werden Beschleunigungssignale gemessen. Sie wollen die Amplitudenspektren berechnen. Welche Fensterfunktion nutzen Sie?
19. Sie haben das abgebildete Gleichspannungssignal digital erfasst. Die Gleichspannung wird durch eine Wechselspannung überlagert.

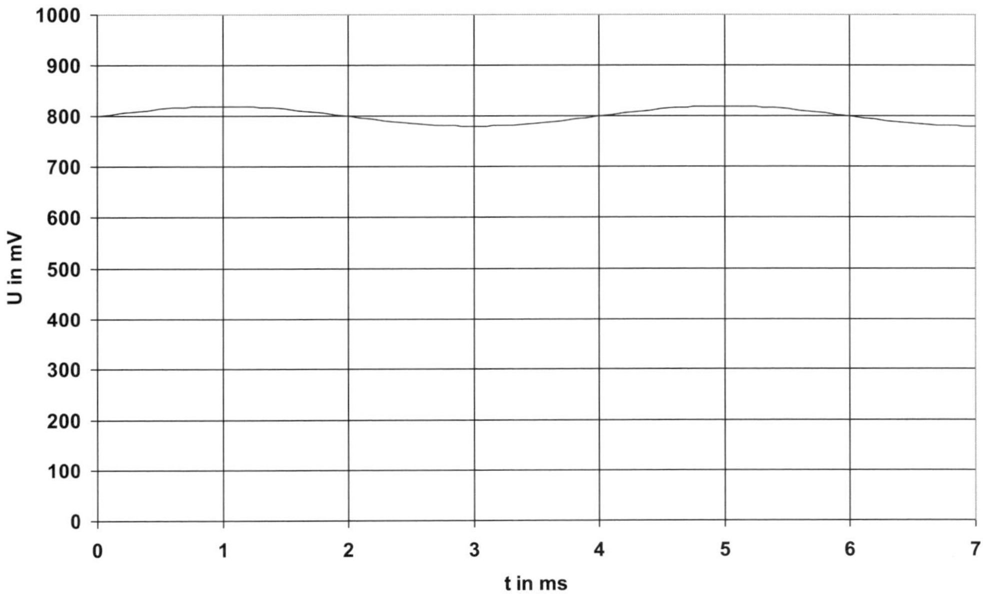

Bild 9.1 Gleichspannung mit Wechselanteil

   a. Zum Zweck der Spektralanalyse wenden Sie auf alle Messwerte eine DFT an. Welche Fensterfunktion wählen Sie aus? Begründen Sie!
   b. Zum Zweck der Spektralanalyse wollen Sie eine DFT anwenden. Sie sind frei in der Wahl der Anzahl der Messwerte. Welche Messwerte benutzen Sie? (Zeitbereich angeben!) Welches Fenster benutzen Sie? Begründen Sie jeweils Ihre Wahl!

20. Das Diagramm zeigt den Signalverlauf eines transienten Vorgangs. Sie haben das Signal mit einer Abtastrate von 20 kHz erfasst. Welche Fensterfunktion benutzen Sie und welche Messwerte verwenden Sie für eine FFT? Begründen Sie!

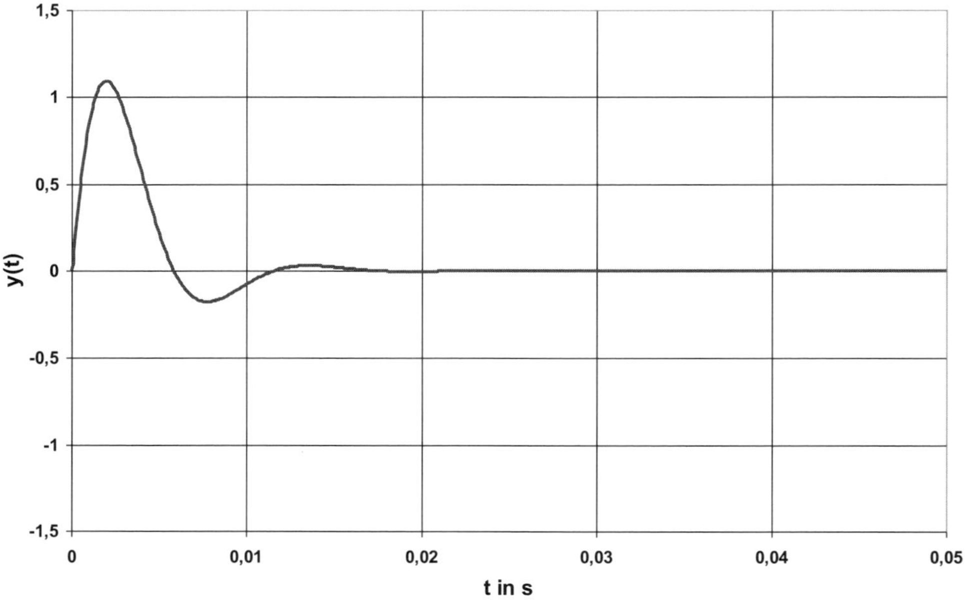

Bild 9.2 Transienter Vorgang

21. Sie führen Messungen mit folgenden Einstellungen durch:

- 500 Hz Tiefpass
- Abtastrate 2 kHz
- Messzeit 10 ms
- Rechteckfenster

Ihre Messsignale sind:

a. Sinus (1 V, 100 Hz)

b. Sinus (1 V, 250 Hz)

c. Sinus (1 V, 500 Hz)

d. Sinus (1 V, 1000 Hz)

Auf die Datensätze wenden Sie eine DFT an, um die Amplitudenspektren zu gewinnen. Zeichnen Sie die Spektrallinien (ungefähr) in das Amplituden-Frequenz-Diagramm ein!

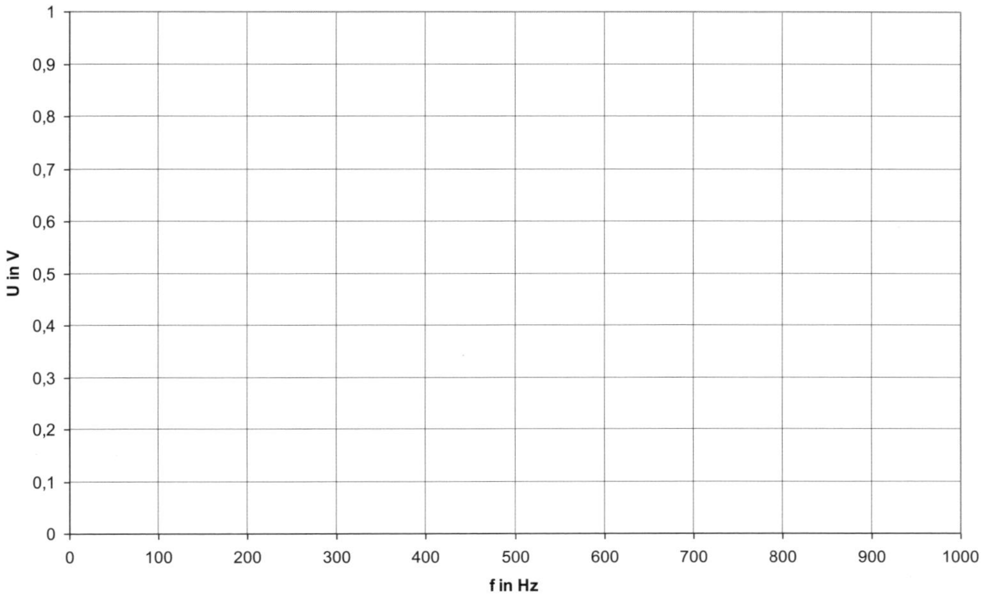

Bild 9.3 Amplituden-Frequenz-Diagramm

22. Als Antialising-Filter wird ein einfaches RC-Glied (Tiefpass 1. Ordnung) verwendet. Die Grenzfrequenz liegt bei 45 kHz (−1 dB) bzw. bei 90 kHz (−3 dB). Der angeschlossene Momentanwert-ADU arbeitet mit einer Abtastrate von 100 kHz. Im Messsignal taucht jetzt eine Wechselspannung (Amplitude = 0,2 V, Frequenz = 90 kHz) auf. Kann sich diese im Amplitudenspektrum bemerkbar machen?
23. Sie haben die Aufgabe, Periodika in einem Signal innerhalb einer Bandbreite von 0,1 bis 100 Hz aufzudecken. Das Spektrum des Signals ist zeitvariant. (Das ist beispielsweise der Fall, wenn Vibrationen an einem Verbrennungsmotor im Auto im Fahrversuch gemessen werden.) Wo liegt die Problematik dieser Messaufgabe? Wie lautet die Lösung?
24. Welches Ergebnis liefert eine Ordnungsanalyse?
25. Was sind die wesentlichen Unterschiede zwischen Bessel- und Butterworth-Charakteristik im Frequenzbereich?

10 Ausgewählte Messgrößen der Fertigungstechnik

Das Messen der Größen Kraft, Gewicht, Weg, Drehzahl, Drehwinkel und Drehmoment sowie Probleme der Messdynamik werden in diesem Kapitel behandelt.

10.1 Einführung

Die Fertigungstechnik ist ein wichtiger Teil der Produktionstechnik. Neben den oben erwähnten Messgrößen fällt auch der Temperatur und dem Druck Bedeutung zu. Da diese beiden Größen viel häufiger in der Prozesstechnik gemessen werden, werden sie erst im nachfolgenden Kapitel 11 (Prozessmesstechnik) ausführlich behandelt.

Thematisiert werden die wichtigsten Messprinzipien für die Größen Kraft, Gewicht, Weg, Drehzahl, Drehwinkel und Drehmoment sowie vom Messprinzip unabhängige Sachverhalte, die beim Erfassen dieser Größen von Bedeutung sind.

Bekanntlich werden Taktzeiten in der Fertigung immer kürzer, was dazu führt, dass der Messdynamik in diesem Bereich eine besondere Bedeutung zukommt. Dem wird in diesem Kapitel mit entsprechenden Fragen und Aufgaben Rechnung getragen.

10.2 Fragen und Aufgaben

1. Nennen Sie den Vorteil der 2/10 V-Schnittstelle gegenüber der 0/10 V-Schnittstelle!
2. Ein sehr kleines Spannungssignal wird mit einer langen Messleitung innerhalb einer Fabrikhalle übertragen. Die Spannung soll um den Faktor 100 verstärkt werden. Ist der Verstärker an den Anfang (Quelle), in die Mitte oder an das Ende (Senke) der Messleitung zu setzen? Begründen Sie!

Kraft

3. Welche Auswirkungen gibt es, wenn die Messgröße Kraft nicht in Messrichtung des Aufnehmers wirkt?
4. Ein Kraftsensor ist unzulänglich ausgerichtet. Die Messgröße wirkt im Winkel von 8° zu dessen Messrichtung. Beziffern Sie die Folgen!
5. Was ist das Ausgangssignal eines DMS-Kraftaufnehmers? In welcher Maßeinheit wird es angegeben?
6. Ein DMS-Aufnehmer hat eine Nennkraft von 10 kN und einen Nennkennwert von 2 mV/V.

   Berechnen Sie die Empfindlichkeit! Berechnen Sie das Ausgangssignal bei einer Kraft von −1 kN!
7. Ein DMS-Kraftaufnehmer (Vollbrücke) weist bei 5 kN eine Brückenverstimmung von 2 mV/V auf. Sie speisen diesen mit 5 V, wobei die Toleranz der Speisespannung 0,1 % beträgt. Sie messen mit einem Digitalvoltmeter (Messunsicherheit: 0,3 % v. Mw. + 2 d) die Brückenspannung. Die Anzeige lautet 0,525 mV. Geben Sie den Messwert und dessen Unsicherheit *(worst case)* in Newton an!
8. Zeichnen Sie einen typischen Amplitudengang (logarithmische Darstellung) eines DMS-Kraftaufnehmers! Wie groß ist etwa der nutzbare Frequenzbereich!
9. Warum hat die Eigenfrequenzangabe der Hersteller von Kraftaufnehmern (egal ob DMS oder piezoelektrisch) kaum praktische Bedeutung?
10. Leiten Sie ausgehend von der Schwingungsgleichung eine Formel her, mit der die Eigenfrequenz eines Kraftaufnehmers aus dessen mechanischen Eigenschaften (Nennkraft, Nennmessweg) und der angekoppelten Masse berechnet werden kann!
11. Im Datenblatt eines DMS-Kraftaufnehmers sind u. a. folgende Werte zu finden:
    - Grundeigenfrequenz = 4,5 kHz
    - Nennkraft = 50 kN
    - Nennmessweg = 0,2 mm

    Außerdem ist bekannt, dass ein Konstruktionselement (Masse = 3 t) fest mit dem Aufnehmer verschraubt ist. Berechnen Sie die Eigenfrequenz!
12. Im Datenblatt eines piezoelektrischen Kraftaufnehmers sind u. a. folgende Werte zu finden:
    - Eigenfrequenz = 200 kHz
    - Messbereich = 2,5 kN
    - Steifheit = 400 N/μm

    Außerdem ist bekannt, dass ein Konstruktionselement (Masse = 80 kg) an den Aufnehmer montiert ist.

    Berechnen Sie die Eigenfrequenz!
13. Nennen Sie Vor- und Nachteile piezoelektrischer Kraftsensoren im Vergleich zu DMS-Kraftaufnehmern!

14. Das piezoelektrische Prinzip ist gut geeignet, Mehrkomponenten-Sensoren herzustellen. Ein Beispiel sind 3-Komponenten-Kraftsensoren, die Kräfte in x-, y- und z-Richtung erfassen. Im Datenblatt ist ein Übersprechen angegeben. Wie ist die Angabe $\leq 2\,\%$ für $F_x \leftrightarrow F_y$ zu interpretieren?
15. Zeichnen Sie die Übergangsfunktion eines piezoelektrischen Kraftsensors! Bekannt ist über diesen:
    - Linearitätsabweichnung = 1 %
    - Kapazität = 50 pF
    - Isolationswiderstand = 10^{12} Ω
    - Eigenfrequenz = 10 kHz
    - Dämpfungsgrad = 0,01
16. Wie wird das Ausgangssignal eines piezoelektrischen Sensors weiterverarbeitet?
17. Warum wird der Ladekondensator auch als Bereichskondensator bezeichnet und wonach richtet sich die Wahl seiner Kapazität?
18. Für einen piezoelektrischen Sensor, der an einen Ladungsverstärker angeschlossen ist, sind der Nennmessbereich mit 200 kN, die Empfindlichkeit mit 4,4 pC/N und die Kapazität mit 100 pF im Datenblatt angegeben. Wie groß ist das Ausgangssignal bei Nennkraft?
19. Wird ein piezoelektrischer Kraftaufnehmer ausgeliefert, gibt der Hersteller auf einem beiliegenden Kalibrierschein häufig zwei Werte für die Empfindlichkeit an: einen für den gesamten Messbereich und einen für einen Teilbereich. Dieser beträgt meist 10 % des Messbereichs. Warum werden zwei Empfindlichkeiten angegeben?
20. Der Hersteller eines piezoelektrischen Kraftaufnehmers gibt im Kalibrierschein an:

    Empfindlichkeit = 4,34 pC/N im Messbereich 15 kN,

    Empfindlichkeit = 4,24 pC/N im kalibrierten Teilbereich 1,5 kN.

    Geben Sie die Ausgangssignale für 10 kN und für 800 N an!
21. Sie verfügen über einen Kraftsensor (Empfindlichkeit 4,4 pC/N, Messbereich 40 kN). Bei Ihren Messungen werden Kräfte bis 8 kN auftreten. Den Sensor schließen Sie an einen Ladungsverstärker an. In diesem sind verschiedene Bereichskondensatoren wählbar, so dass die Messbereiche 1 nC, 10 nC, 100 nC und 1 μC verfügbar sind. Welchen Messbereich wählen Sie aus?
22. Sie möchten eine Messaufgabe mit einem piezoelektrischen Kraftaufnehmer (Messbereich 15 kN, Empfindlichkeit 4,4 pC/N) lösen, da Ihr Konstrukteur eine sehr kleine Bauform bevorzugt. Sie wollen quasistatisch messen und haben deshalb den Zeitkonstantenwiderstand im Ladungsverstärker auf unendlich eingestellt. Der Ladungsverstärker hat infolge des Eingangsleckstroms des OPV eine Drift. Diese beträgt maximal ±0,03 pC/s. Welcher Stromstärke entspricht das? Die zu messende Kraft steigt sehr schnell von 0 auf 250 N an und verweilt dann bei diesem Wert.

    Berechnen Sie die absolute Messabweichung (in N) und die relative, die nach fünf Minuten infolge des Eingangsleckstroms auftreten kann! Berechnen Sie die maximale zeitliche Drift in N/min!

23. Wie muss ein piezoelektrischer Kraftaufnehmer mechanisch aufgebaut sein, damit man mit diesem Zugkräfte messen kann?
24. Warum werden für piezoelektrische Aufnehmer keine Temperatureinflusskoeffizienten des Nullpunkts angegeben?
25. Für DMS-Aufnehmer ist der Temperaturkoeffizient der Empfindlichkeit (bzw. des Kennwerts) als Grenzwert angegeben, dessen Betrag nicht überschritten wird, z.B. 0,1 %/10 K. Im Gegensatz dazu, ist für einen piezoelektrischen Aufnehmer beispielsweise vermerkt −0,2 %/10 K. Welche Bedeutung hat diese Angabe?
26. Was hat die Triboelektrizität mit dem Einsatz piezoelektrischer Sensoren zu tun?
27. Ein Sensor hat einen Messbereich von 10 kN und eine Empfindlichkeit von 4,4 pC/N. Es sind Kräfte bis 1 kN zu erwarten. Infolge von stochastischen Bewegungen tritt der triboelektrische Effekt im Messkabel auf. Dieser erzeugt Ladungen bis 20 pC. Wie schätzen Sie den Einfluss ein?
28. Welchen Vorteil bietet ein IEPE-Aufnehmer?
29. In einem Prüflabor werden Kräfte gemessen, die unter einem Arbeitsschutzhelm auftreten. Für die Prüfung lässt man Gewichte auf den Helm fallen. Unter diesem befindet sich ein Kraftaufnehmer mit schädelförmigen Aufsatz (mechanischer Adapter). Der Kraftaufnehmer ist an eine Digital-Elektronik angeschlossen. Die Messwerte für die Kraftmaxima sind von Fallhöhe, Fallgewicht und den Eigenschaften des Helms abhängig. Wovon sind die Spitzenwerte außerdem abhängig?
30. Warum sollen Kraftaufnehmer nicht in der Nähe der Eigenfrequenz betrieben werden?
31. Berechnen Sie die Resonanzüberhöhung in Newton für einen Kraftsensor, dessen Eigenfrequenz im Einbauzustand 100 Hz beträgt! Auf den Sensor wirkt eine sinusförmige Kraft, die eine Amplitude von 100 N und eine Frequenz von 80 Hz hat. Bekannt ist über den Sensor außerdem: Messbereich = 500 N, Dämpfungsgrad = 0,01.
32. Wo endet etwa der nutzbare Frequenzbereich von Kraftsensoren mit kleinem Dämpfungsgrad in Bezug auf die Eigenfrequenz?
33. Können Kräfte auch mit DMS-Wägezellen gemessen werden?

Gewicht

34. Kann mit einem Kraftaufnehmer eine Waage aufgebaut werden?
35. Was unterscheidet eine Wägezelle von einem DMS-Kraftaufnehmer?
36. Worauf ist beim Anschluss einer Wägezellengruppe an einen Messverstärker zu achten?
37. Was hat die Genauigkeitsangabe C3 (nach OIML R60) für eine Bedeutung?
38. Welchen Nachteil kann es haben, eine geeichte Waage für eine nicht eichpflichtige Anwendung einzusetzen?
39. Wie arbeiten EMK-Wägezellen?
40. Welche Vor- und Nachteile haben EMK-Wägezellen gegenüber DMS-Wägezellen?
41. Wie funktioniert eine Zählwaage?

42. Eine Wägezelle (Nennmessweg = 0,6 mm) wird unter Nennlast betrieben. Wie groß ist deren Eigenfrequenz?
43. Berechnen Sie die 95%-Einschwingzeit einer Wägezelle, deren Dämpfungsgrad 0,02 beträgt! Außerdem sind bekannt: Der Messweg bei 100 kg beträgt 0,5 mm. Der Nennkennwert beträgt 2 mV/V. Die schwingende Masse beträgt 50 kg. Wie lange dauert es, bis die Abweichung auf einen Wert kleiner als 1 % vom aufgelegten Gewicht gesunken ist?
44. Wie groß ist das Ausgangssignal einer Wägezelle (Nennkennwert 2 mV/V) aus Stahl, wenn der zylinderförmige Federkörper (Durchmesser von 3 cm) axial mit einer Last von 0,8 t beaufschlagt wird? Von den vier applizierten DMS (k-Faktor = 2,2; R = 350 Ω) sind zwei in Längs- und zwei in Querrichtung auf dem Zylinder angeordnet.
45. Im Fertigungsprozess muss eine innerbetriebliche Gewichtsmessung an einem Teilprodukt vorgenommen werden. Das Messergebnis soll sehr genau sein. Wird eine geeichte Waage benötigt?
46. Wann wird eine geeichte Waage benötigt?
47. Ist eine geeichte Waage genauer als eine nicht geeichte Waage?
48. Wie lange darf eine geeichte Waage im rechtsgeschäftlichen Verkehr Verwendung finden?
49. Warum ist eine geeichte Waage nicht geeignet, kleinste Änderungen zu erfassen?

Weg

50. Was ist ein LVDT? Worin besteht das Messprinzip?
51. Wie funktioniert eine Differentialdrossel?
52. Was unterscheidet einen induktiven Wegsensor mit losem Tauchanker (ungeführtem Ferritkern) von einem mit Tastspitze (Tastfeder, Messtaster)? Welche Vor- und Nachteile ergeben sich aus der unterschiedlichen Bauart?
53. Der lose Tauchanker kann über den Messbereichsendwert hinaus aus dem Spulenkörper gezogen werden. Was bedeutet das für die messtechnische Praxis?
54. Warum kann ein induktiver Wegaufnehmer (Differentialdrossel) weder mit einem DC-Verstärker noch mit einem 225 Hz-TF-Verstärker betrieben werden?
55. Zeichnen Sie ein Spannungs-Zeit-Diagramm mit der Speisespannung U_e (Amplitude 4 V, Frequenz 5 kHz) und mit der Ausgangsspannung U_a einer Differentialdrossel (Messbereich 10 mm, Kennwert 80 mV/V). Stellen Sie dabei U_a qualitativ für drei verschiedene Tauchankerpositionen dar: Mittelposition (0 mm), Tauchanker in Position +1 mm und Tauchanker in Position −1 mm!
56. Nennen Sie die wesentlichen Vorzüge folgender Wegmessverfahren:
    a. Wirbelstrom
    b. optischer Maßstab (z. B. Glasmaßstab)
    c. Seilzugaufnehmer
    d. Linearpotentiometer

57. Im Rahmen einer Bauwerksüberwachung sind Positionsänderungen über große Zeiträume zu messen. Der Wegaufnehmer ist an einem festen Bezugspunkt angebracht, der sich leider in einiger Entfernung zum Messpunkt befindet. Der Tauchanker (Ferritkern) wird nun über einen dünnen Stahldraht (8 m lang) mit dem Messpunkt verbunden. Welchen Einfluss hat der Verbindungsdraht auf die Messergebnisse, wenn die Temperatur um ± 30 K schwanken kann?
58. Abstandsmessungen können mit Ultraschallimpulsen erfolgen. Geben Sie die Gleichung an, mit der aus der Zeit zwischen Aussenden eines Ultraschallsignals und Empfangen des Echos der Abstand berechnet werden kann! Wie groß ist etwa die Schallgeschwindigkeit in Luft?
59. Welche Messabweichung kann bei einer Ultraschall-Abstandsmessung auftreten, wenn die Laufzeitmessung eine Unsicherheit von einer Millisekunde hat?
60. Sie sind Entwickler für Wegtaster. Ihr wichtigster Kunde beschwert sich, dass die Tastspitzen Ihrer Sensoren in einigen Applikationen (vibrierende Messobjekte) abheben. Welche konstruktiven Änderungen ziehen Sie in Betracht?
61. Nennen Sie Wegmessprinzipien für die phasengesteuerte Gleichrichter zur Anwendung kommen! Welchen Nachteil hätte es, würde die Phase unberücksichtigt bleiben?
62. Beschreiben Sie verbal und mit Hilfe einer Skizze die Funktion eines Triangulationsaufnehmers?
63. Ein inkrementeller Wegaufnehmer (Länge einer Ortsperiode auf dem Glasmaßstab = 2 μm) erzeugt zwei um 90° phasenverschobene Rechtecksignale. Schnelle Positionsänderungen sollen gemessen werden. Der angeschlossene Zähler kann zwei Eingangssignale mit Frequenzen bis zu jeweils 1 MHz verarbeiten. Warum muss der Zähler beide Signale auswerten? Wie groß ist die Auflösung? Ab welcher Geschwindigkeit besteht die Gefahr, dass sich der Zähler verzählt?

Drehzahl und Drehwinkel

64. Welchen Informationsparameter gibt ein DC-Tachogenerator aus?
65. Was ist der Informationsparameter des Ausgangssignals eines inkrementellen Drehzahlgebers (z. B. einer Schlitzscheibe mit Gabel-Lichtschranke)? Wovon wird die Empfindlichkeit bestimmt?
66. Nennen Sie den wesentlichen Vorteil eines Inkrementalgebers gegenüber einem Tachogenerator!
67. Wie viele Schlitze muss eine Scheibe mindestens haben, damit bei einer Drehwinkelmessung eine Auflösung von einem Grad erzielt wird?
68. Erklären Sie anhand einer Skizze, wie bei der inkrementellen Drehzahl- und Drehwinkelmessung die Drehrichtung erkannt wird! Zeichnen Sie die Signalverläufe für eine Rotation im Uhrzeigersinn!
69. Welche Möglichkeiten der inkrementellen Drehzahlmessung kennen Sie?
70. Was ist ein Quadratur-Demulator (Quadratur-Dekoder)? Was passiert, wenn dessen Zähleingänge versehentlich vertauscht werden?
71. Weshalb verfügen Quadratur-Demulatoren oft über einen zusätzlichen Reset-Eingang?

72. Welche beiden grundsätzlichen Möglichkeiten kommen für die Auswertung frequenzanaloger Drehzahlsignale in Betracht?

73. Die Drehzahl (50 bis 3000/min) einer Scheibe soll gemessen werden. Diese ist mit einem Schlitz versehen. Ein Impulsgeber liefert je Umdrehung der Scheibe genau einen Impuls, dessen positive Flanke die Torzeit steuert; so dass ein digitaler Drehzahlmesswert je Umdrehung der Scheibe erzeugt wird. Für die Digitalisierung steht ein Quarzgenerator zur Verfügung, der eine Referenzfrequenz von 1 MHz liefert.

    Geben Sie die relative Drehzahlabweichung in Prozent an, die infolge des digitalen Restfehlers (Quantisierungsfehler) maximal entstehen kann!

    Wie lange muss man maximal auf einen Messwert warten?

    Geben Sie den funktionalen Zusammenhang des Zählergebnisses von der Drehzahl an!

    Was ist zu tun, um eine ziffernrichtige Anzeige zu erhalten?

    Welche Vor- und Nachteile sehen Sie darin, die Scheibe mit weiteren Schlitzen zu versehen?

74. Für eine Drehzahlmessung wird eine Scheibe mit 360 Schlitzen verwendet. Ein Impulsgeber liefert je Schlitz genau einen Impuls, dessen positive Flanke das Tor vor einem Zähler steuert; so dass ein digitaler Drehzahlmesswert je Grad Scheibenwinkeldrehung erzeugt wird. Zum Auszählen der Torzeit stehen ein Quarzgenerator (Quarzfrequenz = 10 MHz, Unsicherheit = 10^{-6}) und der Zähler zur Verfügung.

    Berechnen Sie die prozentuale Abweichung für eine Drehzahl von 6000/min sowie die Messzeit! Welches Problem sehen Sie bei der Fertigung der Schlitzscheibe?

75. Bei einer Drehzahlmessung mit Doppel-Gabellichtschranke wird eine Scheibe mit 360 Schlitzen verwendet. Mit Hilfe eines Quarzgenerators wird eine feste Torzeit von einer Sekunde (Unsicherheit 10^{-6}) erzeugt. Ein Zähler (f_{max} = 1 MHz) mit zwei Eingängen wertet beide Flanken der Inkrementalsignale aus.

    Wie groß sind Messzeit und relative Unsicherheit der Drehzahlmessung bei

    a. 1/min,
    b. 100/min,
    c. 10 000/min,
    d. 300 000/min?

Drehmoment

76. Welche besondere Möglichkeit der Drehmomentmessung ist gegeben, wenn es sich um einen Elektroantrieb handelt?

77. Was ist das wichtigste Prinzip für die Drehmomentmessung?

78. Nennen Sie die Varianten der Signalübertragung in DMS-Drehmomentmesswellen!

79. Worin bestehen Nachteile der Signalübertragung mit Schleifringen?

80. Nennen Sie alle Signalwandlungen die in einer DMS-Drehmomentmesswelle auftreten, deren Federkörper ein einfacher Rundstab ist! Gehen Sie dabei auf jeden einzelnen Übertragungsfaktor ein!

81. Beschreiben Sie die Funktion eines Telemetriesystems in einem Drehmomentaufnehmer!
82. Drehmomente sind auch mit Kraftaufnehmern messbar. Welchen Vorteil und welchen Nachteil hat diese Variante?
83. Was ist eine Pendelmaschine?
84. Eine Pendelmaschine kann Drehmomente bis 1,4 kN·m erzeugen. Ein Kraftsensor (Messbereich 2 kN) ist vorhanden und soll für die Drehmomentmessung benutzt werden. Welche Hebelarmlänge ist optimal?
85. Drehmomente werden mit Hilfe eines Hebelarms (effektive Länge 0,5 m) und eines Kraftaufnehmers (Messbereich 1 kN) gemessen. Aufgrund von Lagerspiel, Deformation unter Last und Temperaturdehnungen ändert sich die effektive Hebelarmlänge um 3 mm. Wie groß ist der Einfluss auf das Messergebnis?
86. Was sind die Vorteile eines Drehmomentmessflansches gegenüber einer Drehmomentmesswelle?
87. Was sind wichtige mechanische Eigenschaften von Drehmomentmesswellen und -messflanschen?
88. Warum werden mit den Messwellen oft Kupplungen montiert?
89. Drehmomentaufnehmer werden häufig optional mit einem Drehzahlsensor angeboten. Was ist der Grund?
90. Das Drehmoment eines E-Motors (Nennleistung 5 kW, Nenndrehzahl 1450/min) soll gemessen werden. Welchen Messbereich wählen Sie?
91. Der Hersteller eines DMS-Drehmomentaufnehmers (Schleifringübertragung) gibt im Datenblatt u. a. an:

    Nennkennwert = 2 mV/V

    Nenndrehmoment = 500 N·m

    Eingangswiderstand > 345 Ω

    Welches Ausgangssignal erzeugt der Aufnehmer bei einem Drehmoment von −50 N·m, wenn die Speisespannung 5 VAC beträgt?

    Welche Bedeutung hat das Minuszeichen?
92. Ist ein Drehmomentaufnehmer innerhalb des Antriebsstrangs montiert, treten niedrigere Torsionseigenfrequenzen auf. Was ist die Ursache? Welche Bedeutung hat das für die Praxis?

Messdynamik

93. Nennen Sie alle Eigenschaften der Einzelkomponenten (Sensor, Messverstärker, ADU und PC) einer Messkette, die für das Auftreten von dynamischen Messabweichungen relevant sind!
94. Was haben Kraft-, Druck-, Drehmoment-, viele Beschleunigungsaufnehmer und Wägezellen unter systemtheoretischem Aspekt gemein?
95. Zeichnen Sie eine Übergangsfunktion, einen Amplitudengang doppelt logarithmisch und einen Phasengang halblogarithmisch (Frequenzachsen auf die Eigenfrequenz normiert) für ein schwingungsfähiges PT_2-System!

96. Erklären Sie den Begriff Phasensprung!
97. Welche dynamischen Eigenschaften kann man aus der Sprungantwort eines DMS-Kraftaufnehmers bestimmen?
98. Welche dynamischen Eigenschaften kann man aus dem Amplitudengang eines DMS-Kraftaufnehmers ableiten?
99. Zeichnen Sie den Amplitudengang eines piezoelektrischen Sensors!
100. Übt die Einbausituation Einfluss auf die dynamischen Eigenschaften eines Druckaufnehmers aus?
101. Worin unterscheidet sich die typische Übergangsfunktion eines piezoelektrischen Sensors von der eines DMS-Sensors? Was ergibt sich daraus für die messtechnische Praxis?
102. Zeichnen Sie die Gewichtsfunktion eines Drehmomentaufnehmers!
103. Welche dynamischen Eigenschaften kann man aus der Gewichtsfunktion eines Drehmomentaufnehmers entnehmen?
104. In welchem systemtheoretischen Zusammenhang stehen Gewichtsfunktion und Übergangsfunktion?
105. Welche praktische Bedeutung hat die Gewichtsfunktion für die Ermittlung dynamischer Eigenschaften?
106. Zeichnen Sie den Frequenzgang eines Sensors mit idealen Eigenschaften!
107. Erläutern Sie die praktische Bedeutung der Eigenfrequenz eines Sensors!
108. Ein piezoresistiver Beschleunigungssensor hat einen Messbereich von 100 m/s^2 und einen Dämpfungsgrad von 0,01. Die Eigenfrequenz wurde direkt aus der Sprungantwort bestimmt: 10 kHz. Wie groß ist etwa die obere Grenzfrequenz? Wo liegt die 95 %-Einschwingzeit?
109. Wie ist die Abklingkonstante definiert und wo findet sich deren Kehrwert in der Sprung- und in der Impulsantwort?
110. Ein Beschleunigungsaufnehmer (Eigenfrequenz 22 kHz) reagiert bei einem Sprung am Eingang mit einem Überschwingen von 10 %. Berechnen Sie den Dämpfungsgrad!
111. Berechnen Sie die 99 %-Einschwingzeit eines Kraftaufnehmers (Messbereich 2 kN, Kennwert 2 mV/V). Der Dämpfungsgrad ist nicht bekannt und muss geschätzt werden. Der Nennmessweg ist im Datenblatt ebenfalls nicht enthalten. Sie haben den Aufnehmer deshalb versuchsweise mit 100 kg belastet und mit Hilfe einer Fühlerblattlehre einen Messweg von 0,2 mm ermittelt. Die angekoppelte Masse beträgt 50 kg.
112. Welche Sensoren haben eine Eigenfrequenz und dennoch keine Resonanzfrequenz?
113. Angenommen, ein Verzögerungsglied 2. Ordnung hätte einen Dämpfungsgrad von 0. Wie sieht dessen Übergangsfunktion aus? Was ist das Besondere an dessen Frequenzgang?
114. Ein Messsystem hat die dargestellte normierte Sprungantwort:

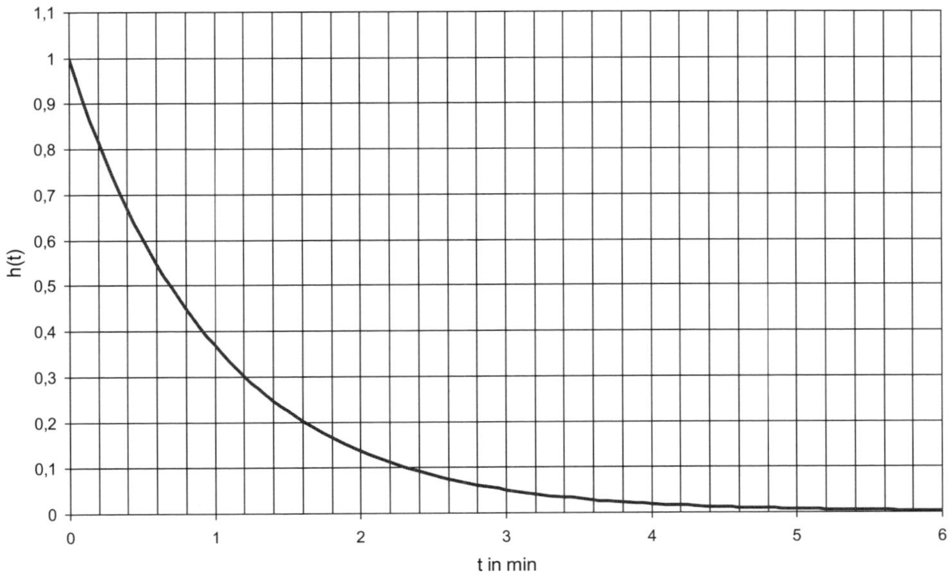

Bild 10.1 Übergangsfunktion des Messsystems

Geben Sie die untere Grenzfrequenz an und begründen Sie Ihre Antwort!

Nennen Sie Beispiele von Sensoren, die eine solche Sprungantwort aufweisen!

Was ist beim Einsatz solcher Messsysteme zu beachten?

115. Der Amplitudengang eines Sensors ist linear skaliert dargestellt. Der Phasengang beginnt bei 0° und endet bei −180°.

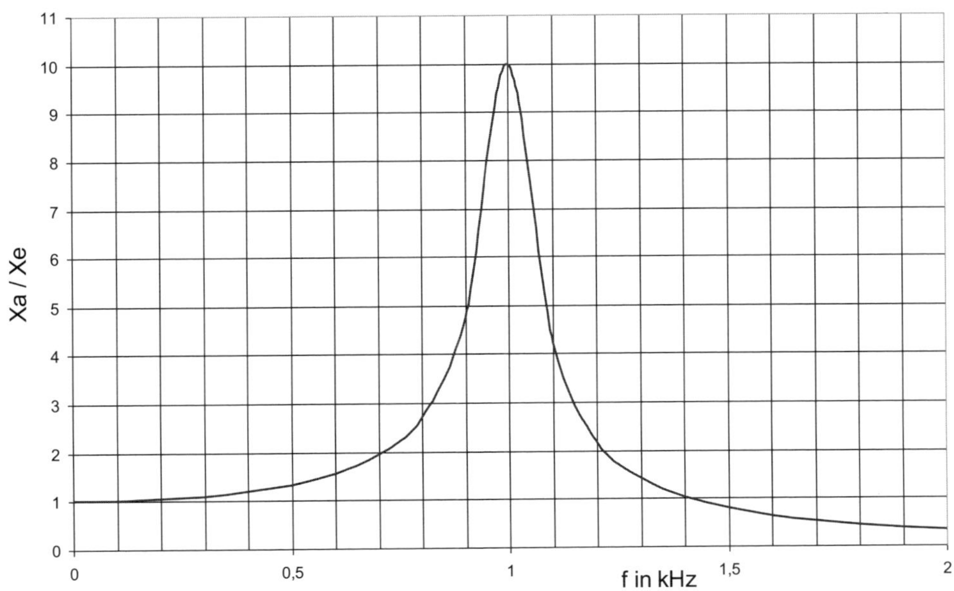

Bild 10.2 Amplitudengang eines Sensors, linear skaliert

Wo liegen untere und obere Grenzfrequenz (3 dB)?

Wie groß sind Resonanzfrequenz und Eigenfrequenz?

Geben Sie die maximale Resonanzüberhöhung in % an!

Berechnen Sie den Dämpfungsgrad und die 95 %-Einschwingzeit!

116. Der Amplitudengang eines Sensors ist doppelt logarithmisch für den Bereich 0,1 bis 2 kHz dargestellt. Der Phasengang beginnt bei 0° und endet bei −180°.

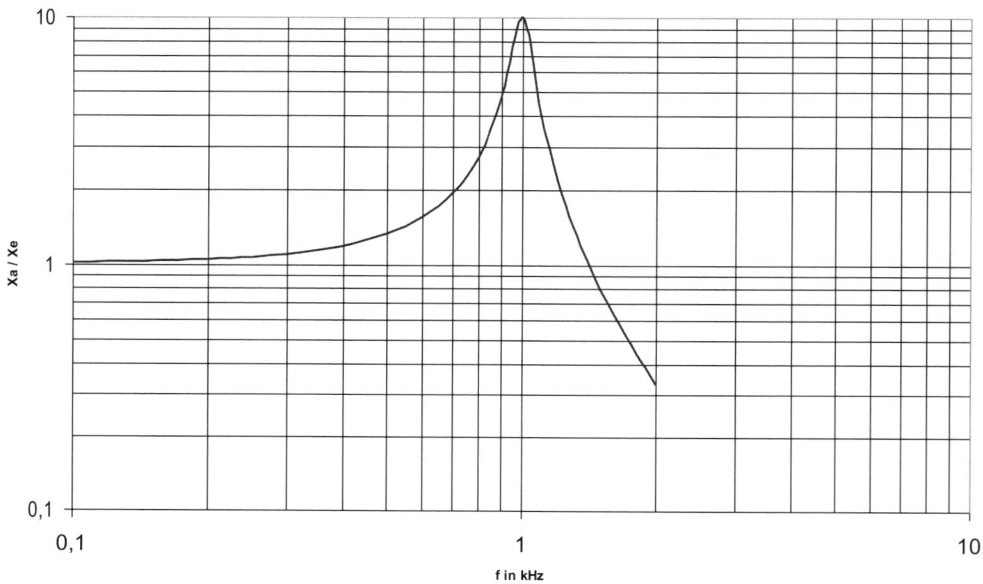

Bild 10.3 Amplitudengang eines Sensors, doppelt logarithmisch

Wo liegt die untere Grenzfrequenz?

117. Lesen Sie aus der normierten Sprungantwort des Sensors (Bild 10.4) die Eigenfrequenz und die 95 %-Einschwingzeit ab! Berechnen sie den Dämpfungsgrad nach drei verschiedenen Varianten!

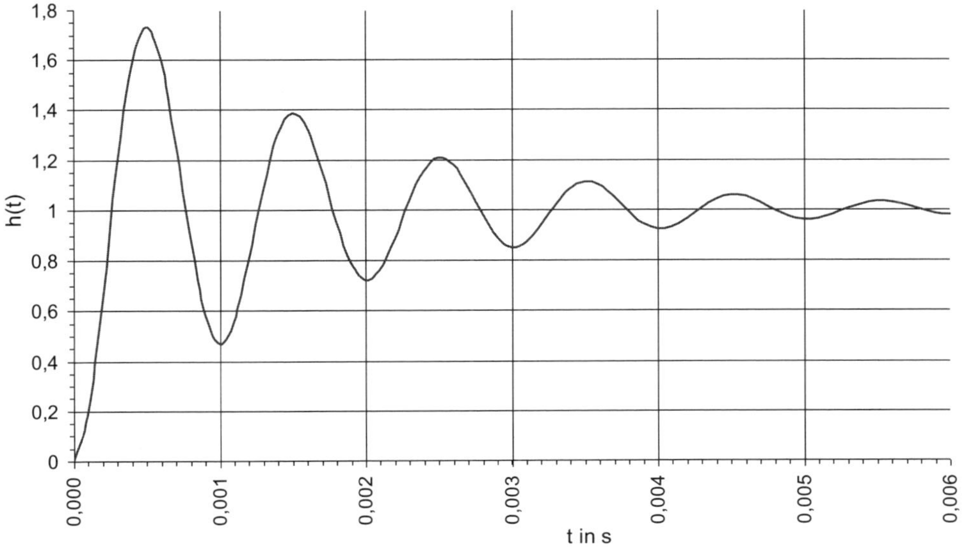

Bild 10.4 Normierte Sprungantwort eines Sensors

118. Berechnen Sie die dynamische Messabweichung, die von einem Kraftsensor erzeugt wird! Dessen Eigenfrequenz beträgt im eingebauten Zustand 8 kHz. Sein Ausgangssignal zeigt einen sinusförmigen Kraftverlauf mit einer Amplitude von 50 N und einer Frequenz von 6 kHz. Bekannt sind außerdem: Messbereich = 200 N, Dämpfungsgrad = 0,01, Genauigkeitsklasse = 0,2.

119. Das elektronische Stabilitätsprogramm eines Fahrzeugs verarbeitet die Signale eines Beschleunigungssensors (Messbereich 20 m/s², Eigenfrequenz 6 kHz, Grenzfrequenz 7 kHz, Dämpfungsgrad 0,6). Weil das in Echtzeit geschehen muss, ist die Phasenverschiebung von Belang. Berechnen Sie diese für die Messsignalfrequenzen 3 Hz, 100 Hz und 3 kHz!

120. Bei einer dynamischen Messung treten Signalfrequenzen von bis zu 500 Hz auf. Die dynamischen Messabweichungen sollen bei periodischen Signalen 30 % nicht wesentlich überschreiten. Wie hoch sollte die Eigenfrequenz des eingesetzten Sensors ungefähr sein, wenn über dessen Dämpfung nichts bekannt ist?

121. Bei einem Dämpfungsgrad von 0,01 beträgt das Überschwingen der Sprungantwort mehr als 95 %. Die Überschwingweite ist unabhängig von der Eigenfrequenz. Ist eine hohe Eigenfrequenz dennoch nützlich, wenn das Signal nur im Zeitbereich verarbeitet wird?

122. Erläutern Sie detailliert, unter welchen Umständen die Phasenlage von Messsignalen von Bedeutung ist!

11 Prozessmesstechnik und ausgewählte Messgrößen

Es werden Probleme der Prozessmesstechnik wie Speisen, Trennen, Explosionsschutz behandelt. Außerdem geht es um die häufigsten Messgrößen der Prozesstechnik: Temperatur, Druck, Füllstand und Durchfluss.

11.1 Einführung

Die Prozesstechnik ist ein Teilgebiet der Produktionstechnik. Folgerichtig bezeichnet der Begriff Prozessmesstechnik die Geräte, die in verfahrenstechnischen Anlagen zum Einsatz kommen. An die Prozessmesstechnik werden wegen der großen Dimension der Anlagen und der teilweise vorhandenen Gefahr des Auftretens explosionsfähiger Gemische häufig ganz spezifische Anforderungen gestellt.

Es werden wichtige Probleme bei der Erfassung der Prozessgrößen thematisiert. Außerdem widmet sich dieses Kapitel den physikalischen Prinzipien, die am häufigsten angewandt werden, um die Prozessgrößen zu messen.

Stellvertretend für zahllose Konzentrationsmessverfahren werden die pH-Wert- sowie die Feuchtemessung kurz angerissen.

11.2 Fragen und Aufgaben

1. Was versteht man unter Prozessmesstechnik?
2. Was sind die häufigsten Messgrößen in der Prozesstechnik? Welche Buchstaben werden im technologischen Schema verwendet?
3. Weshalb benutzt man bei großen Entfernungen meist Stromsignale (0 oder 4 bis 20 mA)?
4. Nennen Sie die Vorteile der 4/20 mA-Schnittstelle gegenüber der 0/20 mA-Schnittstelle!
5. Warum ist bei Messumformern die 2-Leiter-Technik nur bei einem Ausgangssignal mit lebendem Nullpunkt möglich?

6. Ein Temperaturmessumformer (Ausgang 4 bis 20 mA) befindet sich in einer Stromschleife. Infolge der Kürzung eines Kabels vermindert sich der Widerstand innerhalb der Stromschleife um 5 Ω. Welche Auswirkung gibt es auf das Ausgangssignal?
7. Was passiert, wenn die Bürde in einer 4/20 mA-Stromschleife zu groß wird?
8. Skizzieren Sie den Schaltplan für zwei Stromschleifen (Loops), bestehend aus je einem Messumformer und einer Anzeige, die von nur einem Netzteil versorgt werden!
9. Ein Messumformer mit 4/20 mA-Stromausgang wird in 2-Leiter-Technik betrieben. Gemäß den technischen Daten des Messformers benötigt dieser eine Versorgungsspannung zwischen 10 und 34 V. In der Stromschleife befinden sich zwei Verbraucher mit jeweils 200 Ω Lastwiderstand. Welche Speisespannung muss das Netzteil in der Stromschleife mindestens zur Verfügung stellen?
10. Wozu dient ein Speisetrenner?
11. Wozu dient ein Signalvervielfacher?
12. Was ist das Besondere an einem HART®-Transmitter?
13. Welche Bedeutung hat die Mantelfarbe Blau bei Mess- oder auch bei Steuerkabeln?
14. Was ist die Aufgabe des sekundären Explosionsschutzes?
15. Nennen Sie für die MSR-Technik wichtige Zündschutzarten und geben Sie den Kurzbuchstaben an!
16. Nennen Sie die beiden Kriterien für die Einteilung in Ex-Zonen!
17. Was besagt die Temperaturklasse?
18. Worin liegt das Wesen der Zündschutzart EEx(i)?
19. Was ist die Funktion einer Sicherheitsbarriere?
20. Wie viele Sicherheitsbarrieren werden beim Betrieb einer Wägezelle im Ex-Bereich benötigt?
21. Bei einer Baugruppe im Ex-Bereich (Zündschutzart EEx i) beträgt die Summe aller Kapazitäten 2,2 μF. Berechnen Sie, welche Explosionsgruppe erreichbar ist, wenn die Spannung durch Sicherheitsbarrieren auf 5 V begrenzt wird!
22. Ein Messgerät verfügt über einen einstellbaren Grenzwertschalter. Was für ein Regler ist mit diesem realisierbar?

Temperatur

23. Was sind die wichtigsten Messprinzipien elektrischer Berührungsthermometer in der Prozesstechnik?
24. Ein Widerstandsthermometer Pt100 wird in 2-Leiter-Technik betrieben. Welchen Einfluss hat ein Leitungswiderstand von 10 Ω auf das Messergebnis?
25. Ein Widerstandsthermometer wird in 2-Leiter-Technik betrieben. Der Leitungswiderstand wurde bei der Justage der Messkette kompensiert. Welche Werte benötigen Sie unbedingt, um die Messabweichung zu berechnen, die sich durch Zuleitungstemperaturschwankungen einstellen wird?
26. Ein Pt100 ist durch ein Messkabel (50 m lang, 2 × 0,14 mm² Cu) mit einem Auswertegerät verbunden. Die Temperaturen an der Messstelle können Werte zwischen 20 und

220 °C annehmen. Der Kabelwiderstand wurde für die Justage berücksichtigt. Diese erfolgte bei 20 °C. Die Umgebungstemperatur kann Werte zwischen −10 und 40 °C annehmen. Berechnen Sie die Auswirkungen der Umgebungstemperatur auf das Messergebnis! Durch welche Maßnahmen können die Messabweichungen vermindert werden?

27. Warum haben die Leitungswiderstände bei der 4-Leiter-Technik keinen Einfluss auf den Messwert?
28. Welche Temperatur misst ein Widerstandsthermometer?
29. Berechnen Sie die Empfindlichkeit (den Übertragungsfaktor) eines Widerstandsthermometers unter der vereinfachten Annahme, dass folgender Zusammenhang zwischen Temperatur und Widerstand gilt:

$$R = 100\,\Omega\,(1 + t \cdot 3{,}91 \cdot 10^{-3} \cdot °C^{-1})$$

Geben Sie die statische Kennlinie des digital anzeigenden Auswertegeräts (Eingang: R, Ausgang t) als Funktionsgleichung $t = f(\mathrm{R})$ an!

30. Tatsächlich ist die statische Kennlinie eines Widerstandsthermometers nicht ganz linear. In guter Näherung lässt sich diese mit einer quadratischen Gleichung beschreiben:

$$R = 100\,\Omega\,(1 + t \cdot 3{,}908 \cdot 10^{-3} \cdot °C^{-1} - t^2 \cdot 0{,}5802 \cdot 10^{-6} \cdot °C^{-2})$$

Angenommen, der quadratische Anteil wird vernachlässigt, wie groß wird dann die Messabweichung bei 0 °C, bei 100 °C, bei 200 °C und bei 400 °C?

31. Leiten Sie die Gleichung her, mit der aus dem Widerstand die Temperatur berechnet werden kann, ohne dass ein Linearitätsfehler auftritt!
32. Für die Temperaturmessung stehen Ihnen ein Voltmeter, eine Konstantstromquelle (1 mA ± 0,1 %), ein Pt100 ($\alpha_{Pt} = 0{,}004/\mathrm{K}$) und ein vieradriges Messkabel (Aderwiderstand 1 Ω) zur Verfügung. Sie wenden die 4-Leiter-Technik an. Berechnen Sie die Messunsicherheit in Kelvin für 0 und 250 °C, die durch die Unsicherheit des Konstantstroms ($\Delta I_k = 1\ \mu A$) hervorgerufen wird!
33. Sind Pt50 oder Pt1000 kritischer, wenn Isolationswiderstände nicht hinreichend groß sind?
34. Wie niedrig darf der Isolationswiderstand an den Anschlussklemmen eines Pt10000 werden, damit die durch diesen verursachte Messabweichung 1 K nicht überschreitet?
35. Warum wird wertvolles Platin in Widerstandsthermometern eingesetzt (manchmal auch Nickel) und nicht das viel preiswertere Kupfer?
36. Welche Bedeutung haben Thermospannungen beim Betrieb eines Pt100?
37. Warum sollte die Stromstärke, mit der ein Widerstandsthermometer gespeist wird, weder zu klein noch zu groß sein?
38. Wenn ein Widerstandsthermometer mit 10 mA gespeist wird anstatt mit nur 1 mA, um welchen Faktor steigt dann die Wärmeleistung?

39. Von welchen konstruktiven Details hängt die Einschwingzeit eines Berührungsthermometers maßgeblich ab?

40. Hängt die Einschwingzeit eines Pt100 auch vom Messobjekt ab?

41. Ein Temperatursensor hat PT_1-Verhalten. Dieser wird in ein Schutzrohr gesteckt. Zeichnen Sie die Übergangsfunktion des Gesamtsystems, wobei Sie auf eine Skalierung der x-Achse verzichten können!

42. Sie sind in Ihrer Firma unterwegs und haben wie immer Phasenprüfer, Schraubendreher, ein kurzes Stück Cu-Draht, einen Widerstand (100 Ω) und einen Scheibenkondensator (10 nF) dabei. Der Betriebselektriker sagt, dass eine Temperaturmessstelle ausgefallen ist. Statt eines Zahlenwertes für die Temperatur zeigt das Display ERROR an. Der Elektriker hat schon einmal den Klemmenkasten geöffnet, in dem die beiden Anschlussleitungen des Pt100 mit der Vierdrahtleitung zur Messelektronik verbunden sind.

    Was tun Sie, um herauszufinden, ob der Temperatursensor oder die Folgeelektronik defekt ist?

43. Sie sind in Ihrer Firma unterwegs und haben wie immer Phasenprüfer, Schraubendreher, ein kurzes Stück Cu-Draht, einen Widerstand und einen Scheibenkondensator dabei. Der Betriebselektriker sagt, dass eine Temperaturmessung soeben ausgefallen ist. Statt eines Zahlenwertes für die Temperatur zeigt das Display ERROR an. Der Elektriker hat schon einmal den Klemmkasten geöffnet, in dem die beiden Enden des Thermoelements, bestehend aus Eisen und Konstantan, an die Vergleichsstelle angeschlossen sind.

    Was tun Sie, um herauszufinden, ob der Temperatursensor oder die Folgeelektronik defekt ist?

44. Vor Ihnen liegt ein Thermoelement, dass Sie soeben an die Vergleichsmessstelle eines Messumformers angeschlossen haben. Wie finden Sie experimentell heraus, ob die kalten Enden richtig gepolt sind? Zur Verfügung stehen Ihnen: Widerstand 100 Ω, Cu-Draht, Kondensator 1 μF, Spule 2 mH und natürlich Ihre Hände.

45. Ein Thermoelement vom Typ J ist an die Vergleichstelle angeschlossen. Die Thermospannung beträgt 0 μV. Welche Aussage lässt sich über die Temperatur an der Messstelle treffen?

46. Berechnen Sie die mittlere Empfindlichkeit (den Übertragungsfaktor) eines Thermoelements im Bereich 1000 bis 1200 °C aus den folgenden Angaben!

    Thermospannung bei 1000 °C: 41,269 mV

    Thermospannung bei 1200 °C: 48,828 mV

47. Ein Thermoelement (Typ K, Messstellentemperatur 700 °C) ist über eine lange Ausgleichsleitung an einen Messumformer angeschlossen. In die Ausgleichsleitung werden Störspannungen von 0,5 mV eingekoppelt. Welche Temperaturmessabweichung kann durch die Störspannung verursacht werden?

48. Ein Thermoelement (Typ K) hat am „heißen Ende“ eine Temperatur von 25 °C. Dessen Vergleichsmessstelle liegt auf 20 °C. Versehentlich hat Ihr Azubi beim Anschluss der kalten Enden die Polung verwechselt. Welche Temperatur wird angezeigt? Begründen Sie!

49. Welche Auswirkung auf den Nullpunkt hat der Austausch eines Thermoelements Typ J gegen ein Thermoelement Typ K?
50. Sie klemmen das Thermoelement an der Vergleichsstelle ab und überbrücken stattdessen die beiden Anschlussklemmen mit einem Stück Draht. Welche Temperatur wird angezeigt und warum?
51. Zeichnen Sie den Stromlaufplan eines Thermoelements mit Ausgleichsleitung, Cu-Leitung und Messumformer. Geben Sie an, wo die Vergleichstemperatur gemessen werden muss!
52. Welchen Einfluss hat der Widerstand der Ausgleichsleitung auf den Messwert?
53. Welches Messprinzip liegt einem Pyrometer zugrunde?
54. Wieso werden Pyrometer oft als Infrarotthermometer bezeichnet?
55. Welcher Zusammenhang besteht zwischen der Temperatur des Messobjekts und der Wellenlänge der ausgesendeten Strahlung?
56. Wie nennt man elektromagnetische Strahlung, die sich (bezüglich der Wellenlänge) unmittelbar unter oder über dem infraroten Bereich anschließt?
57. Was sind die Vor- und die Nachteile von Strahlungsthermometern im Vergleich zu Berührungsthermometern?
58. Welche Werte kann der Emissionsgrad haben?
59. Was versteht man unter einem „Schwarzen Körper"?
60. Von einem Messobjekt sind bekannt: Transmissionsgrad = 0,5 und Reflexionsgrad = 0,2. Wie groß ist der Emissionsgrad?
61. Warum soll der Emissionsgrad bekannt sein, wenn die Temperatur nontaktil gemessen wird?
62. Wovon ist der Emissionsgrad abhängig?
63. Sie sollen den an einem Pyrometer eingestellten Emissionsgrad überprüfen und ggf. nachjustieren. Beschreiben Sie eine effiziente Möglichkeit!
64. Was hat das Stefan-Boltzmann-Gesetz mit dem Messprinzip Strahlungsthermometer zu tun?
65. Ein Messobjekt hat eine Temperatur von 500 °C. Berechnen Sie, bei welcher Wellenlänge dessen Strahlungsintensität am größten ist?
66. Ein Messobjekt hat eine Oberflächentemperatur von 500 °C und eine Kerntemperatur von 2000 °C. Mit welcher Wellenlänge sollte das Pyrometer arbeiten? Begründen Sie!
67. Wozu dient die Linse im Objektiv eines Pyrometers (das gilt auch für unser Auge und für die vordere Linse im Kameraobjektiv)?
68. Wie beeinflusst die Luftfeuchtigkeit das Messergebnis eines Pyrometers?
69. Der Hersteller eines Pyrometers gibt als Messfelddurchmesser einen Wert von 1 mm an. Was bedeutet das?

Druck

70. Was unterscheidet einen Druckaufnehmer von einem Druckmessumformer bzw. einem Drucktransmitter?
71. Worin unterscheiden sich Absolut-, Über- und Differenzdruckmessgeräte?
72. Benötigen Sie ein Absolut-, ein Über- oder ein Differenzdruckmessgerät um:
    a. den Reifeninnendruck zu messen,
    b. den atmosphärischen Luftdruck zu messen,
    c. den Verschmutzungsgrad eines Partikelfilters (Rußfilter eines Dieselmotors) zu messen,
    d. den Pegel im Klärbecken zu messen,
    e. den Füllstand einer Flüssigkeit im Druckbehälter zu messen,
    f. die Dichte einer Flüssigkeit bei wechselndem Füllstand zu messen?
73. Welche Druckmessprinzipien werden in der Prozesstechnik oft verwendet?
74. Warum spielen piezoelektrische Drucksensoren in der Prozesstechnik keine Rolle?
75. Welchen Vorteil hat ein Druck-Transmitter mit großem „Turn down“? Worin liegt die Gefahr?
76. Unter welchen Umständen können (z. B. bei einem Druckmessumformer) die Messabweichungen größer werden als das Produkt aus Genauigkeitsklasse und Messbereichsendwert?
77. Ein Druckmessumformer hat die Eigenschaften:

    Messbereich 0 bis 100 bar,

    Ausgang 4 bis 20 mA,

    TKN 0,5 %/10 K,

    TKE 0,8 %/10 K

    und wurde bei 20 °C exakt justiert.

    Der Messumformer wird nun in einem Temperaturbereich von −20 bis +70 °C eingesetzt. Die tatsächlich auftretenden Drücke betragen bis 60 bar.

    Welche Messabweichung in bar kann infolge der Temperaturschwankung schlimmstenfalls auftreten?
78. Was ist ein Druckmittler? Unter welchen Umständen ist dessen Einsatz vorteilhaft?
79. Wieso erzeugt ein Druckmittler zusätzliche Messabweichungen?
80. Ein Differenzdruckmessumformer muss mit zwei Druckmittlern inklusive zweier Kapillarleitungen versehen werden, die mit Silikonöl gefüllt sind. Je nachdem wo Sie den Druckmessumformer mechanisch befestigen, beträgt die optimale Länge für die beiden Kapillarleitungen:

    2 m und 2 m,

    0,5 m und 1 m,

    3,5 m und 0,5 m.

    Welche Variante wählen Sie und warum?

Füllstand

81. Nennen Sie die wichtigsten Prinzipien für die Füllstandsmesstechnik!
82. Worin liegt das Prinzip der hydrostatischen Füllstandsmessung?
83. Geben Sie den Proportionalitätsfaktor an, der den funktionalen Zusammenhang zwischen Füllstand und Druck in einem offenen Behälter beschreibt!
84. Warum ist ein Überdruckmessgerät viel besser für die Füllstandsmessung geeignet als ein Absolutdruckmessgerät?
85. In einem offenen Vorratsbehälter ist Sole gespeichert. Die Dichte beträgt 1,6 g/cm^3. Die Füllstände schwanken zwischen einem und maximal zehn Meter. Welchen Messbereich muss der Druckmessumformer haben? Welche Auswirkungen hätten Dichteschwankungen auf den Messwert?
86. Angenommen, ein Absolutdruckmessgerät (MB 4 bar) wird für die Pegelmessung in einem offenen Abwasserbecken (Tiefe 3 m) verwendet. Wie stark kann der Luftdruck den Messwert beeinflussen?
87. Am Grund eines offenen Tanks (Höhe 5 m) ist ein Überdruckmessumformer (MB 1 bar, Genauigkeitsklasse 0,3) montiert. Die Flüssigkeit im Tank hat eine fast konstante Temperatur von 20 °C und eine Dichte von 0,7 g/cm^3. Wie genau kann der Füllstand gemessen werden?
88. Was ist bei hydrostatischen Standmessungen in geschlossenen Behältern zu beachten?
89. Warum soll bei einer hydrostatischen Füllstandsmessung in einem Tank mit Kopfdruck besser ein Differenzdruckmessgerät als zwei Überdruckmessgeräte verwendet werden?
90. Worin besteht das Prinzip der Füllstandsmessung mit Ultraschall?
91. Über einem Becken ist ein Ultraschall-Füllstandsmessgerät montiert, dessen Arbeitsfrequenz 70 kHz beträgt. Der Abstand zum Beckenboden beträgt 3,25 m. Die Laufzeit für den hin- und rücklaufenden Ultraschallimpuls beträgt 10,6 ms. Wie hoch ist der Füllstand?
92. Ein Ultraschall-Messgerät arbeitet mit einer Frequenz von 30 kHz. Berechnen Sie die Wellenlänge des ausgesendeten Ultraschallimpulses!
93. Welche Bedeutung hat die Wellenlänge für die Auflösung?
94. In einem geschlossenen Behälter wird der Füllstand mittels Ultraschall gemessen. Über dem Produkt befindet sich entweder Stickstoff (Adiabatenexponent 1,39; molare Masse 28,01) oder Kohlendioxid (Adiabatenexponent 1,31; molare Masse 44,01). Welchen quantitativen Einfluss hat ein Inertgaswechsel auf die Messung?
95. Welche Auswirkungen haben wechselnde Umgebungstemperaturen auf den Füllstandsmesswert?
96. Berechnen Sie die systematische Abweichung für den Fall, dass die Umgebungstemperatur 20 °C und die Gerätetemperatur 40 °C beträgt! Distanz zwischen Ultraschall-Messgerät und Flüssigkeit: 3 m.
97. Vom Schallreflexionsfaktor ist die Stärke des Echos in der Ultraschall-Füllstandsmesstechnik abhängig. Berechnen Sie den Schallreflexionsfaktor für eine Schallwelle, die sich im Freien ausbreitet und senkrecht auf eine Wasseroberfläche trifft!

98. Warum ist es meist schwieriger, den Füllstand von Schüttgütern als den von Flüssigkeiten mit Ultraschall zu messen?
99. Nennen Sie Produkteigenschaften, welche die Standmessung mit Ultraschall erschweren!
100. Warum sind Rührwerke kritisch?
101. Was bedeutet die Angabe der Blockdistanz bei Ultraschallaufnehmern und wie kommt diese zustande?
102. Nennen Sie relevante Unterschiede zwischen der Füllstandsmessung mit Radar und der mit Ultraschall!
103. Nennen Sie die Vorteile und den Nachteil eines großen Aperturdurchmessers bei Füllstandsmessgeräten mit Ultraschall und Radar!
104. Zu welchem Verhältnis sind der Öffnungswinkel einer Horn- oder einer Parabolantenne sowie auch der eines Ultraschallwandlers in etwa proportional?
105. Berechnen Sie den Öffnungswinkel eines Radarstrahls für eine Frequenz von 26 GHz und einen Antennendurchmesser von 60 mm!
106. Warum kann bei der Radarfüllstandsmessung nicht so einfach die Laufzeit gemessen werden, wie beim Ultraschall? Welche Lösungen gibt es?
107. Erklären Sie anhand eines Frequenz-Zeit-Diagramms das FMCW-Verfahren!
108. Leiten Sie eine Gleichung her, mit der die Berechnung des Abstands zwischen Antenne und Produkt aus der Differenzfrequenz möglich ist, die sich bei der Anwendung des FMCW-Verfahrens proportional zur Laufzeit einstellt!
109. Das Produkt ist 5 m vom FMCW-Messgerät entfernt. Dieses benutzt den Bereich von 24 bis 26 GHz. Der Frequenzsweep erfolgt innerhalb einer Mikrosekunde. Wie groß ist die Differenz zwischen Sende- und Empfangsfrequenz?
110. Welchen Einfluss hat die Dichte des Gases auf die Messwerte der Radarfüllstandsmessung?
111. Schätzen Sie ab, wie sich eine Druckänderung vom Normaldruck (1 bar) auf 40 bar auf die Radarfüllstandsmessung auswirkt!
112. Radarfüllstandsmessungen werden oft in senkrecht am Behälter angebrachten Bypassrohren durchgeführt. Beeinflusst das Rohr den Messwert?
113. Um wie viel Prozent sinkt die Ausbreitungsgeschwindigkeit der elektromagnetischen Welle ($f = 6{,}3$ GHz) in einem Rohr ($d = 50$ mm)?
114. Sie wollen eine Horn-Antenne für einen Impuls-Radarsensor konstruieren, der mit 24 GHz arbeitet. Welchen Aperturdurchmesser benötigen Sie, wenn ein Gewinn von 18 dBi (0 dB entspricht dem Gewinn eines Isotropstrahlers) erreicht werden soll?
115. Warum ist bei der Füllstandsmessung mit Radar eine große Dielektrizitätszahl des Produkts günstig?
116. Was versteht man unter „Radar am Seil"?
117. Welche Vorteile und welche Nachteile hat die „geführte" Mikrowelle gegenüber dem Radarprinzip?

118. Worin besteht das Prinzip der gravimetrischen Füllstandsmessung? Unter welchen Umständen ist dieses Prinzip den anderen überlegen?

119. Ein zylindrischer Vorratsbehälter (Tara = 2,2 t, Volumen = 2000 l, Innendurchmesser = 1,1 m) für entionisiertes Wasser steht aufrecht auf drei Wägezellen. Diese erfassen ein Gewicht von 3,4 t. Wie groß ist der Füllstand?

120. Was sind die Nachteile einer gravimetrischen Messung?

121. Worin liegt bei der gravimetrischen Füllstandsmessung der Nachteil eines Behälters mit vier Füßen gegenüber einem mit drei Füßen?

122. Welchen Einfluss hat eine Verlagerung des Behälterschwerpunkts auf das Messergebnis?

123. Um Kosten zu sparen, werden Behälter manchmal auf zwei Kipp- oder Festlager und eine Wägezelle gestellt. Welcher Nachteil ist damit verbunden?

124. Ein Behälter mit drei Pratzen soll auf Wägezellen gestellt werden. Leer wiegt dieser 1,5 t. Sein Fassungsvermögen beträgt 0,5 m^3. Das Produkt hat eine Dichte von 1,8 g/cm^3. Welche Nennlast sollten die einzelnen Wägezellen haben, wenn sich der Schwerpunkt in der Mitte der Pratzen befindet?

125. Berechnen Sie das Ausgangssignal von vier parallel geschalteten Wägezellen

$(R_i = 350\ \Omega,\ c_{Nenn} = 2\ mV/V,\ E_{Nenn} = 2\ t)$!

Die Bruttomasse von 2 t ist wie folgt verteilt:

Wägezellen 1 und 2 je 400 kg, Wägezellen 3 und 4 je 600 kg.

126. Für den Betrieb von Wägezellen genügt ein vieradriges Kabel. Dennoch werden oft sechs Leiter verwendet. Warum?

127. Ein Behälter (Tara 4 t) steht auf drei Wägezellen (Nennlast je 5 t, Nennkennwert 2 mV/V, Eingangswiderstand 350 Ω). Deren kurze vieradrige Anschlusskabel haben einen großen Querschnitt und sind in einem Klemmenkasten vor Ort miteinander verdrahtet. Der Klemmenkasten ist mit einem 50 Meter langen Messkabel (4 Adern mit je 0,14 mm^2 Cu) mit der Wägeelektronik (Speisespannung 5 V) verbunden. Welche Aussage lässt sich über die Messabweichung treffen, die bei einer Umgebungstemperaturerhöhung um 30 K auftritt?

128. Wie funktioniert ein Vibrationsgrenzwertgeber?

129. Berechnen Sie die relative systematische Messabweichung, die infolge des Auftriebs bei der Wägung von Polyethylen (Dichte 0,9 g/cm^3) auftritt!

Durchfluss

130. Nennen Sie fünf elektrische Durchflussmessverfahren, bei denen eigentlich die Strömungsgeschwindigkeit gemessen wird und erläutern Sie kurz deren Funktionsprinzip!

131. Die mittlere Strömungsgeschwindigkeit v_m einer Flüssigkeit in einer Rohrleitung wird gemessen. Gesucht werden Volumenstrom q_V und Massestrom q_m. Geben Sie die Berechnungsgleichungen an!

132. Skizzieren Sie die statische Kennlinie einer Normblende! Wie erfolgt die Auswertung?

133. Warum ist die absolute Unsicherheit der Durchflussmessung mit einem Wirkdruckgeber für kleine Messwerte besonders groß?

134. Die Kennlinie eines Wirkdruckgebers ist bekannt und wird durch folgende Funktion beschrieben.

$$p_{\text{Diff}} = \left(\frac{q_V}{16\,\text{m}^3/\text{h}} \right)^2 \text{bar}$$

Die Unsicherheit der Differenzdruckmessung beträgt 3 mbar. Berechnen Sie den Messwert in m^3/h und die Messunsicherheit in l/h für die Differenzdrücke 0,2 und 1 bar!

135. Sie haben die Aufgabe, für eine vorhandene Normblende (Öffnungsverhältnis 0,4; Durchflusszahl 0,68) einen geeigneten Differenzdruck-Transmitter auszuwählen. Welchen Messbereich muss dieser haben, wenn es sich um eine Wasserleitung handelt, in der die Strömungsgeschwindigkeit bis 2 m/s betragen kann?

136. Worin besteht der gravierende energetische Nachteil einer Normblende gegenüber einem MID oder einer US-Messeinrichtung?

137. Bei Nenndurchfluss (12 000 l/min) beträgt der bleibende Druckabfall an einem Wirkdruckgeber 125 mbar. Allein um diesen Strömungswiderstand zu überwinden, muss die Pumpe eine zusätzliche mechanische Leistung erbringen. Berechnen Sie diese sowie den jährlichen Elektroenergiebedarf!

138. Welchen Vorteil hat das lange und teure Venturirohr gegenüber einer Normblende?

139. Ein Volumenstrommessgerät besteht aus einer Normblende, einem Differenzdruckmessgerät und einem Speisetrenner mit Radizierfunktion. Die Messkette ist so justiert, dass die Kennlinie durch folgende Wertepaare läuft: 4 mA bei 0 l/min und 20 mA bei 500 l/min.

Wie groß ist der Volumenstrom, wenn der Ausgangsstrom 10 mA beträgt? Dieser wird mit einer Unsicherheit von 70 µA gemessen. Geben Sie die daraus resultierende Unsicherheit in l/min an!

140. Warum werden Volumenstrommessgeräte für Gase mit einem Temperatur- und einem Druckmessgerät kombiniert?

141. Was zeichnet den Coriolis-Durchflussmesser gegenüber den anderen Messprinzipien aus?

142. Geben Sie eine einfache Formel an, die das Kraftgleichgewicht beim Schwebekörper-Prinzip beschreibt!

143. Geben Sie die Formeln zur Berechnung der Gewichtskraft, der Auftriebskraft (Archimedes) und der Strömungskraft an!

144. Weisen Sie nach, dass der Druckabfall beim Schwebekörper-Prinzip unabhängig vom Durchfluss ist!

145. Für die Störkörper in Wirbeldurchflussmessern wird meist die Deltaform gewählt. Bei dieser ist die Strouhal-Zahl in weiten Reynoldsbereichen konstant. Die Strouhal-Zahl beträgt 0,2. Wie groß ist die Vortex-Frequenz, wenn der Störkörper (Rohrdurchmesser 100 mm) eine Breite von 20 mm hat und die Strömungsgeschwindigkeit 6 m/s beträgt?

146. Zeigen Sie anhand einer Gleichung, dass beim MID ein proportionaler Zusammenhang zwischen Volumenstrom und induzierter Spannung besteht!

147. Ein MID (DN 600) wird mit 20 mT betrieben. Wie groß ist die induzierte Spannung, wenn der Volumenstrom 5000 l/s beträgt?

148. Warum wird bei Ultraschalldurchflussmessgeräten die Laufzeit sowohl als auch gegen die Strömungsrichtung gemessen?

149. Weisen Sie nach, dass die Schallgeschwindigkeit c keinen Einfluss auf das Messergebnis hat, wenn die Laufzeit in und entgegen der Strömungsrichtung gemessen wird!

150. Der Abstand zwischen zwei Messpunkten entlang der Rohrleitung beträgt 2 m. Der Durchfluss durch das Rohr (DN 600) beträgt 3 m^3/s. Berechnen Sie beide Laufzeiten!

151. Bei vielen US-Messeinrichtungen wird der Schall schräg zur Strömungsrichtung eingekoppelt, wie im Bild dargestellt.

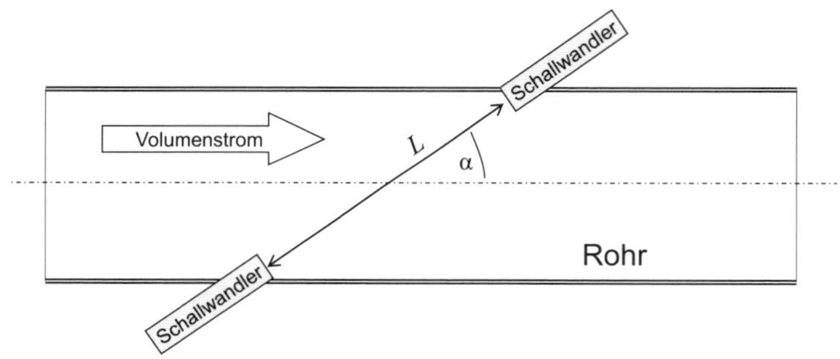

Bild 11.1 Volumenstrommesseinrichtung mit US-Wandlern

Deshalb muss der Winkel α, in dem die Schallausbreitungsrichtung zur Strömungsrichtung steht, berücksichtigt werden. Leiten Sie eine Formel her, mit welcher die mittlere Strömungsgeschwindigkeit unter Beachtung des Winkels berechnet werden kann (L = Länge des Schallweges, α = Winkel zwischen Strömung und Schallsignal)!

152. In einer Erdgas-Pipeline (DN 1000) wird der Durchfluss mit dem Ultraschall-Differenzlaufzeitverfahren gemessen. Die beiden Wandler haben einen Abstand (Schallweg) von 1,5 m. Wie groß ist der Volumenstrom, wenn die beiden Laufzeiten 4,5247 und 4,4013 ms betragen? Welche Messwerte müssten zusätzlich erfasst werden, wenn der Durchfluss in Nm^3/s (Normkubikmeter je Sekunde) angezeigt werden soll?

153. Welchen Einfluss hat die Frequenz des Ultraschallsignals auf die Messergebnisse?

154. Oft werden bei der Ultraschalllaufzeitmessung mehrere Schallwandler-Pärchen betrieben, deren Schallpfade das Rohr auf verschiedenen Strecken queren. Warum?

155. Befinden sich Gasblasen oder Partikel im Fluid, wird das Ultraschallsignal oft so stark geschwächt, dass eine Laufzeitmessung nicht möglich ist. Nennen und erläutern Sie eine Alternative basierend auf Ultraschallwellen!

156. Die Strömungsgeschwindigkeit in einem Abwasserrohr beträgt 0,6 m/s. Es werden Ultraschallwellen einer Frequenz von 2,4 MHz im Winkel von 8° entgegen der Strömung eingeleitet. Wie groß ist die Doppler-Frequenz?

157. Angenommen, beim Dopplerverfahren erhöht sich die Schallausbreitungsgeschwindigkeit im Medium (unbemerkt!), z. B. temperaturbedingt, um fünf Prozent. Welchen Einfluss hat das auf den Messwert?

158. Im Abwasserbereich wird oft das Doppler-Prinzip angewendet, um die Strömungsgeschwindigkeit zu erfassen. Welche Größe muss außerdem erfasst werden, um den Durchfluss zu messen?

159. In einem teilgefüllten Rohr (Innendurchmesser 1000 mm) wird die Strömungsgeschwindigkeit mit 0,3 m/s und der Füllstand mit 40 cm gemessen. Wie groß ist der Volumenstrom?

160. Was ist der entscheidende Unterschied bzw. Vorteil des Coriolis-Durchflussmessers gegenüber den anderen in der Prozesstechnik angewandten Verfahren?

161. Warum eignet sich das Coriolis-Prinzip nicht für große Durchflüsse?

162. Welches Messprinzip kommt beim Luftmassen-Sensor im Auto zum Einsatz? Warum wird dieses in der Prozesstechnik nicht angewendet?

163. Nennen Sie wichtige Verfahren für die Kalibrierung von Durchflussmessgeräten!

164. Eine Dosierbandwaage ist mit einem Wägemodul ($u = 0{,}2$ kg) und einer Bandgeschwindigkeitsmesseinrichtung ausgerüstet. Letztere basiert auf einer Drehzahlmessung ($u = 1\,\%$ v. Mw.). Das Wägemodul ist so montiert, dass es das Nettogewicht auf einem Bandabschnitt einer Länge von 100 cm erfasst. Welche Betriebsbedingung ist hinsichtlich der Dosiergenauigkeit die günstigere?

    a. Bandbeladung $m = 20$ kg/m, Bandgeschwindigkeit $v = 0{,}6$ m/s

    b. Bandbeladung $m = 5$ kg/m, Bandgeschwindigkeit $v = 2{,}4$ m/s

Konzentration

165. Was gibt der pH-Wert an?

166. Wenn sich der gemessene pH-Wert von 6 auf 7 ändert, wie stark hat sich dann die Wasserstoffionen-Aktivität in der Lösung geändert?

167. Welche Maßeinheit hat der Informationsparameter am Ausgang einer Glaselektrode (pH-Wertmessung)?

168. Warum wird neben der Spannung meist auch die Temperatur gemessen?

169. Wie stark ändert sich das Elektrodenpotential bei einer Vergrößerung der Wasserstoffionen-Aktivität um den Faktor 10?

170. Um wie viel Prozent ändert sich der Übertragungsfaktor, wenn die Temperatur 50 °C beträgt?

171. Welches Problem ergibt sich aus dem Innenwiderstand einer pH-Glaselektrode?

172. Worin besteht die Besonderheit der Einschwingzeit bei der pH-Wert-Messung mit Glaselektroden?

173. In welchem Zusammenhang stehen absolute Luftfeuchte und Taupunkttemperatur?

174. Worin liegt die besondere Bedeutung der Taupunkttemperatur in der Praxis?

175. Wie kann die Taupunkttemperatur gemessen werden?

176. Von einem Konzentrationssensor mit linearer statischer Kennlinie und temperaturunabhängigen Temperaturkoeffizienten sind folgende Ausgangssignale gemessen worden:

     0 V bei 20 °C und 0 Vol.-%

     10 V bei 20 °C und 100 Vol.-%

     −0,2 V bei 40 °C und 0 Vol.-%

     9,6 V bei 40 °C und 100 Vol.-%

     Berechnen Sie die Temperaturkoeffizienten und geben Sie diese wie üblich in % je 10 K an!

177. Elektromagnetische Wellen werden häufig in der Prozessmesstechnik genutzt, u. a. zur Analyse von Fluiden. Ordnen Sie die Wellenbereiche Terahertzwellen, UKW, Röntgen-Strahlung, UV-Strahlung, IR-Strahlung, sichtbares Licht und Mikrowellen nach der Frequenz! Beginnen Sie mit der niedrigsten Frequenz!

12 Versuch und Erprobung

Im Bereich Versuch und Erprobung gilt es, Messaufgaben mit relativ hohem Schwierigkeitsgrad u. a. aus den Gebieten experimentelle Spannungsanalyse, diskrete Spektralanalyse und Messdynamik zu lösen.

12.1 Einführung

Messaufgaben, die von den Entwicklungsabteilungen oder in deren Auftrag erledigt werden, bezeichnet man oft mit dem Begriff Testing. Diese finden im Zusammenhang mit der Erprobung neuer Produkte im Rahmen des Versuchswesens statt, können äußerst vielfältig sein, sind oft komplexer Natur und darüber hinaus nicht selten einzigartig. Die nachfolgenden Fragen und Aufgaben stehen stellvertretend für zahllose weitere und sind weder repräsentativ noch vollständig. Sie vermitteln einen Eindruck von dem Anspruch, der an den Versuchsingenieur in der Praxis gestellt wird.

12.2 Fragen und Aufgaben

1. Oft wird fälschlich behauptet, die Empfindlichkeit eines DMS sei von dessen Länge abhängig. Widerlegen Sie diese Aussage!
2. Welche praktische Bedeutung hat die aktive Messgitterlänge eines DMS?
3. Sie möchten axiale Zugkräfte an einem runden Aluminiumstab (Länge 1000 mm, Durchmesser 20 mm) messen und applizieren vier DMS (350 Ω, Messgitterlänge 10 mm, k-Faktor 2,2), zwei längs und zwei quer, die Sie zur Vollbrücke verdrahten. Berechnen Sie das Ausgangssignal in mV/V für eine Kraft von 20 kN! Ist das Spannungsverhältnis linear von der Dehnung abhängig?

4. Sie möchten Zugkräfte an einem Vierkanteisen (Länge 500 mm, Querschnitt 12 mm × 12 mm) aus S355 messen und applizieren aus Zeitgründen nur zwei Metallfolie-DMS (120 Ω), die Sie zu einer Halbbrücke verdrahten. Sie speisen die Brücke mit 5 V. Wie groß darf die Brückenspannung werden, ohne dass die Gefahr besteht, dass das Material plastisch verformt wird?
5. Sie messen die Längsdehnung an einem Vierkantstab (Länge 300 mm, Querschnitt 30 mm × 30 mm) aus Kunststoff (E-Modul unbekannt) und haben zu diesem Zweck zwei Metallfolie-DMS längs des Stabes aufgeklebt, die Sie zu einer 2/4-Brücke verdrahten. Die Brückenverstimmung beträgt 0,825 mV/V. Wie groß ist die Dehnung? Kompensiert die Wheatstone-Brücke den Temperatureinfluss?
6. Ein DMS (120 Ω, k-Faktor 2, Messgitterlänge 10 mm) ist mit einem zweiadrigen Cu-Kabel (2 Ω) an ein Auswertegerät angeschlossen. Berechnen Sie die Messabweichung, die durch eine temperaturbedingte Leitungswiderstandsänderung von 70 mΩ vorgetäuscht wird!
7. Auf einem Biegebalken sind zwei DMS installiert – einer oben und der andere unten, so wie im Bild dargestellt.

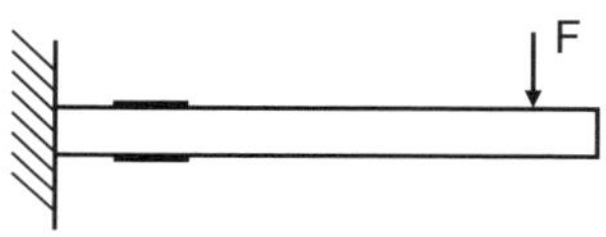

Bild 12.1
Biegebalken mit zwei DMS

Zeichnen Sie eine Wheatstone-Brücke mit Speise- und Ausgangsspannung, kennzeichnen Sie die beiden DMS in der Schaltung und geben Sie den Quotienten Ausgangs-/Speisespannung in Abhängigkeit des k-Faktors und der Dehnung an! Wird die Wirkung der Einflussgrößen Längskraft, Querkraft und Temperatur von der Brückenschaltung kompensiert?

8. Auf der Außenwandung einer unter Druck stehenden Rohrleitung soll ein DMS (120 Ohm) appliziert werden. Wie ist das Messgitter auszurichten? Begründen Sie! Wie ist der DMS in der Wheatstone-Brücke zu verschalten, um Messkabeleinflüsse gering zu halten? Wie groß muss die Verstärkung der Brückenspannung (Speisespannung 5 V) sein, damit eine ziffernrichtige Anzeige in μm/m mit einem DVM im Messbereich 1000 μV erfolgt? Wie wirkt sich eine Speisespannungsschwankung von +1 % auf die Brückenausgangsspannung und den angezeigten Dehnungswert aus?
9. Ein DMS hat einen Messbereich von ± 10 000 μm/m und wird in der experimentellen Spannungsanalyse eingesetzt. Laut Packungsaufschrift beträgt dessen k-Faktor 2,08 ± 1 %. Welche absoluten Messabweichungen können bei Dehnungen von 200 μm/m und 800 μm/m auftreten? Bewerten Sie die Ergebnisse!
10. Ein DMS wird auf einem Bauteil aus Stahl appliziert. Für den E-Modul gibt der Lieferant einen Wert von 205 000 μm/m an. Auf Nachfrage räumt er ein, dass die Unsicherheit der Angabe 8 % beträgt. Es wird eine Dehnung von 600 μm/m gemessen. Berechnen Sie die Spannung und deren Unsicherheit!

11. Ein Metallfolie-DMS (120 Ω) ist längs auf einem Biegebalken (Titan, Breite 10 mm, Dicke 2 mm) installiert und in einer Wheatstone-Brücke mit drei Widerständen (je 120 Ω) verschaltet. An der Biegefeder hängt im Abstand von 12 cm zu den DMS ein Gewicht der Masse m. Die Gewichtskraft F erzeugt das Biegemoment M. Das Biegemoment erzeugt die Spannung δ. Sigma erzeugt die Dehnung ε. Epsilon erzeugt im DMS eine relative Widerstandsänderung $\Delta R/R$. Diese wiederum generiert eine Brückenverstimmung $\Delta U/U$. Geben Sie die Empfindlichkeiten (Übertragungsfaktoren) K_1 bis K_6 im Blockschaltbild an! Berechnen Sie die Empfindlichkeit des Gesamtsystems! Würde sich ein Versuchsingenieur auf den berechneten Übertragungsfaktor verlassen?
12. Die mechanische Leistung, die von einer Antriebswelle übertragen wird, soll mit einem DMS-Drehmomentaufnehmer (MB 2 kN·m, Kennwert 2 mV/V, Empfindlichkeit 1 µV/V je Nm) und einem Drehzahlmessumformer (MB 600 /min, Empfindlichkeit 1 V je 60/min) bestimmt werden. Der Spannungsausgang des Drehzahlmessumformers (DC-Tachogenerator) speist die Wheatstone-Brücke im Drehmomentaufnehmer. Die Brückenausgangsspannung wird verstärkt und von einem Digitaldisplay (Empfindlichkeit 1 digit/mV) angezeigt. Um welchen Faktor muss die Brückenausgangsspannung verstärkt werden, damit eine ziffernrichtige Anzeige in Watt erfolgt?
13. Da kein fixer Bezugspunkt vorhanden ist, sollen schnelle Wegänderungen (z. B. Schwingweg eines Brückenhängers) indirekt mit einem Beschleunigungssensor gemessen werden, dessen Ausgangssignal zweimal nach der Zeit integriert wird. Welches Problem ergibt sich dabei? Schlagen Sie einen Ausweg vor!
14. Da kein Bezugspunkt vorhanden ist, wird der Weg indirekt mit Hilfe eines Beschleunigungssensors (MB = 100 ms^{-2}, Empfindlichkeit = 0,1 V/ms^{-2}) gemessen. Dessen Nullpunkt wurde per Nullabgleich vor dem Beginn der Messung nachjustiert. Das geschah mit einer Unsicherheit von 20 µV. Die Wegmessung soll auf 10 mm genau sein. Wie lang darf die Messzeit sein?
15. Welche Möglichkeiten gibt es, die Eigenfrequenz eines mechanischen Bauteils experimentell zu ermitteln?
16. Aus der Sprungantwort (Sprung von 0 auf 8 bar) eines passiven Drucksensors (Messbereich 40 bar) wurde das zweite, dritte und vierte lokale Maximum entnommen: 10,65 bar; 10,00 bar; 9,51 bar. Wie groß ist der Dämpfungsgrad der Sensormembran?
17. Aus der Stoßantwort eines Kraftaufnehmers lesen Sie die Eigenfrequenz mit 2,5 kHz und die 95 %-Einschwingzeit mit 33 ms ab. Wie groß ist die Zeitkonstante der Einhüllenden? Berechnen Sie den Dämpfungsgrad des Aufnehmers!
18. Nehmen Sie bezüglich der vorangegangenen Aufgabe an, bei der Aufzeichnung der Stoßantwort war eine Abtastrate von 20 kHz und eine Grenzfrequenz von 2 kHz am Auswertegerät eingestellt. Haben die ermittelten Werte dann überhaupt noch einen Sinn? Wie steht es um deren Wahrheitsgehalt?
19. Sie verfügen über eine Messkette bestehend aus passivem Beschleunigungssensor, Messverstärker, ADU und PC mit installierter DFT-Software. Mit dieser wollen Sie Schwingbeschleunigungen an einer Lagerschale von bis zu 50 m/s^2 im Frequenzbereich von 1 bis 1000 Hz erfassen und spektral auswerten. Welche dynamischen Eigenschaften müssen die Glieder der Messkette besitzen, damit Sie ein einigermaßen fehlerfreies Amplitudenspektrum erhalten?

20. Am Eingang eines DAQ-Systems liegt neben dem sehr niederfrequenten Nutzsignal ein 60 Hz-Brummen an. Der Tiefpass vor dem ADU ist auf 40 Hz eingestellt, um Alias-Effekte zu vermeiden und um Netzbrummen zu unterdrücken. Der ADU erzeugt 100 Messwerte je Sekunde. Nach jeweils 500 Messwerten wird mittels DFT ein Amplitudenspektrum erzeugt und zeitzyklisch angezeigt, wobei die y-Achse logarithmisch skaliert ist. Unabhängig vom Nutzsignal ist im Spektrum seltsamerweise immer eine Spektrallinie bei 40 Hz zu erkennen. Was ist die Ursache des Phänomens?
21. Ihr Messsystem arbeitet mit einer Messrate von 9600 Hz. Dieses erfasst zeitzyklisch 8192 Messwerte und berechnet danach das Amplitudenspektrum der gemessenen Schwingbeschleunigung. Wie lang ist die Messzeit bzw. wie lange dauert die Erfassung eines Datensatzes? Angenommen, im Messsignal ist eine Frequenz von 10 Hz enthalten. Warum ist es mit den gegebenen Einstellungen unmöglich, mit einer DFT die richtige Amplitude bei der Frequenz von 10 Hz zu berechnen? Welche Einstellungen wären günstiger?
22. Sie führen einen Crashversuch durch und erfassen dabei mehrere transiente Signale. Welche Fensterfunktion wenden Sie an, wenn Sie die Signale im Frequenzbereich auswerten möchten?
23. Ihr Prüfling ist ein 24 V-Netzteil, bei dem die Restwelligkeit unter Nennlast untersucht werden soll. Zu diesem Zweck wird eine FFT durchgeführt. Ihr DAQ-System arbeitet mit einer Abtastrate von 20 kHz. Die Messzeit ist auf eine Sekunde eingestellt. Um Leakage-Effekte zu vermindern, wird das Henning-Fenster gewählt. Wie hoch ist die Frequenzauflösung? Warum wird für den Gleichanteil eine Amplitude von nur 12 V berechnet? Warum wird für die Frequenz von 1,221 Hz eine ähnlich große Amplitude berechnet, obwohl im Zeitbereich diese Frequenz gar nicht vorhanden ist?

13 Verschiedenes

Im Kapitel 13 sind ähnlich wie in Kapitel 7 Fragen und Aufgaben zusammengefasst, die inhaltlich kaum zu den vorangegangenen Abschnitten passen.

13.1 Einführung

Der folgende Abschnitt setzt sich mit den Themen Selbstjustage, 6-Leiter-Technik, Kabeleinflüsse, Differenzverstärkung und mit Fragen der Schirmung auseinander.

13.2 Fragen und Aufgaben

1. Warum schließt eine automatische Selbstjustage den Sensor meist nicht mit ein?
2. Welche Kenngrößen einer Messeinrichtung werden durch eine zeitzyklische automatische Selbstjustage verbessert?
3. Warum haben Aufnehmer mit interner Wheatstone-Brückenschaltung häufig 6-adrige Kabel?
4. Eine Wägezelle (DMS-Vollbrücke 350 Ω, Nennlast 10 t, Kennwert 2 mV/V) befindet sich im Freien und ist über ein 100 m langes Kabel (4 × 0,14 mm^2 Cu; $\rho_{Cu} = 0{,}018\ \Omega mm^2/m$; $\alpha_{Cu} = 0{,}0039/K$) an die Messelektronik (Verstärker + Betriebsspannungsgenerator) angeschlossen. Die Speisespannung beträgt 5 VDC. Wie groß ist die systematische Abweichung infolge des Kabelwiderstandes bei einem Messwert von 600 kg? Wie kann man diese vermeiden?
5. Angenommen, im Fall der Anordnung aus der vorangegangenen Aufgabe wird die Speisespannung auf konstant 5,3648 V erhöht, um den systematischen Fehler infolge der 4-Leiter-Technik zu beseitigen. Nun sinkt jedoch die Umgebungstemperatur um 20 K. Wie groß ist die systematische Abweichung bei einem Messwert von 600 kg?

6. Was versteht man in der Sensortechnik unter einer Differentialanordnung und welche Vorteile ergeben sich aus dieser im Zusammenspiel mit einer Wheatstone-Brücke?
7. Warum ist ein Differenzeingang ohne Massebezug dem Single-Ended-Input vorzuziehen?
8. Warum ist es vorteilhaft, wenn ein Differenzverstärker eine hohe Gleichtaktunterdrückung aufweist?
9. Welchen Nutzen hat ein Kabelschirm aus Kupfer oder Aluminium?
10. Soll der Kabelschirm ein- oder beidseitig aufgelegt werden?
11. Welchen Nutzen hat ein Kabelschirm aus Kupfer oder Aluminium gegenüber magnetischen Feldern?
12. Welchen Vorteil haben Twisted-Pair-Kabel?

Teil III

Lösungen

14 Antworten, Lösungen, Erläuterungen

14.1 Kapitel 1: Grundlagen

1. Das Bestimmen der statischen Kennlinie bezeichnet man als Kalibrieren oder Einmessen. Dabei wird der Zusammenhang zwischen Eingangs- und Ausgangsgröße eines Messgeräts für mindesten zwei Punkte (2-Punkt-Kalibrierung) festgestellt. Im Ergebnis der Kalibrierung ist die statische Kennlinie bekannt, so dass einem Ausgangswert der Messeinrichtung ein Wert der Messgröße zugeordnet werden kann.

   Bei nichtlinearen Kennlinien und bei Präzisionsgeräten erfolgt das Kalibrieren mit mehreren Stützstellen (z. B. 11 oder auch 21).

   Oft werden nach dem Kalibrieren die Messabweichungen an den einzelnen Stützstellen angegeben.

2. Ein Normal ist zum Kalibrieren erforderlich. Mit diesem wird ein bestimmter Wert der Messgröße erzeugt bzw. bereitgestellt. Ein Normal kann die Einheit selbst verkörpern (Parallelendmaß, Weston-Element, Präzisionsmassestück) oder dazu dienen, den Wert der Eingangsgröße möglichst genau festzustellen. So können z. B. sehr genau Spannungen erzeugt werden, wenn man eine einstellbare Spannungsquelle mit einem Präzisionsspannungsmessgerät kombiniert.

3. Streng genommen gilt diese nur zum Zeitpunkt der Durchführung, da sich die Kennlinie des Geräts beim Transport vom Kalibrierlabor zum Einsatzort bereits wieder verändert haben kann. Es ist üblich, dass der Qualitätsverantwortliche des Unternehmens festlegt, in welchem zeitlichen Rhythmus Kalibrierungen erfolgen müssen. Das wird im Qualitätssicherungshandbuch vermerkt.

4. Das Eichen ist bestimmten Behörden (Eichämtern) vorbehalten. Es gibt auch private Unternehmen, die das Recht haben, eine Eichung durchzuführen. Die Vorgehensweise ist gesetzlich in zahlreichen Durchführungsbestimmungen geregelt. Es wird nicht nur kalibriert, sondern auch geprüft, ob das Messgerät die Eichfehlergrenzen einhält. Ist das der Fall, erfolgt eine Kennzeichnung, aus der hervorgeht, bis zu welchem Zeitpunkt das Messgerät für eichpflichtige Messungen benutzt werden darf.

5. Im Rahmen des gesetzlichen Messwesens ist das Eichen für bestimmte Messgeräte vorgeschrieben. Der Gesetzgeber hat im Eichgesetz festgelegt, welche Messungen eichpflichtig sind. Nur wenn die Geräte geeicht sind, dürfen diese im rechtsgeschäftlichen Verkehr verwendet werden (Volumenstrommessgeräte an Tankstellen). Diese Geräte müssen nachgeeicht werden, bevor die Gültigkeit der Eichung abläuft.

6. Während beim Kalibrieren lediglich festgestellt wird, wie der Zusammenhang zwischen Ein- und Ausgangsgröße ist, wird dieser Zusammenhang bei einer Justage verändert.
7. Hierdurch werden nur zufällige Abweichungen minimiert. Es gibt jedoch auch systematische Abweichungen.
8. Die Justage nimmt Einfluss auf die systematischen Abweichungen. Meist wird der Verlauf der statischen Kennlinie (Nullpunkt und Anstieg) mit dem Ziel verändert, systematische Abweichungen weitestgehend zu beseitigen. Ein weiterer Grund kann darin liegen, das Ausgangssignal zu spreizen. Wenn sowieso nur die unteren 20 % des Messbereichs (Eingangsbereich) ausgenutzt werden, kann es angezeigt sein, den Anstieg der Kennlinie zu verfünffachen, um dem nachfolgenden System den vollen Bereich des Ausgangssignals anzubieten.
9. Voraussetzung ist eine Kalibrierung. Bei dieser gewinnt man Kenntnis über die individuelle Empfindlichkeit des Sensors. Durch Korrekturrechnung oder Justage der Messkette kann jetzt das Auftreten von toleranzbedingten Abweichungen verhindert werden.
10. Eine Kalibrierung geht ohne Änderung des Übertragungsverhaltens der Messeinrichtung einher. Wenn sich die Messeinrichtung automatisch neu justiert, erfolgt jedoch eine Veränderung. Obwohl die Begriffe klar definiert sind, wird von Praktikern leider oft von Autokalibrierung gesprochen, obwohl eine Autojustage gemeint ist.
11. Der Anschluss von Messgeräten an Nationale Normale wird durch eine (fast immer mehrstufige) Kalibrierung erreicht, wobei für jede Stufe ein höherwertiges Normal benutzt wird, das direkt oder indirekt mit dem Nationalen Normal verglichen wurde. Letzteres steht auf der obersten Stufe der Kalibrierungshierarchie und wird mit dem Internationalen Normal oder mit Normalen anderer metrologischer Staatsinstitute verglichen.
12. Kalibrierungen sind auf das Nationale Normal rückführbar, wenn diese durch lückenlose (meist mehrstufige) Kalibrierung in Verbindung mit dem Nationalen Normal stehen.
13. Messergebnisse sind rückführbar, wenn diese mit rückführbar kalibrierten Messsystemen gewonnen wurden und mit den Einstellungen der Messgeräte bei der Gewinnung der Messergebnisse verknüpft sind, so dass diese Einstellungen bei Bedarf reproduziert werden können. Hintergrund: Was nützen rückführbar kalibrierte Messgeräte, wenn diese fehlerhaft eingestellt wurden.
14. PTB, Physikalisch-Technische Bundesanstalt. *Der Sitz befindet sich in Braunschweig und Berlin.*
15. Die Messeinrichtung ist in relativ kurzen zeitlichen Abständen rückführbar zu kalibrieren. Das muss nicht durch die PTB erfolgen, sondern kann im Kalibrierlabor der eigenen Firma oder eines Dienstleisters (z. B. ein DAkkS-Labor oder DKD-Labor) durchgeführt werden. Wichtig ist, dass das zur Kalibrierung verwendete Normal an das Nationale Normal angeschlossen ist.
16. Die Zeit kann selbst mit einer billigen Quarzuhr mit einer Gangabweichung von 30 Sekunden je Monat (entspricht etwa 10^{-5} bzw. 0,001 %) gemessen werden. Messgeräte wandeln die Messgröße oft in eine messgrößenproportionale Zeit um. Die Zeit kann dann mit Hilfe eines Quarzgenerators sehr genau ausgezählt werden.

17. Natürlich nicht, denn jeder Messwert ist mit einer Unsicherheit behaftet. Man hat sich auf einen Wert für die Lichtgeschwindigkeit verständigt und diesen als exakt definiert, was mit der Festlegung der Einheit Meter einhergegangen ist. Ein Meter ist die Entfernung, die Licht im Vakuum in (1/299 792 458) Sekunden zurücklegt. Im Divisor steckt die Lichtgeschwindigkeit.

18. Für die Unsicherheit gilt:

$$\delta = \frac{\Delta t}{t}$$

Daraus folgt:

$$t = \frac{\Delta t}{\delta} = \frac{1s}{1{,}5 \cdot 10^{-14}} \cdot \frac{\mathrm{h}}{3600\mathrm{s}} \cdot \frac{\mathrm{d}}{24\mathrm{h}} \cdot \frac{\mathrm{a}}{365\mathrm{d}} = 2113986\mathrm{a}$$

Nach etwa 2,1 Millionen Jahren hat die Unsicherheit eine Sekunde erreicht.

19. Bei einem frequenzanalogen Signal ändert sich die Frequenz proportional zur Messgröße. Die Frequenz ist der Informationsparameter dieses Signals. Die Radsensoren am PKW liefern ein frequenzanaloges Signal. Die Frequenz des Signals hängt proportional von der Drehzahl ab. Der Proportionalitätsfaktor entspricht der Anzahl der Zähne oder Löcher auf einer Scheibe, die sich hinter dem Rad befindet.

20. Diese werden benötigt, um die statischen Eigenschaften (Eingangsgröße konstant, Messeinrichtung im Beharrungszustand) einer Messeinrichtung quantitativ zu beschreiben.

21. Diese werden benötigt, um die dynamischen Eigenschaften (Reaktion auf zeitliche Änderungen am Eingang) einer Messeinrichtung quantitativ zu beschreiben. Dynamische Kenngrößen geben Auskunft darüber, wie schnell der Ausgang der Einrichtung den Änderungen der Messgröße folgen kann.

22. Eine Viertelbrücke besteht aus einem veränderlichen und drei festen Widerständen. Genau ein Viertel der Widerstände ist von der Messgröße abhängig.

    Eine Halbbrücke besteht aus zwei benachbarten veränderlichen und zwei Festwiderständen. Die Hälfte aller Widerstände ist messgrößenabhängig.

    Eine Vollbrücke besteht aus vier veränderlichen Widerständen. Alle Widerstände sind messgrößenabhängig.

    Die benachbarten veränderlichen Widerstände reagieren jeweils gegensinnig auf eine Änderung der Messgröße. Dadurch verdoppelt bzw. vervierfacht sich die Empfindlichkeit der Brücke.

23. Eine statische Kennlinie stellt die Ausgangsgröße als Funktion der Eingangsgröße dar. Bei einer Wheatstone-Brücke bewirkt die relative Widerstandsänderung $\Delta R/R$ am Eingang eine Änderung des Spannungsverhältnisses $\Delta U/U$ am Ausgang. Die allgemeine Brückengleichung erhält man nach Anwendung der Spannungsteilerregel auf die Wheatstone-Brücke. Denn diese ist eine Parallelschaltung zweier Spannungsteiler, wobei die Brückenverstimmung gleich der Spannungsdifferenz ΔU zwischen den Mittelabgriffen ist:

$$\frac{\Delta U}{U} = \frac{R_1}{R_1 + R_2} - \frac{R_3}{R_3 + R_4}$$

Für die abgeglichene Brücke (alle Widerstände sind gleich groß) gilt $\Delta U = 0$.

Das Diagramm zeigt die statischen Kennlinien der drei Brückenschaltungen:

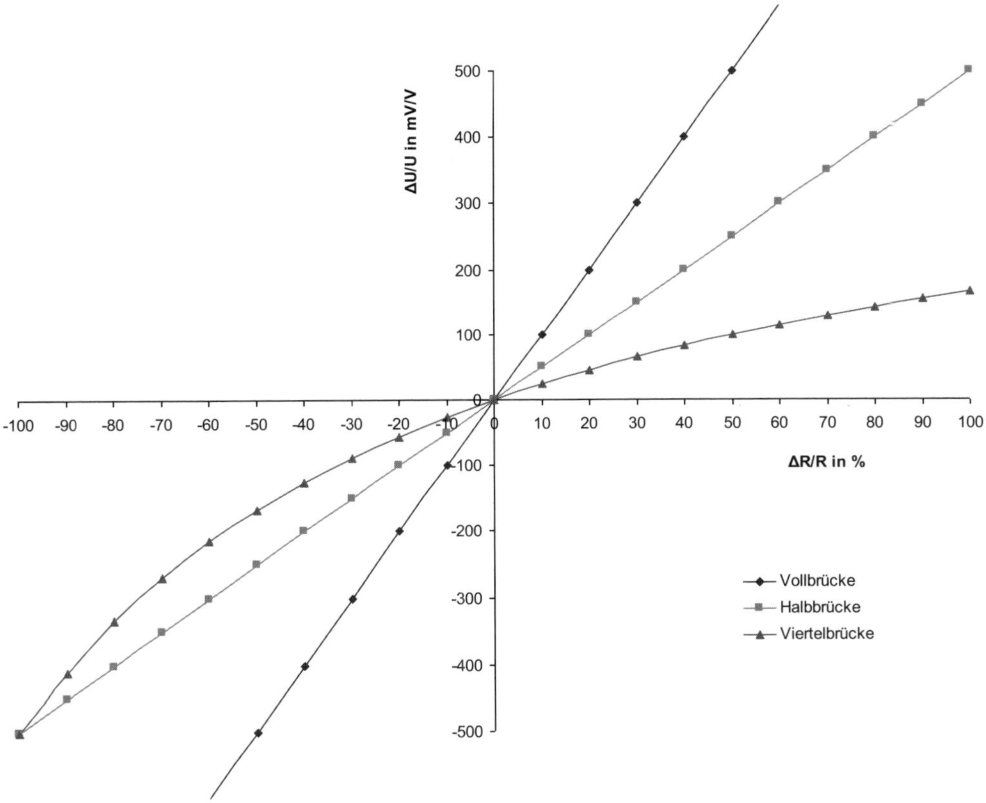

Bild 14.1 Kennlinien von Voll-, Halb- und Viertelbrücke

Die Vollbrücke und die Halbbrücke weisen im Gegensatz zur Viertelbrücke lineare Kennlinien auf. Die größte Empfindlichkeit besitzt die Vollbrücke mit dem Wert 1. Die Halbbrücke hat eine Empfindlichkeit von ½. Die Viertelbrücke hat im Nullpunkt die Empfindlichkeit ¼. Wegen des nichtlinearen Zusammenhangs zwischen Eingang und Ausgang ist die Empfindlichkeit der Viertelbrücke von der relativen Widerstandsänderung abhängig. Nur für kleine Widerstandsänderungen darf Linearität angenommen werden.

24. Vollbrücke:

$$\frac{U_{\mathrm{Br}}}{U_{\mathrm{Sp}}}=\frac{\Delta R}{R}$$

Halbbrücke:

$$\frac{U_{\mathrm{Br}}}{U_{\mathrm{Sp}}}=\frac{1}{2}\frac{\Delta R}{R}$$

Viertelbrücke:

$$\frac{U_{\mathrm{Br}}}{U_{\mathrm{Sp}}}=\frac{1}{4}\frac{\Delta R}{R}$$

Für die Viertelbrücke ist anzumerken, dass die angegebene Gleichung aufgrund ihrer Vereinfachung nur für kleine relative Widerstandsänderungen hinreichend genau ist. Denn tatsächlich ist die Kennlinie nichtlinear.

25. Jeder Messung liegt ein physikalischer Effekt zugrunde. So gibt es drei thermo-elektrische Effekte, darunter den Seebeck-Effekt. Dieser wird bei der Temperaturmessung ausgenutzt. Temperatursensoren, die diesen Effekt nutzen, arbeiten nach dem Thermoelement-Prinzip.

26. Die bedeutendsten elektrischen Einheitssignale (auch Standardsignale genannt) sind das 0/10 V-Signal, dessen Informationsparameter die Spannung ist, und das 4/20 mA-Signal mit dem Informationsparameter Stromstärke. Das Spannungssignal wird meist im Labor sowie in der Fertigungstechnik verwendet. In der Prozesstechnik wird das Stromsignal bevorzugt.

27. Eine Spannung wird als „eingeprägt" bezeichnet, wenn diese in einem bestimmten Spannungsbereich nahezu unabhängig vom Lastwiderstand ist, der an der Spannungsquelle angeschlossen ist.

28. Ein Strom wird als „eingeprägt" bezeichnet, wenn dieser in einem bestimmten Strombereich nahezu unabhängig vom Bürdenwiderstand ist, der an der Stromquelle angeschlossen ist bzw. in der Stromschleife liegt.

29. Damit die Spannung konstant bleibt, muss der Lastwiderstand groß gegenüber dem Innenwiderstand der Quelle sein. Die Spannungsquelle muss deshalb einen sehr niedrigen Innenwiderstand haben.

30. Damit der Strom konstant bleibt, muss der Bürdenwiderstand klein gegenüber dem Innenwiderstand der Quelle sein. Die Stromquelle muss deshalb einen sehr hohen Innenwiderstand aufweisen.

31. Bei einem Signal mit lebendem Nullpunkt beginnt der Wertebereich nicht bei 0 sondern z. B. bei 2 V oder 4 mA. Ein Kurzschluss bzw. ein Leitungsbruch ist sofort erkennbar. Außerdem ist der lebende Nullpunkt die Voraussetzung für die in der Prozessindustrie sehr beliebte 2-Leiter-Technik.

32. Systematische Messabweichungen sind unter gleichbleibenden Bedingungen in Betrag und Vorzeichen konstant und daher durch Kalibrierung quantitativ feststellbar. Das Messergebnis ist also korrigierbar, wenn man die systematische Abweichung kennt. Noch günstiger ist es, wenn man das Messgerät neu justiert und das Auftreten systematischer Abweichungen vermeidet. Im Gegensatz dazu sind Betrag und Vorzeichen zufälliger Abweichungen nicht vorhersehbar.

33. Die Messunsicherheit trifft eine quantitative Aussage über die Genauigkeit des Messergebnisses. Sie gibt an, wie weit unser Messwert vom wahren Wert (den wir eigentlich angezeigt haben möchten) abweichen kann. Beträgt die Unsicherheit 1 kg und es wird ein Messwert von 75 kg angezeigt, bedeutet das, die Person könnte auch 74 oder 76 kg schwer sein.

34. Zusätzlich zur Unsicherheit soll angegeben werden, mit welcher Wahrscheinlichkeit sich der Messwert innerhalb des Unsicherheitsbereichs befindet. Beträgt diese Wahrscheinlichkeit 68 % nennt man die Unsicherheit „einfache Unsicherheit". Beträgt die Wahrscheinlichkeit 95 % spricht man von „erweiterter Unsicherheit". *Etwas verwirrend ist, dass die 95 %-Wahrscheinlichkeit als Standardwahrscheinlichkeit bezeichnet wird.*

35. Bei der Ausschlagmethode wird die Messgröße direkt oder auch über Zwischenabbildungsgrößen in den Messwert gewandelt. Es gibt keine Signalverzweigung.

    Bei der Differenzmethode wird der Messgröße oder einer deren Abbildungsgrößen eine Größe entgegengesetzt. Es findet eine Subtraktion statt. Die Differenz kommt zur Anzeige.

    Bei der Kompensationsmethode wird die Subtraktionsgröße solange variiert bis die Differenz gleich 0 ist. Im Kompensationszustand ist die Subtraktionsgröße gleich der Messgröße und wird als Maß für diese benutzt.

36. Die relative Messabweichung kann 0,5 % des gemessenen Widerstandswerts betragen. *Die Unsicherheit des Voltmeters wurde hier vernachlässigt.*

37. Aus dem Ohmschen Gesetz folgt für den Widerstand $R = \frac{U}{I} = \frac{2{,}8\,\mathrm{V}}{1\,\mathrm{mA}} = 2{,}8\,\mathrm{k\Omega}$

    Die Messunsicherheit des Voltmeters beträgt 2 % vom Messbereich: 0,1 V.

    Rechnet man die Unsicherheit von Volt in Ohm um, erhält man die absolute Unsicherheit der Widerstandsmessung: $\Delta R = \frac{\Delta U}{I} = \frac{0{,}1\,\mathrm{V}}{1\,\mathrm{mA}} = 0{,}1\,\mathrm{k\Omega}$

    Die relative Unsicherheit beträgt:

    $$\delta \varnothing \frac{\Delta R}{R} \quad \frac{0{,}1\,\mathrm{k\Omega}}{2{,}8\,\mathrm{k\Omega}} \quad 3{,}6\,\%$$

    Die Unsicherheit des Stromes wurde hier nicht berücksichtigt.

38. Der Witz liegt darin, dass nur die Änderung der Messgröße zur Anzeige kommt, was durch Subtraktion (Differenzmethode) erreicht wird. Der unbekannte Widerstand ist Teil eines Spannungsteilers. Zu diesem Spannungsteiler ist ein zweiter parallel geschaltet. Gemessen wird nun die Spannungsdifferenz an den beiden Mittelabgriffen. Im abgeglichen Fall ist diese gleich 0. Deshalb kann das Voltmeter einen sehr kleinen Messbereich haben und eine entsprechend hohe Empfindlichkeit aufweisen.

39. Man lässt die Einflussgröße gleichsinnig auf den messgrößenempfindlichen Widerstand und auf den benachbarten Widerstand wirken. Wenn beide dieselbe Einflussgrößenempfindlichkeit aufweisen, wird der Einfluss der Störgröße auf die Brückenausgangsspannung kompensiert.
40. Die Speisespannung muss eine Wechselspannung sein.
41. Bei Wechselspannungsspeisung ist die Brückenausgangsspannung ebenfalls eine Wechselspannung. Würde man nun nur deren Amplitude auswerten, ginge die Vorzeicheninformation verloren. Man wüsste nicht, in welche Richtung die Brückenschaltung verstimmt wurde. Die Vorzeicheninformation liegt in der Phasenlage der Brückenspannung zur Speisespannung. Die Auswertung muss mit einem phasengesteuerten Gleichrichter geschehen.
42. Der Informationsparameter ist die Frequenz. Diese verhält sich proportional zur Drehzahl. Der Proportionalitätsfaktor ist von der Anzahl der Zähne oder Schlitze des rotierenden Objekts abhängig. Die Frequenz kann auch über durch Messung der Periodendauer bestimmt werden. Die Periodendauer des frequenzanalogen Signals verhält sich jedoch umgekehrt proportional zur Messgröße. Die Amplitude der induzierten Spannung hat insofern Bedeutung, dass die Signalflanken eindeutig erkennbar sein müssen.
43. Amplitude, Frequenz, Periodendauer, Tastverhältnis, Pulsdauer.

    Wenn es eine zweite Rechteckspannung gibt, kann auch die Phasenverschiebung (Entfernungsmessung über Laufzeit) oder die Frequenzänderung (Geschwindigkeitsmessung unter Nutzung des Doppler-Effekts) als Informationsparameter dienen.
44. Der Wert des Widerstands.

14.2 Kapitel 2: Statische Eigenschaften

1. Statische Kenngrößen beschreiben das Verhalten einer Messeinrichtung im eingeschwungenen Zustand.
2. Statische Kenngrößen sind z. B. Nullpunkt, Empfindlichkeit, Messbereich und Temperatureinflusskoeffizient.
3. Die statische Kennfunktion heißt statische Kennlinie und wird häufig einfach nur als Kennlinie bezeichnet.
4. Bei jeder Kennlinie, die nichtlinear verläuft, ist der Anstieg vom Wert der Eingangsgröße abhängig. Eine solche Kennlinie ist im Bild 14.2 dargestellt. Die Empfindlichkeit wird vom Wert der Eingangsgröße x bestimmt.

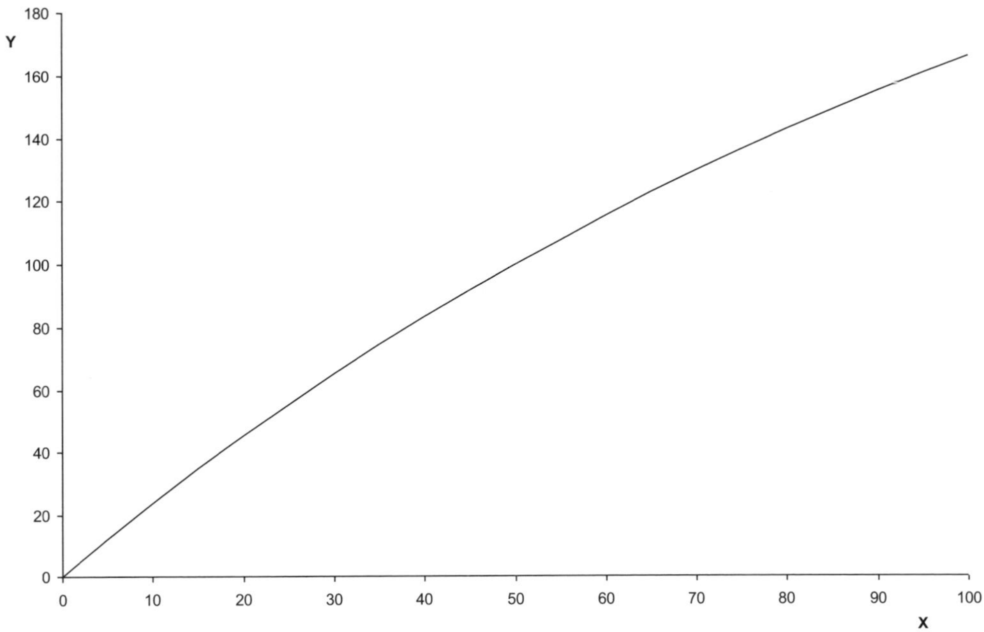

Bild 14.2 Nichtlineare statische Kennlinie

5. Additive Fehler werden durch Nullpunktabweichungen (der statischen Kennlinie) gekennzeichnet. Eine additive Abweichung liegt z. B. vor, wenn ein Widerstandsmessgerät immer 0,5 Ω zu viel anzeigt.

   Multiplikative Fehler werden durch eine fehlerhafte Steilheit der statischen Kennlinie verursacht. Eine multiplikative Abweichung liegt z. B. vor, wenn ein Messgerät jeden Messwert um 0,5 % zu klein anzeigt.

6. Beträgt die additive Abweichung 2 % des Messbereichs, dann hat ein Messwert, der ein Zehntel des Messbereichsendwertes beträgt, eine Messabweichung von 20 %. Je kleiner der Messwert ist, desto größer ist dessen relative Abweichung. Ist der Messwert so groß wie die Nullpunktabweichung, beträgt die relative Abweichung 100 %.

   Bei multiplikativen Abweichungen bleibt der Nullpunkt konstant, jedoch verändert sich der Endwert, was einer Änderung der Steilheit der Kennlinie gleichkommt. Ändert sich dieser um 1 %, dann weichen alle Messwerte um 1 % bezogen auf den aktuellen Messwert ab. Da multiplikative Fehler messwertbezogen sind, ist die relative Abweichung unabhängig vom Messwert.

7. Der Temperaturkoeffizient des Nullpunkts und der Temperaturkoeffizient der Empfindlichkeit beschreiben den Einfluss auf die statische Kennlinie.

8. Die erlaubte Abweichung ist auf den Bereich zu beziehen:

   10 mV : 10 V = 0,001 = 0,1 %

   Zulässig ist eine Linearitätsabweichung von 0,1 %.

9. Die Auflösung gibt Auskunft über die kleinste noch erkennbare Änderung der Messgröße. Der Wahrheitsgehalt des Messwertes wird jedoch durch die Messunsicherheit ausgedrückt. Daraus folgt, dass die Unsicherheit mindestens so groß ist wie die Auflösung. So beträgt bei einer digitalen Personenwaage für den Hausgebrauch die Auflösung meist 0,1 kg. D. h., die Unsicherheit beträgt mindestens 0,1 kg und kann aber um ein Vielfaches größer sein. Messabweichungen von 0,5 kg sind keine Seltenheit.
10. Der Vorteil der Relativangabe liegt in der einfachen Vergleichbarkeit der Qualität von Messergebnissen.
11. Die Empfindlichkeit erhält man aus dem Differenzenquotienten mit:

$$E = 0{,}8\frac{\text{mA}}{\text{V}}$$

Das Diagramm zeigt die Kennlinie des Spannungs-Strom-Wandlers.

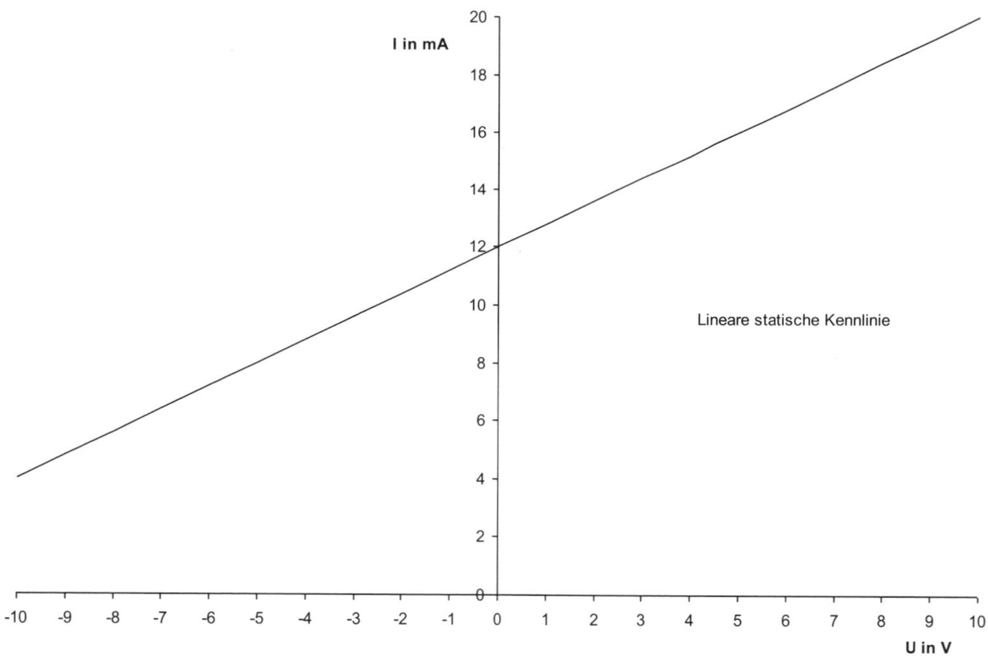

Bild 14.3 Statische Kennlinie des Spannungs-Strom-Wandlers

Die Kennlinie kann mit einer linearen Gleichung beschrieben werden:

$$I = U \cdot 0{,}8\frac{\text{mA}}{\text{V}} + 12\,\text{mA}$$

12. Die Wertepaare für fünf auf der x-Achse äquidistante Stützstellen lauten:

200	250	300	350	400
40	62,5	90	122,5	160

Das Diagramm zeigt den deutlich nichtlinearen Verlauf der statischen Kennlinie.

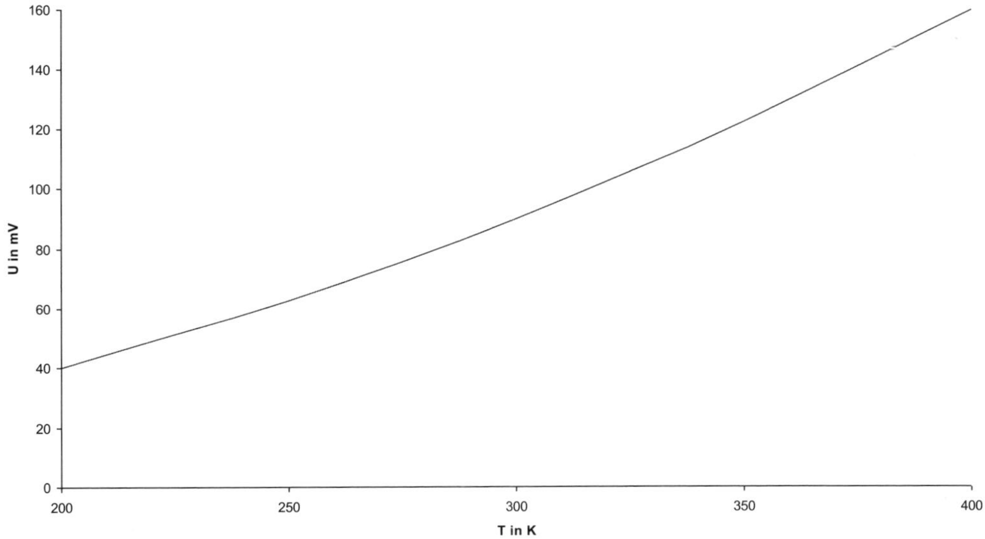

Bild 14.4 Kennlinie eines Temperatursensors

Den Anstieg gewinnt man mit der ersten Ableitung:

$$\frac{dU}{dT} = 2\text{T} \cdot 0{,}001 \frac{\text{mV}}{\text{K}^2}$$

$$\frac{dU}{dT}(300\,\text{K}) = 2 \cdot 300\,\text{K} \cdot 0{,}001 \frac{\text{mV}}{\text{K}^2} = \underline{0{,}6 \frac{\text{mV}}{\text{K}}}$$

Die Empfindlichkeit ist aufgrund der Krümmung vom Arbeitspunkt bzw. von der Eingangsgröße abhängig. Bei einer Temperatur von 300 K beträgt der Anstieg 0,6 mV/K. Eine Temperaturänderung von einem Kelvin hat (bei dieser Temperatur!) eine Spannungsänderung von 0,6 mV zur Folge.

13. Die statische Kennlinie ist leider nichtlinear, was sich bei großen relativen Widerstandsänderungen ungünstig bemerkbar macht. *Der Vorteil liegt natürlich darin, dass keine Konstantstromquelle benötigt wird.*

Die Gleichung erhält man durch Anwendung der Spannungsteilerregel. Die Funktion lautet:

$$U_S = f(R_S) = U_0 \cdot \frac{R_S}{R_S + R_V}$$

Das Diagramm zeigt die Abhängigkeit der Spannung vom Widerstand.

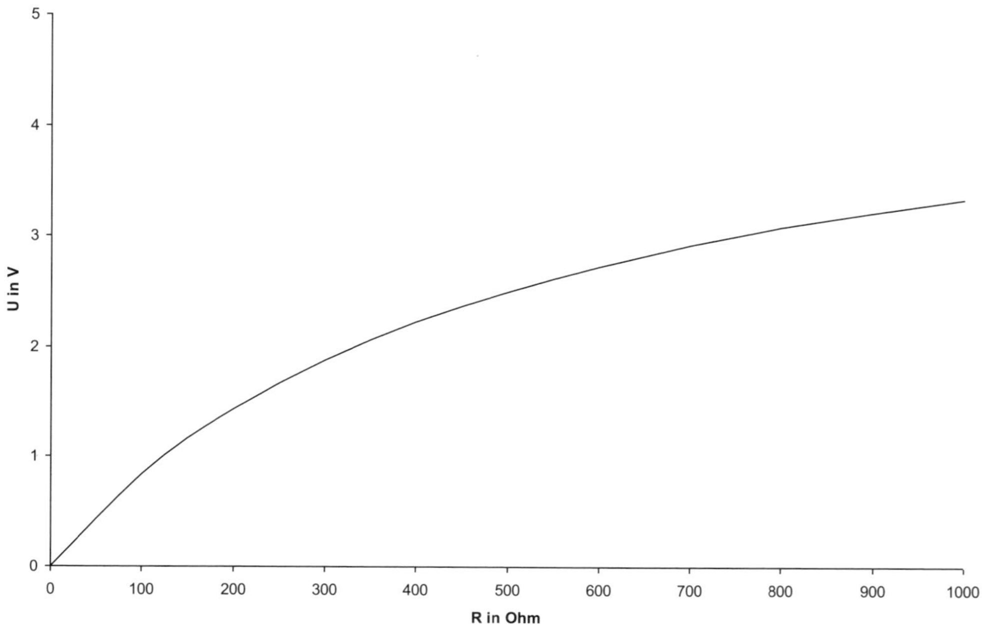

Bild 14.5 Statische Kennlinie des R-U-Wandlers

Neben der Nichtlinearität hat dieser R-U-Wandler den Nachteil, dass der Innenwiderstand doch recht groß ist, so dass der Spannungsausgang keinesfalls belastet werden darf.

Die gesuchte Näherungsgleichung gilt leider nur für sehr kleine Widerstandsänderungen und lautet:

$$U_S = f(R_S) = \frac{U_0}{2\,\mathrm{k}\Omega} \cdot \Delta R_S + 2{,}5\,\mathrm{V}$$

Der Charme einer linearen Kennlinie liegt darin, dass für deren Angabe Nullpunkt und Anstieg (bzw. zwei Punkte) hinreichend sind.

14. Der Spannungswandler muss eine Kennlinie aufweisen, die invers zu der des Wirkdruckgebers liegt. Den gewünschten Verlauf zeigt Bild 14.6.

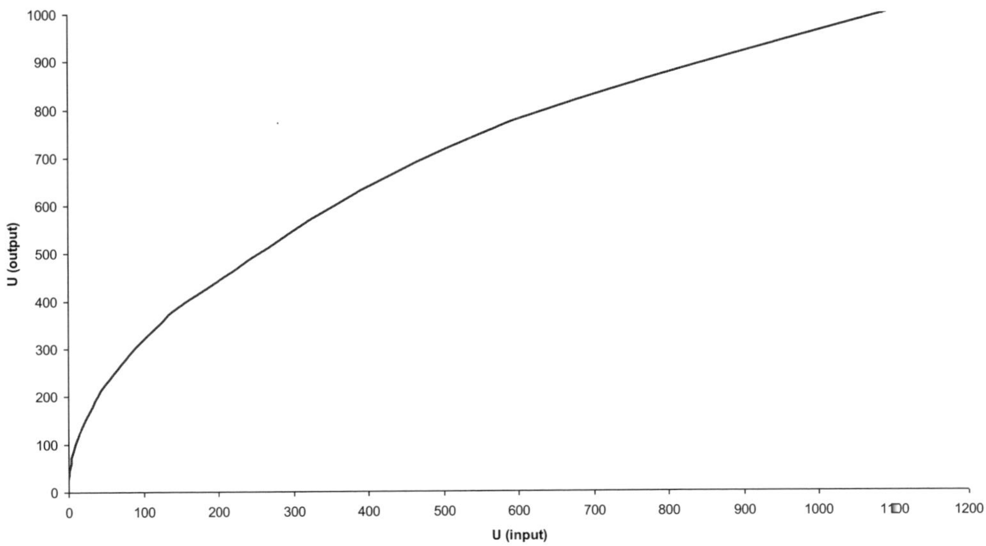

Bild 14.6 Kennlinie des U/U-Wandlers

Durch das radizierende Verhalten wird ein linearer Zusammenhang zwischen Durchfluss und Anzeigewert erreicht.

15. Der Gesamtwiderstand R_0 wird um 5 % größer, deshalb verursacht eine Temperaturänderung nun eine etwas kleinere relative Widerstandsänderung. Daraus folgt: $\Delta E = -5\,\%$

    Eine Messabweichung entsteht nur, wenn die Veränderungen infolge des Zuleitungswiderstands unberücksichtigt bleiben.

16. a. Ist das Röhrchen zu weit oben an der Skala befestigt, entsteht eine Nullpunktabweichung der statischen Kennlinie. Im Beispiel sind alle Messwerte um einen bestimmten Betrag zu groß.

    b. Wenn der Innendurchmesser des Röhrchens über der Länge nicht konstant ist, führt das zu einer Linearitätsabweichung der statischen Kennlinie.

    c. Ist der Innendurchmesser des Röhrchens zu groß, weicht die Empfindlichkeit vom Nennwert ab. Im Beispiel wären alle Messwerte um einen Prozentsatz zu klein.

17. Die statische Kennlinie ergibt sich aus der Spannungsteilerregel:

$$U_\mathrm{a} = \frac{R}{3R} U_\mathrm{e} = \frac{1}{3} U_\mathrm{e}$$

Beide Temperaturkoeffizienten sind gleich 0.

Begründung: Egal wie sich die Widerstände verändern, die Kennlinie geht immer durch den Koordinatenursprung, so dass der TKN gleich 0 sein muss. Im Beispiel haben die drei Widerstände identische Temperaturkoeffizienten (eine Charge), was bedeutet, dass alle Widerstände auch bei veränderlicher Temperatur gleiche Werte haben. Deshalb unterliegt auch die Empfindlichkeit keinerlei Temperatureinfluss. *Natürlich trifft das nur zu, wenn die Widerstände auch dieselbe Temperatur haben.*

18. Wenn Temperaturänderungen von bis zu 80 K auftreten, kann der Nullpunkt um ±4 % verschoben werden – additive Abweichung. Der Anstieg kann sich ebenfalls um ±4 % ändern – multiplikative Abweichung. Während additive Abweichungen messbereichsbezogen wirken, beziehen sich multiplikative Abweichungen auf den aktuellen Messwert. Verschiebung und Verdrehung der Kennlinie überlagern sich unter Umständen positiv; können daher in ein und dieselbe Richtung wirken. Der Nullpunkt kann folglich um 0,4 V bzw. 4 bar verschoben sein. Der Endwert kann eine Abweichung von 0,8 V bzw. 8 bar aufweisen.

    Das Diagramm zeigt neben dem Idealverlauf die beiden schlimmsten Fälle.

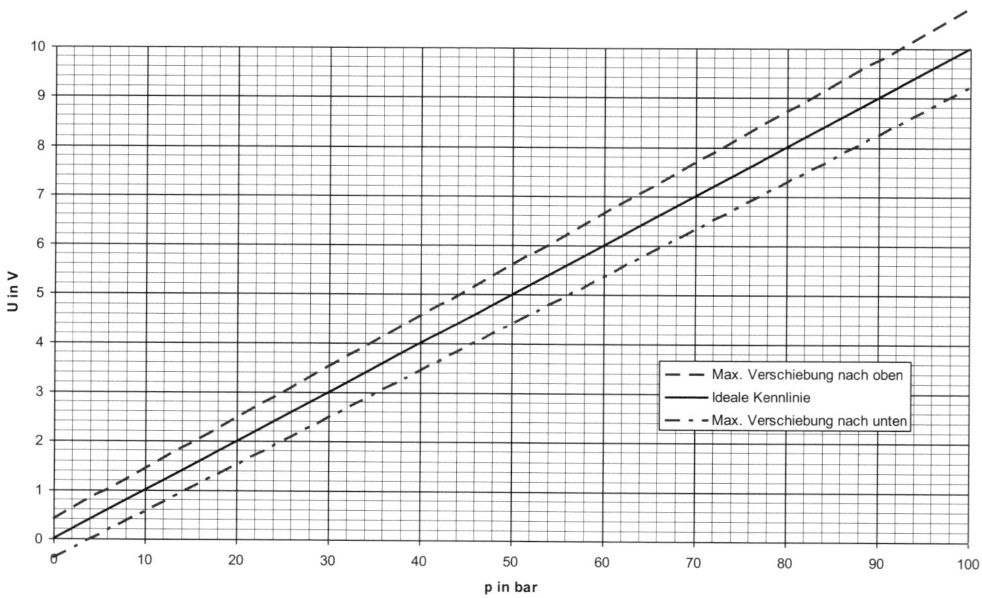

Bild 14.7 Kennlinie mit Temperatureinfluss

In der Aufgabenstellung wurden die TK des Umformers bewusst schlecht gewählt, damit die Wirkung im Diagramm gut erkennbar ist. Bei hochwertigen Messumformern sind temperaturinduzierte Abweichungen viel geringer.

19. Wenn die Spannung 0 V beträgt, soll ein Strom von 4 mA fließen. Der Nullpunkt der Kennlinie liegt also bei 4 mA. Eine Änderung der Spannung um 10 V soll eine Änderung des Stromes um 16 mA bewirken. Die Empfindlichkeit ergibt sich aus dem Quotienten zu 1,6 mA/V.

20. Hat die statische Kennlinie des Anzeigegeräts den im Bild 14.8 dargestellten Verlauf, erfolgt die Anzeige ziffernrichtig in Grad Celsius.

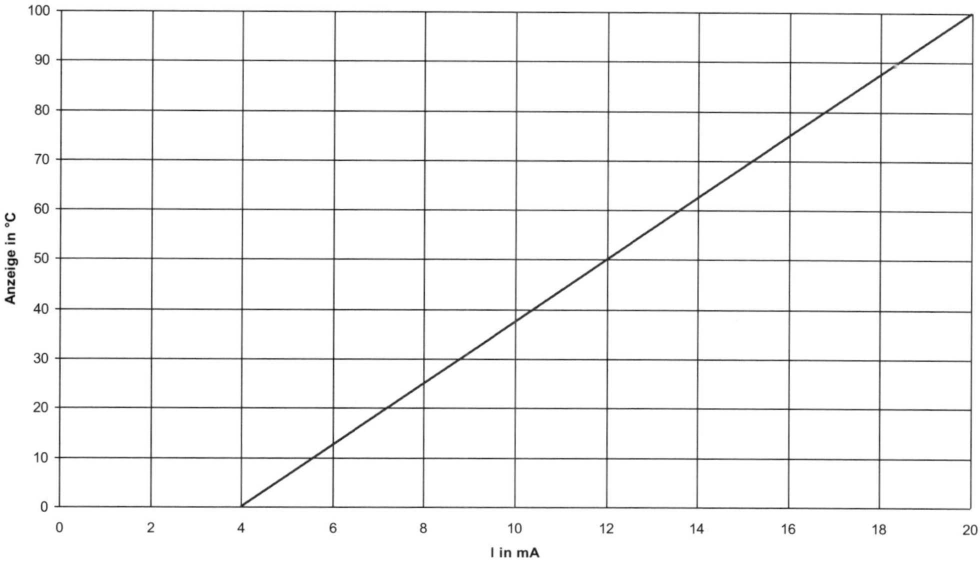

Bild 14.8 Statische Kennlinie des Anzeigegeräts

Die statische Kennlinie des Temperatur-Messumformers genügt der Funktion:

$$I = \frac{16\,\text{mA}}{100\,°\text{C}} \vartheta + 4\,\text{mA}$$

Diese ist nach der Temperatur umzustellen. Das Ergebnis entspricht der Kennlinie, welche die Digitalanzeige aufweisen muss:

$$\vartheta = 6{,}25 \frac{°\text{C}}{\text{mA}} I - 25\,°\text{C}$$

21. Die Betriebstemperatur liegt infolge der Einsatzbedingungen um 50 K über der Nenntemperatur. Multipliziert man die Temperaturdifferenz mit dem TKN, erhält man eine Nullpunktverschiebung von 10 %. Diese Angabe bezieht sich auf den Messbereich. 10 % von 10 V ergibt einen Nullpunkt von 1 V.

    Die Empfindlichkeit bei Nenntemperatur beträgt 0,1 V/mm. Das Produkt aus Temperaturänderung (50 K) und TKE beträgt −20 %. Die Empfindlichkeit bei 70 °C beträgt somit nur 0,08 V/mm.

    Das Diagramm (Bild 14.9) zeigt beide Kennlinien des Wegmesssystems.

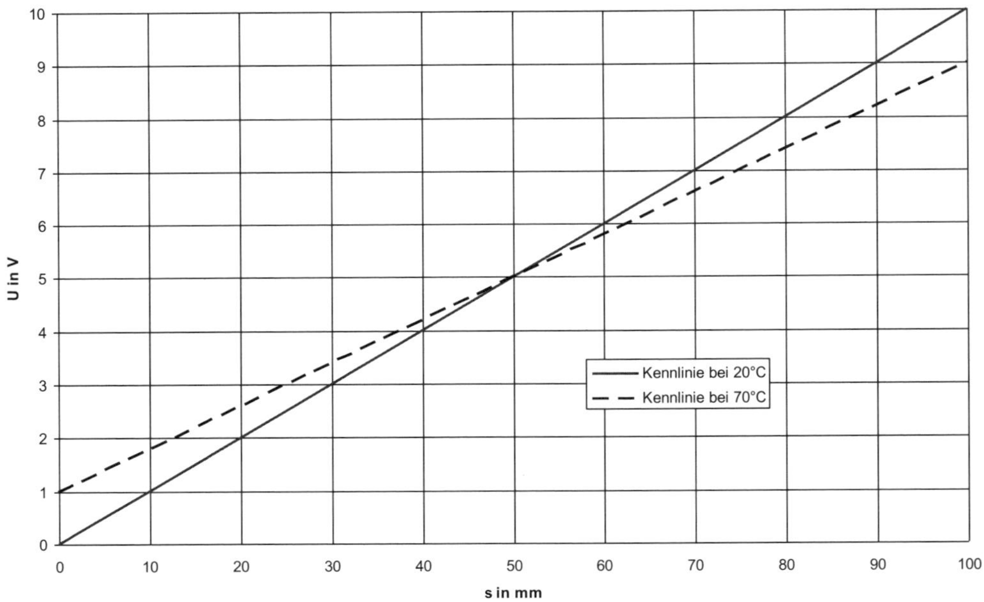

Bild 14.9 Kennlinien mit Wegmesssystem

In der Mitte des Messbereichs heben sich die Wirkungen der Temperaturkoeffizienten auf. Die Kennlinienabhängigkeit von der Temperatur trägt systematischen Charakter, während die Einflussgröße Temperatur zufälligen Änderungen unterliegt. *Bei näherungsweise konstanter Betriebstemperatur ist eine Neujustage angezeigt. Die Abweichung kann dann weitgehend kompensiert werden.*

22. Gibt der Messumformer 10 V aus, muss das DVM 6 V anzeigen. Die Anpassschaltung benötigt einen Übertragungsfaktor von 0,6. Geeignet ist der abgebildete Spannungsteiler.

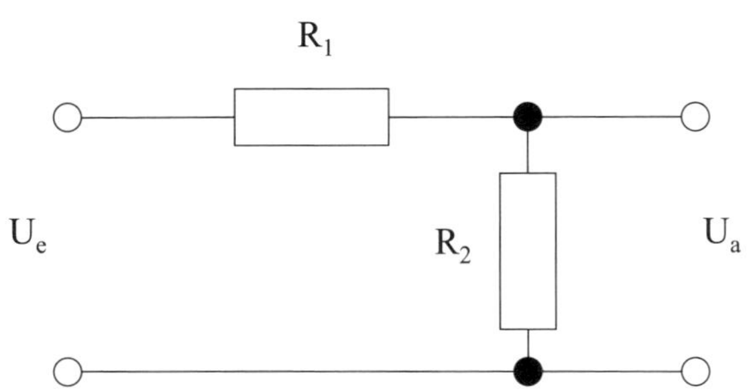

Bild 14.10 Spannungsteiler

$$\frac{U_{out}}{U_{in}} = \frac{6\,\mathrm{V}}{10\,\mathrm{V}} = \frac{R_2}{R_1 + R_2}$$

Daraus folgt: $R_1 = \frac{2}{3} R_2$

Geeignete Widerstandswerte sind beispielsweise $R_1 = 4\ \text{k}\Omega$ und $R_2 = 6\ \text{k}\Omega$.

Man muss beachten, dass die Widerstände nicht zu klein sind und das Ausgangssignal des Messumformers nicht verfälschen. Die Widerstände dürfen jedoch auch nicht zu groß sein, weil ja doch ein (wenn auch sehr kleiner) Strom in das DVM hineinfließt.

23. Das Diagramm zeigt die noch zulässigen Extremfälle:

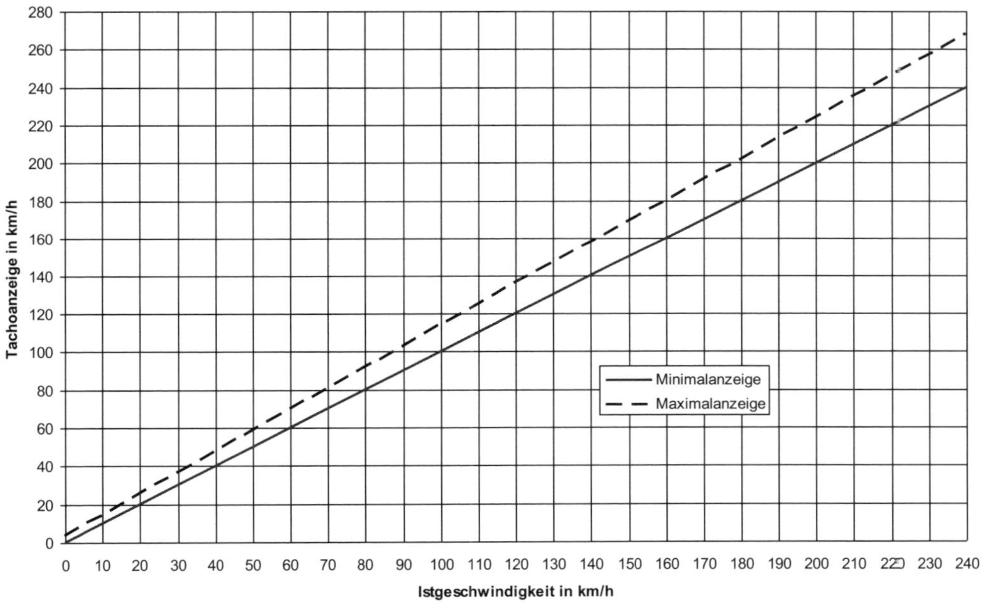

Bild 14.11 Zulässige Kennlinienabweichung

Die Nullpunktabweichung (wirkt als additiver Fehler) darf bis +4 km/h betragen.

Die Empfindlichkeitsabweichung (wirkt multiplikativ) darf +10 % vom Messwert betragen, was bei 130 km/h einer Abweichung von +13 km/h entspricht.

In Summe sind das +17 km/h (absolute Abweichung), was einer Geschwindigkeitsanzeige von 147 km/h entspricht.

24. Sensor: Linearitäts-, Nullpunkt- und Empfindlichkeitsabweichung, Temperaturkoeffizienten von Nullpunkt und Empfindlichkeit, Umkehrspanne (Hysterese), Langzeitstabilität

Verstärker: Linearitäts-, Nullpunkt- und Verstärkungsabweichung, Temperaturkoeffizienten von Nullpunkt und Verstärkung, Langzeitstabilität

ADU: Linearitäts-, Nullpunkt- und Empfindlichkeitsabweichung, Temperaturkoeffizienten von Nullpunkt und Empfindlichkeit, Langzeitstabilität, Auflösung (Anzahl der Quantisierungsstufen)

PC: Dieser hat praktisch keinen Einfluss (32- oder 64-Bit-Gleitkommaarithmetik).

25. Die Kennlinie ist eine Gerade mit dem Anstieg 1 durch den Ursprung verlaufend.

    Begründung: Die statische Kennlinie zeigt den Zusammenhang zwischen den Werten der Eingangsgröße und den davon abhängigen Werten der Ausgangsgröße im eingeschwungenen Zustand, das heißt, dass alle Übergangsvorgänge abgeschlossen sind. Der Kondensator wird sich solange auf- bzw. entladen, bis dessen Spannung (identisch mit der Ausgangsspannung) so groß ist, wie die Eingangsspannung. Im eingeschwungenen Zustand ist die Ausgangsspannung genauso groß wie die Spannung am Eingang.

14.3 Kapitel 3: Dynamische Eigenschaften

1. Dynamische Kenngrößen sind Zeitkonstante, Einschwingzeit, Bandbreite, Grenzfrequenz.

   Dynamische Kennfunktionen sind Sprungantwort, Übergangsfunktion, Übertragungsfunktion, Frequenzgang, Phasengang.
2. Der Frequenzgang lässt sich aus der Übertragungsfunktion berechnen. Denn der Frequenzgang stellt Betrag und Phase der Übertragungsfunktion dar.
3. Amplitudengang:

   $$A(\omega) = \frac{\hat{y}}{\hat{x}}(\omega) = \left|F(j\omega)\right| = \sqrt{\mathrm{Re}\left\{F(j\omega)\right\}^2 + \mathrm{Im}\left\{F(j\omega)\right\}^2}$$

   Phasengang:

   $$\rho(\omega) = \arctan\frac{\mathrm{Im}\left\{F(j\omega)\right\}}{\mathrm{Re}\left\{F(j\omega)\right\}}$$

4. Der Amplitudengang beschreibt die Abhängigkeit der Empfindlichkeit eines Systems von der Frequenz des Eingangssignals. Aus dem Amplitudengang kann abgelesen werden, welche Frequenzen gut und welche weniger gut übertragen werden. *Der Übertragungsfaktor (Empfindlichkeit) nimmt für verschiedene Frequenzen verschiedene Werte an.*
5. Bei linearen Systemen sind die Frequenzen am Ausgang identisch mit denen am Eingang. Bei nichtlinearen Systemen (statische Kennlinie ist keine Gerade) treten nichtlineare Verzerrungen auf, so dass im Ausgangssignal Frequenzen auftreten, die am Eingang gar nicht vorhanden sind.

6. Bei zu hohem Eingangspegel an einem Verstärker wird dieser im nichtlinearen Bereich seiner Kennlinie betrieben. Dadurch werden von diesem Oberwellen erzeugt, die deutlich hörbar sind. Der Klirrfaktor steigt stark an. Die Musik klingt verzerrt. *Bei manchen Instrumenten (E-Gitarre) kann der Effekt erwünscht sein.*
7. Der Phasengang beschreibt die Phasenverschiebung des Ausgangssignals gegenüber dem Eingangssignal als Funktion der Frequenz.
8. Da es nur eine Zeitkonstante gibt, ist der Verlauf der Sprungantwort durch eine e-Funktion beschreibbar:

   $$\Delta x_a = E \cdot \Delta x_e (1 - e^{-\frac{t}{T}}) = 1\frac{\text{mV}}{\text{K}} \cdot 80\text{K}(1 - e^{-\frac{1\text{s}}{0{,}5\text{s}}}) = \underline{69{,}2\,\text{mV}}$$

   Eine Sekunde nach dem Sprung am Eingang hat sich die Spannung am Ausgang um 69,2 mV geändert. Die Differenz zum stationären Endwert beträgt also noch 10,8 mV. Überprüfen lässt sich das leicht durch die Überlegung, dass eine Sekunde genau dem zweifachen Wert der Zeitkonstante entspricht. Wenn eine Zeit vergangen ist, die der Zeitkonstante entspricht, fehlen noch 36,79 %. Vergeht diese Zeit ein weiteres Mal, fehlen wiederum 36,79 % (bezogen jeweils auf die verbleibende Differenz):

   $$0{,}368 \cdot 0{,}368 \cdot 80\,\text{mV} = 10{,}8\,\text{mV}$$

   Die Änderung um 80 mV und damit verbunden ein Messwert frei von dynamischer Abweichung wird streng genommen erst im Unendlichen erreicht.
9. Wenn die Messgröße schnellen zeitlichen Änderungen unterliegt und diese mit erfasst werden sollen wird eine entsprechend hohe Grenzfrequenz benötigt. Die obere Grenzfrequenz sollte mindestens so groß sein, wie alle Frequenzen, die im Nutzsignal vorhanden sind.

   Es wird ebenfalls eine hohe Grenzfrequenz benötigt, wenn nach Anlegen der Messgröße schnellstmöglich der Messwert zur Verfügung stehen soll. Begründung: In jedem Sprungsignal sind laut Fourier sehr hohe Frequenzen enthalten. Um diese zu übertragen, bedarf es einer hohen Grenzfrequenz (bzw. einer kleinen Einschwingzeit, die sich ja umgekehrt proportional zur Grenzfrequenz verhält).
10. Dynamische Abweichungen entstehen immer dann, wenn es ein oder mehrere Glieder der Messkette gibt, die den Änderungen der Messgröße nicht schnell genug Folge leisten. Es genügt also nicht, einen schnellen ADU zu haben, wenn der Sensor eine große Einschwingzeit hat oder der Tiefpass im Messverstärker auf 2 Hz eingestellt ist.
11. Meist wird die Grenzfrequenz mit Hilfe des 3-dB-Toleranzbandes ermittelt. Die dynamischen Abweichungen betragen fast 30 %. Bei niedrigeren Frequenzen sind die Abweichungen kleiner. Ablesbar ist das aus dem Amplitudengang.
12. Die dynamischen Abweichungen betragen (für diese Frequenzen) 30 % und mehr. Misst man beispielsweise eine Gleichspannung, die von einer Wechselspannung (500 kHz) überlagert ist, mit einem Messgerät, dessen obere Grenzfrequenz 1 kHz beträgt, wird im Messsignal nur noch der Gleichspannungsanteil erkennbar sein. Der dynamische Fehler beträgt also 100 %.

13. Ja. Wenn die Filterfrequenz etwas unter der Frequenz der Messgröße liegt, wird zwar deren Amplitude stark fehlerbehaftet übertragen, aber die Frequenz dadurch nicht beeinflusst. Obwohl das Messsignal eine zu niedrige Amplitude aufweist, sind die Nulldurchgänge ablesbar.

14. Ein Tiefpass 2. Ordnung (Steilheit 40 dB/Dekade) ist bei der gewählten Grenzfrequenz nicht in der Lage, die 50 Hertz Störungen zu beseitigen. Dafür ist der Abstand zur Störfrequenz zu gering.

    Man sollte prüfen, ob die Grenzfrequenz nicht wesentlich kleiner eingestellt werden kann (z.B. auf 5 Hz). Ob das möglich ist, hängt davon ab, welche Frequenzen des Nutzsignals noch erfasst werden sollen.

15. Wesentlich ist, welche Konvention bzw. Definition einer Grenzfrequenzangabe zugrunde liegt. Eine direkte Vergleichbarkeit besteht nur, wenn derselbe Grenzwert herangezogen wird.

    Die übliche Konvention ist das Absinken des Übertragungsfaktors um 3 dB bzw. auf den 0,707-fachen Teil des ursprünglichen Wertes. Da das bereits einer Abweichung von 29,3 % entspricht, werden manchmal engere Grenzen (1 dB oder auch 0,5 dB) für die Angabe der Grenzfrequenz benutzt. Eine Minderung des Übertragungsfaktors um 1 dB entspricht einem Verlust von 10,9 %. Die 1-dB-Grenzfrequenz eines Tiefpasses 1. Ordnung ist nur halb so groß wie dessen 3-dB-Grenzfrequenz.

16. Der Frequenzgang besteht aus Amplitudengang und Phasengang.

    Praktiker sprechen oft vom Frequenzgang und meinen damit den Amplitudengang, was nicht korrekt ist. Das hat jedoch einen guten Grund: Der Phasengang ist für die Lösung praktischer Messaufgaben meist ohne Bedeutung.

17. Aus dem Amplitudengang kann man die Grenzfrequenz ablesen.

    Jedes Messsystem hat eine obere Grenzfrequenz.

    Bei Systemen die Hochpassverhalten zeigen, kann man die untere Grenzfrequenz ablesen.

    Schwingungsfähige Systeme haben eine Resonanzfrequenz, die ebenfalls ablesbar ist.

18. Die Grenzfrequenz (−3 dB) ist leicht zu berechnen:

$$f_g = \frac{1}{2\pi T} = \frac{1}{2\pi RC} = \frac{1}{2\pi \cdot 4{,}7\,\mu F \cdot 169\,\Omega} = \underline{200\,Hz}$$

Das Diagramm (Bild 14.12) zeigt die Amplituden-Frequenz-Kennlinie (AFK) des Tiefpasses 1. Ordnung, wobei beide Achsen linear skaliert sind.

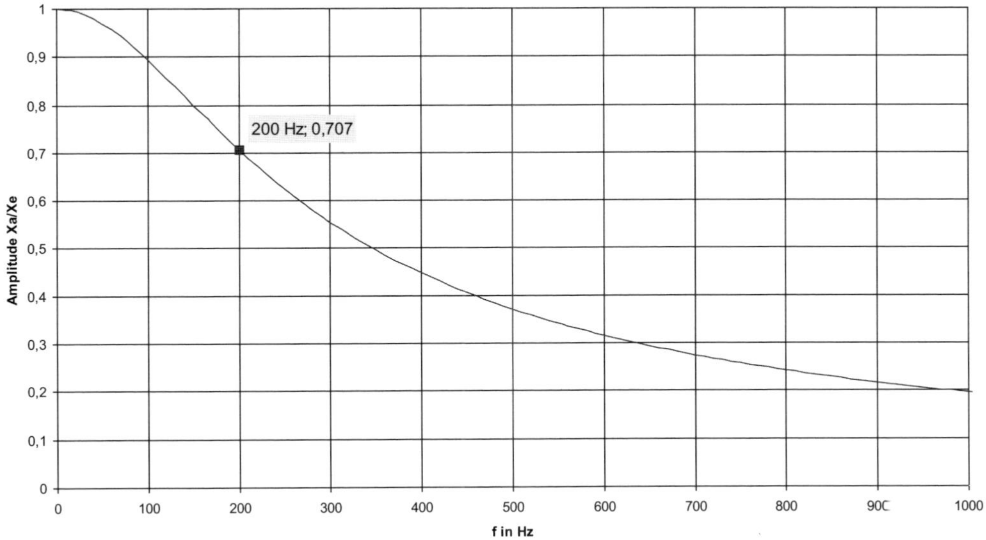

Bild 14.12 Amplituden-Frequenz-Kennlinie (linear skaliert)

Zum Frequenzgang gehört auch die abgebildete Phasen-Frequenz-Kennlinie (PFK).

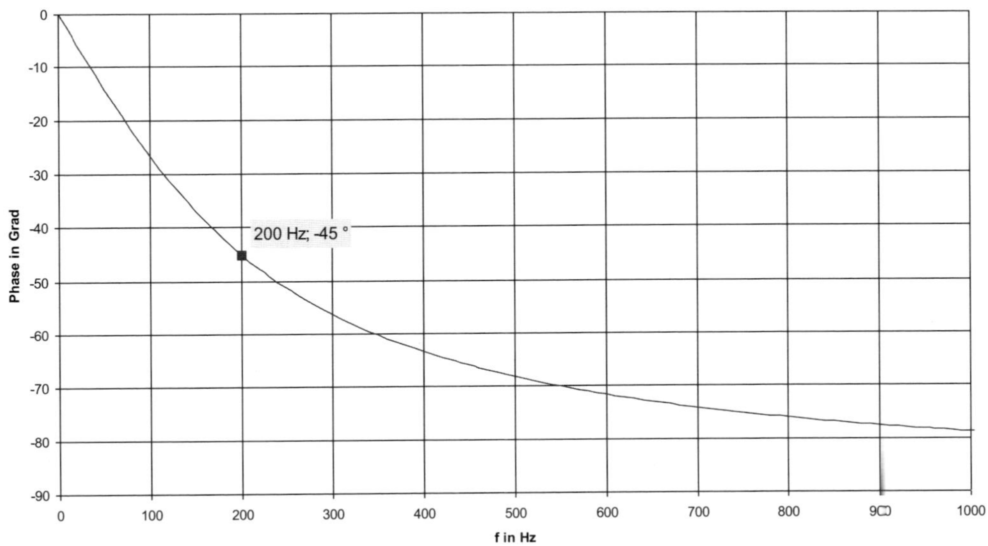

Bild 14.13 Phasen-Frequenz-Kennlinie (linear skaliert)

Um größere Frequenzbereiche besser darzustellen, werden die Achsen für die Frequenz und die Amplitude meist logarithmisch eingeteilt, wie in den beiden logarithmierten Darstellungen zu sehen:

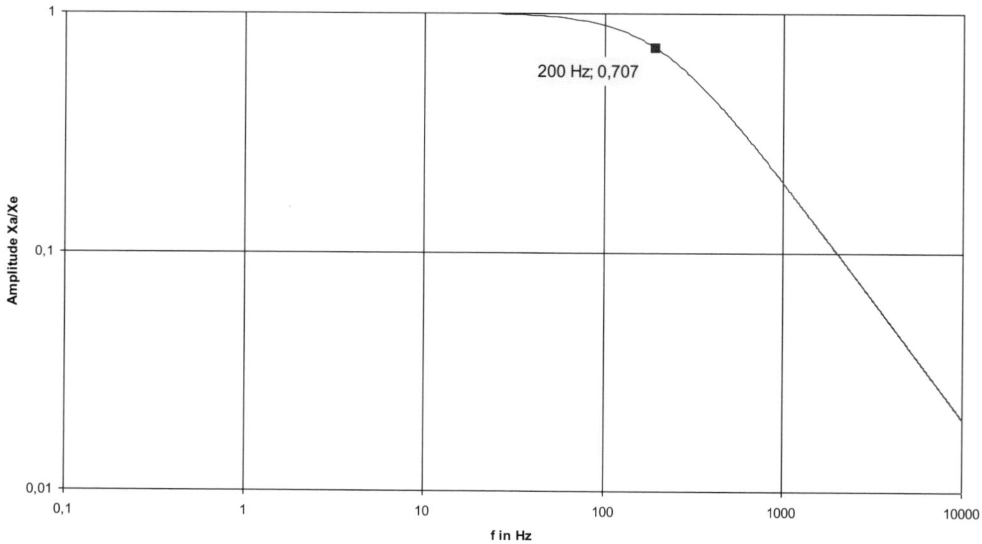

Bild 14.14 AFK (logarithmisch)

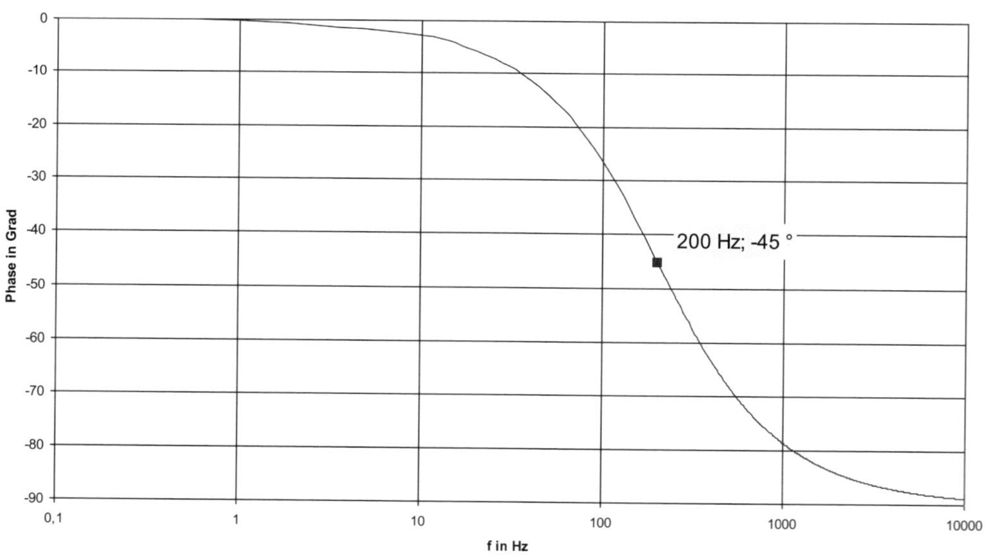

Bild 14.15 PFK (logarithmisch)

Die logarithmische Darstellung geht auf Hendrik Bode zurück (Bode-Diagramm). Oft wird auf der Abszisse anstelle der Frequenz die Kreisfrequenz aufgetragen.

19. Als Testfunktion eignet sich die Sprungfunktion. Die Einschwingzeit kann dann aus der Sprunganwort des Systems ermittelt werden.

    In der Theorie ist es sehr einfach einen Sprung zu generieren. In der Praxis ist dies häufig mit einem erheblichen experimentellen Aufwand verbunden. Es ist natürlich unmöglich, eine Änderung des Eingangssignals mit unendlich steiler Flanke zu erzeugen. Man denke hier vor allem auch an die nichtelektrischen Größen Kraft, Druck oder Beschleunigung.

20. Es ist darauf zu achten, dass die Hersteller dieselben Toleranzbänder benutzt haben. Hat Anbieter A ein breiteres Toleranzband verwendet (z.B. 30%) als Anbieter B (z.B. 5%), dann weist die Einschwingzeit seines Produkts möglicherweise einen kleineren Wert auf als das Gerät seines Mitbewerbers, obwohl das Gerät von Anbieter B ein besseres dynamisches Verhalten hat.

21. Die Zeitkonstante ist das Produkt aus R und C:

    $$\mathrm{T} = RC = 2\,\mathrm{k}\Omega \cdot 5\,\mu\mathrm{F} = \underline{10\,\mathrm{ms}}$$

    Die 95%-Einschwingzeit ist beim T_1-System dreimal so groß wie die Zeitkonstante:

    $$T_{\mathrm{E,95\%}} = 3\mathrm{T} = \underline{30\,\mathrm{ms}}$$

    Das Diagramm zeigt die normierte Sprungantwort des Systems 1. Ordnung.

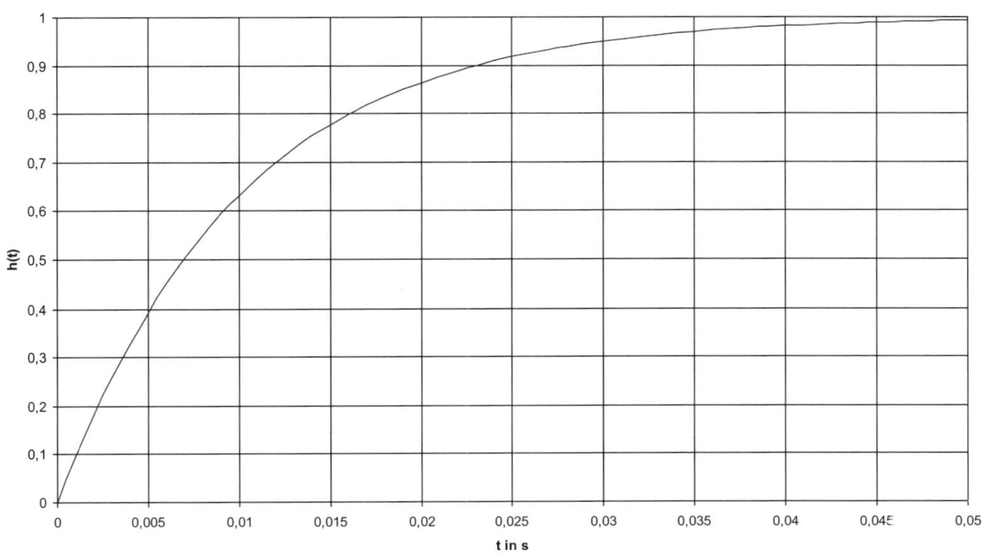

Bild 14.16 Normierte Sprungantwort

Es ist deutlich erkennbar, dass nach 10 ms 63 % des Endwertes und nach 30 ms 95 % des Endwertes erreicht sind.

22. Einschwingzeit und Grenzfrequenz verhalten sich umgekehrt proportional.

Nur für einen idealen Tiefpass (rechteckiger Amplitudengang: unter der Grenzfrequenz gibt es keinerlei Amplitudenminderung, über der Grenzfrequenz ist die Amplitude gleich 0) gilt exakt die Beziehung:

$$f_g = \frac{1}{2T_{\mathrm{E}}}$$

Für einen realen Tiefpass 1. Ordnung gilt:

$$f_{\mathrm{g,3dB}} = \frac{3}{2\pi T_{\mathrm{E,95\%}}} \quad \textit{was aus } \omega_{\mathrm{g,3dB}} = \frac{1}{\mathrm{T}} \textit{ folgt.}$$

Für die messtechnische Praxis kann die folgende Näherungsbeziehung angewandt werden:

$$f_{\mathrm{g,3dB}} \approx \frac{1}{2T_{\mathrm{E,95\%}}}$$

Für die überwiegende Mehrzahl der Anwendungen (ausgenommen sind schwingungsfähige Systeme mit einem Dämpfungsgrad kleiner 0,5) liefert diese Beziehung hinreichend genaue Ergebnisse.

23. Die 3-dB-Grenzfrequenz berechnet sich wie folgt:

$$f_{\mathrm{g,3dB}} = \frac{3}{2\pi T_{\mathrm{E,95\%}}} = \frac{3}{2\pi \cdot 0{,}3\,\mathrm{s}} = \underline{1{,}59\,\mathrm{Hz}}$$

24. Das Zuschalten eines Tiefpasses erhöht natürlich die Einschwingzeit, weil hohe Frequenzen unterdrückt werden. Da nicht bekannt ist, welche Ordnung der Tiefpass hat, kann die Einschwingzeit nur näherungsweise berechnet werden:

$$T_{\mathrm{E,95\%}} \approx \frac{1}{2f_{\mathrm{g,3dB}}} = \frac{1}{2 \cdot 20\,\mathrm{Hz}} = \underline{25\,\mathrm{ms}}$$

25. Das Ausgangssignal pegelt sich bei 0,4 V ein. Die Empfindlichkeit kann jetzt aus dem Differenzenquotienten bestimmt werden:

$$E = \frac{\Delta x_{\mathrm{A}}}{\Delta x_{\mathrm{E}}} = \frac{(1{,}4 - 0{,}4)\,\mathrm{V}}{(-2{,}8 + 0{,}8)\,\mathrm{V}} = \underline{-0{,}5}$$

Die 95 %-Einschwingzeit ist vorüber, wenn das Antwortsignal nur noch 5 % der Sprunghöhe zu überwinden hat. 5 % von einem Volt sind gleich 0,05 V. Addiert man hierzu den stationären Endwert von 0,4 V, erhält man als Grenzwert 0,45 V. Die Sprungantwort zeigt, dass dieser Grenzwert nach 12 ms erreicht ist.

26. Man legt eine Tangente an die Übergangsfunktion an. Die Zeitdifferenz (ablesbar auf der x-Achse) zwischen Anlegepunkt der Tangente und Schnittpunkt der Tangente mit dem stationären Endwert entspricht der Zeitkonstante des Systems. Übrigens ist es ohne Belang, an welcher Stelle die Tangente angelegt wird, denn wenn eine Zeit vergeht, die der Zeitkonstante entspricht, hat sich die Übergangsfunktion wieder um weitere 63,2 % dem Endwert genähert. Wegen der besseren Ablesbarkeit des Schnittpunkts ist es dennoch vorteilhaft, die Tangente unmittelbar im Zeitpunkt des Sprungs anzulegen.
27. Dynamische Kenngrößen sind von Bedeutung, wenn sich die Messgröße über der Zeit schnell ändert und diese Änderungen erfasst werden müssen (es genügt oft nicht, den Mittelwert zu bestimmen) oder wenn die Messgröße an den Eingang des Messgeräts angelegt wird und es soll schnellstmöglich der Messwert gewonnen werden (z B. beim Fieberthermometer im Krankenhaus oder bei einer Füllmengenkontrollwaage nach der Fertigverpackungsverordnung).
28. Das Sinussignal (periodisches Testsignal) ist geeignet, den Frequenzgang (Amplituden- und Phasengang) aufzunehmen. Hierfür wird die Frequenz des Signals (meist schrittweise) verändert. Aus dem Amplitudengang können Grenzfrequenzen und ggf. Resonanzfrequenzen abgelesen werden.

    Das Sprungsignal (aperiodisches Testsignal) dient dazu, die Sprungantwort aufzunehmen. Aus dieser kann durch Normierung die Übergangsfunktion ermittelt werden. Und es können Einschwingzeiten und ggf. Eigenfrequenzen bestimmt werden.

    Das Impulssignal (aperiodisches Testsignal) dient dazu, die Impuls- bzw. Stoßantwort aufzunehmen. Oft ist es praktikabler, einen Impuls zu erzeugen als einen Sprung; so z. B. wenn die Eigenfrequenzen eines mechanischen Bauteils ermittelt werden.
29. Die vom Generator erzeugte Sinusspannung wird an den Eingang des Verstärkers gelegt. Mit dem Voltmeter wird die Ausgangs- und die Eingangsspannung am Verstärker gemessen. Die Frequenz wird schrittweise verändert, so dass Messwerte im gesamten Übertragungsbereich gewonnen werden. Die Empfindlichkeit (Quotient aus Ausgangs- und Eingangsspannung) kann nun über der Frequenz aufgetragen werden.

    Falls der Generator oder der Verstärker einen Offset aufweisen, darf diese Spannung nicht mit betrachtet werden.
30. Der Verstärker wird an einen Signalgenerator angeschlossen. Ein Zweikanal-Oszilloskop misst die Ausgangs- und die Eingangsspannung des Verstärkers. Der Generator erzeugt Sinusspannungen, wobei die Frequenz (meist beginnend bei niedrigen Werten) schrittweise geändert wird. Nach jeder Frequenzerhöhung wird das Amplitudenverhältnis von Ausgangs- zu Eingangsspannung gemessen und grafisch dargestellt (Amplitudengang). Ebenso wird die Phasenverschiebung des Ausgangs- gegenüber dem Eingangssignal gemessen und als Funktion der Frequenz dargestellt (Phasengang).
31. Ein idealer, rein ohmscher Spannungsteiler weist Allpassverhalten auf. Alle Frequenzen können gleich gut passieren. Der Übertragungsfaktor ist frequenzunabhängig und ergibt sich aus der Spannungsteilerregel mit 0,5. Den Amplitudengang des Spannungsteilers zeigt das Diagramm (Bild 14.17).

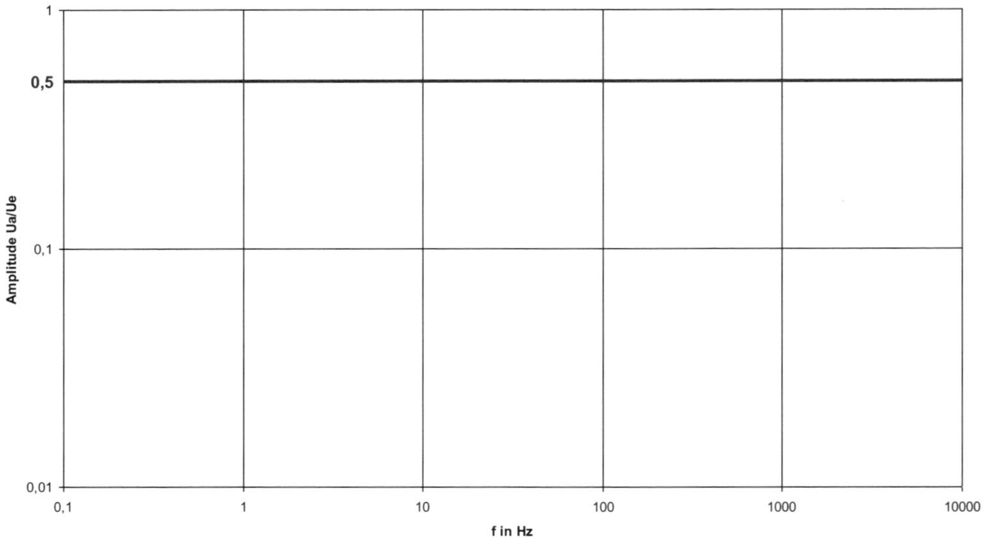

Bild 14.17 Amplitudengang

Es gibt auch keine Phasenverschiebung der Ausgangsspannung gegenüber der Eingangsspannung, wie der abgebildete Phasengang verdeutlicht.

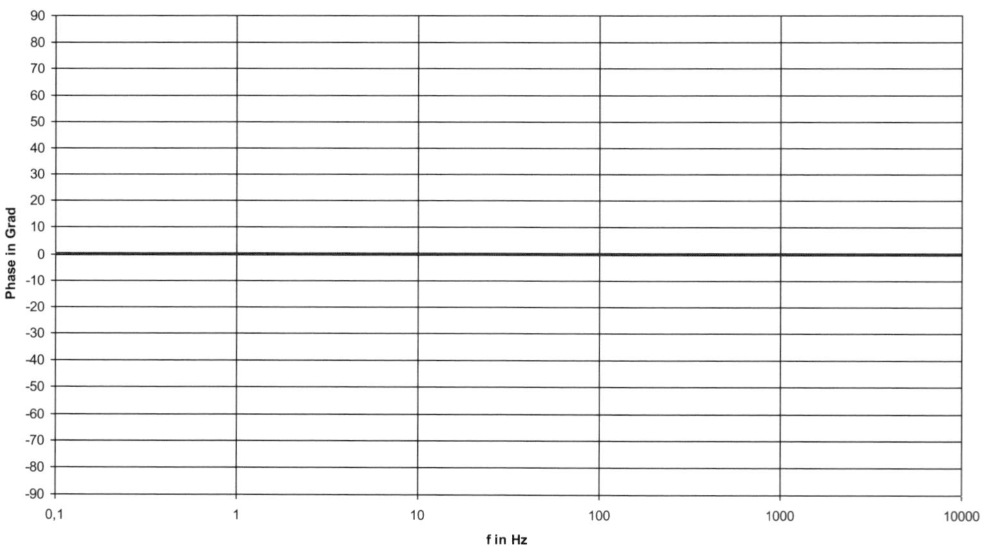

Bild 14.18 Phasengang

Natürlich gilt das nur, nimmt man ideale Bauelemente und Verbindungen zwischen diesen an. Reale Spannungsteiler enthalten natürlich immer (wenn auch sehr kleine) Kapazitäten und Induktivitäten.

32. Die Zeitkonstante ist bekanntlich das Produkt aus R und C:

$$\mathrm{T} = RC = 1\,\mathrm{k\Omega} \cdot 470\,\mathrm{nF} = \underline{0{,}47\ \mathrm{ms}}$$

Die Funktionsgleichung lautet:

$$U_\mathrm{a}(t) = 5\,\mathrm{V}(1 - e^{-\frac{t}{470\mu s}})$$

Die Sprungantwort ist im Diagramm grafisch dargestellt.

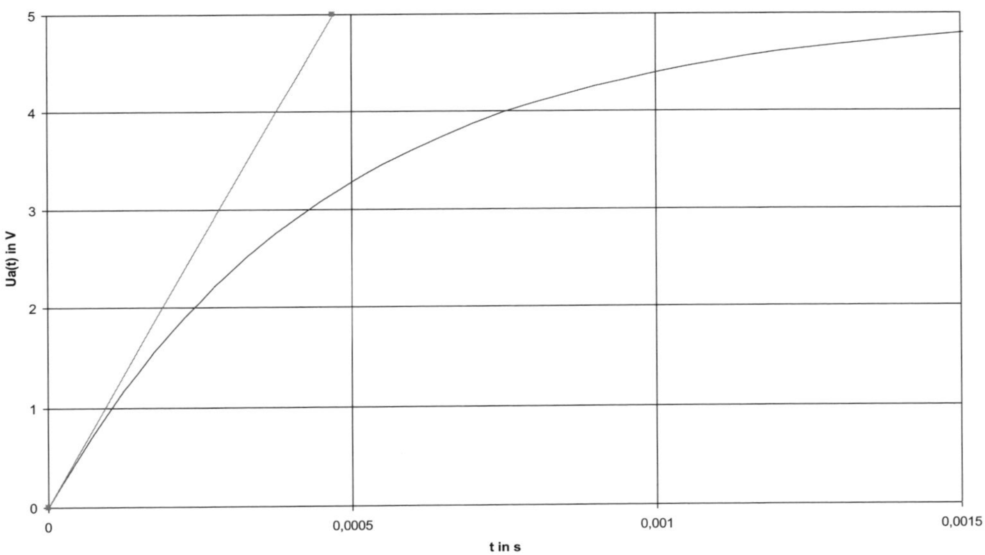

Bild 14.19 Sprungantwort mit Nullpunkttangente

Am Schnittpunkt der Tangente mit dem stationären Endwert ist die Zeitkonstante ablesbar.

33. Das Diagramm (Bild 14.20) zeigt ebenfalls die Sprungantwort, wobei die Tangente diesmal im Zeitpunkt 0,5 ms an die Funktion angelegt wurde.

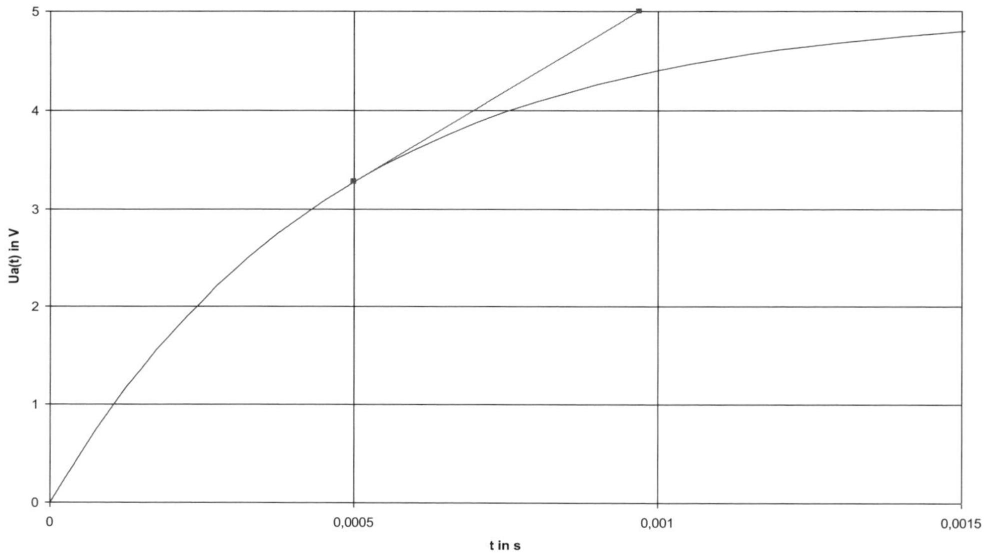

Bild 14.20 Sprungantwort mit Tangente im Zeitpunkt 0,5 ms

Deren Schnittpunkt mit dem stationären Endwert findet sich, wie zu erwarten, im Zeitpunkt 0,97 ms.

34. Aus der Einschwingzeit wird zunächst die Grenzfrequenz ermittelt:

$$2\pi f_g = \omega_g = \frac{1}{T} = \frac{3}{T_{E,95\%}}$$

$$f_g = \frac{3}{2\pi T_{E,95\%}} = \frac{3}{2\pi 4\text{ s}} = \underline{0{,}119\text{ Hz}}$$

Zur Berechnung der Grenzfrequenz wäre auch die Näherungsbeziehung geeignet:

$$f_g \approx \frac{1}{2T_{E,95\%}} = \frac{1}{2\cdot 4\text{s}} = \underline{0{,}125\text{ Hz}}$$

Die Abweichung überschreitet kaum 5 %.

Das Diagramm (Bild 14.21) zeigt den Amplitudengang des Tiefpasses 1. Ordnung (3-dB-Grenzfrequenz = 119 Hz):

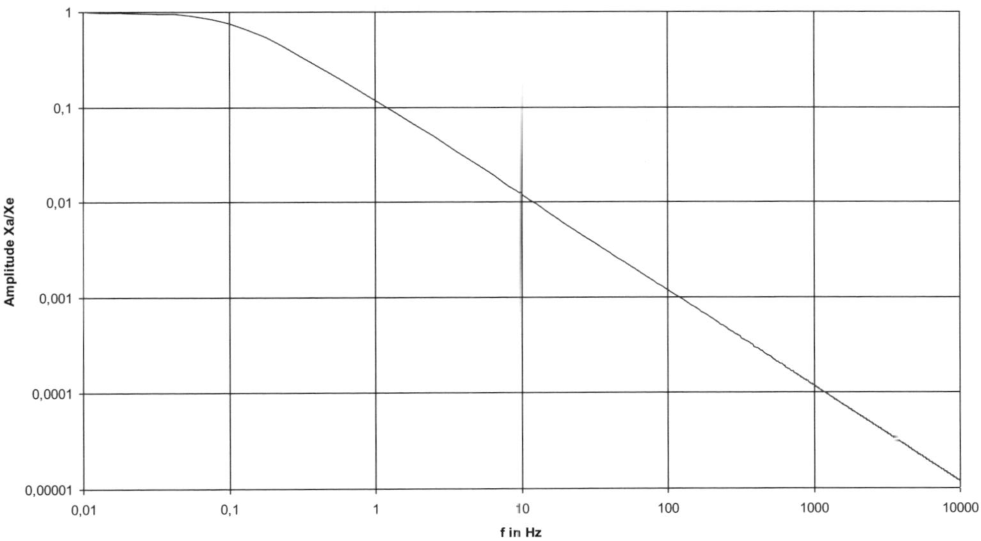

Bild 14.21 Amplitudengang Tiefpass 1. Ordnung

Die AFK zeigt, Signale von 100 Hz werden um fast den Faktor 1000 vermindert. Das entspricht einer Dämpfung von 60 dB.

Es ist auch nicht verwunderlich, da bei einem System 1. Ordnung die Amplitude im Sperrbereich um 20 dB je Dekade abnimmt.

35. Weil die Phasenverschiebung der halben Periodendauer entspricht, beträgt die Phasenlaufzeit 50 ms.

36. Liegt der Grenzfrequenzangabe das 3-dB-Kriterium zugrunde (wovon auszugehen ist, solange in den Technischen Daten nichts anderes vermerkt ist!), ist zu erwarten, dass eine dynamische Messabweichung von ca. 30 % bezogen auf den Istwert für all die Signalanteile entsteht, die nahe der Grenzfrequenz liegen. *Natürlich bleibt der Gleichanteil unbeeinflusst.*

    Je größer die Frequenzen des Eingangssignals sind, desto größer ist die dynamische Messabweichung. Das gilt nicht nur für die Amplitude, sondern ebenfalls für die Phase. Die Phase ist dann von Bedeutung, wenn sofort auf Änderungen des Messsignals reagiert werden muss, z. B. wenn das Messsignal einem Regler zugeführt wird.

37. Die Phasenverschiebung ist für alle Echtzeitanwendungen relevant. Eine zu große Phasenlaufzeit kann einen Regelkreis instabil machen.

    Unabhängig von Echtzeiterfordernissen ist bei der Erfassung mehrerer miteinander korrelierter Signale darauf zu achten, dass die Messkanäle des Messsystems etwa gleich große Phasenverschiebungen hervorrufen. Anderenfalls kann es bei der Interpretation der Messergebnisse zu drastischen Fehlern kommen. Wenn beispielsweise der Verlauf von Wechselstrom und -spannung zeitgleich an einem ohmschen Widerstand gemessen wird und das Messsystem kanalweise unterschiedliche Phasenverschiebungen verursacht, muss der Beobachter annehmen, dass nennenswerte kapazitive bzw. induktive Anteile vorhanden sind.

38. Der Sensor muss eine kurze Einschwingzeit haben *(bzw. eine hohe Grenzfrequenz).*

    Der Verstärker muss eine hohe Grenzfrequenz aufweisen *(bzw. eine kurze Einschwingzeit).*

    Der ADU muss mit einer großen Abtastrate arbeiten.

    Letztendlich ist das langsamste Glied der Messkette maßgebend für die Qualität der Erfassung dynamischer Vorgänge.

    In der messtechnischen Praxis ist außerdem auf eine gute Ankopplung des Sensors an die Messgröße zu achten: so z. B. kleine Wärmeübergangswiderstände zwischen Messobjekt und Temperatursensor oder steife mechanische Verbindung zwischen Beschleunigungssensor und vibrierendem Bauteil. Die hinreichend gute Prozessankopplung liegt immer in der Verantwortung des Anwenders.

39. Die Näherungsbeziehung lautet:

$$T_{E,95\%} \approx \frac{1}{2f_{g,3dB}}$$

Die Formel beschreibt den Zusammenhang zwischen der 3-dB-Grenzfrequenz und der 95 %-Einschwingzeit. Die Berechnung ist für die Praxis meist hinreichend genau. Für Übertragungsglieder 1. Ordnung beträgt die Abweichung ca. 5 %. Bei Übertragungsgliedern höherer Ordnung und vor allem bei schwingungsfähigen Systemen ist mit größeren Abweichungen zu rechnen. Handelt es sich um ein schwingungsfähiges System mit einem Dämpfungsgrad kleiner 0,5, darf die Näherungsbeziehung nicht verwendet werden!

40. Die gesuchte Einschwingzeit kann näherungsweise berechnet werden:

$$T_{E,95\%} \approx \frac{1}{2f_{g,3dB}} = \frac{1}{2 \cdot 0{,}1\,\text{Hz}} = \underline{5\ \text{s}}$$

Man muss etwa 5 s warten, bis der Sprung auch am Ausgang des Messgerätes (an der Anzeige) zu 95 % vollzogen ist. *Falls eine Abweichung von 5 % zu groß ist, muss länger gewartet werden!*

41. Der Messumformer B ist laut Datenblatt besser zum Lösen der Messaufgabe geeignet. Um Druckspitzen zu erfassen, benötigt man eine sehr kurze Einschwingzeit bzw. eine hohe Grenzfrequenz, d. h. ein gutes dynamisches Verhalten. Messumformer B erzeugt bei 1 kHz bereits eine dynamische Abweichung von fast 30 %. Bei Messumformer A beträgt die Abweichung nur ca. 10 %.

42. Die Zeitkonstante beträgt bei einem System 1. Ordnung ein Drittel der 95 %-Einschwingzeit:

$$\text{T} = \frac{T_{E,95\%}}{3} = \frac{0{,}6\text{s}}{3} = \underline{0{,}2\ \text{s}}$$

Für die Grenzfrequenz folgt:

$$f_g = \frac{1}{2\pi T} = \frac{1}{2\pi \cdot 0{,}2\,\text{s}} = \underline{0{,}796\,\text{Hz}}$$

Die Zeitkonstante beträgt 2 ms. Die 3-dB-Grenzfrequenz beträgt 0,8 Hz.

43. 100 mV sind 5 % von 2 V, was der Differenz aus 5 V und 3 V entspricht. Für die Einschwingzeit gilt:

$$T_{E,95\%} \approx \frac{1}{2 f_{g,3dB}} = \frac{1}{2 \cdot 10\,\text{Hz}} = \underline{0{,}05\,\text{s}}$$

Deshalb beträgt nach 50 ms die Abweichung vom stationären Endwert ca. 100 mV.

Das Ausgangssignal hat zu diesem Zeitpunkt einen Wert von ca. 4,9 V.

44. Die Zeitkonstante beträgt 15 ms. Die Sprungantwort ist im Diagramm dargestellt.

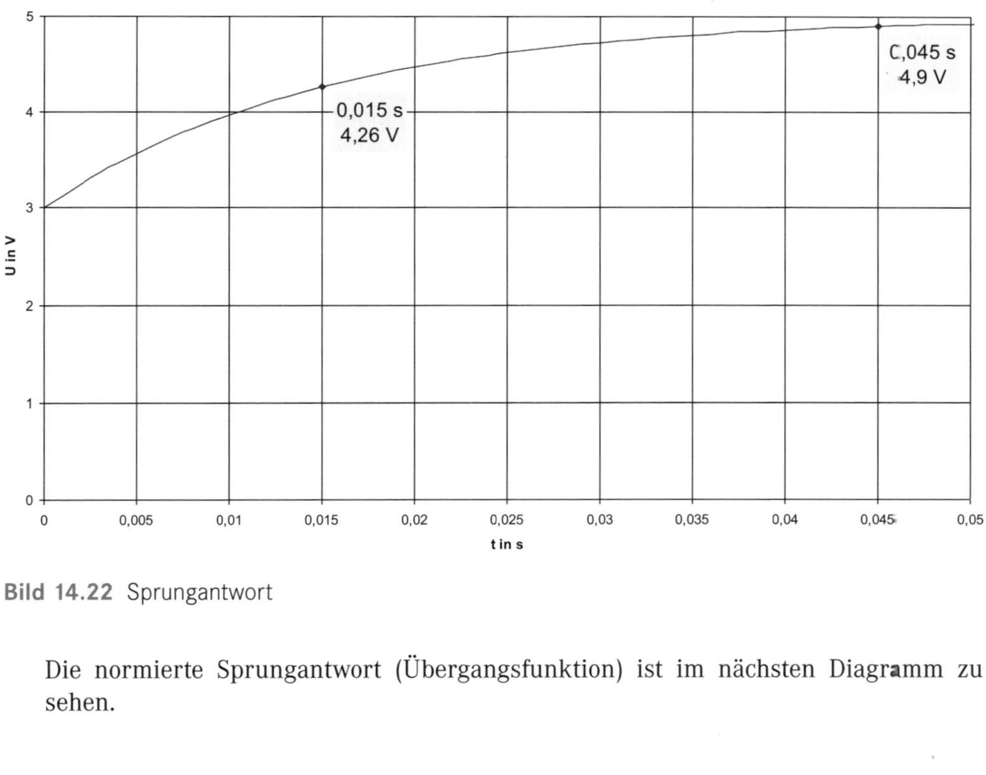

Bild 14.22 Sprungantwort

Die normierte Sprungantwort (Übergangsfunktion) ist im nächsten Diagramm zu sehen.

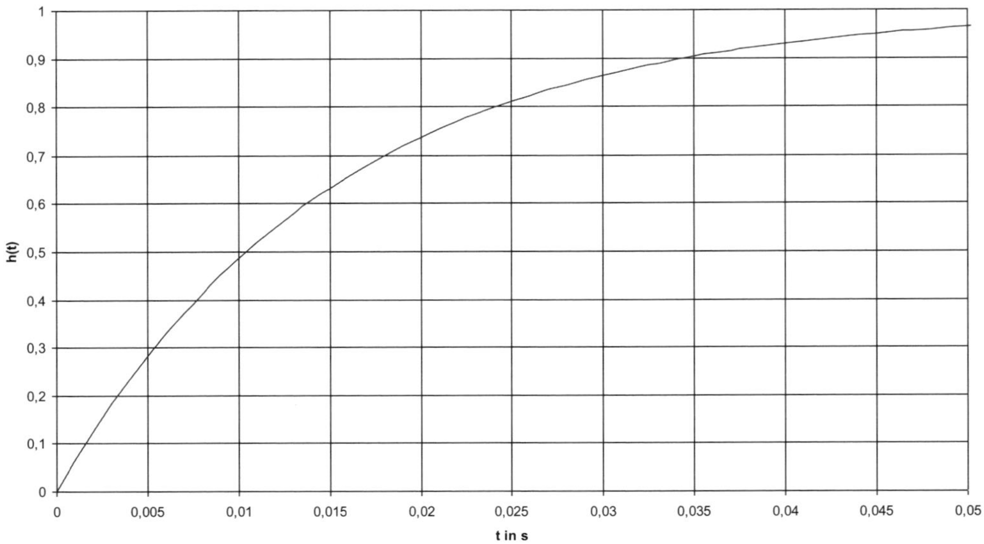

Bild 14.23 Übergangsfunktion

45. Da es sich um ein System 1. Ordnung (da eine Zeitkonstante) handelt, ist die 95 %-Einschwingzeit gleich der dreifachen Zeitkonstante. Die 95 %-Einschwingzeit beträgt somit 6 ms.

    Aus der statischen Kennlinie folgt:

    2 V am Eingang entsprechen 4 mA am Ausgang und

    10 V am Eingang entsprechen 20 mA am Ausgang (jeweils im eingeschwungenen Zustand).

    5 % des Sprunges entsprechen ausgangsseitig (von 4 mA auf 20 mA) einer Differenz von 0,8 mA vom stationären Endwert. Die Stromstärke ist also nach 6 ms auf 19,2 mA angestiegen.

    Die Sprungantwort ist im folgenden Diagramm zu sehen:

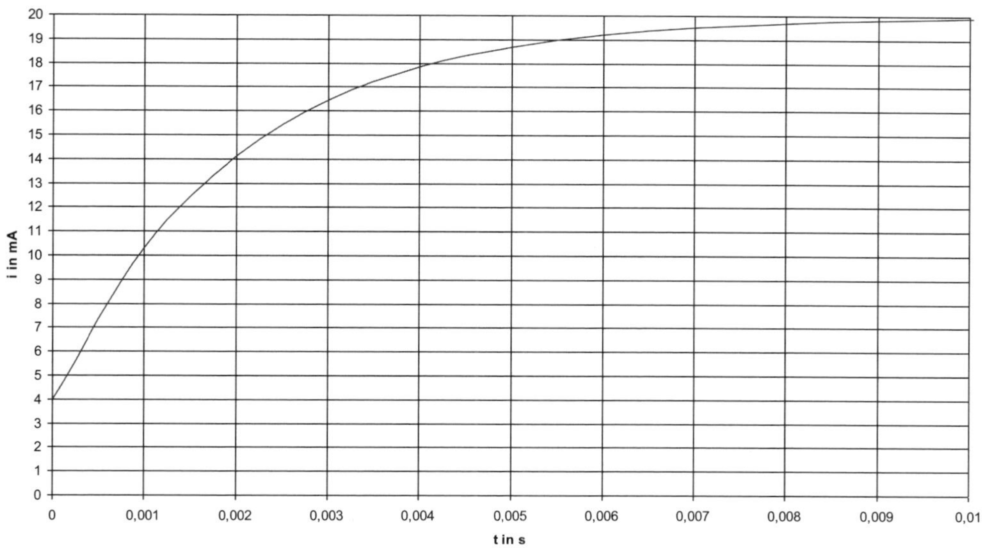

Bild 14.24 Sprungantwort

Der Eingangswiderstand soll unendlich sein, damit die Quelle nicht unnötig belastet wird.

Der Ausgangswiderstand soll ebenfalls unendlich sein, damit die Ausgangsstromstärke unabhängig von Widerstandsänderungen im Ausgangsstromkreis (auch Stromschleife genannt) ist.

46. Tiefpässe werden gern verwendet, um Störungen zu unterdrücken, wenn diese in Frequenzbereichen auftreten, die höher sind als die Frequenzen des Nutzsignals. *Für den ungünstigen Fall, dass die Störsignalfrequenzen innerhalb der Bandbreite des Nutzsignals liegen, ist das leider nicht mehr so einfach möglich; denn entweder, man lässt die Störsignale durch oder man vermindert auch die Nutzsignalamplitude.*

47. Es dominiert eindeutig die größte Zeitkonstante. Da die anderen wesentlich kleiner sind, wird man diese in der Praxis vernachlässigen. Als Empfindlichkeit wird 0,39 Ω je Kelvin zugrunde gelegt. Das Diagramm (Bild 14.25) zeigt in guter Näherung die Sprungantwort des Widerstandsthermometers.

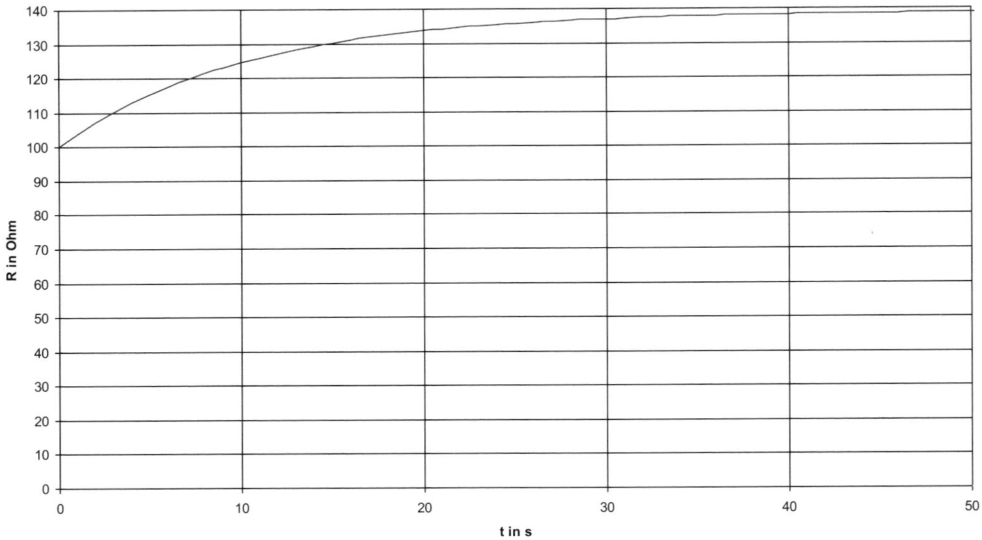

Bild 14.25 Sprungantwort Widerstandsthermometer

Stellt man die relative Widerstandsänderung auf der Ordinate dar, beginnt der Sprung im Koordinatenursprung.

Für die Abschätzung der Grenzfrequenz wird wiederum nur die mit Abstand größte Zeitkonstante beachtet:

$$f_g = \frac{1}{2\pi T} = \frac{1}{2\pi \cdot 10\,\text{s}} = \underline{0{,}0159\,\text{Hz}}$$

Da es weitere gibt, ist davon auszugehen, dass die Grenzfrequenz etwas niedriger ist als 0,159 Hz.

Es ist eigentlich nicht üblich, die dynamischen Eigenschaften von Temperatursensoren mit Kenngrößen aus dem Frequenzbereich zu beschreiben. Aber dennoch hat ein Temperatursensor selbstverständlich eine obere Grenzfrequenz.

48. Der Amplitudengang eines Hochpasses 1. Ordnung entspricht der Funktion:

$$|F(j\omega)| = \frac{\frac{f}{f_g}}{\sqrt{1+\left(\frac{f}{f_g}\right)^2}}$$

Wobei für die untere Grenzfrequenz 10 Hz einzusetzen ist.

Das Diagramm zeigt den Amplitudengang.

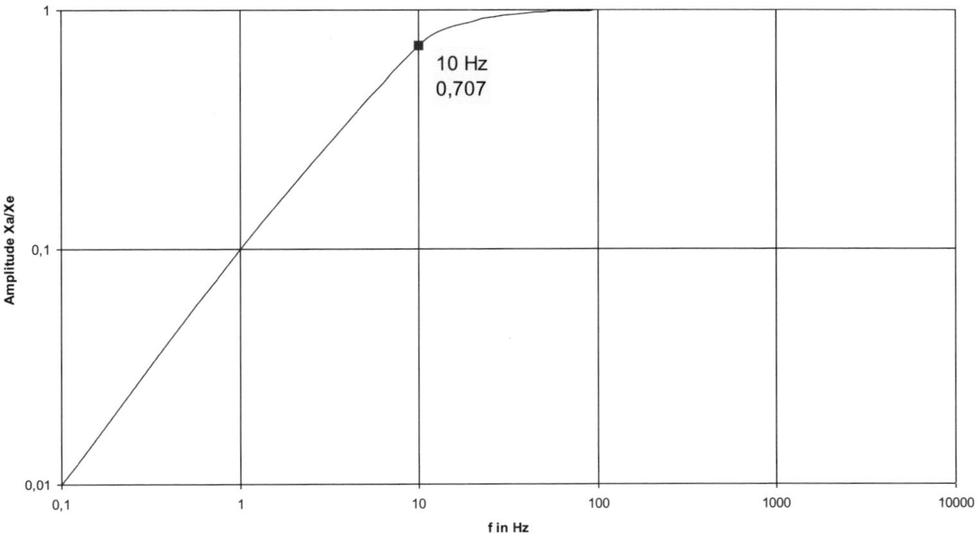

Bild 14.26 Amplitudengang Hochpass

Da es sich um ein System 1. Ordnung handelt, beträgt die Steilheit im Sperrbereich 20 dB je Dekade.

Der Phasengang des Hochpasses wird beschrieben mit:

$$\rho(\omega) = \arctan \frac{f_g}{f}$$

Das Diagramm (Bild 14.27) zeigt den Verlauf der PFK.

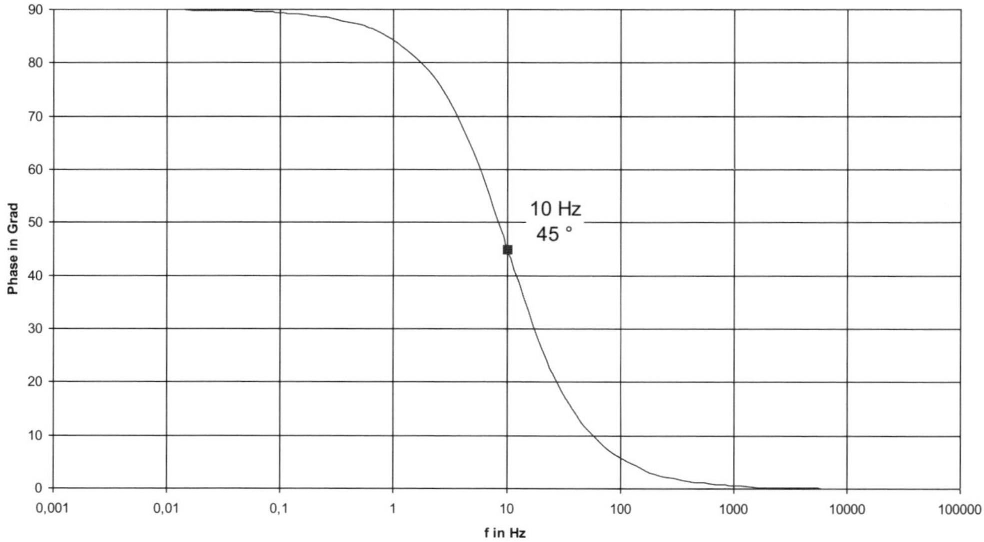

Bild 14.27 Phasengang Hochpass

49. Ein Hochpass sperrt den Gleichanteil des Signals, wie folgende einfache Rechnung zeigt:

$$\left|F(j\omega)\right| = \frac{\frac{f}{f_g}}{\sqrt{1+\left(\frac{f}{f_g}\right)^2}} = \frac{\frac{0\,\text{Hz}}{f_g}}{\sqrt{1+\left(\frac{0\,\text{Hz}}{f_g}\right)^2}} = 0$$

Er filtert den Gleichanteil komplett heraus.

Wenn nur im Wechselanteil des Signals Informationen enthalten sind, liegt kein Vorteil darin, den Gleichanteil ebenfalls zu übertragen, zu speichern oder weiterzuverarbeiten. Jedes Oszilloskop verfügt über die Möglichkeit, unmittelbar hinter dem Messsignaleingang einen Hochpass zu aktivieren (AC-Ankopplung). Der Hochpass blockt den Gleichanteil ab. Wenn z.B. eine Gleichspannung von 10 V auf sehr kleine, noch vorhandene Wechselspannungsanteile (1 mV) untersucht werden muss, ist es günstig, nur die AC-Anteile passieren zu lassen und nur diese zu verstärken und anzuzeigen.

50. Alle Sensoren, die das piezoelektrische oder das pyroelektrische Messprinzip nutzen, weisen Hochpassverhalten auf. Deshalb ist ein piezoelektrischer Kraftsensor nicht in der Lage, eine konstante Kraft zu messen. *Hingegen kann dieser schnelle Kraftänderungen sehr gut erfassen.*

51. Aus der Spannungsteilerregel ergibt sich eine Empfindlichkeit von 0,5.

    Weder Totzeit noch Zeitkonstante sind in einem rein ohmschen Spannungsteiler vorhanden.

    Ein realer Spannungsteiler weist natürlich immer eine winzig kleine Totzeit auf, weil der Strom seinen Weg nicht unendlich schnell zurücklegen kann. Auch wird ein realer Spannungsteiler immer kleine Kapazitäten und Induktivitäten haben, woraus sich (wenn auch winzig kleine) Zeitkonstanten ergeben. Es gibt wenige messtechnische Anwendungen, bei denen diese Effekte eine Rolle spielen.

52. Aus der Sprungantwort kann man verschiedene Einschwingzeiten (je nach angesetztem Kriterium) und auch die Anstiegszeit ermitteln.

    Handelt es sich um ein System 1. Ordnung, ist auch die Zeitkonstante leicht ablesbar, denn diese ist ja sozusagen die 63 %-Einschwingzeit.

53. Dargestellt ist in der Abbildung die normierte Sprungantwort eines Systems 1. Ordnung.

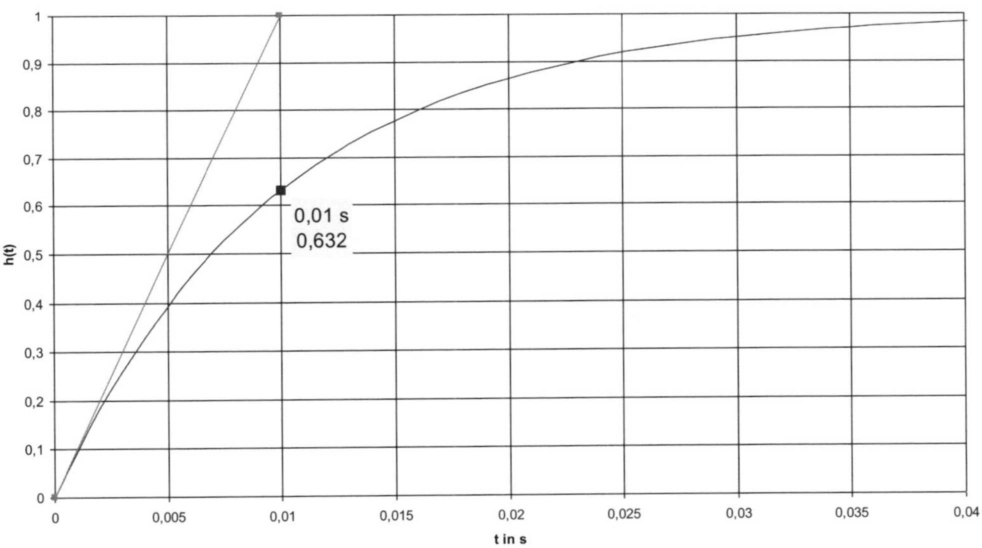

Bild 14.28 Übergangsfunktion Tiefpass 1. Ordnung mit Tangente

Legt man eine Tangente im Nullpunkt an die Übergangsfunktion an, wird diese den stationären Endwert in dem Zeitpunkt schneiden, der der Zeitkonstante entspricht. In diesem Zeitpunkt sind 63,2 % der Sprunghöhe erreicht.

54. Nein. Die Tangente kann (zumindest theoretisch) an jeder beliebigen Stelle der Funktion angelegt werden. Die Differenz auf der x-Achse zwischen Anlegepunkt und dem Schnittpunkt mit dem stationären Endwert entspricht immer der Zeitkonstante. Was zunächst erstaunlich ist, das ist eigentlich ganz logisch: Es ist doch für die Entladekurve eines Kondensators völlig gleichgültig, was vor einem bestimmten Zeitpunkt geschah. Ab jedem Zeitpunkt folgt die Entladekurve dem Verlauf der e-Funktion. In

der Praxis wird man die Tangente zum Zeitpunkt des Sprunges anlegen, weil sich so der Schnittpunkt mit dem stationären Endwert besser ablesen lässt.

55. Das System ist ein Hochpass mit der Zeitkonstante 0,1 s. Das Diagramm zeigt die normierte Sprungantwort des Übertragungsgliedes.

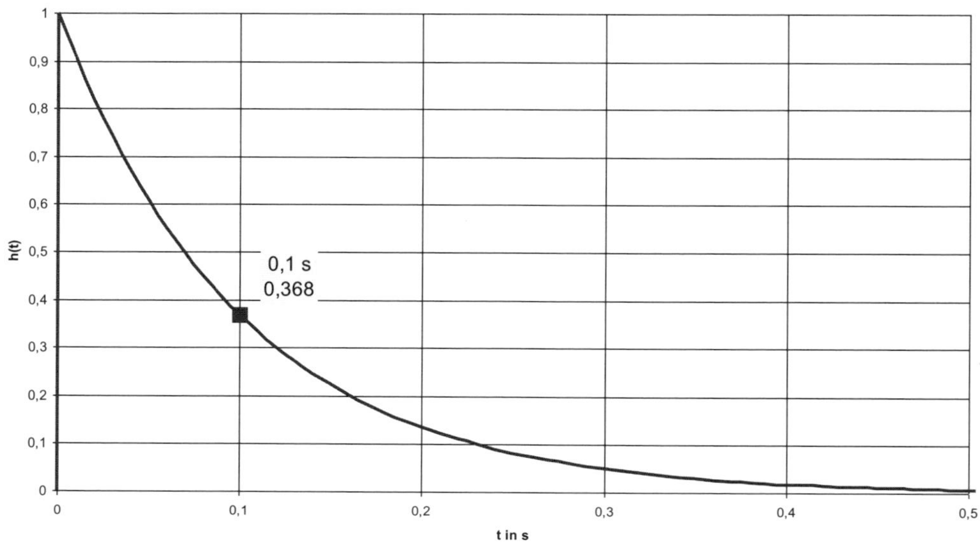

Bild 14.29 Normierte Sprungantwort RC-Hochpass

Die Übergangsfunktion springt im Zeitpunkt 0 sofort auf den Wert 1 und strebt danach in Form einer e-Funktion dem Wert 0 zu. Sind 100 ms (= Zeitkonstante) vergangen, sind noch 36,8 % zu überwinden. Nach 300 ms fehlen nur noch 5 %.

Hat ein System Hoch- oder auch Bandpasscharakter, wird die Sprungantwort immer dem stationären Endwert 0 zustreben. Diese Systeme können dynamische Vorgänge erfassen, jedoch keine statischen Größen.

56. Die abgebildete Übergangsfunktion weist einen Wendepunkt auf. Der Sensor hat also mindestens zwei Zeitkonstanten. Er besitzt demzufolge PT_2- bzw. PT_n-Verhalten. Der Sensor ist nicht schwingungsfähig. Er zeigt reines Tiefpassverhalten (kein Bandpass), denn im Unendlichen hat die Übergangsfunktion den Wert 1.

57. Hierfür wird ein periodisches Testsignal (Sinussignal) benutzt. Die Amplitude wird konstant gehalten und die Frequenz wird kontinuierlich oder auch schrittweise verändert. *Die Schrittweite ist dabei oft konstant. Bei breitbandigen Systemen ist es zweckmäßig, den relativen Frequenzabstand konstant zu halten und beispielsweise die Frequenz bei jedem Schritt zu verdoppeln. Z. B.: 16 Hz, 32 Hz, 63 Hz, 125 Hz usw.*

58. Man kann sowohl mit der Periodendauer (1 ms) oder der Frequenz (1 kHz) rechnen:

$$T_\varphi = \frac{\varphi}{360^\circ} T = \frac{90^\circ}{360^\circ}\frac{1}{f} = \underline{0{,}25\,\text{ms}}$$

Die Phasenlaufzeit beträgt 250 µs.

59. Für die Berechnung der Einschwingzeit bietet sich die Näherungsbeziehung

$$T_{\text{E},95\%} \approx \frac{1}{2f_\text{g}}$$

an. Zu beachten ist, dass die 3-dB-Grenzfrequenz eingesetzt werden muss:

$$T_{\text{E},95\%} \approx \frac{1}{2f_{\text{g,3dB}}} = \frac{1}{2 \cdot 15\,\text{kHz}} = \underline{33{,}3\,\mu\text{s}}$$

Die 95 %-Einschwingzeit beträgt ungefähr 33 µs.

Das logarithmische Dämpfungsmaß in dB kann wie folgt berechnet werden kann:

$$[dB] = 20 \cdot \lg \frac{x_\text{a}}{x_\text{e}}$$

Die Umstellung ergibt:

$$\frac{x_\text{a}}{x_\text{e}} = 10^{\frac{[dB]}{20}}$$

Setzt man die Werte für die Dämpfung ein, erhält man:

$$\frac{x_\text{a}}{x_\text{e}} = 10^{\frac{[dB]}{20}} = 10^{\frac{-3}{20}} = \underline{0{,}71}$$

$$\frac{x_\text{a}}{x_\text{e}} = 10^{\frac{[dB]}{20}} = 10^{\frac{-1}{20}} = \underline{0{,}89}$$

Die Empfindlichkeit ist also auf 71 % bzw. auf 89 % gesunken. Die Messwerte sind damit um 29 % bzw. um 11 % zu niedrig.

Aufgrund der Übereinstimmung der Ziffern kann man sich leicht merken: −3-dB-Grenzfrequenz entsprechen −30 % und −1-dB-Grenzfrequenz entsprechen −10 %. Für die messtechnische Praxis ist diese Näherung hinreichend genau.

Die Messabweichungen sind systematisch und multiplikativ, weil alle Messwerte bei 10 kHz um ca. 10 % und bei 15 kHz um ca. 30 % zu klein sind. *Eine Korrektur ist leider nicht trivial, sobald die Phasenverschiebung eine Rolle spielt, was bei allen Echtzeitanwendungen der Fall ist. Noch schwieriger wird es, wenn das Messsignal breitbandig ist.*

60. Das Ausgangssignal ist beschreibbar mit der Formel:

$U(t) = 100\ \text{mV} + 89\ \text{mV} \cdot \sin(2\pi \cdot 1\ \text{kHz} \cdot t).$

61. Die Zeitkonstante ergibt sich mit:

$$\mathrm{T} = \frac{1}{\omega_g} = \frac{1}{2\pi f_g} = \frac{1}{2\pi \cdot 20\ \text{Hz}} = \underline{7{,}96\ \text{ms}}$$

Die 95 %-Einschwingzeit beträgt:

$$T_{E,95\%} = \frac{3}{\omega_g} = \frac{3}{2\pi f_g} = \frac{3}{2\pi \cdot 20\ \text{Hz}} = \underline{23{,}9\ \text{ms}}$$

Die Spannungsänderung am Ausgang von 1,9 V entspricht 95 % des Spannungssprunges am Eingang (12 V - 10 V = 2 V). Es dauert also ca. 24 ms bis 11,9 V erreicht sind.

Bei einem Eingangssprung von 10 V auf 0 V würde nach Verstreichen der 95 %-Einschwingzeit der Wert der Ausgangsgröße 0,5 V betragen.

62. Der Betrag der Übertragungsfunktion beschreibt die Amplituden-Frequenz-Kennlinie. Es ist bekannt, dass −3 dB einer Verminderung der Empfindlichkeit auf den 0,707-fachen Wert entspricht. Das ist gegeben, wenn der Nenner dem Wert 0,707 entspricht, was wiederum gilt, wenn:

$$\omega \cdot 0{,}004\,\text{s} = 1$$

Daraus folgt $\omega_g = 250$ 1/s bzw. $f_g = 26{,}5$ Hz.

Die 3-dB-Grenzfrequenz beträgt ca. 27 Hz.

63. Die Frequenz hat die Einheit Hz, während die Kreisfrequenz in 1/s angegeben wird.

64. Die Totzeit beträgt 1 ms. Weil die Sprungantwort keinen Wendepunkt aufweist, handelt es sich um ein PT_1-System.

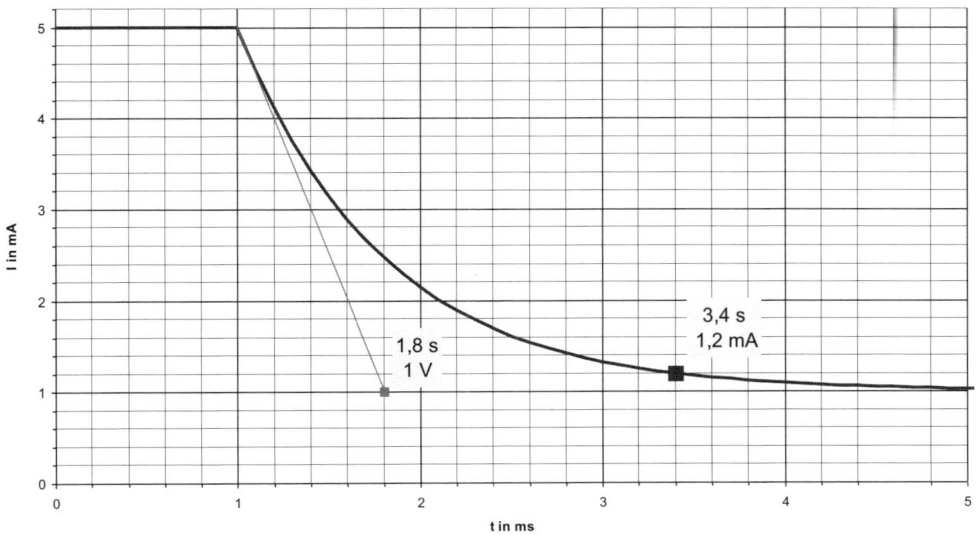

Bild 14.30 Sprungantwort mit Tangente und 95%-Wert

Aus der Sprungantwort ist die Zeitkonstante via Tangente (laut Darstellung), mit 0,8 ms (1,8 ms minus Totzeit) und die 95%-Einschwingzeit mit 2,4 ms (entspricht auf der y-Achse: 1 mA + 0,05 · 4 mA = 1,2 mA) ablesbar. Die Grenzfrequenz ergibt sich aus:

$$f_g = \frac{1}{2\pi T} = \frac{1}{2\pi \cdot 0{,}8\,\text{ms}} = \underline{199\,\text{Hz}}$$

Der Anstieg der statischen Kennlinie ist identisch mit der Empfindlichkeit:

$$E = \frac{\Delta x_a}{\Delta x_e} = \frac{(5-1)\,\text{mA}}{(15-3)\,\Omega} = \underline{0{,}333\,\text{mA}/\Omega}$$

Da das System keinen Offset hat, lautet die Funktionsgleichung:

$$I = f(R) = R \cdot 0{,}333\,\text{mA}/\Omega$$

65. Das Ausgangssignal wird aufgrund der statischen Kennlinie zunächst einen Wert von 20 mA haben. Nach dem Sprung wird es in Form einer e-Funktion dem stationären Endwert von 8 mA zustreben. Bei einem T_1-System mit einer Zeitkonstante von einer Millisekunde nähert sich das Ausgangssignal nach jeder Millisekunde um jeweils bis zu 37% (verbleibender Abstand) an den stationären Endwert an. Wenn man also von

der zu überwindenden Differenz 12 mA ausgeht, muss diese Stromstärke dreimal mit 0,37 multipliziert werden und man erhält die nach 3 ms verbliebene Differenz:

$$\Delta U = 12\,\text{mA} \cdot 0{,}37^3 = 12\,\text{mA} \cdot 0{,}05 = \underline{0{,}6\ \text{mA}}$$

Demnach beträgt die Stromstärke nach 3 ms (95 %-Einschwingzeit) 8,6 mA.

66. Die Empfindlichkeit beträgt 20 mA/V.

$$I(t = 3\,\text{s}) = 20\,\text{mA} \cdot (1 - e^{-\frac{t}{2\text{s}}}) = \underline{15{,}5\,\text{mA}}$$

Das Ausgangssignal beträgt drei Sekunden nach dem Sprung 15,5 mA.

Die Grenzkreisfrequenz ergibt sich aus dem Kehrwert der Zeitkonstante (2 s) mit 0,5 1/s.

$$f_g = \frac{1}{2\pi \text{T}} = \underline{0{,}08\,\text{Hz}}$$

Die Grenzfrequenz liegt mit 0,08 Hz sehr niedrig. *Sicher ist ein Filter aktiviert.*

67. Der Amplitudengang sinkt bei 10 kHz auf den 0,707-fachen Wert ab. Jenseits der Grenzfrequenz fällt der Amplitudengang mit 40 dB/Dekade.

Die Frequenz von 100 kHz wird höchstwahrscheinlich zu erkennen sein. Allerdings ist die Amplitude um beinahe den Faktor 100 (−40 dB je Frequenzverzehnfachung) vermindert und die Phase eilt beinahe 180° nach. *Nur wenn das 100 kHz-Eingangssignal eine sehr kleine Amplitude hat, stark verrauscht oder gestört ist und/oder das Messsystem eine sehr schlechte Auflösung hat, kann es sein, dass das Signal nicht mehr erkennbar ist.*

68. Die Antwort ergibt sich aus dem Betrag der Übertragungsfunktion:

$$\left|F(j\omega)\right| = \frac{1}{\sqrt{1 + \left(\frac{f}{f_g}\right)^2}} = \frac{1}{\sqrt{1 + \left(\frac{\infty}{1\,\text{kHz}}\right)^2}} = 0$$

Die Gleichung zeigt, dass nur unendlich hohe Frequenzen vollständig gesperrt werden. *Streng genommen gilt das auch für Filter höherer Ordnung. Wobei man in der Praxis z. B. bei einem Filter 2. Ordnung davon ausgehen kann, dass alle Frequenzen, jenseits der 1000-fachen Grenzfrequenz soweit unterdrückt werden (−120 dB), dass diese im Ausgangssignal nicht mehr wahrnehmbar sind. Insbesondere hochfrequente Signale verschwinden dann im Rauschen.*

69. Die Übertragungsfunktion des Systems lautet:

$$F(s) = \frac{1000}{1 + s\mathrm{T}}$$

$$F(j\omega) = \frac{1000}{1 + j\omega\mathrm{T}} \cdot \frac{1 - j\omega\mathrm{T}}{1 - j\omega\mathrm{T}} = \frac{1000(1 - j\omega\mathrm{T})}{1 + (\omega\mathrm{T})^2} = \frac{1000}{1 + (\omega\mathrm{T})^2} - j\frac{1000(\omega\mathrm{T})}{1 + (\omega\mathrm{T})^2}$$

$$\frac{\widehat{X}_\mathrm{a}}{\widehat{X}_\mathrm{e}} = |F(j\omega)| = \sqrt{\left(\frac{1000}{1 + (\omega\mathrm{T})^2}\right)^2 + \left(\frac{1000(\omega\mathrm{T})}{1 + (\omega\mathrm{T})^2}\right)^2} = \sqrt{\frac{1000^2\left(1 + (\omega\mathrm{T})^2\right)}{\left(1 + (\omega\mathrm{T})^2\right)^2}} = \sqrt{\frac{1000^2}{1 + (\omega\mathrm{T})^2}}$$

$$\frac{\widehat{X}_\mathrm{a}}{\widehat{X}_\mathrm{e}} = |F(j\omega)| = \frac{1000}{\sqrt{1 + (\omega\mathrm{T})^2}} = \frac{1000}{\sqrt{1 + \left(\frac{\omega}{\omega_\mathrm{g}}\right)^2}} = \frac{1000}{\sqrt{1 + \left(\frac{f}{f_\mathrm{g}}\right)^2}} = \frac{1000}{\sqrt{1 + \left(\frac{30\,\mathrm{kHz}}{15\,\mathrm{kHz}}\right)^2}} = \frac{1000}{\sqrt{5}} = 4$$

Die Gleichspannungsverstärkung ist mehr als doppelt so groß.

$$\widehat{X}_\mathrm{a} = 1\,\mathrm{mV} \cdot 447 = \underline{447\,\mathrm{mV}}$$

Die Ausgangsspannung beträgt 447 mV.

Obwohl die Signalfrequenz weit über der Grenzfrequenz (auch als Eckfrequenz bezeichnet) liegt, werden noch beinahe 50 % der Amplitude übertragen. Deutlich wird, dass das Pseudonym „Eckfrequenz" in die Irre führen kann. Der Begriff suggeriert einen Amplitudengang, der jenseits der „Eckfrequenz" nichts mehr durchlässt. Im sogenannten „Sperrbereich" wird nicht wirklich „gesperrt", sondern es wird vermindert, wie ja deutlich im Amplitudengang zu sehen ist.

70. Das Diagramm (Bild 14.31) zeigt den tatsächlichen Verlauf der Messgröße (Input) und den fehlerhaft aufgezeichneten Signalverlauf (Output):

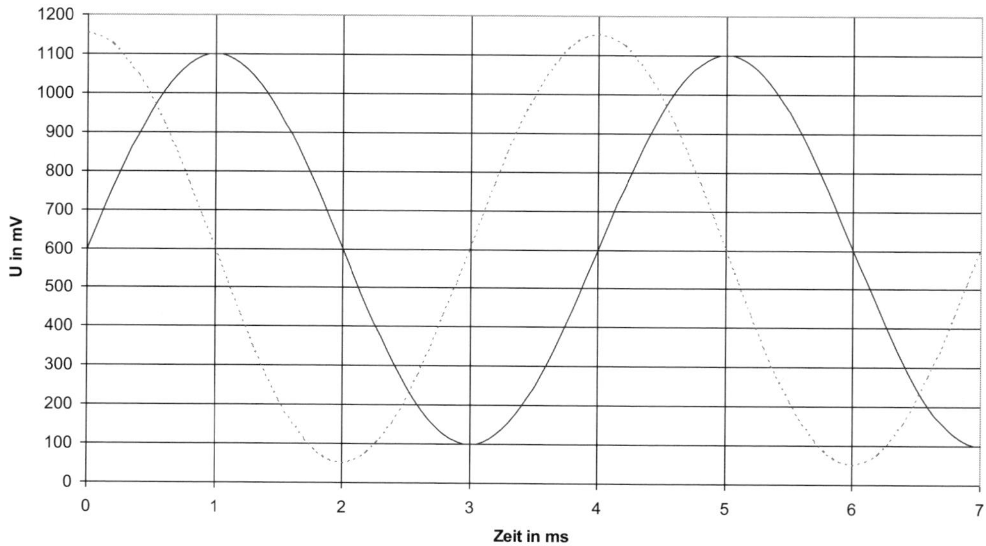

Bild 14.31 Ein- und Ausgangssignal (nacheilend)

Der Gleichanteil wird nicht beeinflusst.

71. Die Ausgangssignale sind neben dem Eingangssignal im Diagramm dargestellt.

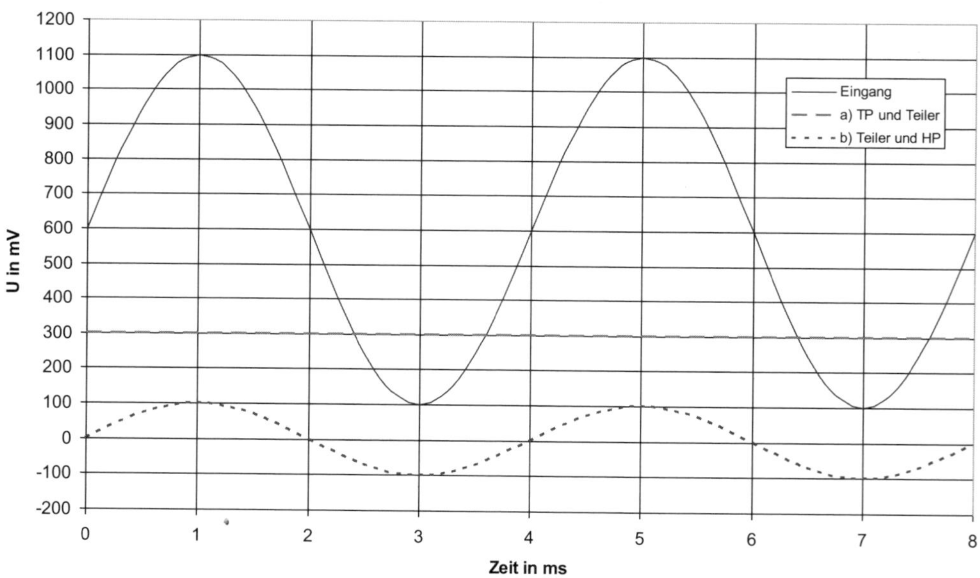

Bild 14.32 Eingangssignal und Ausgangssignale der Glieder a und b

a. Man kann davon ausgehen, dass der Wechselanteil des Messsignals infolge des Tiefpasses praktisch vollständig verschwindet. Der Gleichanteil wird vom nachgeschalteten Teiler auf die Hälfte reduziert.

b. Der Teiler verringert die Spannung um 80 %. Der anschließende Hochpass lässt nur den Wechselanteil durch.

In beiden Fällen ist nicht von Bedeutung, ob der Teiler das erste oder das zweite Glied in der Übertragungskette ist.

72. Das Eingangssignal hat einen Gleichanteil von 3 mV und einen Wechselanteil von 2 V (Amplitude) mit einer Frequenz von 500 Hz.

    Aus dem Amplitudengang ist zu erkennen, dass der Gleichanteil vollständig und der Wechselanteil zu 50 % übertragen wird.

    Der Phasengang weist bei 500 Hz bereits eine Verschiebung von −180° auf.

    Das Diagramm zeigt neben dem Eingangssignal auch das Ausgangssignal.

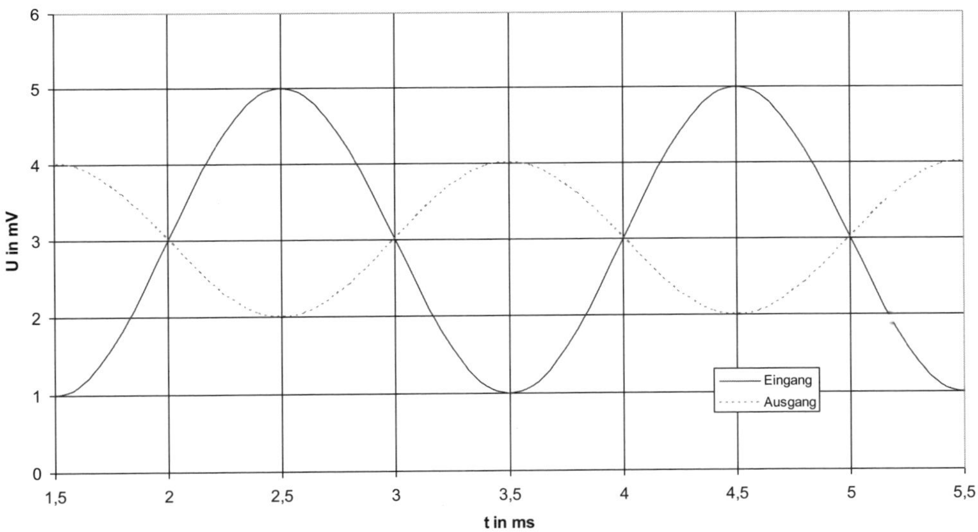

Bild 14.33 Ein- und Ausgangssignal des Übertragungsglieds

73. Aus dem Kehrwert der doppelten Grenzfrequenz erhält man die 95 %-Einschwingzeit zu ca. 2 s und aus dieser nach Division durch 3 die Zeitkonstante von ca. 0,67 s. Beachtet man noch den Übertragungsfaktor von 0,5 ergibt sich der abgebildete Verlauf des Ausgangssignals (Bild 14.34).

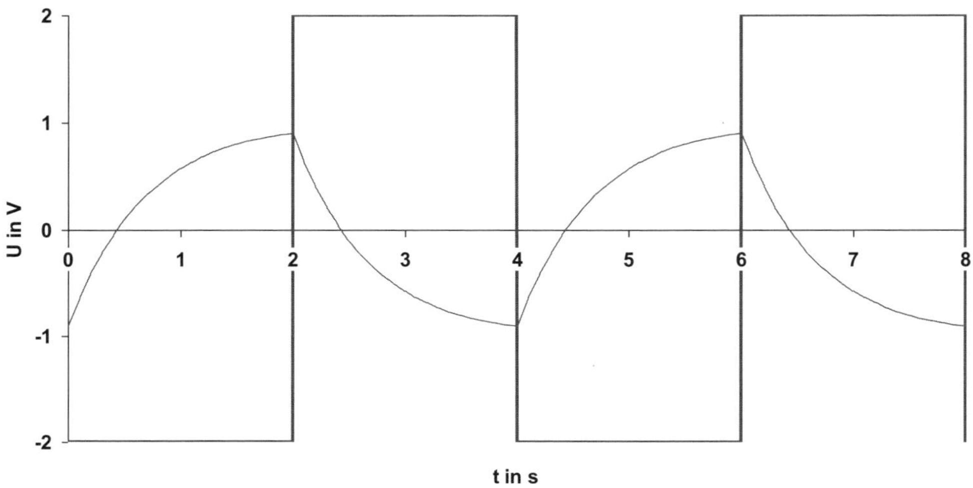

Bild 14.34 Sägezahn-Ausgangssignal bei Rechtecksignal am Eingang

Bei dieser Aufgabe besteht die Verlockung, ein rechteckförmiges Antwortsignal zu zeichnen, dessen Amplitude 29 % kleiner ist als die des Eingangssignals und das in der Phase um 45 ° nacheilt. Man beachte, dass diese Regel nur für Sinussignale gilt. Im Rechtecksignal ist natürlich auch ein Sinus der Frequenz 0,25 Hz enthalten, für den das vorn Genannte gilt. Das kann aber keineswegs für die Oberwellen gelten, die ebenfalls Bestandteile des Rechtecksignals sind.

74. Die Übertragungsfunktion der Messkette lautet

$$F(s) = \frac{K_{\text{Sensor}} \cdot K_{\text{Verst.}}}{(1 + s \cdot T)^2}$$

mit $T = 15$ ms.

Die Übergangsfunktion (siehe Bild 14.35) weist wegen der beiden Zeitkonstanten einen Wendepunkt auf.

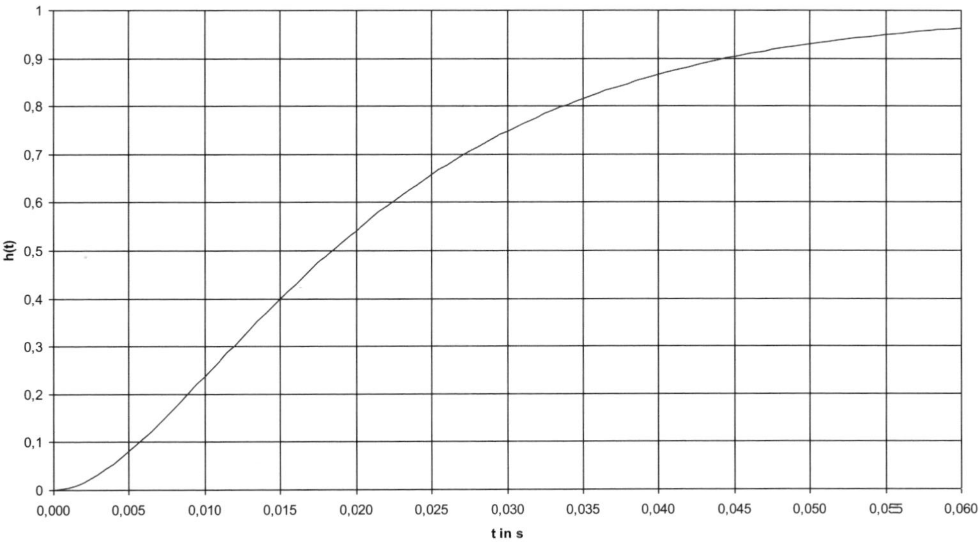

Bild 14.35 Übergangsfunktion mit Wendepunkt

Wenn 15 ms vergangen sind, hat die Sprungantwort des Sensors 63 % des stationären Endwertes erreicht. Der Verstärkerausgang hat seinerseits 63 % seines Endwertes erreicht. Folgerichtig beträgt der Wert der Übergangsfunktion nach 15 ms 0,4, was gleich dem Quadrat von 0,64 ist. Aus dem gleichen Grund erreicht die Übergangsfunktion nach 45 ms (entspricht der 95 %-Einschwingzeit eines Gliedes) etwa den Wert 0,9 (= 0,95 · 0,95).

75. Der Kehrwert der jeweiligen Zeitkonstante entspricht der Grenzkreisfrequenz des Sensors bzw. des Verstärkers: 1000 1/s und 100 1/s. Bei diesen Kreisfrequenzen hat der Amplitudengang jeweils einen Knick von 20 dB je Dekade, wie im Diagramm (Bild 14.36) gezeigt:

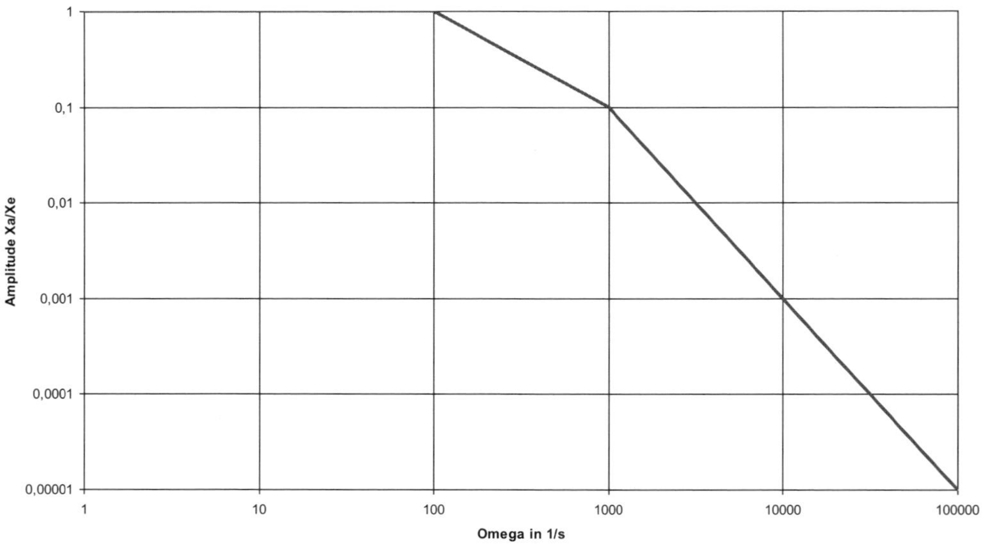

Bild 14.36 Amplitudengang mit zwei Knickfrequenzen (vereinfachte Darstellung)

Ab 100 1/s fällt der Amplitudengang um den Faktor 10 je Frequenzverzehnfachung ab. Über 1000 1/s fällt der Amplitudengang um den Faktor 100 je Frequenzverzehnfachung ab.

76. Die Übertragungsfunktionen beider Glieder lauten:

$$F(s) = \frac{1}{1 + s\mathrm{T}}$$

Real- und Imaginärteil lassen sich separieren:

$$F(j\omega) = \frac{1}{1 + j\omega\mathrm{T}} \cdot \frac{1 - j\omega\mathrm{T}}{1 - j\omega\mathrm{T}} = \frac{\left(1 - j\omega\mathrm{T}\right)}{1 + \left(\omega\mathrm{T}\right)^2} = \frac{1}{1 + \left(\omega\mathrm{T}\right)^2} - j\frac{\omega\mathrm{T}}{1 + \left(\omega\mathrm{T}\right)^2}$$

Da für den Amplitudengang gilt

$$A(\omega) = \frac{\hat{y}}{\hat{x}}(\omega) = \left|F(j\omega)\right| = \sqrt{\mathrm{Re}\left\{F(j\omega)\right\}^2 + \mathrm{Im}\left\{F(j\omega)\right\}^2}$$

erhält man als Übertragungsfaktor:

$$\frac{\hat{X}_\mathrm{a}}{\hat{X}_\mathrm{e}} = \left|F(j\omega)\right| = \frac{1}{\sqrt{1 + \left(\omega\mathrm{T}\right)^2}} = \frac{1}{\sqrt{1 + \left(\frac{\omega}{\omega_\mathrm{g}}\right)^2}} = \frac{1}{\sqrt{1 + \left(\frac{100\,\mathrm{Hz}}{200\,\mathrm{Hz}}\right)^2}} = 0{,}894$$

Da sich 2π kürzen lässt, kann statt der Kreisfrequenz die Frequenz eingesetzt werden. Der Übertragungsfaktor fällt bei einer Signalfrequenz von 100 Hz (das entspricht der halben Grenzfrequenz) um beinahe 11 %.

Und da für den Phasengang gilt

$$\rho(\omega) = \arctan\frac{\mathrm{Im}\{F(j\omega)\}}{\mathrm{Re}\{F(j\omega)\}}$$

erhält man für die Phasenverschiebung:

$$\rho(\omega) = \arctan\frac{-\frac{\omega \mathrm{T}}{1+(\omega \mathrm{T})^2}}{\frac{1}{1+(\omega \mathrm{T})^2}} = -\arctan \omega \mathrm{T} = -\arctan\frac{\omega}{\omega_g} = -\arctan\frac{100\,\mathrm{Hz}}{200\,\mathrm{Hz}} = -26{,}6°$$

Das Ausgangssignal folgt dem Eingangssignal mit einer Phasenverschiebung von fast 27°. Die Phasenverschiebung ist nicht unbedeutend, jedoch wesentlich geringer als für den Fall Frequenz gleich Grenzfrequenz.

Die Ausgangssignale der Übertragungsglieder entsprechen folgenden Funktionsgleichungen:

$$U_{a1}(t) = 1\,\mathrm{V} + 0{,}894\,\mathrm{V} \cdot \sin(2\pi \cdot 100\,\mathrm{Hz} \cdot t - 26{,}6°)$$

$$U_{a2}(t) = 1\,\mathrm{V} + 0{,}799\,\mathrm{V} \cdot \sin(2\pi \cdot 100\,\mathrm{Hz} \cdot t - 53{,}2°)$$

Das Ein- und die Ausgangssignale sind im Diagramm dargestellt.

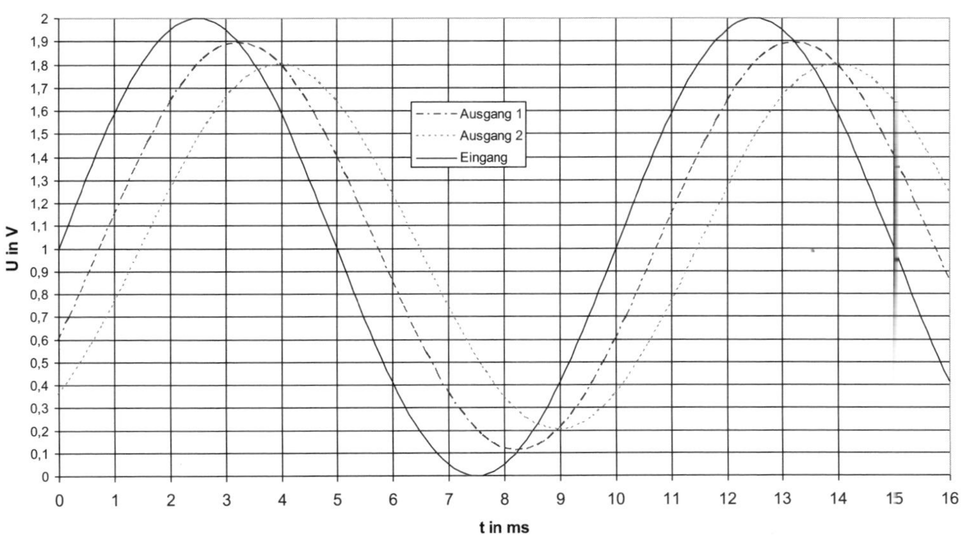

Bild 14.37 Ein- und Ausgangssignale der beiden Tiefpässe 1. Ordnung

77. Der Sensor hat eine Grenzfrequenz von etwa:

$$f_g \approx \frac{1}{2T_{E,95\%}} = \frac{1}{2 \cdot 50\,\mu s} = \underline{10\,kHz}$$

Der ADU hat eine Grenzfrequenz von beinahe 50 kHz (Abtasttheorem von Shannon). Somit ist der Messverstärker das langsamste Übertragungsglied und bestimmt wesentlich die obere Grenzfrequenz der Messkette. Diese liegt knapp unter 1 kHz.

78. Der Sensor stellt offensichtlich ein schwingungsfähiges System dar. Die Übergangsfunktion im Diagramm beginnt deshalb im Zeitpunkt 0 mit einem Anstieg von 0 ihren sinusförmigen Verlauf, wobei sich die Amplitude mit jeder Schwingung um einen bestimmten Faktor vermindert. Der stationäre Endwert beträgt 1.

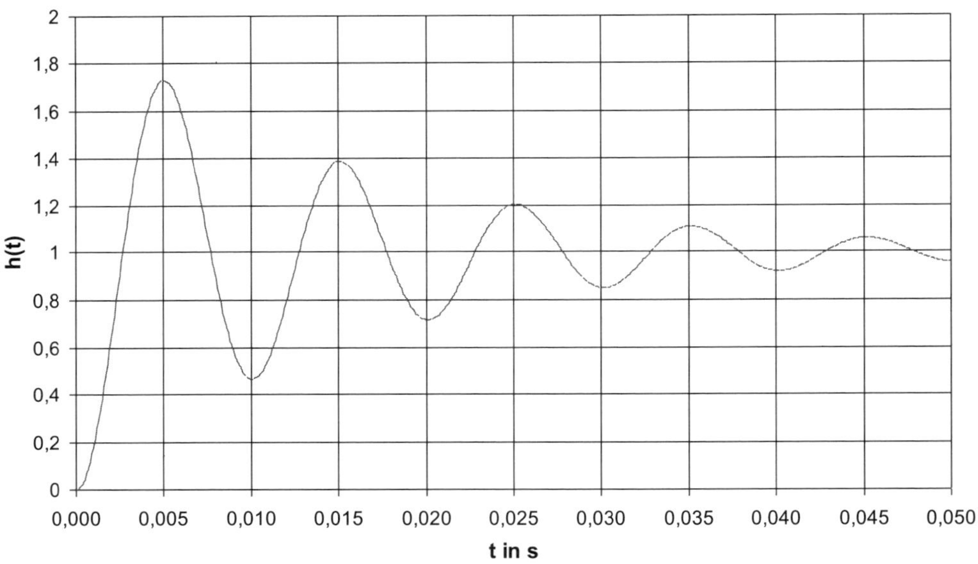

Bild 14.38 Übergangsfunktion eines schwingungsfähigen Systems 2. Ordnung

Der Amplitudengang im Bild 14.39 zeigt eine Resonanz bei 100 Hz. Jenseits der Resonanzfrequenz fällt die Amplitude um 20 dB je Dekade ab:

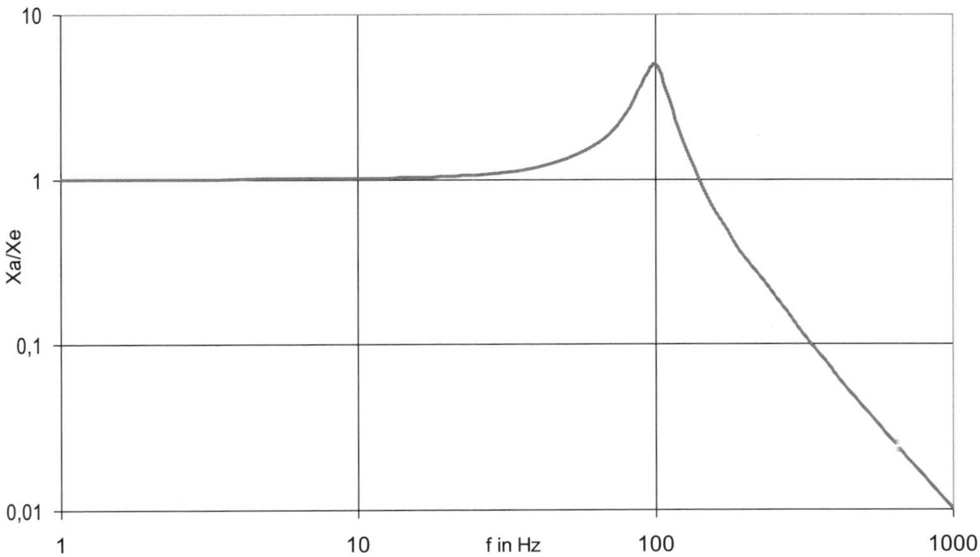

Bild 14.39 Amplitudengang des schwingungsfähigen Systems

Die Resonanzüberhöhung beträgt bei diesem Dämpfungsgrad Faktor 5.

14.4 Kapitel 4: Digitale Messtechnik

1. Der digitale Restfehler beträgt 1. Die relative Abweichung ist der Quotient aus digitalem Restfehler und dem Zählergebnis. Je größer das Zählergebnis, desto kleiner ist die relative Messabweichung.
2. Erste Möglichkeit: Das Messsignal wird an den Eingang des Tores angelegt. Das Tor wird eine Zeit lang geöffnet. Diese Torzeit muss genau bekannt sein, da sie als Maßstab dient. Sie wird vom Zeitgeber sehr präzise erzeugt. Während das Tor geöffnet ist (bzw. der elektronische Schalter geschlossen ist), liegt das Messsignal am Zähler an, so dass dieser die Flanken des Signals „sehen“ und zählen kann. Wenn das Tor wieder geschlossen ist, kann der Zählerstand ausgewertet werden. Dieser verhält sich proportional zur Frequenz des Messsignals. Deshalb wird das Verfahren auch Frequenzmessverfahren genannt. Der Proportionalitätsfaktor ist die Torzeit. Diese dient als Referenz bzw. als Maßstab. Dieses Messverfahren ist besonders für hohe Frequenzen geeignet.

   Zweite Möglichkeit: Das Messsignal (Frequenz unbekannt) wird benutzt, um das Tor anzusteuern (Tor öffnet bei 0/1-Flanke und schließt bei nachfolgender 0/1-Flanke). Am Eingang des Tores liegt eine hohe, sehr genau bekannte Frequenz an, die vom Frequenzgenerator erzeugt wird. Während das Tor geöffnet ist (bzw. der elektronische Schalter geschlossen ist), liegt die bekannte Frequenz am Zähler an, so dass dieser die Flanken auszählen kann. Der Zählerstand verhält sich proportional zur Periodendauer des unbekannten Signals, weshalb das Verfahren auch Periodendauermessung genannt wird. Der Proportionalitätsfaktor ist die bekannte Frequenz. Diese dient als Referenz bzw. als Maßstab. Dieses Messverfahren ist besonders für niedrige Frequenzen geeignet. Die Frequenz kann aus dem Kehrwert der Periodendauer gebildet werden.

3. Der Zählerstand ergibt sich aus dem Produkt aus Frequenz und Messzeit (= 2 s · 500 Hz). Der Zählerstand beträgt 1000. Die relative Messabweichung beträgt 0,1 % (Zählfehler dividiert durch Zählerstand).
4. Der Zählerstand würde verdoppelt und somit die relative Zählabweichung halbiert.
5. Für eine ziffernrichtige Anzeige ist eine Torzeit von einer Sekunde einzustellen, wenn nur die 0/1- oder nur die 1/0-Flanken gezählt werden. Wenn beide Flanken gezählt werden, muss die Torzeit auf 0,5 s eingestellt werden, um eine ziffernrichtige Anzeige zu erhalten.
6. Die Unsicherheit des Zeit- bzw. des Frequenzmaßstabs trägt zur Messunsicherheit bei. Da der Zeitgeber bzw. der Frequenzgenerator auf Quarzbasis arbeitet, sind die dadurch erzeugten Unsicherheiten meist kleiner als 0,001 %. Die Abweichung ist multiplikativer Natur. Deshalb bezieht sich die Prozentangabe auf den aktuellen Messwert.
7. Der Zählerstand z ergibt sich zu:

$$z = f_0 \cdot T_x = \frac{f_0}{f_x} = \frac{2\,\text{MHz}}{500\,\text{Hz}} = 4000$$

Das Zählergebnis ist 4000. Dieses verhält sich proportional zur Periodendauer des unbekannten Signals und natürlich ebenfalls zur Referenzfrequenz. Die relative Zählabweichung beträgt 0,025 % (= 1 : 4000). Damit der Zähler die Periodendauer ziffernrichtig in µs ausgibt, ist an den Toreingang eine Referenzfrequenz von 1 MHz anzulegen. *Falls beide Flanken gezählt werden, müsste die Referenzfrequenz für eine ziffernrichtige Anzeige 500 kHz betragen.*

8. Eine Rechteckspannung hat eine viel größere Flankensteilheit. Dadurch ist logisch 0 leichter von logisch 1 zu unterscheiden. Man bedenke hierbei, dass reale Signale immer Rauschen und andere Störungen enthalten. Je flacher die Flanke ist, desto größer ist die Gefahr von Messabweichungen.
9. Je Periode des unbekannten Signals, registriert der Zähler zwei Inkremente. Deshalb ist die Torzeit auf 0,5 ms einzustellen. Zur Probe:

$$z = 2 \cdot f_x \cdot T_0 = 2 \cdot x\,\text{kHz} \cdot 0{,}5\,\text{ms} = x$$

Es ist deutlich erkennbar, dass bei jeder beliebigen Frequenz f_x der Zählerstand z dem Zahlenwert x der Frequenz entspricht.

Der relative digitale Restfehler beträgt:

$$\delta = \frac{1}{2 \cdot f_x \cdot T_0} = \frac{1}{2 \cdot 100\,\text{kHz} \cdot 0{,}5\,\text{ms}} = \underline{\underline{1\,\%}}$$

10. Für eine ziffernrichtige Anzeige ist eine Torzeit von 0,5 s erforderlich.

    Die Abweichung von 0,1 % tritt auf, wenn der Zählwert 1000 beträgt, denn 1/1000 (= $\Delta z/z$) sind gleich 0,1 %. Es gilt:

    $$z = 2 \cdot f_x \cdot T_0$$

    Daraus folgt:

    $$f_x = \frac{z}{2 \cdot T_0} = \frac{1000}{2 \cdot 0{,}5\,\mathrm{s}} = 1\,\mathrm{kHz}$$

    Die Frequenz des Messsignals darf 1 kHz nicht unterschreiten, damit die relative Abweichung nicht größer als 0,1 % werden kann.

    Für ein Messsignal mit einer Frequenz von 2 MHz gilt:

    $$\delta = \frac{\Delta z}{2 \cdot f_x \cdot T_0} = \frac{1}{2 \cdot f_x \cdot T_0} = \frac{1}{2 \cdot 2\,\mathrm{MHz} \cdot 0{,}5\,\mathrm{s}} = 0{,}5 \cdot 10^{-6} = 0{,}00005\ \% = \underline{0{,}5\ \mathrm{ppm}}$$

    Beträgt die Messfrequenz 2 MHz kann der digitale Restfehler eine Abweichung von 0,5 ppm erzeugen.

    Bei so großen Zählerständen (im Beispiel 2 000 000) gewinnt die Unsicherheit der Torzeit an Bedeutung. Moderne Zeitgeber stellen diese meist besser als 10^{-6} bereit. Legt man diesen Wert zugrunde, ergibt sich eine absolute Unsicherheit des Zählwerts von 2 (= 2 000 000 · 0,000 001). Digitaler Restfehler und Unsicherheit der Torzeit können sich natürlich überlagern. Betrachtet man den „worst case", erhält man eine absolute Unsicherheit von 3 (= 2 + 1) bzw. eine relative Unsicherheit von 1,5 ppm (= 1 ppm + 0,5 ppm).

11. Eine große Torzeit ist gleichbedeutend mit einer großen Messzeit. Man muss lange auf das Messergebnis warten. Ändert sich die Messgröße sehr schnell, kann das nicht erfasst werden. Der Ausweg besteht im Periodendauermessverfahren, bei dem die unbekannte Frequenz die Torzeit steuert und eine sehr hohe Referenzfrequenz an den Toreingang angelegt wird. Viele Messgeräte kombinieren beide Verfahren.

12. Bei einer Frequenz von 4 MHz „sieht" der Zähler 4 Flanken mehr (oder weniger), wenn die Torzeit 1 µs (= 1 s · 10^{-6}) zu lang (oder zu kurz) ist. Hinzu kommt der Zählfehler Δz, der bekanntlich 1 betragen kann. Im schlimmsten Fall beträgt also der Zählerstand 5 zu viel oder auch zu wenig. Die größtmögliche Messabweichung kann 5 Hz betragen. (Da der Zähler den Wert ziffernrichtig in Hz anzeigt, ist keine Umrechnung erforderlich.)

    $$\delta = \frac{\Delta z}{f_x \cdot T_0} = \frac{1+4}{4\,\mathrm{MHz} \cdot 1\,\mathrm{s}} = 1{,}25 \cdot 10^{-6} = 0{,}000125\ \% = \underline{1{,}25\ \mathrm{ppm}}$$

    Die relative Messabweichung beträgt lediglich 1,25 ppm.

13. Die Information steckt in der Zeit. Die Zeit ist die physikalische Größe, die am genauesten messbar ist. Die PTB erzielt bei der Zeitmessung eine Unsicherheit von nur 10^{-14}. Fast jede Armbanduhr mit Quarzoszillator ist besser als 10^{-5}.

14. Die Messzeit wird vom unbekannten Signal gesteuert:

$$T_{\mathrm{M,\,max}} = \frac{1}{f_{\mathrm{x}}} = \frac{1}{0{,}5\,\mathrm{Hz}} = \underline{2\,\mathrm{s}} \qquad T_{\mathrm{M,\,min}} = \frac{1}{f_{\mathrm{x}}} = \frac{1}{2\,\mathrm{kHz}} = \underline{0{,}5\,\mathrm{ms}}$$

Sie verhält sich beim Periodendauermessverfahren umgekehrt proportional zur Frequenz dieses Signals und kann Werte von 0,5 ms bis 2 s annehmen.

Aus

$$z = \frac{2 \cdot f_0}{f_{\mathrm{x}}} = 2 \cdot f_0 \cdot T_{\mathrm{x}}$$

ergibt sich:

$$T_{\mathrm{x}} = \frac{z}{2 \cdot f_0} = \frac{1022080}{2 \cdot 1\,\mathrm{MHz}} = \underline{0{,}51104\,\mathrm{s}}$$

Die Periodendauer des Rechtecksignals beträgt 511,04 ms.

Die Unsicherheit setzt sich zusammen aus der, die durch den digitalen Restfehler erzeugt wird:

$$\Delta T_{\mathrm{x}}(\Delta z) = \frac{\Delta z}{2 \cdot f_0} = \frac{1}{2 \cdot 1\,\mathrm{MHz}} = \underline{0{,}5\,\mu\mathrm{s}}$$

sowie aus dem Anteil, der seine Ursache in der Ungenauigkeit des Frequenzgenerators hat:

$$\Delta T_{\mathrm{x}}(\Delta f) = \frac{z}{2 \cdot f_0} \cdot \frac{\Delta f_0}{f_0} = \frac{1022080}{2 \cdot 1\,\mathrm{MHz}} \cdot \frac{4\,\mathrm{Hz}}{1\,\mathrm{MHz}} = \underline{2{,}044\,\mu\mathrm{s}}$$

Die Summe aus beiden Teilunsicherheiten beträgt 2,544 µs. *Rundet man das Ergebnis auf eine Nachkommastelle, erhält man 2,6 µs, denn Messabweichungen dürfen nicht abgerundet werden.*

15. Vorteile von Digitalanzeigen: genauer ablesbar, kaum Ablesefehler möglich, bei vielstelligen Anzeigen ist eine sehr große Anzeigenauflösung erzielbar.

    Vorteile von Analoganzeigen: schnell ablesbar (kennt man die Skala, genügt ein kurzer Blick), Tendenzen (ansteigende oder abfallende Messwerte) sind gut erkennbar.

16. Wichtige Kenngrößen sind Auflösung (auch Bitzahl genannt) und Messrate (Zahl der Umsetzungen in Hz).

17. Die ausgegebene Dualzahl hat 16 Stellen. Jede Stelle kann zwei verschiedene Werte annehmen. Daraus folgt die einfache Rechnung:

$$N = 2^{16} = \underline{65536}$$

Ein 16-bit-ADU kann 65 536 verschiedene Werte erzeugen. Das sind alle ganzen Zahlen von 0 bis 65 535.

18. Der Output dieses ADU ist eine 20-stellige Binärzahl. Damit folgt:

$$\delta = \frac{1}{2^{20}} = 0{,}954 \cdot 10^{-6} \approx 0{,}0001\% = \underline{1\,\text{ppm}}$$

Die relative Abweichung infolge des Quantisierungsfehlers beträgt 1 ppm. Natürlich ist das immer nur ein Beitrag (wahrscheinlich der geringste) zum Gesamtfehler.

19. Der Eingangsbereich beträgt:

$$U_{\text{input}} = 1\,\text{mV} \cdot 2^8 = \underline{256\,\text{mV}}$$

Den unteren Teil der statischen Kennlinie zeigt die Abbildung. *An der Ordinate sind aus Gründen der Übersichtlichkeit Dezimalzahlen angegeben, obwohl die Ausgabe dual erfolgt.*

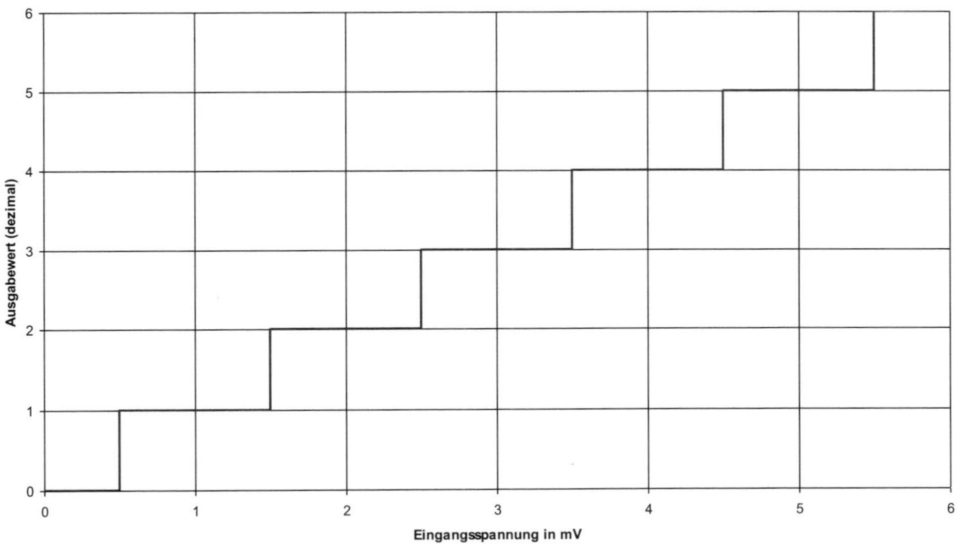

Bild 14.40 Optimale Kennlinie eines ADU

Die dargestellte Kennlinie ist optimal justiert, so dass in diesem Sonderfall der Quantisierungsfehler nur 0,5 mV beträgt. Es wird deutlich, dass ein Output von 2 sowohl bei einem Input von 1,5 als auch einem Input von 2,5 erfolgt.

20. Die Zahl der vom ADU unterscheidbaren Werte muss mindestens so groß sein wie die Zahl der Temperaturstufen.

$$N = \frac{200\,\text{K}}{0{,}1\,\text{K}} = 2000 \leq 2^{\text{n}}$$

Aus den Logarithmengesetzen folgt:

$$\log_2 2000 \leq n$$

bzw.

$$n \geq 10{,}97$$

Der ADU muss mindestens 11 bit haben.

21. Die Messrate ergibt sich aus dem Kehrwert der Umsetzzeit. Bestenfalls kann eine Messrate von 50 kHz erreicht werden.

22. Das Abtasttheorem lautet:

$$f_A > 2 f_S$$

Die Abtastfrequenz muss mehr als doppelt so groß sein, wie die höchste im Messsignal vorhandene Frequenz.

Wird das Abtasttheorem verletzt, entstehen Aliasing-Effekte. Diese verursachen Artefakte, das sind sogenannte Alias-Signale, welche Frequenzen aufweisen, die im ursprünglichen Messsignal gar nicht vorhanden sind.

Ist die Abtastfrequenz genau doppelt so groß wie die Signalfrequenz, könnte es sein, dass genau die Nulldurchgänge abgetastet werden. Es würde zwar kein Aliasing auftreten, jedoch wäre das Messergebnis dennoch völlig falsch.

23. Das Abtasttheorem ist verletzt. Im Rechtecksignal steckt nicht nur die Grundfrequenz von 100 Hz. Es sind theoretisch unendlich viele Oberwellen vorhanden. Da ein Rechtecksignal nicht bandbegrenzt ist, kann das Abtasttheorem nicht eingehalten werden.

24. Legt man zugrunde, dass ein hochwertiger Plattenspieler vorhanden ist, sollte mit Signalfrequenzen von bis zu 20 kHz gerechnet werden:

$$N > 2 f_{\text{Smax}} \cdot t = 2 \cdot 20\,\text{kHz} \cdot 4 \cdot 60\,\text{s} = 9600000$$

Wenn der Song in Stereo vorliegt, sind mehr als 19,2 Millionen Werte erforderlich.

Audio-CDs werden mit einer Abtastrate von 44,1 kHz aufgezeichnet. Die Auflösung beträgt dabei 16 bit je Kanal.

25. Alias-Effekte werden verhindert, indem man entweder die Abtastrate erhöht oder einen Tiefpass (in diesem Fall auch Antialising-Filter genannt) vor den ADU schaltet. Das Filter hat die Aufgabe, das Messsignal soweit nach oben bandzubegrenzen, dass das Abtasttheorem eingehalten wird. Das Problem hierbei liegt darin, dass die Flankensteilheit eines jeden Tiefpasses begrenzt ist. Das kann zur Folge haben, dass (trotz Tiefpass mit einer Grenzfrequenz kleiner als die halbe Abtastfrequenz) Signalfrequenzen die größer sind als die halbe Abtastfrequenz, an den Eingang des ADU gelangen, so dass dennoch Aliasing, wenn auch vermindert, auftritt. Für die messtechnische Praxis ist es nicht zuletzt deshalb angeraten, Abtastfrequenzen zu wählen, die mindestens fünf- oder besser zehnmal höher sind als die größte im Messsignal vorhandene Frequenz.

26. Eine S&H-Schaltung bzw. ein Abtast-Halte-Glied tastet ein analoges Signal ab und stellt Momentanwerte des Signals eine gewisse Zeit lang (oft nur wenige ms) für die Weiterverarbeitung (z. B. durch einen Momentanwert-ADU) zur Verfügung. *Das erfolgt zeitzyklisch. Die Abtastfrequenz kann umso höher gewählt werden, je schneller die Weiterverarbeitung erfolgt. Kenngrößen eines S&H-Gliedes sind Einschwingzeit und Haltedrift.*
27. Ein Dual-Slope-Umsetzer arbeitet nach dem Zweiflanken-Integrations-Verfahren. Dieser integriert das Eingangssignal über einer bestimmten Messzeit, so dass es gar kein Problem ist, wenn sich die Amplitude des Messsignals während der Integration verändert. *Möchte man schnelle Änderungen der Spannung messen, darf diese Integrationszeit natürlich nicht zu groß sein.*
28. Die Eingangsspannung wird üblicherweise über 20 ms integriert.
29. Eine Drift dieser Bauelemente beeinflusst das Messergebnis nicht, da man davon ausgehen kann, dass Widerstand und Kapazität während der Umsetzzeit (die weit kleiner als eine Sekunde ist) konstant bleiben. Das Langzeitverhalten spielt keine Rolle. Da in beiden Integrationsphasen dieselben Bauelemente die Zeitkonstante bestimmen, heben sich deren Werte auf und haben keinen Einfluss auf das Ergebnis.
30. Es wird der Wert 0 ausgegeben, weil im Ergebnis der ersten Integrationsphase eine Spannung von 0 V am Integrationskondensator anliegt. Denn die Fläche über einen Zeitabschnitt von 20 ms ist gleich 0.
31. Der Dual-Slope-ADU integriert das Eingangssignal über 20 ms und ist deshalb perfekt in der Lage, alle symmetrischen Störspannungen, die eine Frequenz von 50 Hz, 100 Hz, 150 Hz usw. haben, zu unterdrücken. Da Netzbrummen und dessen Oberwellen häufig anzutreffen sind (vor allem in Industrieumgebungen), ist das sehr vorteilhaft. Diese Störspannungen werden „herausintegriert".
32. Der relative Quantisierungsfehler ist leicht zu berechnen:

$$\delta = \frac{1}{2^{14}} = 6{,}104 \cdot 10^{-5} \approx 0{,}007\,\%$$

Leider ist dieser nicht identisch mit der Messunsicherheit des ADU. Man kann lediglich feststellen, dass die relative Messunsicherheit mindestens 0,007 % beträgt. Oft wird der relative Quantisierungsfehler mit dem Gesamtfehler des ADU gleichgesetzt. Das ist falsch! Die Abweichung eines ADU besteht nicht nur aus dem Quantisierungsfehler. Hinzu kommen Kennlinienabweichungen (z. B. die Nichtlinearität) und Temperatureinflüsse. Diese liegen oft Größenordnungen über dem Quantisierungsfehler.
33. Um auszurechnen, was die kleinste unterscheidbare Änderung ist, muss neben der Anzahl der Bits bekannt sein, wie groß der Eingangsbereich des ADU ist. Dann kann dieser durch die Anzahl der Werte (im Beispiel 1024) dividiert werden.
34. Der Eingangsbereich des ADU stimmt leider nicht mit dem Wertebereich des Signals überein.

$$N = \frac{20\,\mathrm{V}}{1\,\mathrm{mV}} = 20000 \leq 2^{\mathrm{n}}$$

Aus den Logarithmengesetzen folgt:

$$\log_2 20000 \leq n$$

bzw.

$$n \geq 14{,}3$$

Der ADU muss mindestens 15 bit haben. *In der Praxis würde sicherlich ein 16-bit-ADU zum Einsatz kommen.*

35. Das Messsignal sollte vor der AD-Umsetzung verstärkt werden. Es ist optimal, wenn der Wertevorrat des Signals genau an den Eingangsbereich des ADU angepasst wird. *Eine solche Anpassung erfolgt in Digitalmultimetern bei der Wahl kleiner Messbereiche. Kleine Spannungen werden erst verstärkt und danach digitalisiert. Große Spannungen werden durch Vorwiderstände vermindert.*

36. Die erreichbare Auflösung des ADU errechnet sich mit

$$\Delta U = \frac{10\,\text{V}}{12^2} = 2{,}441\,\text{mV}$$

und ist offensichtlich ungenügend.

Schaltet man einen Verstärker ($V = 2{,}5$) vor, verbessert sich die Auflösung um den Verstärkungsfaktor, da dem ADU nun Spannungen zwischen 5 und 10 V zugeführt werden. *Soll gar eine Auflösung von 0,5 mV erreicht werden, wird ein Addierverstärker benötigt, der zunächst den Nullpunkt um −2 V verschiebt und die Amplitude dann um den Faktor 5 anhebt.*

37. Bei der Integration über 20 ms (Zeit T_1) hebt sich der 50 Hz-Anteil aus dem Messsignal heraus:

$$U_{\text{a1}} = -\frac{1}{RC}\int_0^{T_1} U_x(t)\,dt = -\frac{1}{1\,\text{M}\Omega \cdot 10\,\text{nF}} 4\,\text{V} \cdot 20\,\text{ms} = \underline{-8\,\text{V}}$$

Im Ergebnis der ersten Integrationsphase wird der Kondensator auf −8 V geladen.

In der zweiten Phase wird die Referenzspannung an den OPV-Eingang gelegt. Zum Zeitpunkt T_2 ist die zweite Phase beendet. Diese Integrationsphase endet, wenn der Wert der Kondensatorspannung 0 V erreicht hat:

$$0 = U_{\text{a2}} = U_{\text{a1}} - \frac{1}{RC}\int_{T_1}^{T_2} -U_0\,dt$$

Die zweite Integrationszeit (T_2 - T_1) ist proportional zur unbekannten Spannung. Die Zeitspanne (als Maß für den Wert der zu messenden Spannung U_x) ergibt sich aus:

$$\Delta T = T_2 - T_1 = \frac{T_1}{U_0} U_x = \frac{20\,\text{ms}}{2{,}5\,\text{V}} 4\,\text{V} = \underline{32\,\text{ms}}$$

Während dieser 32 ms „sieht“ der Zähler die Impulse des Generators, die mit einer Frequenz von 1 MHz aufeinander folgen. Da beide Flanken gezählt werden, ergibt sich der Zählerstand wie folgt:

$$N = 2 \cdot \Delta T \cdot f_0 = 2 \cdot 32\,\text{ms} \cdot 62{,}5\,\text{MHz} = \underline{4000000}$$

Die Auflösung beträgt somit 0,001 mV, was ein sehr guter Wert ist. *Der Zählerstand gibt den Messwert ziffernrichtig in μV wieder.*

Die Messabweichung ist mit Sicherheit größer als 1 μV. Die Referenzspannung hat ja bereits eine Unsicherheit von 0,04 %. *Diese Unsicherheit wirkt multiplikativ. Bei einem Messergebnis von 4 V entspricht das allein bereits einer Unsicherheit von 1,6 mV.*

38. Neben der Auflösung haben die Nullpunktabweichung, die Empfindlichkeitsabweichung und die Linearitätsabweichung einen erheblichen Einfluss auf die Messunsicherheit. Zu beachten ist, dass der Nullpunkt und der Anstieg der statischen Kennlinie immer auch ein wenig von der Temperatur beeinflusst werden.

39. Diese OPVs dienen der Impedanzwandlung. Die Signalquelle (Messobjekt) darf nicht belastet werden und ebenso wenig der Kondensator im Abtast-Halte-Glied. Denn die vom Kondensator gehaltene Spannung soll zeitinvariant sind.

40. Ein günstiger Kompromiss sind die Messraten 8 und 16 kHz. Aus dem Abtasttheorem folgt, dass die Abtastfrequenz in diesem Beispiel mehr als 2,4 kHz betragen muss. Es ist jedoch vorteilhaft, mindestens 5 oder noch besser 10 Abtastwerte je Signalperiode zu gewinnen, was bei 8 bzw. 16 kHz gegeben wäre. Eine weitere Erhöhung auf 32 kHz würde kaum zusätzliche Information bringen, jedoch einen noch größeren Datenstrom erzeugen und damit Speicherplatz erfordern. *Das kann insbesondere bei der simultanen Erfassung vieler Signale kritisch werden.*

41. Wenn alle Kanäle Digitalwerte erzeugen, teilt sich die Übertragungskapazität auf diese auf. Jeder Messwert hat 16 bit. Daraus folgt für die Kanalmessrate:

$$f_K = \frac{2\,\text{Mbit/s}}{10 \cdot 16\,\text{bit}} = \underline{12{,}5\,\text{kHz}}$$

Theoretisch kann 12 500-mal je Sekunde je ein Messwert für jeden der 10 Kanäle übertragen werden. In der Praxis ist dieser Wert nicht erreichbar, weil weitere Informationen (z. B. Statusmeldungen, Startbit, Stoppbit, Paritätsbit) zu übertragen sind.

Der einzige Anhaltspunkt für die Unsicherheit ist die gegebene Bitzahl:

$$\delta = \frac{1}{2^{16}} = \underline{0{,}00153\,\%}$$

Da damit jedoch lediglich eine Information über die Auflösung der ADU gegeben ist, muss davon ausgegangen werden, dass die relative Messunsicherheit weit größer ist als 0,00153 %. Ein Wert um 0,1 % dürfte realitätsnah sein.

42. Für die Berechnung ist die Spannungsteilerregel anzuwenden:

$$\frac{U_{\mathrm{DAQ}}}{U_{\mathrm{ges}}} = \frac{R_{\mathrm{DAQ}}}{R_{\mathrm{DAQ}} + R_{\mathrm{V}}}$$

Die Verhältnisgleichung ist nach dem Vorwiderstand umzustellen:

$$R_{\mathrm{V}} = \left(\frac{U_{\mathrm{ges}}}{U_{\mathrm{DAQ}}} - 1\right) R_{\mathrm{DAQ}} = \left(\frac{60\,\mathrm{V}}{10\,\mathrm{V}} - 1\right) 50\,\mathrm{k\Omega} = \underline{250\,\mathrm{k\Omega}}$$

Der Widerstand sollte exakt 250 kΩ haben. *Abweichungen davon erzeugen multiplikative Messfehler. Da diese systematisch sind, kann man sie korrigieren – vorausgesetzt der tatsächliche Widerstandswert ist bekannt.*

Natürlich spielt es keine Rolle, ob es sich um ein DAQ-System, um ein Voltmeter oder um einen Spannungsstromwandler handelt, dessen Messbereich erweitert werden soll.

43. Bei diesem Umsetzverfahren wird die Kompensationsmethode angewandt, allerdings erfolgt die Kompensation nicht bis zum Wert 0. Es verbleibt ein Rest: der Quantisierungsfehler. Bestandteil dieses Umsetzers ist ein DAU. Beginnend beim MSB wird ein Bit nach dem anderen probeweise auf 1 gesetzt und ggf. wieder auf 0. Wobei ein Komparator erkennt, ob die vom DAU ausgegebene Spannung jeweils kleiner (dann bleibt das Bit auf 1) oder größer als die Eingangsspannung ist. Im zweiten Fall wird das Bit auf 0 zurückgesetzt. Beim LSB angekommen, entspricht die DAU-Ausgangsspannung fast genau dem Wert der Eingangsspannung. Die Eingangsspannung wird mit der DAU-Spannung (bis auf einen sehr kleinen verbleibenden Rest) kompensiert. *Diese Methode wird auch bei einer zweischaligen Waage (Kompensationswaage) angewandt, bei der die Gewichtskraft der unbekannten Masse durch immer kleiner werdende Präzisionsmassestücke aufgehoben wird. Die Gesamtmasse der Präzisionsgewichte entspricht dem unbekannten Gewicht.*

44. Zur Messunsicherheit trägt der Quantisierungsfehler bei, der bei dieser Auflösung 0,1 kg beträgt, denn eine Nachkommastelle wird angezeigt.

Die relative Linearitätsabweichung von 0,1 % ist auf den Messbereich bezogen und kann daher Messabweichungen von 0,2 kg erzeugen.

Die Betriebstemperatur kann bis 20 K (= 40 °C – 20 °C) von der Temperatur abweichen, bei der Nullpunkt und Anstieg der Kennlinie eingestellt wurden. Daraus folgen 0,2 % (= 20 K · 0,1 %/10 K) Nullpunktunsicherheit. Da sich dieser Wert ebenfalls auf den Messbereich bezieht, beträgt die Nullpunktunsicherheit 0,4 kg (= 200 kg · 0,2 %).

Für die Empfindlichkeit ergibt sich eine Unsicherheit von 0,5 % vom Messwert. Denn Anstiegsfehler wirken multiplikativ und sind daher auf den Messwert bezogen. Somit ergibt sich hier noch einmal eine Unsicherheit von 0,4 kg (= 80 kg · 20 K · 0,25 %/10 K).

In Summe erhält man eine Messunsicherheit von 1,1 kg.

Leider dürfen Messunsicherheiten niemals abgerundet werden. Möchte man auf eine Ziffer runden, wie es häufig empfohlen wird, muss man 2 kg als Messunsicherheit angeben. Obwohl das schwerfällt, weil sich damit der Wert beinahe verdoppelt.

45. Bei dieser Messaufgabe tritt keine Nullpunktabweichung auf. Die anderen Unsicherheiten betragen 0,05 kg (Quantisierungsfehler), 0,1 kg (Linearitätsabweichung) und 0,24 kg (= 80 kg · 30 K · 0,1 %/10 K, Empfindlichkeitsabweichung). Addiert man diese Werte pythagoreisch, erhält man 0,2648 kg. Die Angabe der Unsicherheit mit 4 Ziffern hat natürlich keinen Sinn. In diesem Fall sollte ein Wert von 0,3 kg genannt werden. *Die Auflösung dieser Waage täuscht eine Genauigkeit vor, die leider nicht gegeben ist!*
46. Waagen, die im rechtsgeschäftlichen Verkehr Verwendung finden, unterliegen den Eichvorschriften und müssen regelmäßig geeicht werden. Diese Vorschriften begrenzen die Anzeigeauflösung auf einen Wert, der etwa so groß ist, wie die Messunsicherheit. So ist beispielsweise die Auflösung einer eichpflichtigen Waage im Einzelhandel (Messbereich 6 kg) auf 3000 Teile begrenzt, was einer kleinsten zulässigen Anzeigeänderung von 2 g entspricht. *Der Vorteil liegt darin, dass nicht viele Nachkommastellen eine Genauigkeit vortäuschen, die das Gerät gar nicht hat.*
47. Tendenzen und kleinste Änderungen im mV-Bereich sind dank der hohen Auflösung detektierbar. Eine hohe Auflösung hat einen Wert an sich. *Mechanische Uhren mit einer Gangabweichung von einer Minute am Tag wurden aus diesem Grund dennoch mit einem Sekundenzeiger ausgestattet.*

14.5 Kapitel 5: Elektrische Größen

1. Natürlich wird für die Berechnung das Ohmsche Gesetz herangezogen:

$$R = \frac{U}{I} = \frac{2\,\text{V}}{0{,}1\,\text{mA}} = \underline{20\,\text{k}\Omega}$$

Der Widerstand hat einen Wert von 20 kΩ.

$$P = U \cdot I = 2\,\text{V} \cdot 0{,}1\,\text{mA} = \underline{0{,}2\,\text{mW}}$$

Im Widerstand wird eine Leistung von 0,2 mW umgesetzt.

2. Die Stromstärke erhält man aus dem Ohmschen Gesetz:

$$I = \frac{U}{R} = \frac{6{,}00\,\text{V}}{500\,\Omega} = 12{,}00\,\text{mA}$$

Diese beträgt 12 mA. Jedoch ist das Messergebnis noch unvollständig, da die Unsicherheit fehlt. Aus der Herstellerangabe folgt:

$$\Delta U = 0{,}5\,\% \cdot 6{,}00\,\text{V} + 4 \cdot 0{,}01\,\text{V} = 0{,}03\,\text{V} \cdot 0{,}04\,\text{V} = 0{,}07\,\text{V}$$

Das Spannungsmessergebnis weist eine Unsicherheit von 70 mV auf, was natürlich Auswirkungen auf die berechnete Stromstärke hat. Dividiert man ΔU durch den Widerstandswert, erhält man die zur Spannungsunsicherheit äquivalente Unsicherheit der Stromstärke:

$$\Delta I = \frac{\Delta U}{R} = \frac{0{,}07\ \mathrm{V}}{500\ \Omega} = 0{,}14\ \mathrm{mA}$$

Leitet man die Formel

$$I = \frac{U}{R}$$

partiell nach U ab und multipliziert die Ableitung mit ΔU kommt man ebenfalls zum Ziel:

$$\Delta I = \frac{\partial \frac{U}{R}}{\partial U} \Delta U = \frac{\Delta U}{R} = 0{,}14\ \mathrm{mA}$$

Das vollständige Messergebnis lautet:

$$I = \underline{(12{,}00 \pm 0{,}14)\ \mathrm{mA}}$$

Es ist vernünftig, die Unsicherheit auf eine Ziffer zu runden. Da Unsicherheiten nicht abgerundet werden dürfen, lautet das vollständige Messergebnis nach dem Runden 12,0 mA $\pm$ 0,2 mA.

3. Voltmeter sollen dem Messobjekt möglichst keine Energie entziehen. Einflüsse auf das Messobjekt müssen vermieden werden. Jeder Stromfluss durch das Voltmeter würde Spannungsabfälle im Messobjekt und auch in den Zuleitungen bewirken, die wiederum (systematische) Messabweichungen zur Folge hätten. Empfindliche Messobjekte (z. B. hochohmige elektronische Schaltungen) funktionieren nicht mehr, wenn mit einem Voltmeter gemessen wird, das einen zu geringen Widerstand hat.
4. Werden Strommessgeräte in einen Stromkreis geschaltet, fällt über deren Innenwiderstand eine Spannung ab, die ohne das Messgerät natürlich nicht vorhanden wäre. Der Innenwiderstand beeinflusst somit das Verhalten des Stromkreises, was soweit wie möglich vermieden werden soll. Der Innenwiderstand des Amperemeters hat zur Folge, dass die Stromstärke (wenn auch in der Mehrzahl der Fälle ganz minimal) vermindert wird. Dadurch entsteht eine systematische Messabweichung.

5. Dargestellt ist eine Anordnung für die stromrichtige Messung am Widerstand R_2.

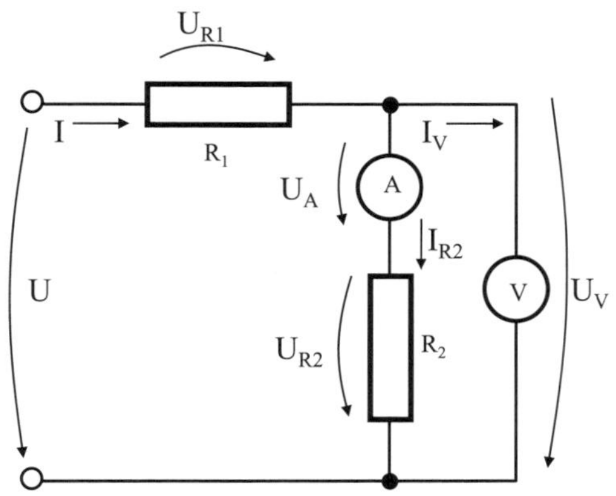

Bild 14.41
Stromrichtige Schaltung

In der stromrichtigen Schaltung (Stromstärke wird „richtig" gemessen) misst das Spannungsmessgerät leider auch den Spannungsabfall über dem Amperemeter. Dieser ist von der gemessenen Spannung abzuziehen:

$$U_R = U_V - U_A = U_V - I_R \cdot R_A$$

Es wird deutlich, dass ein hochwertiges Amperemeter (kleiner Innenwiderstand, nur geringe systematische Abweichungen (Differenz zwischen gemessener Spannung und tatsächlich am Widerstand abfallender Spannung) verursacht.

Die tatsächlich umgesetzte Leistung am Widerstand *R* berechnet sich mit:

$$P = U_R \cdot I_R = U_V I_R - I_R^2 \cdot R_A$$

Der Term hinter dem Subtraktionszeichen ist gleich der systematischen Messabweichung. Diese verhält sich proportional zum Quadrat der Stromstärke.

6. Der Innenwiderstand des Voltmeters beeinflusst den Strom durch den Widerstand *R* nicht und muss deshalb nicht beachtet werden.

$$P = U_R \cdot I_R = U_V I_R - I_R^2 \cdot R_A$$

$$P = 20\ \text{V} \cdot 1\ \text{A} - 1\text{A}^2 \cdot 0{,}5\ \Omega = 20\ \text{W} - 0{,}5\ \text{W} = \underline{19{,}5\ \text{W}}$$

Die Leistung beträgt 19,5 Watt. Das Messergebnis wurde um die systematische Abweichung von 0,5 Watt korrigiert. *Diese 0,5 Watt werden im Amperemeter umgesetzt und vom Voltmeter aufgrund der stromrichtigen Schaltung (man könnte auch schreiben „spannungsfalschen Schaltung") mit gemessen.*

Die spannungsrichtige Schaltung ist ebenfalls für die Leistungsmessung geeignet.

7. Dargestellt ist die spannungsrichtige Schaltung. Es ist zu sehen, dass das Amperemeter nicht nur von dem Strom durchflossen wird, der durch den Widerstand fließt, sondern leider auch von dem, der vom Voltmeter „verbraucht" wird. Der Strom durch das Voltmeter verursacht eine systematische Messabweichung und berechnet sich zu:

$$I_V = \frac{U_R}{R_i} = \frac{20\ \text{V}}{100\ \text{k}\Omega} = 0{,}2\ \text{mA}$$

Der Strom durch den Widerstand R beträgt somit nicht 1 mA (Anzeigewert Amperemeter) sondern nur 0,8 mA. Der Widerstand berechnet sich somit zu:

$$R = \frac{U_R}{I_R} = \frac{20\ \text{V}}{0{,}8\ \text{mA}} = \underline{25\ \text{k}\Omega}$$

Es ist offensichtlich, dass das Voltmeter für diese Messung ungeeignet ist. Der niedrige Innenwiderstand des Voltmeters verursacht eine systematische Messabweichung von −20 %. Siehe Rechnung:

$$\delta = \frac{R_{\text{falsch}} - R_{\text{wahr}}}{R_{\text{wahr}}} = \frac{20\ \text{k}\Omega - 25\ \text{k}\Omega}{25\ \text{k}\Omega} = -20\ \%$$

Man bedenke, dass in der Praxis eher selten darüber nachgedacht wird, dass durch den Innenwiderstand des Voltmeters eine systematische Messabweichung entsteht. Die stromrichtige Schaltung ist prinzipiell auch geeignet.

8. Das Schaltbild zeigt die Anordnung von Voltmeter und Amperemeter.

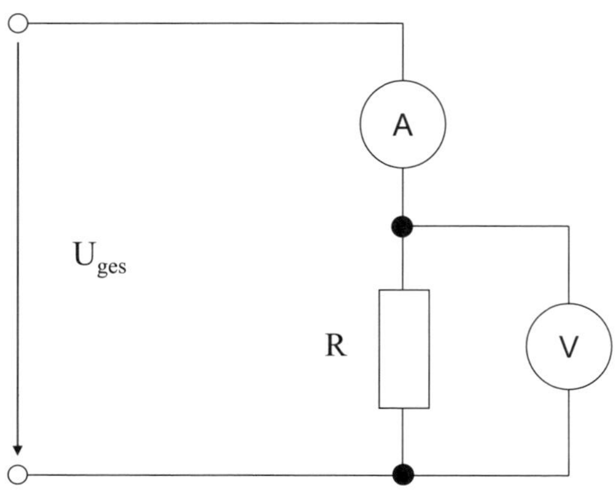

Bild 14.42
Spannungsrichtige Anordnung zur Leistungsmessung

Die Spannung wird in dieser Schaltung „richtig" gemessen. Jedoch misst das Amperemeter auch den Strom, der das Voltmeter durchfließt. Der Strom durch das Voltmeter berechnet sich zu:

$$I_V = \frac{U_V}{R_i} = \frac{24\ \text{V}}{1\ \text{M}\Omega} = 24\ \mu\text{A}$$

Multipliziert man diese Stromstärke mit dem Spannungsabfall am Widerstand R, ergibt sich die im Voltmeter umgesetzte Leistung:

$$P_V = U_V \cdot I_V = 24\,\text{V} \cdot 24\,\mu\text{A} = 576\,\mu\text{W} = \underline{0{,}576\,\text{mW}}$$

Mit dieser Schaltung werden 0,576 mW zuviel gemessen.

Weil die Messabweichung systematisch ist, kann das Messergebnis korrigiert werden. Hierbei ist das Vorzeichen wichtig.

Die systematische Messabweichung sollte im Gegensatz zur Messunsicherheit nicht gerundet werden. Denn dann wäre das korrigierte Messergebnis mit dem Rundungsfehler behaftet.

9. Der Scheitelfaktor drückt das Verhältnis von Scheitelwert (Amplitude bzw. Spitzenwert einer Schwingung) und Effektivwert aus. Der Scheitelfaktor ist von der Signalform abhängig.

10. Für den Scheitelfaktor gilt:

$$k_s = \frac{\hat{x}}{x_{eff}} = \frac{\hat{x}}{\sqrt{\frac{1}{T}\int_0^T x(t)^2\,dt}}$$

11. Für den Scheitelfaktor sinusförmiger Signale gilt:

$$k_s = \frac{\hat{x}}{x_{eff}} = \frac{\hat{x}}{\sqrt{\frac{1}{T}\int_0^T \left(\hat{x}\cdot\sin(\omega t)\right)^2 dt}} = \underline{\sqrt{2}}$$

12. Der Effektivwert einer Wechselspannung entspricht dem Wert einer Gleichspannung, der an einem Widerstand dieselbe elektrische Leistung in Wärme umsetzt. Der Grund liegt also in der gewünschten Vergleichbarkeit der Wechselspannung mit einer Gleichspannung. Immer dann, wenn es um Leistung, Arbeit bzw. Energie geht, ist der Effektivwert von zentraler Bedeutung.

13. Da die Wechselspannung sinusförmig ist, kann der Scheitelwert mit dem Faktor 0,707 (Kehrwert von Wurzel 2) multipliziert werden. Das Produkt ist gleich dem Effektivwert der Wechselspannung: 325 V · 0,707 = 230 V.

    Häufig wird angenommen, dass Digitalvoltmeter den Scheitelwert messen und diesen mit 0,707 multiplizieren, um den Effektivwert anzuzeigen. Das trifft nicht zu!

14. Zum einen ist die Spitzenwertmessung schwieriger zu realisieren als die Messung des Gleichrichtwerts. Zum anderen würden Störspitzen erheblichen Einfluss auf das Messergebnis haben.

15. Gefragt ist nach dem Spitze-Spitze-Wert (auch Spitze-Tal-Wert genannt) der Spannung, der dem doppelten Scheitelwert entspricht:

$$U_{ss} = 2\cdot\sqrt{2}\cdot U_{eff} = 2\cdot\sqrt{2}\cdot 50\,\text{V} = \underline{141{,}4\,\text{V}}$$

16. Der Formfaktor ist definiert als Quotient aus Effektivwert und Gleichrichtwert:

$$k_\mathrm{f} = \frac{I_\mathrm{eff}}{I_\mathrm{GRW}} = \frac{\sqrt{\frac{1}{T}\int\limits_0^T I(t)^2\,dt}}{\frac{1}{T}\int\limits_0^T |I(t)|\,dt} = \frac{\sqrt{\frac{1}{T}\int\limits_0^T \left(\hat{i}\cdot\sin(\omega t)\right)^2 dt}}{\frac{1}{T}\int\limits_0^T \left|\hat{i}\cdot\sin(\omega t)\right| dt} = \frac{\frac{\hat{i}}{\sqrt{2}}}{\frac{2\cdot\hat{i}}{\pi}} = \frac{\pi}{2\cdot\sqrt{2}} = \underline{1{,}1107}$$

Der Formfaktor eines rein sinusförmigen Wechselsignals beträgt ca. 1,11.

17. Die Wechselgröße wird gleichgerichtet und der Mittelwert der gleichgerichteten Größe wird mit einem Dual-Slope-ADU digitalisiert. Der so gemessene Gleichrichtwert wird mit dem Formfaktor 1,11 multipliziert.

Weil dieser Formfaktor für eine sinusförmige Wechselgröße gilt, können Messabweichungen im zweistelligen Prozentbereich auftreten, wenn die Form des Messsignals vom Sinus abweicht. Nichtsinusförmige Spannungen und Ströme sollten deshalb mit True-RMS-Geräten gemessen werden.

18. Die Durchlassspannung der Dioden, die etwa 0,7 V (abhängig vom Strom) beträgt, würde das Messergebnis verfälschen. Der Messwert wäre zu niedrig. Spannungen, die kleiner als die Durchlassspannung sind, könnten gar nicht gemessen werden. In Multimetern kommen deshalb Präzisionsgleichrichter zum Einsatz, in denen ein rückgekoppelter OPV die Durchlassspannung auf nahezu 0 V reduziert.

19. a) Der Gleichrichtwert beträgt 5 V. Dieser Wert wird mit dem Formfaktor 1,11 multipliziert, so dass der Wert 5,55 V zur Anzeige kommt. Der wahre Effektivwert beträgt natürlich 5 V, da es letztendlich für den Leistungsumsatz in einem ohmschen Widerstand egal ist, ob die Spannung − 5 V oder + 5 V beträgt. Die systematische Abweichung vom wahren Wert beträgt 11 %! Das Gerät ist eben nur für die Messung sinusförmiger Größen vorgesehen, was von seriösen Herstellern auch in den Bedienanleitungen vermerkt wird!

b) Der Gleichrichtwert beträgt 8 V, so dass der Wert 8,88 V zur Anzeige kommt. Der Effektivwert berechnet sich wie folgt:

$$U_\mathrm{eff} = \sqrt{\frac{1}{T}\int\limits_0^T U(t)^2\,dt} = \sqrt{\frac{1}{T}\left(\int\limits_0^{T/2} (16\,\mathrm{V})^2\,dt + \int\limits_{T/2}^{T} (0\,\mathrm{V})^2\,dt\right)} = \sqrt{\frac{1}{T}\frac{T}{2}(16\,\mathrm{V})^2 + 0} = \frac{16\,\mathrm{V}}{\sqrt{2}} = \underline{11{,}3\,\mathrm{V}}$$

Die systematische Abweichung vom wahren Wert beträgt −22 %!

20. Diese verfügen über einen schnellen ADU. Dieser wandelt das Messsignal $u(t)$ in eine schnelle Folge von Digitalwerten um. Diese werden gemäß den englischsprachigen Begriffen quadriert (Square), gemittelt (Mean) und radiziert (Root):

$$U_\mathrm{eff} = \sqrt{\frac{1}{N}\int\limits_1^N u_i^2}$$

Der quadratische Mittelwert (Wurzel aus dem Mittelwert der Quadrate) wird gemessen.

Ein Gleichrichter wird nicht benötigt. Die Multiplikation mit einem Formfaktor ist nicht erforderlich. Der Effektivwert kann unabhängig von der Signalform gemessen werden.

Immer dann, wenn der Verlauf der Wechselgröße von der Sinusform abweicht, ist die Verwendung dieser hochwertigen Geräte angezeigt.

Moderne Digital-Oszilloskope verwenden ebenfalls die oben angegebene Formel, um den Effektivwert zu berechnen.

21. Der Effektivwert ist (nicht der arithmetische, sondern) der quadratische Mittelwert:

$$U_{\mathrm{eff}} = \sqrt{\frac{1}{T}\int_0^T U(t)^2\,dt} = \sqrt{\frac{1}{T}\left(\int_0^{T/2} (1\,\mathrm{V})^2\,dt + \int_{T/2}^{T} (0\,\mathrm{V})^2\,dt\right)} = \sqrt{\frac{1}{T}\frac{T}{2}(1\,\mathrm{V})^2 + 0} = \frac{1\,\mathrm{V}}{\sqrt{2}} = \underline{0{,}707\,\mathrm{V}}$$

Dass im Beispiel der Effektivwert gerade dem 0,707-fachen des Spitzenwertes entspricht (wie beim reinen Sinussignal) ist Zufall! Sobald das Tastverhältnis von 0,5 abweicht, ändert sich natürlich auch der Effektivwert.

22. Aus den Angaben ist leicht zu erkennen, dass das Tastverhältnis 0,5 beträgt, d.h. die Spannung beträgt in der Hälfte der Zeit 5 V und in der verbleibenden Hälfte 0 V. Die vom Widerstand umgesetzte Momentanleistung bei einer Spannung von 5 V beträgt:

$$P = \frac{U^2}{R} = 25\,\mathrm{W}$$

Da die Spannung nur in der Hälfte der Zeit 5 V beträgt, muss gerechnet werden:

$$W = P \cdot t = 25\,\mathrm{W} \cdot 0{,}5 \cdot 60\,\mathrm{s} = \underline{750\,\mathrm{J}}$$

Die über der Zeit gemittelte Leistung beträgt 12,5 W.

Wenn man zunächst den Effektivwert der Spannung berechnet ($U_{eff} = 3{,}536$ V), quadriert und durch den Widerstand dividiert, kommt man auf dasselbe Ergebnis.

23. Der Gleichwert ist identisch mit dem arithmetischen Mittelwert der Spannung:

$$\overline{U} = \frac{1}{T}\int_0^T u(t)\,dt = \frac{1\,\mathrm{V} - 1\,\mathrm{V} + 1\,\mathrm{V} - 1\,\mathrm{V}}{4} = \underline{0\,\mathrm{V}}$$

Der Gleichrichtwert entspricht dem Mittel der gleichgerichteten Spannung:

$$U_{\mathrm{GRW}} = \frac{1}{T}\int_0^T |u(t)|\,dt = \frac{1\,\mathrm{V} + 1\,\mathrm{V} + 1\,\mathrm{V} + 1\,\mathrm{V}}{4} = \underline{1\,\mathrm{V}}$$

Der Effektivwert ist der quadratische Mittelwert:

$$U_{\text{eff}} = \sqrt{\frac{1}{T}\int_0^T u(t)^2\,dt} = \sqrt{\frac{1\,\text{V}^2(-1\,\text{V})^2 + 1\,\text{V}^2(-1\,\text{V})^2}{4}} = \underline{1\,\text{V}}$$

24. Ist der Gleichwert verschieden von 0 V, handelt es sich um eine Wechselspannung mit einem Gleichspannungsanteil. Eine solche Spannung wird auch als Mischspannung bezeichnet.

25. Am Widerstand liegt eine Spannung mit dem Effektivwert von 5 V an. Die Leistung berechnet sich zu:

$$P = \frac{U^2}{R} = \frac{(10\,\text{V})^2}{2\,\Omega} = \underline{50\,\text{W}}$$

26. Der Gleichrichtwert entspricht in diesem Fall dem Mittelwert, weil die Spannung zu jeder Zeit positiv ist:

$$U_{\text{GRW}} = \frac{1}{T}\int_0^T |u(t)|\,dt = \frac{1}{T}\int_0^T u(t)\,dt = \frac{1\,\text{V} + 1\,\text{V} + 1\,\text{V} + 2\,\text{V}}{4} = \underline{1250\,\text{mV}}$$

Der Effektivwert ist der quadratische Mittelwert:

$$U_{\text{eff}} = \sqrt{\frac{1}{T}\int_0^T u(t)^2\,dt} = \sqrt{\frac{1\,\text{V}^2 + 1\,\text{V}^2 + 1\,\text{V}^2 + (2\,\text{V})^2}{4}} = \underline{1323\,\text{mV}}$$

Ein Aufsplitten der Funktion u(t) in zwei stetige Einzelfunktionen (0 bis 3 s und 3 bis 4 s) mit anschließender Integration liefert dieselben Ergebnisse.

27. Sind die Werte gleich groß, werden beide Ströme beim Fluss durch einen Widerstand diesen gleich stark erwärmen.

28. RMS (groß- oder kleingeschrieben) steht für die Worte Root, Mean, Square bzw. für Effektivwert. Um diesen zu messen, gibt es zum einen die Möglichkeit, den Gleichrichtwert zu messen und diesen mit einem Formfaktor zu multiplizieren (bei analogen Anzeigen ist dieser in der Skaleneinteilung enthalten). Da Wechselgrößen oft sinusförmig sind, ist der Formfaktor für sinusförmige Signale fest eingestellt, worauf der Zusatz (sinus) hinweist. Der Effektivwert wird also nicht wirklich gemessen, sondern der Gleichrichtwert, der dann mit dem Faktor 1,11 multipliziert wird.

    Die andere Möglichkeit besteht darin, den Effektivwert aus vielen Einzelwerten zu berechnen. Es wird dabei die Wurzel aus dem Mittelwert der Quadrate dieser Einzelwerte gebildet. Das Ergebnis wird gern „wahrer Effektivwert" genannt, weil es auch dann „true" ist, wenn das Signal von der Sinusform abweicht.

    Ob der Begriff „true rms" sinnvoll ist, sei dahingestellt. Da dieser von den Geräteherstellern verwendet wird, muss der Messtechniker die Bedeutung jedoch kennen.

29. Da mit dem Formfaktor 1,111 aus dem Gleichrichtwert der Effektivwert und mit dem Scheitelfaktor 1,414 aus dem Effektivwert der Scheitelwert berechnet werden kann, beträgt der Quotient aus Scheitelwert und Gleichrichtwert 1,571.

30. Scheitelwert, Effektivwert und Gleichrichtwert dieser Spannung betragen 2 V

    Deshalb gilt für diese Signalform: Formfaktor = Scheitelfaktor = 1.

31. Um den Scheitelwert zu berechnen, muss der Gleichrichtwert mit dem Formfaktor multipliziert werden, was zunächst den Effektivwert ergibt, der dann wiederum mit dem Scheitelwert multipliziert werden kann:

    $$\widehat{U} = U_{\mathrm{GRW}} \cdot k_{\mathrm{f}} \cdot k_{\mathrm{s}} = 360\ \mathrm{V} \cdot 1{,}111 \cdot \sqrt{2} = \underline{566\ \mathrm{V}}$$

32. Beide Geräte zeigen einen Messwert an, der das 1,11-fache des Gleichrichtwertes beträgt. Der Effektivwert ist bei dieser Signalform jedoch identisch mit dem Gleichrichtwert. Der angezeigte Wert ist daher mit dem Kehrwert des Formfaktors zu multiplizieren *(bzw. durch den Formfaktor zu dividieren)*, um den systematischen Fehler zu korrigieren.

33. Die Signalfrequenz ergibt sich aus dem Kehrwert der Periode:

    $$f = \frac{1}{T} = \frac{1}{0{,}2\,\mu\mathrm{s}} = \underline{5\ \mathrm{MHz}}$$

    Die Kreisfrequenz wird in der Einheit s^{-1} angegeben, wodurch diese von der Frequenz unterschieden werden kann:

    $$\omega = \frac{2\pi}{T} = \frac{2\pi}{0{,}2\,\mu\mathrm{s}} = \underline{31{,}4 \cdot 10^{6}\ \mathrm{s}^{-1}}$$

34. Die Fehlerklasse ist immer in Prozent angegeben, obwohl das Prozentzeichen im Allgemeinen nicht mit angegeben wird. Die Fehlerklasse bezieht sich immer auf den Messbereich:

    $$u = 1\,\% \cdot 10\ \mathrm{A} = \underline{100\ \mathrm{mA}}$$

    Das vollständige Messergebnis lautet:

    $$I = \underline{(2{,}3 \pm 0{,}1)\ \mathrm{A}}$$

    Es wäre nicht klug, auch die zweite Nachkommastelle anzugeben, da bereits die erste Nachkommastelle eine Unsicherheit von 1 aufweist. Der wahre Wert liegt im Bereich von 2,2 A und 2,4 A.

    Laut GUM soll das vollständige Messergebnis auch eine Angabe über die Wahrscheinlichkeit beinhalten, mit der die Unsicherheit eingehalten wird. In vielen praktischen Fällen, wie in diesem Beispiel, ist die Wahrscheinlichkeit leider nur schwer abzuschätzen. Ist das Gerät neu oder neu justiert und stammt von einem renommierten Hersteller, dürfte die Wahrscheinlichkeit um 95 % liegen.

35. Fehlergrenzen geben Maximalbeträge für Messabweichungen an. Diese können u. a. mit Hilfe der Fehlerklasse berechnet werden. Da viele Hersteller für deren Einhaltung garantieren (jedoch nicht haften!) spricht man oft von Garantiefehlergrenzen. *Die Voraussetzung für die Einhaltung der Fehlergrenze ist natürlich, dass die Nennbedingungen bei der Verwendung des Messgerätes eingehalten werden. Stellt sich innerhalb des Gewährleistungszeitraums (bei vielen Herstellern 3 Jahre) heraus, dass Messergebnisse eines Geräts die Fehlergrenzen überschreiten, ist eine Reklamation möglich. Oft genügt eine Rejustage.*

36. Das Kürzel v. Mw. bedeutet vom Messwert. Ein Digit entspricht bei drei Nachkommastellen einer Wertigkeit von 0,001 V. Damit ergibt sich:

$$u = 0{,}05\,\% \cdot 4\text{ V} + 2 \cdot 0{,}001\text{ V} = \underline{4\text{ mV}}$$

Das vollständige Messergebnis lautet:

$$U = \underline{(4{,}000 \pm 0{,}004)\text{ V}}$$

Die relative Unsicherheit ergibt sich aus absoluter Unsicherheit dividiert durch den Messwert:

$$\delta = \frac{4\text{ mV}}{4\text{ V}} = 10^{-3} = \underline{0{,}1\,\%}$$

37. Der Vorwiderstand muss laut Spannungsteilerregel 80 kΩ betragen. Bei einer Eingangsspannung von 50 V fallen dann 40 V am Vorwiderstand und 10 V am ADU ab. Der Eingangswiderstand der Anordnung beträgt dann 100 kΩ.

Die Leistung beträgt im ungünstigsten Fall (Gesamtspannung = 50 V):

$$P = \frac{U^2}{R} = \frac{(40\text{ V})^2}{80\text{ k}\Omega} = \underline{20\,\mu\text{W}}$$

Die maximale Verlustleistung des Vorwiderstands sollte jedoch größer sein, um die Erwärmung zu begrenzen.

Hat der Vorwiderstand eine Toleranz von einem Prozent, kann dessen Wert 1 % vom Nennwert abweichen. Bei einem Widerstandswert von 80,8 kΩ (entspricht +1 %) wird ein multiplikativer Fehler verursacht, weil alle Messwerte um fast −1 % (bezogen auf den aktuellen Messwert) zu klein sein werden.

Diese Abweichung ist systematischer Natur, da man davon ausgehen kann, dass der Widerstand zeitlich stabil ist und sich aufgrund der geringen Verlustleistung (max. 20 μW) nur unmerklich erwärmt. Stellt man durch Messung mit einem hochwertigen Ohmmeter den tatsächlichen Wert des Vorwiderstands fest, kann man alle Messergebnisse mit einem Faktor multiplizieren und den systematischen Fehler auf diese Weise kompensieren. Natürlich verbleibt wiederum ein Restfehler infolge der Unsicherheit der Widerstandsmessung mit dem Ohmmeter.

38. Da gilt, R ist gleich U durch I, hat dieser Strom-Spannungs-Wandler eine Empfindlichkeit von 50 Ω (= Anstieg der statischen Kennlinie). Die Kennlinie ist linear und geht durch den Ursprung des Koordinatensystems, wie im Diagramm gezeigt.

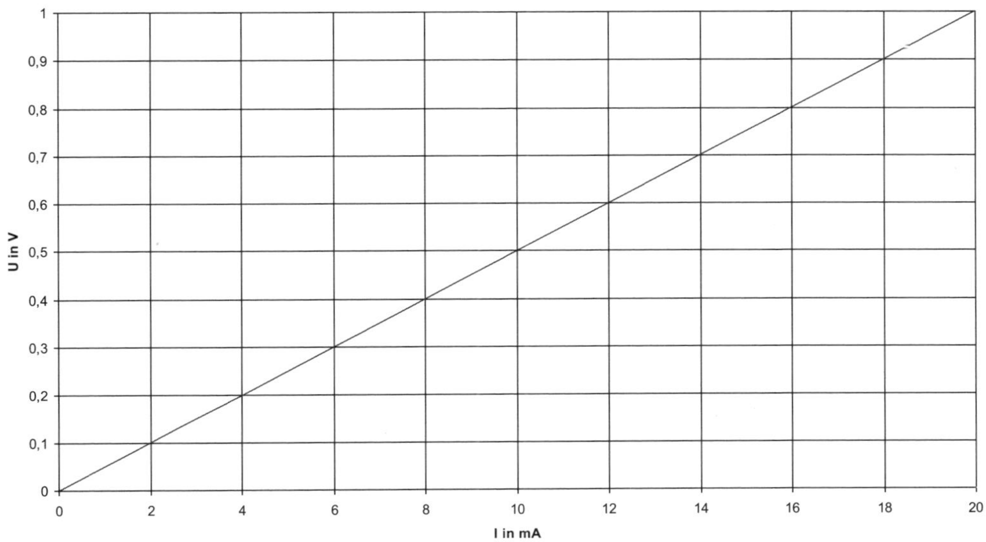

Bild 14.43 Statische Kennlinie

Der TK des Nullpunkts ist gleich 0, denn der Nullpunkt verschiebt sich auch bei Änderung der Temperatur nicht. Der TK der Empfindlichkeit ist mit dem des Widerstands identisch, wobei dieser in % je 10 K angegeben werden sollte: 0,1 % je 10 K. Denn nur selten bleibt die Umgebungstemperatur auf 1 K stabil. Hinzu kommt der Umstand, dass bei einem Strom von 20 mA eine Leistung von 20 mW umgesetzt wird. Das führt zumindest bei sehr kleinen Bauformen zur Erwärmung. *Widerstandsänderungen würden systematische multiplikative Messabweichungen verursachen.*

39. Ein Trigger ist ein Auslöser. Der Trigger „beobachtet" mindestens einen Signalparameter (z. B. Momentanwert) und vergleicht diesen mit einer Bedingung (Triggerbedingung). Ist die Bedingung erfüllt, erzeugt der Trigger ein Ausgangssignal (z. B. Impuls) und löst einen Vorgang in der Folgebaugruppe aus. *Ein Beispiel für einen Trigger ist der Schwellwertschalter (Komparator). Wird der Vergleich von einer Software durchgeführt, spricht man von einem Softwaretrigger. Der Vorteil eines Softwaretriggers liegt darin, dass Kombinationen mehrerer Bedingungen leicht realisierbar sind.*

40. Das Messsignal muss immer ab ein und derselben Phasenlage dargestellt werden, damit ein stehendes Bild entstehen kann. Die Triggerbedingung kann z. B. lauten: Grenzwert 0 V bei steigender Spannung. Nachdem das Messsignal bis zum rechten Rand des Monitors dargestellt wurde, wird der Trigger beim nächsten Nulldurchgang (eine Bedingung) und ansteigender Messspannung (weitere Bedingung) die erneute Darstellung auslösen. *Getriggert wird immer auf ein Messsignal, auch wenn vier Signale (4-Kanal-Oszilloskop) gleichzeitig dargestellt werden.*

41. Es wird die Sägezahnspannung mit der Messspannung synchronisiert. Der Trigger sorgt für die Synchronisation, indem er, sobald die Triggerbedingung erfüllt ist, dem Sägezahngenerator meldet, dass dieser jetzt seine Ausgangsspannung ansteigen lassen soll.
42. Der Schaltplan zeigt einen Integrator.

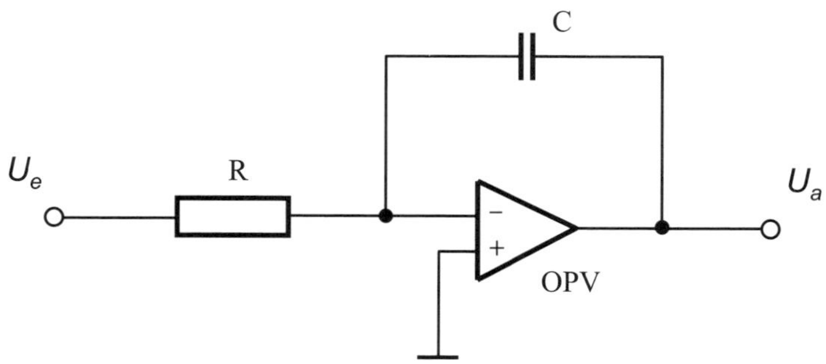

Bild 14.44 Integrator

Die Abhängigkeit der Ausgangsspannung von der Eingangsspannung wird durch das Integral über der Zeit beschrieben:

$$U_a(t) = -\frac{1}{RC}\int U_e \, dt$$

Bei konstanter Eingangsspannung verändert sich die Ausgangsspannung mit konstanter Geschwindigkeit.

43. Das Blockschaltbild zeigt den prinzipiellen Aufbau eines analogen Oszilloskops.

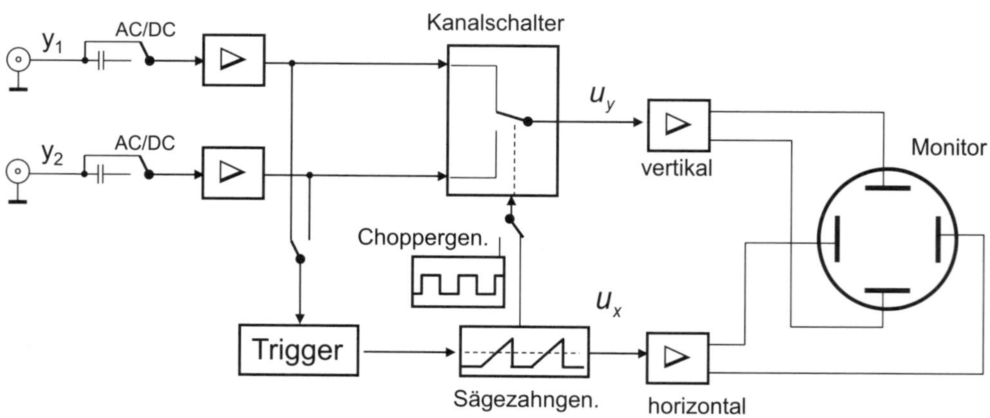

Bild 14.45 2-Kanal-Oszilloskop (analog)

44. Die Frequenz ist mit einem Digital-Oszilloskop um Größenordnungen genauer messbar als mit einem Analog-Oszilloskop. Als Zeitgeber dient im Oszilloskop ein Quarz-Generator ($u \approx 10^{-6}$). Damit steht eine sehr präzise Zeitbasis zur Verfügung. Der Vorteil des hochgenauen Zeitmaßstabs kommt jedoch nur beim Digital-Oszilloskop zur Geltung. Infolge der analogen Darstellung des Signals beim Analog-Oszilloskop sind Ablesefehler um 1 % unvermeidbar. Diese Ablesefehler gibt es naturgemäß beim Digital-Oszilloskop nicht, da Frequenz bzw. Periodendauer digital anzeigt werden kann.

45. Das Blockschaltbild zeigt den Aufbau eines digitalen 2-Kanal-Oszilloskops.

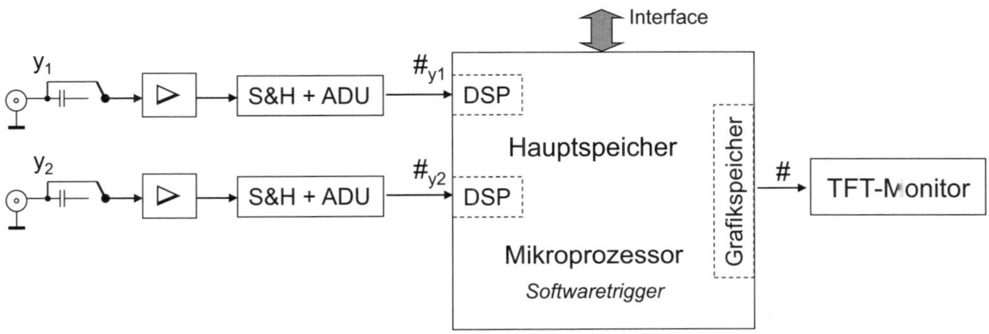

Bild 14.46 2-Kanal-Oszilloskop (digital)

Moderne Digital-Oszilloskope haben meist 4 oder 8 Kanäle.

46. Völlig normal sind Abweichungen von 1 % und darüber. Eine Ursache liegt in der Verwendung sehr schneller ADUs, die oft nur eine Auflösung von 8 bit besitzen, woraus sich bereits ein Quantisierungsfehler von 0,4 % ergibt. Hinzu kommen weitere Abweichungen durch die Imperfektionen der Kennlinien von ADUs und vorgeschalteten analogen Baugruppen. Grundsätzlich wäre es denkbar, genauere Geräte anzubieten. Jedoch erwartet und benötigt der Anwender im Allgemeinen keine höhere Genauigkeit.

47. Diese Taste dient dazu, den Gleichspannungsanteil abzublocken. Das geschieht, indem ein Hochpass seriell zugeschaltet wird. Diese Funktion ist nützlich, wenn z. B. eine Gleichspannung von einer winzigen Wechselspannung überlagert wird. Lässt man den Gleichanteil erst gar nicht „rein", kann man die Empfindlichkeit des Oszilloskops an die kleine Amplitude der Wechselspannung anpassen. Eine viel bessere Auswertung ist dann möglich.

48. Das Oszilloskop ist in der Lage, 100 Mio. Proben vom Signal je Sekunde zu nehmen, in Digitalwerte zu wandeln und darzustellen. Diese 100 MHz sind nicht mit der Grenzfrequenz identisch! Denn laut Abtasttheorem muss die Abtastrate mehr als doppelt so groß sein wie die höchste im Messsignal enthaltene Frequenz. Die Grenzfrequenz dieses Oszilloskops ist damit geringer als 50 MHz. Wie groß diese tatsächlich ist, hängt von der Schnelligkeit der analogen Baugruppen ab.

49. Im Rechtecksignal sind sehr hohe Frequenzen enthalten, was aus der harmonischen Analyse bekannt ist. Man sollte deshalb das Gerät mit der Bandbreite von 100 MHz benutzen. Mit diesem sind die steilen Flanken des Signals am besten messbar.

50. Die Heizung dient der Erwärmung der Kathode. Wird diese zum Glühen gebracht, bewegen sich die Elektronen so schnell, dass diese die Kathode verlassen können. Dieser Vorgang heißt Glühemission.

Um die austretenden Elektronen in Richtung der Anode (Pluspol) zu beschleunigen, bedarf es eines kräftigen elektrischen Feldes. An die Anode werden einige kV angelegt. Je größer die Spannung, desto größer ist die Geschwindigkeit, mit der die Elektronen auf dem Schirm aufschlagen und diesen zum Leuchten bringen. *Der Aufkleber „Vor Öffnen des Geräts Netzstecker ziehen!" hat also gute Gründe.*

51. Das Diagramm zeigt neben der idealen Kennlinie auch die beiden gerade noch zulässigen.

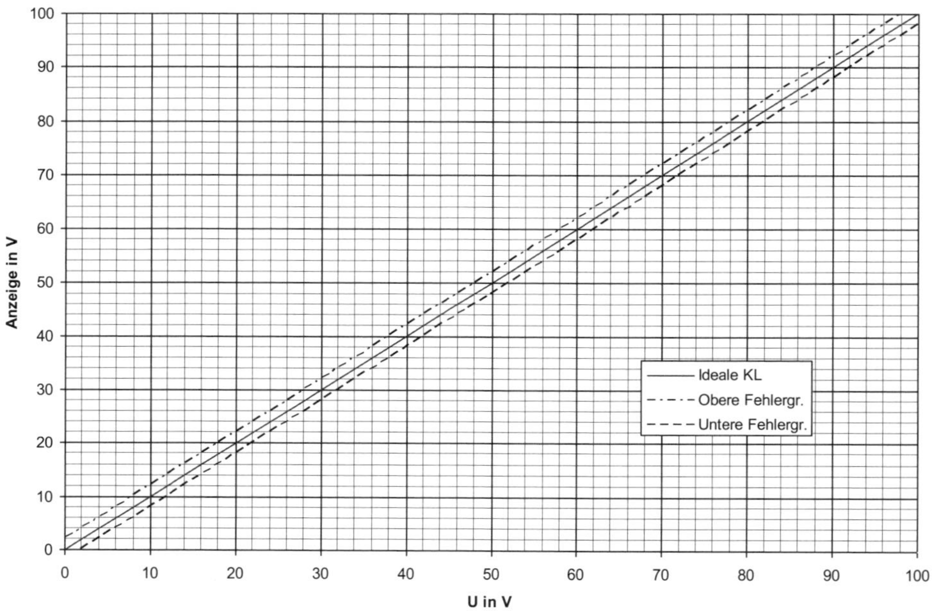

Bild 14.47 Kennlinien eines Voltmeters der Fehlerklasse 2

Aus der Definition der Fehlerklasse ergibt sich, dass die zulässige Abweichung unabhängig vom Messwert ist.

52. Die Leistung ergibt sich aus dem Produkt von Spannung und Stromstärke:

$$P = U \cdot I = 4\ \text{V} \cdot 2\ \text{mA} = \underline{8\ \text{mW}}$$

Wendet man das Totale Differential auf die Berechnungsgleichung der Leistung an, erhält man:

$$\Delta P = U \cdot \Delta I + I \cdot \Delta U = 4\ \text{V} \cdot 3\ \mu\text{A} + 2\ \text{mA} \cdot 5\ \text{mV} = \underline{22\ \mu\text{W}}$$

53. Zur Beantwortung sollen die Zahlenwerte der vorangegangenen Aufgabe dienen. Alternativ zum Totalen Differential kann wie folgt vorgegangen werden. Das Messergebnis wird aus den Extremwerten berechnet:

$$P_{max} = U_{max} \cdot I_{max} = 4{,}005\ \text{V} \cdot 2{,}003\ \text{mA} = \underline{8{,}022015\ \text{mW}}$$

Bildet man die Differenz aus Pmax und P ergibt sich 22,015 µW. Diese Abweichung kann tatsächlich auftreten. Sie ist um 0,015 µW größer als die mit dem Totalen Differential berechnete. Der Unterschied beträgt nicht einmal 0,1 % aufgrund der geringen Unsicherheiten der Messwerte für Strom und Spannung. Die Abweichung kann vernachlässigt werden.

Jetzt wollen wir 100-mal größere Unsicherheiten annehmen: $\Delta U = 500$ mV und $\Delta I = 300$ µA.

Das Totale Differential ergibt jetzt wie zu erwarten:

$$\Delta P = U \cdot \Delta I + I \cdot \Delta U = 4\ \text{V} \cdot 300\ \mu\text{A} + 2\ \text{mA} \cdot 500\,\text{mV} = \underline{2{,}2\ \text{mW}}$$

Alternativ wird die Leistung nun wieder aus den Extremwerten berechnet:

$$P_{max} = U_{max} \cdot I_{max} = 4{,}5\ \text{V} \cdot 2{,}3\ \text{mA} = \underline{10{,}35\ \text{mW}}$$

Die Differenz zu 8 mW beträgt nun 2,35 mW. Diese Abweichung kann tatsächlich auftreten und ist um 0,15 mW größer als die mit dem Totalen Differential berechnete Unsicherheit, was immerhin 7 % entspricht. Bei großen Unsicherheiten der Einzelwerte liefert das Totale Differential signifikant zu kleine Werte.

54. Aus dem Ohmschen Gesetz folgt:

$$R = \frac{U}{I} = \frac{5\ \text{mV}}{2{,}5\ \text{mA}} = \underline{2\,\Omega}$$

Nach der Bildung des Totalen Differentials sind die Terme pythagoreisch zu addieren:

$$\Delta R = \sqrt{\left(\frac{1}{I} \cdot \Delta U\right)^2 + \left(-\frac{U}{I^2} \cdot \Delta I\right)^2} = \sqrt{\left(\frac{1}{2{,}5\text{mA}} \cdot 6\mu\text{V}\right)^2 + \left(-\frac{5\text{mV}}{(2{,}5\text{mA})^2} \cdot 5\mu\text{A}\right)^2}$$

$$\Delta R = \sqrt{(2{,}4\,\text{m}\Omega)^2 + (-4\,\text{m}\Omega)^2} = \underline{4{,}7\ \text{m}\Omega}$$

Die im Mittel zu erwartende Abweichung beträgt 4,7 mΩ.

Es fällt auf, dass bei der pythagoreischen Addition der kleinere Fehleranteil von 2,4 mΩ kaum zur Gesamtunsicherheit beiträgt.

Bei einfacher Addition der beiden Einzelfehler erhält man den größeren Wert von 6,4 mΩ.

55. Das Schaltbild zeigt den Aufbau eines Abtast-Halte-Gliedes.

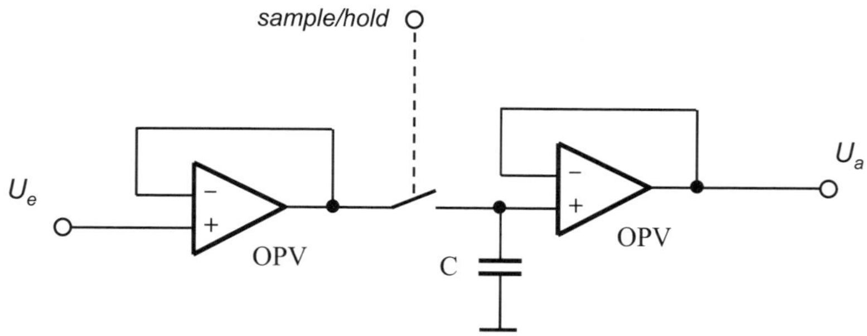

Bild 14.48 Abtast-Halte-Glied

Ein Abtast-Halte-Glied ist ein Momentanwertspeicher. Dieser hat zwei Zustände. Im Abtastzustand (*sample*) ist der Schalter (meist ein elektronischer) geschlossen, so dass der Kondensator die Spannung führt, die auch am Eingang anliegt. Eine Probe (engl.: *sample*) wird aus dem Signal entnommen. Nach Öffnen des Schalters befindet sich das Abtast-Halte-Glied im Haltezustand (*hold*). Die Eingangsspannung wird vom Kondensator gehalten und am OPV-Ausgang zur Verfügung gestellt.

56. Die beiden OPVs dienen als Impedanzwandler: großer Eingangswiderstand, geringer Ausgangswiderstand. Weder die Signalquelle noch der Kondensator dürfen durch niedrige Widerstände belastet werden.

57. Das Stromsignal ist störfester als das Spannungssignal.

    Ein Kabelbruch ist leicht erkennbar, denn Ströme von 0 mA liegen außerhalb des Bereichs.

    Für den Anschluss der Geräte sind zwei Drähte ausreichend (2-Leiter-Technik).

58. 2-Leiter-Technik ist realisierbar, wenn das Messgerät einen 4/20 mA-Ausgang und einen Strombedarf von weniger als 4 mA hat. Durch das Gerät fließt immer ein Strom von 4 mA (wenn die Messgröße den Wert 0 hat) oder mehr. Das Messgerät nutzt diesen Strom und die Spannung an den beiden Anschlüssen, um sich mit elektrischer Leistung zu versorgen (Low-Power-Technik).

59. Die Unsicherheit entspricht dem Produkt aus Fehlerklasse und Messbereich. Zu beachten ist, dass die Klasse immer in Prozent angegeben wird, auch wenn die Einheit nicht geschrieben steht.

$$\Delta U_{\text{G1}} = 60\ \text{V} \cdot 0{,}5\,\% = \underline{0{,}3\ \text{V}}$$

$$\Delta U_{\text{G2}} = 250\ \text{V} \cdot 0{,}2\,\% = \underline{0{,}5\ \text{V}}$$

Obwohl Gerät 2 einen größeren Messbereich hat, kann man mit diesem genauer messen.

$$\delta = \frac{\Delta U_{\text{G2}}}{U} = \frac{250\ \text{V} \cdot 0{,}2\,\%}{40\ \text{V}} = \underline{1{,}25\,\%}$$

Die relative Messunsicherheit ist um ein Vielfaches größer als die Genauigkeitsklasse des zweiten Geräts. Der Messbereich wird ja kaum zu einem Sechstel ausgenutzt.

60. Ideal wäre ein Widerstandswert von unendlich. In das Spannungsmessgerät soll ja kein Strom fließen, denn dieser kann das Messobjekt (Spannungsabfälle in einer hochohmigen elektronischen Schaltung) und somit das Messergebnis beeinflussen. *Natürlich gibt es auch Messobjekte (230 V-Steckdose, Autobatterie), die aufgrund ihres niedrigen Innenwiderstands unempfindlich sind.*

61. Stromrichtige Schaltung bedeutet, dass das Voltmeter nicht direkt an den Widerstand angeschlossen ist, sondern den Spannungsabfall über Widerstand und Amperemeter misst. Die systematische Messabweichung ist deshalb das Produkt aus Innenwiderstand des Amperemeters und Stromfluss durch dieses:

$$\Delta U = 30\ \text{m}\Omega \cdot 1\ \text{A} = \underline{30\ \text{mV}}$$

Sowohl die absolute als auch die relative Abweichung haben ein positives Vorzeichen.

$$\delta = \frac{\Delta U}{U} = \frac{30\ \text{m}\Omega \cdot 1\ \text{A}}{5\ \text{V}} = \underline{0{,}6\ \%}$$

Mit der stromrichtigen Schaltung wird die Spannung um 0,03 V bzw. 0,6 % zu groß gemessen.

62. Das kann mit einem Vorwiderstand geschehen, der in Reihe zum Voltmeter geschaltet wird.

    Es kann alternativ ein Spannungsteiler vor das Voltmeter geschaltet werden.

    Handelt es sich um eine Wechselspannung kann auch ein Spannungswandler (Spannungstransformator) benutzt werden. *Spannungswandler werden bei sehr großen Wechselspannungen generell verwendet. Sie bieten einen guten Schutz vor großen Berührungsspannungen.*

63. Das kann mit einem Shunt erreicht werden. Dieser wird parallel zum Innenwiderstand des Amperemeters geschaltet.

    In Elektroenergieversorgungsanlagen werden oft Stromwandler eingesetzt. Sie transformieren große Wechselströme auf den Eingangsbereich des Amperemeters herunter.

64. Ein Vorwiderstand soll zur Messbereichserweiterung des Voltmeters dienen. Das Spannungsverhältnis in der Reihenschaltung aus Vorwiderstand und Innenwiderstand des Voltmeters kann mit der Spannungsteilerregel beschrieben werden:

$$\frac{U_{\text{ges}}}{U_{\text{m}}} = \frac{R_{\text{V}} + R_{\text{I}}}{R_{\text{I}}}$$

Die Umstellung nach dem Vorwiderstand ergibt:

$$R_{\text{V}} = R_{\text{I}} \left(\frac{U_{\text{ges}}}{U_{\text{m}}} - 1 \right) = 100\ \text{k}\Omega \cdot \left(\frac{100\ \text{V}}{20\ \text{V}} - 1 \right) = \underline{400\ \text{k}\Omega}$$

Die im ungünstigsten Fall im Vorwiderstand umgesetzte Leistung berechnet sich zu:

$$P = \frac{U^2}{R_V} = \frac{(80\ \text{V})^2}{400\ \text{k}\Omega} = \underline{16\ \text{mW}}$$

An die maximale Verlustleistung des Vorwiderstands werden somit keine hohen Ansprüche gestellt.

65. Die Abbildung zeigt den Schaltplan.

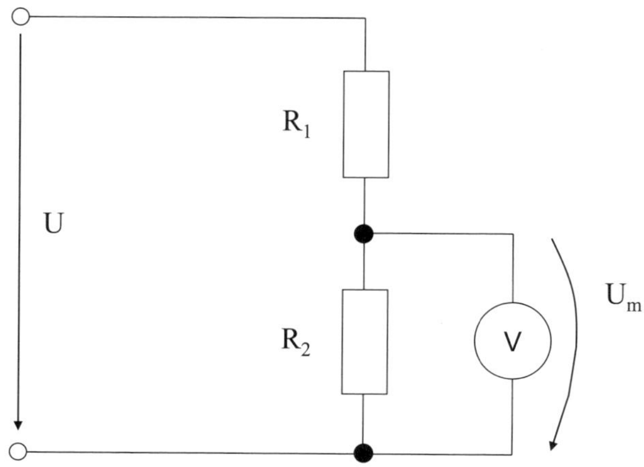

Bild 14.49
Schaltplan zur Messbereichserweiterung

Der vorgeschaltete Spannungsteiler teilt die Spannung im Verhältnis 10 zu 1. In erster Näherung gilt also, dass die Spannung 80 V beträgt. Es muss jedoch Beachtung finden, dass das Voltmeter mit seinem Widerstand R_V den Spannungsteiler belastet. Die Spannungsteilerregel des Gesamtsystems lautet:

$$\frac{U}{U_m} = \frac{R_1 + \frac{R_2 \cdot R_V}{R_2 + R_V}}{\frac{R_2 \cdot R_V}{R_2 + R_V}}$$

Aus dieser folgt:

$$U = \frac{R_1 + \frac{R_2 \cdot R_V}{R_2 + R_V}}{\frac{R_2 \cdot R_V}{R_2 + R_V}} \cdot U_m = \frac{90 + \frac{10 \cdot 200}{10 + 200}}{\frac{10 \cdot 200}{10 + 200}} \cdot 8\ \text{V} = \underline{83{,}6\ \text{V}}$$

Die Spannung U beträgt tatsächlich 83,6 V.

Infolge des Innenwiderstands des Spannungsteilers gilt das Verhältnis von 10 zu 1 nicht exakt. Man könnte (nicht ganz vollständig) sagen, infolge des Innenwiderstands des Voltmeters entsteht eine systematische Abweichung. Allgemein ausgedrückt, liegt die Ursache für die Abweichung darin, dass die Glieder der Messkette nicht rückwirkungsfrei verbunden sind. Kleinere Widerstände R_1 und R_2 würden den Effekt vermindern. Jedoch könnte aber von einem niederohmigeren Spannungsteiler die Quelle beeinflusst werden.

66. Ein Amperemeter sollte einen Innenwiderstand von 0 Ω haben. Dadurch wird vermieden, dass die Messgröße einen Spannungsabfall am Messgerät erzeugt. Dieser würde seinerseits den Stromfluss beeinflussen. Reale Amperemeter verursachen durch die Reihenschaltung also immer einen kleinen Spannungsabfall und damit eine (wenn auch winzige) Verminderung des Stromes.

67. Günstig ist ein Stromverhältnis von 1 zu 10. Denn wenn der zu messende Strom 100 A beträgt, fließen 10 A durch das Amperemeter. Der Vorteil liegt darin, dass auch nach Messbereichserweiterung eine ziffernrichtige Ablesung möglich ist. Das Komma ist lediglich gedanklich um eine Stelle nach rechts zu verschieben, wenn anstelle von 100 A genau 10 A angezeigt werden. Wenn nun 10 A durch das Amperemeter fließen, müssen 90 A durch den Shunt fließen. Aufgrund der Parallelschaltung von Amperemeter und Shunt ist die Spannung an beiden gleich groß. Deshalb kann man schreiben:

$$R_{Sh} \cdot I_{Sh} = R_A \cdot I_A$$

Die Umstellung ergibt:

$$R_{Sh} = R_A \cdot \frac{I_A}{I_{Sh}} = 30\ \text{m}\Omega \cdot \frac{10\text{A}}{90\text{A}} = \underline{3{,}33\ \text{m}\Omega}$$

Wendet man die Stromteilerregel an, kommt man natürlich zum selben Ergebnis.

Jede Abweichung vom berechneten Wert 3,33 mΩ hat einen systematischen Messfehler zur Folge. Bei der Auswahl des Bauelements ist also auf geringe Toleranz aber auch auf die Verlustleistung zu achten.

$$P = I_{Sh}^2 \cdot R_{Sh} = (90\text{A})^2 \cdot 3{,}33\ \text{m}\Omega = 27\ \text{W}$$

Bei einer Verlustleistung in dieser Größenordnung muss mit Erwärmung gerechnet werden (es sei denn, man nimmt eine starke Überdimensionierung vor). Deshalb sollte der Shunt einen niedrigen Temperaturkoeffizienten aufweisen.

68. Der Hall-Effekt besteht darin, dass in einem stromdurchflossenen ebenen Leiter, auf den senkrecht zur Ebene ein Magnetfeld wirkt, die Ladungsträger senkrecht zur Fließrichtung und zur Magnetfeldrichtung ausgelenkt werden. Die Ladungsträgerverschiebung ist als sogenannte Hall-Spannung seitlich am ebenen Leiter messbar. Der Wert der Hall-Spannung verhält sich proportional zur Stärke des Magnetfeldes und zur Stromstärke durch den ebenen Leiter. In einigen Halbleitern ist der Effekt recht groß und kommt deshalb in Hall-Elementen zur Anwendung. *Der Hall-Effekt hat nichts mit dem Nachhall in der Akustik zu tun; der Entdecker hieß Edwin Hall.*

Mit Hilfe von Hall-Elementen lassen sich Ströme berührungslos messen. Hierbei wird der Strom (durch den ebenen Leiter) im Hall-Element konstant gehalten. Der Messstrom erzeugt um den stromführenden Leiter (Messobjekt) einen magnetischen Fluss, der wiederum eine Hall-Spannung entstehen lässt, wenn das Hall-Element dem Magnetfeld ausgesetzt ist. Die Hall-Spannung verhält sich proportional zur Stromstärke im Messobjekt.

69. Stromzangen, die den Hall-Effekt ausnutzen, sind auch für die Messung von Gleichströmen geeignet. Denn auch ein Gleichstrom erzeugt ein Magnetfeld.

    Stromzangen, die nach dem Stromwandlerprinzip arbeiten, messen nur Wechselströme. Induktive Stromwandler sind eigentlich Stromtransformatoren, die im Gegensatz zu Spannungstransformatoren im Kurzschluss betrieben werden. Deren Aufgabe ist es, hohe Wechselströme in niedrige zu wandeln. Ein Transformator funktioniert jedoch nicht mit Gleichstrom.

70. Die in der Energietechnik eingesetzten Spannungswandler sind Spannungstransformatoren. Belastet man die Sekundärwicklung, entsteht in dieser ein Spannungsabfall, der einer Messabweichung gleichkommt.
71. Die Empfindlichkeit ist gleich dem Quotienten aus Anzahl der Sekundärwindungen zur Anzahl der Primärwindungen.
72. Ein Spannungsteiler funktioniert auch bei Gleichspannung.
73. Der Spannungswandler kann hohe zu messende Spannungen an der Primärspule galvanisch vom Voltmeter trennen, das an der Sekundärspule angeschlossen ist. Damit wird der Berührungsschutz sichergestellt. Ein großes Einsatzgebiet ist die Energietechnik.
74. Stromwandler haben kaum Primärwindungen (oft besteht diese nur aus der stromführenden Ader, die beim Einsteckwandler senkrecht durch die Sekundärwicklung geführt ist), aber sehr viele Sekundärwindungen. Im Leerlauf könnten sekundärseitig Spannungen entstehen, die gesundheitsgefährlich sind oder zerstörend wirken.
75. Ein Messwiderstand wandelt auch Gleichströme in Spannungsabfälle.
76. Eine Rogowskispule dient zur berührungslosen Messung von Wechselströmen.
77. Die Rogowskispule (benannt nach Walter Rogowski) ist eine Luftspule mit vielen Windungen, die einmal um den stromführenden Leiter (Messobjekt) gelegt wird. Der Wechselstrom durch den Leiter erzeugt Magnetfeldänderungen in der Luftspule, so dass in dieser eine Wechselspannung induziert wird. Die Spannung wird an der Spule abgegriffen und integriert. Das Integral dieser Wechselspannung verhält sich proportional zur Stromstärke im Leiter.
78. Die Empfindlichkeit ist proportional zu Windungszahl sowie zur Querschnittsfläche des Spulenkerns und verhält sich umgekehrt proportional zur Kernlänge der Spule.
79. Die Rogowskispule ist überstromfest. Müssen in einem Leiter sehr kleine aber auch sehr große Ströme gemessen werden, kann das daher mit mehreren Rogowskispulen gleichzeitig geschehen, die unterschiedlich viele Windungen und damit unterschiedliche Empfindlichkeiten besitzen. Außerdem beeinflussen Rogowskispulen den Messstrom nicht, da diese keinen Eisenkern haben.

80. Die AC-Kopplung muss aktiviert werden (Kondensatortaste). Dadurch gelangt nur der Wechselspannungsanteil in das Oszilloskop. Durch das Abblocken des Gleichanteils kann eine hohe Empfindlichkeit eingestellt und die Amplitude genauer gemessen werden.

81. Bei DC-Kopplung hat der Amplitudengang die Form wie der eines Tiefpasses. Hingegen sieht der Amplitudengang bei AC-Kopplung aus wie der eines Bandpasses – eines sehr breitbandigen natürlich.

82. Der DC-Anteil wird voll übertragen, während der AC-Anteil um 29 % reduziert wird. Im Bild ist der fehlerhaft gemessene Spannungsverlauf dargestellt.

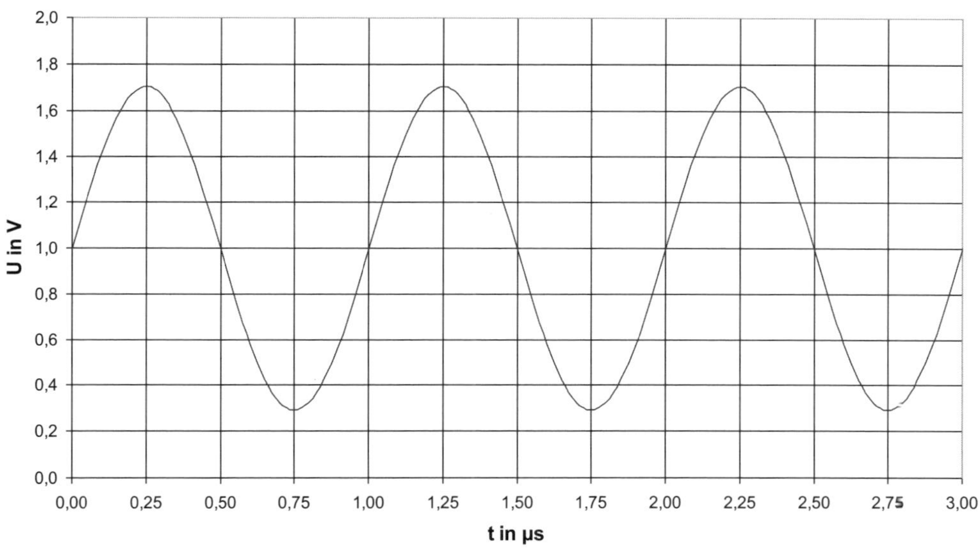

Bild 14.50 Gemessener Spannungsverlauf

83. Die Lissajous-Figur für zwei Spannungen, die in Phase liegen, wird im Bild 14.51 dargestellt:

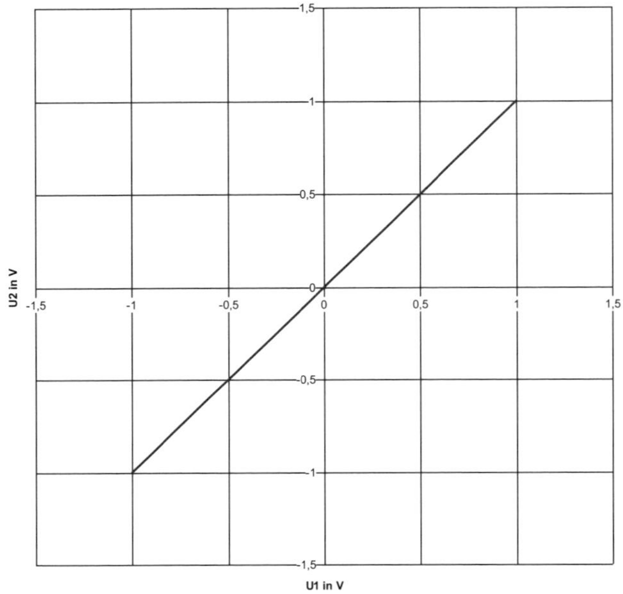

Bild 14.51
Lissajous-Figur für eine Phasenverschiebung von 0°

Die Frequenz spielt keine Rolle, denn jegliche Zeitinformation fehlt in der Lissajous-Figur. Die Gerade entsteht jedoch nur bei Frequenzgleichheit.

84. Das Diagramm zeigt die Lissajous-Figur für eine Phasenverschiebung von 180°:

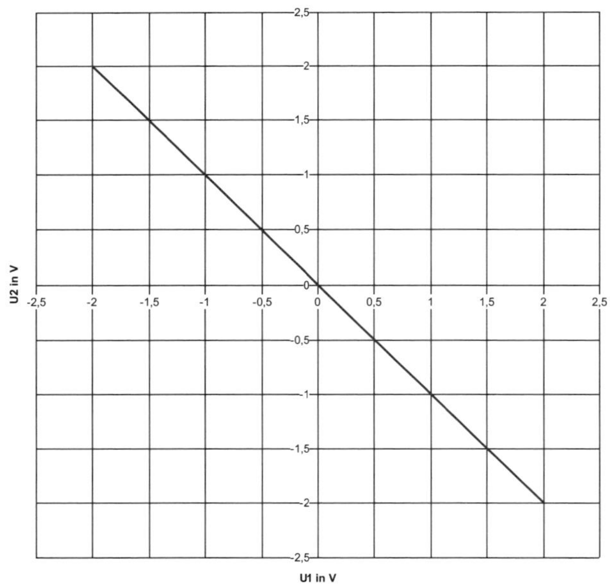

Bild 14.52
Lissajous-Figur für eine Phasenverschiebung von 180°

Der Funktionsverlauf hat einen Anstieg von −1, was einer Vorzeichenumkehr infolge der Phasenverschiebung entspricht.

85. Das Diagramm zeigt einen Kreis:

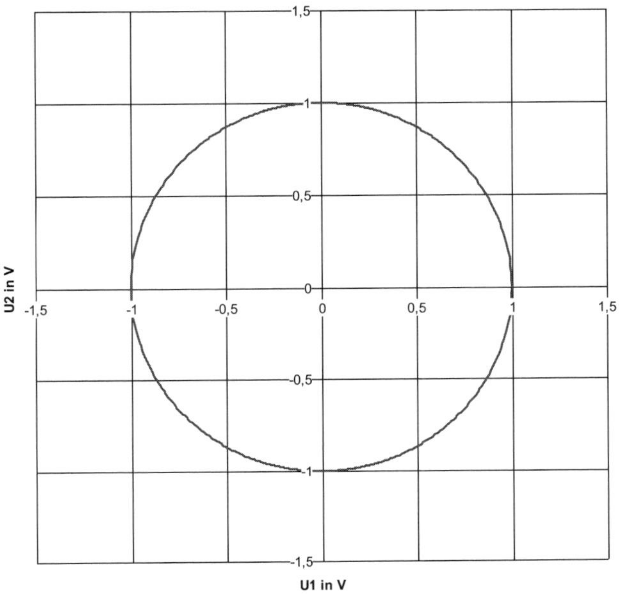

Bild 14.53 Lissajous-Figur für eine Phasenverschiebung von 90°

Sind beide Spannungen gleich groß, so entsteht ein Kreis.

Mit Hilfe von Lissajous-Figuren kann die Phasenverschiebung auch mit einem Einkanal-Oszilloskop gemessen werden. Mit der Verbreitung der Mehrkanal-Oszilloskope hat dieser Aspekt an Bedeutung verloren.

Lissajous-Figuren sind noch aktuell, wenn zwei miteinander korrelierte Größen, die sich periodisch ändern, ohne Zeitbezug dargestellt werden. So z. B. die Kraft in Abhängigkeit des Wegs bei Betriebsfestigkeitsuntersuchungen.

86. Beim Messen kleiner Signale könnten diese durch Netzstörungen überlagert sein. Denn das Gerät arbeitet sicherlich mit einer Integrationszeit von 20 ms. Es werden deshalb nur 50 Hz-Störungen sowie ganzzahlige Vielfache von 50 Hz „herausintegriert".

87. Bei einer Netzfrequenz von 60 Hz ist eine Integrationszeit von 16,67 ms optimal.

Mit einer Integrationszeit von 100 ms würde man sowohl 50 Hz (Periode passt 5-mal hinein) als auch 60 Hz-Störungen (Periode passt 6-mal hinein) herausfiltern.

88. Die Rechnung lautet:

$$L = 20 \lg \frac{U_a}{U_e} = 20 \cdot \lg \frac{1000}{10} = \underline{\underline{40\ \text{dB}}}$$

Die Verstärkung beträgt 40 dB.

89. Aus dem Produkt von Messbereich und Fehlerklasse (in % angegeben) ergeben sich die Unsicherheiten: $\Delta I = 0{,}05$ A und $\Delta U = 0{,}25$ V. Die Leistung beträgt:

$$P = U \cdot I = 20\ \text{V} \cdot 5\ \text{A} = \underline{100\ \text{W}}$$

$$\Delta P = U \cdot \Delta I + I \cdot \Delta U = 20\ \text{V} \cdot 0{,}05\ \text{A} + 5\ \text{A} \cdot 0{,}25\ \text{V} = \underline{2{,}25\ \text{W}}$$

$$P = \underline{100\ \text{W} \pm 3\ \text{W}}$$

$$\delta = \frac{\Delta P}{P} = \frac{2{,}25\ \text{W}}{100\ \text{W}} = 2{,}25\,\% \approx \underline{3\,\%}$$

Bemerkenswert ist, obwohl die Messwerte für Spannung und Strom etwa in der Mitte der Messbereiche liegen, ist die relative Abweichung wesentlich größer als die Fehlerklasse des Messgeräts.

90. Der Widerstand lässt sich mit dem Ohmschen Gesetz berechnen. Denn wenn 50 A fließen, soll 1 V abfallen:

$$R = \frac{U}{I} = \frac{1\ \text{V}}{50\ \text{A}} = \underline{0{,}02\ \Omega}$$

$$P = U \cdot I = 1\ \text{V} \cdot 50\ \text{A} = \underline{50\ \text{W}}$$

Die umgesetzte Wärmeleistung beträgt bis zu 50 W.

Der Temperaturkoeffizient des spezifischen elektrischen Widerstands sollte nahe 0 sein. Die Legierungen Konstantan und Manganin erfüllen diese Forderung.

Der Innenwiderstand liegt fast 9 Dekaden über dem Messwiderstand und kann daher vernachlässigt werden.

91. Der Temperaturkoeffizient ist selbst von der Temperatur abhängig. Der Zahlenwert hängt also davon ab, welche Temperatur der Angabe zugrunde liegt.

92. Die 2-Leiter-Schaltung hat den Nachteil, dass der Widerstand des Messkabels das Messergebnis beeinflusst. Eine einfache Subtraktion (Nullpunktverschiebung) ist nicht immer angezeigt, denn der Messkabelwiderstand kann schwanken. Die 4-Leiter-Schaltung wird benutzt, falls die 2-Leiter-Schaltung zu große Messabweichungen verursacht. Bei hochwertigen Labormessgeräten sowie bei Messumformern für Widerstandsthermometer ist die 4-Leiter-Technik fast schon Standard.

93. Das Schaltbild zeigt das Prinzip der Widerstandsmessung mit Hilfe der 4-Leiter-Schaltung.

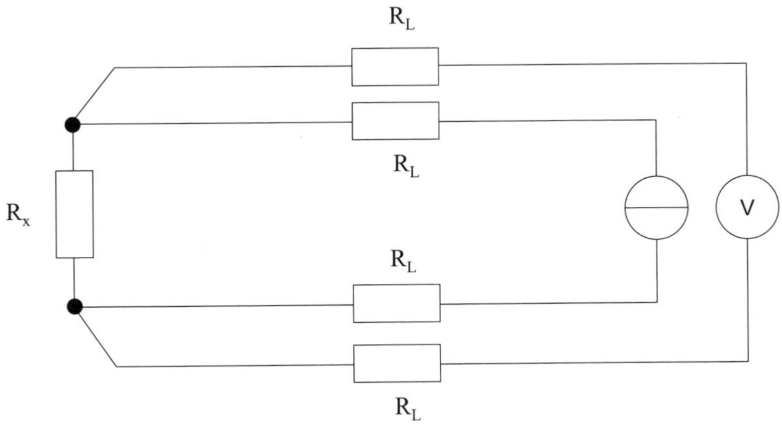

Bild 14.54 4-Leiter-Schaltung

Bei der 4-Leiter-Schaltung werden zwei Leiter benutzt, um einen Konstantstrom (erzeugt mit Konstantstromquelle) durch den unbekannten Widerstand zu schicken (einzuprägen). Ein Spannungsabfall über beiden Speiseleitungen tritt auf, ist aber ohne Bedeutung, weil zwei weitere Messleitungen benutzt werden, um den Spannungsabfall unmittelbar am unbekannten Widerstand abzugreifen. Die beiden Messleitungen sind praktisch stromfrei, weil das Voltmeter am anderen Ende hochohmig ist. Daher treten in diesen Adern keine nennenswerten Spannungsabfälle auf.

Die Konstantstromquelle dient sozusagen als Widerstand-Spannungs-Wandler. Der Übertragungsfaktor ist so groß wie die Stromstärke.

14.6 Kapitel 6: Nichtelektrische Größen

1. Der Zählerstand ist bei dieser Anordnung gleich dem Produkt aus Referenzfrequenz und Periodendauer des Messsignals:

   $$z = f_0 \cdot T_m$$

   Letztere ist identisch mit der Messzeit und dem Kehrwert der Drehzahl:

   $$T_m = \frac{1}{n_x}$$

   Für die Drehzahl folgt daraus:

   $$n_x = \frac{f_0}{z} = \frac{4\ \text{MHz}}{100000} = 40\,\frac{1}{\text{s}} \cdot \frac{60\ \text{s}}{1\text{min}} = 2400\,\frac{1}{\text{min}}$$

   Diese beträgt 2400 je Minute.

2. Es werden zwei Inkrementalgeber verwendet, die vorzugsweise um 90° phasenverschoben zu einer Ereignisperiode (Zahn und Zahnlücke eines Zahnrades bilden eine Periode) angeordnet sind. So entstehen zwei Inkrementalsignale, die je nach Drehrichtung zueinander um 90 oder auch um 270° phasenverschoben sind. Die Phasenverschiebung ist von der Drehrichtung abhängig. Aus der Phasenlage der Signale kann die Auswerteelektronik die Richtung erkennen. Die abgebildeten Diagramme zeigen die Signalverläufe für beide Drehrichtungen.

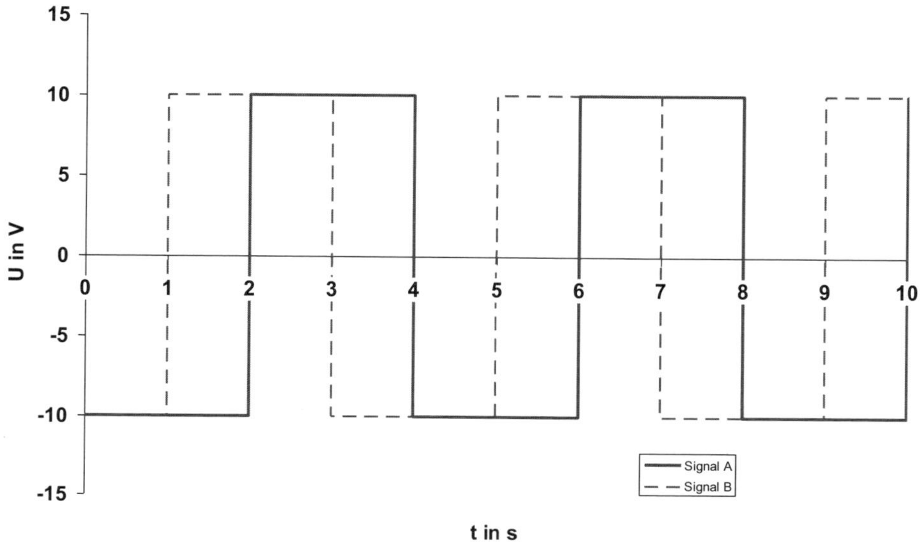

Bild 14.55 Signalverlauf bei Linksdrehung

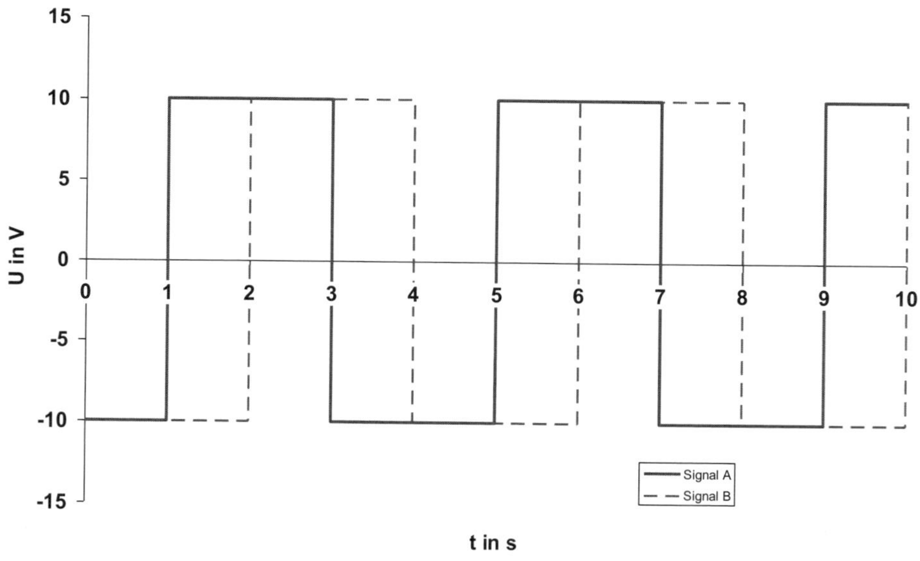

Bild 14.56 Signalverlauf bei Rechtsdrehung

Die Drehzahl kann indirekt auf der Zeitachse abgelesen werden. In den dargestellten Beispielen sind die Drehzahlen gleich, aber die Drehrichtungen entgegengesetzt.

3. Der Zählerstand ergibt sich aus dem Produkt aus Frequenz und Torzeit:

$$z = f \cdot T_{\mathrm{m}}$$

Die Frequenz ist proportional zur Drehzahl n und zur Anzahl der Schlitze N auf der Scheibe. Außerdem muss berücksichtigt werden, dass jeder Schlitz vier Inkrementen (2 Flanken sowie 2 Signale) entspricht:

$$f = 4 \cdot n \cdot N$$

Fasst man beide Gleichungen zusammen, erhält man:

$$z = 4 \cdot n \cdot N \cdot T_{\mathrm{m}}$$

Zu berechnen ist die Zahl der Schlitze:

$$N = \frac{z}{4 \cdot n \cdot T_{\mathrm{m}}}$$

Weil die Drehzahl ziffernrichtig angezeigt werden soll, muss bei einer Drehzahl von 1000/min der Zählerstand nach einer Sekunde 1000 betragen. Egal welche Drehzahl man annimmt, der Zählwert ist identisch mit der Drehzahl, so dass sich die Zahlen in jedem Fall kürzen lassen:

$$N = \frac{1000}{4 \cdot 1000\ \mathrm{min}^{-1} \cdot 1\ \mathrm{s}} = \frac{60\ \mathrm{s}}{4 \cdot 1\ \mathrm{s}} = \underline{15}$$

4. Um das Störsignal zu unterdrücken, eignet sich ein Tiefpass. Da sich das Nutzsignal nur langsam ändert, sind die Nutzsignalfrequenzen sehr niedrig, so dass eine Grenzfrequenz von 2 Hz geeignet erscheint. *Wo genau der optimale Wert liegt, hängt von der Geschwindigkeit ab, mit der sich die Drehzahl verändern kann und von der Amplitude der Störspannung.*

5. Die Empfindlichkeit des Durchflussmessers beträgt:

$$E = \frac{\Delta I}{\Delta \dot{V}} = \frac{(20-4)\ \mathrm{mA}}{2\ \frac{\mathrm{m}^3}{\mathrm{min}}} = 8\ \frac{\mathrm{mA}}{\frac{\mathrm{m}^3}{\mathrm{min}}}$$

Die Frage, die letztendlich zu beantworten ist, lautet, welche Durchflussänderung entspricht einer Stromabweichung von 0,5 mA. Die Antwort liegt in der Division der Unsicherheit der Strommessung durch die Empfindlichkeit:

$$\Delta \dot{V} = \frac{\Delta I}{E} = \frac{0{,}5\ \text{mA}}{8\,\frac{\text{mA}}{\frac{\text{m}^3}{\text{min}}}} = \underline{0{,}0625\,\frac{\text{m}^3}{\text{min}}}$$

Eine Unsicherheit der Strommessung von 500 µA hat eine Unsicherheit der Volumenstrommessung von 63 l/min zur Folge.

Es ist klar, dass der Durchflussmesser zusätzliche Messabweichungen erzeugen wird.

6. Der Druckmessumformer kann als Spannungsquelle mit einem 5 Ω-Innenwiderstand angesehen werden. Dieser wird bei Anschluss des Auswertegeräts (Verbraucher) mit 1 kΩ belastet. Die Ausgangsspannung „geht also etwas in die Knie“:

$$U_{\text{real}} = U_{\text{ideal}} \cdot \frac{R_{\text{V}}}{R_{\text{I}} + R_{\text{V}}} = U_{\text{ideal}} \cdot \frac{1\ \text{k}\Omega}{5\ \Omega + 1\ \text{k}\Omega} = U_{\text{ideal}} \cdot 0{,}995$$

Durch den Anschluss des Auswertegeräts sinkt die Ausgangsspannung des Messumformers auf 99,5 % des ursprünglichen Wertes. Die Messabweichung beträgt also immer −0,5 % vom aktuellen Messwert. Sie ist multiplikativ und systematisch.

7. Ein Widerstandsthermometer wandelt die Temperatur in einen Widerstand um. Der Widerstand muss demzufolge temperaturabhängig sein. Die Legierung Konstantan wurde entwickelt, um Widerstände zu fertigen, deren Wert auch bei sich ändernder Temperatur konstant bleibt. Der Temperaturkoeffizient beträgt nur 0,00001 % je K. Deshalb ist Konstantan gänzlich ungeeignet.

8. Der TK liegt in der Nähe von 0,4 %/K.

9. Leitungskupfer hat einen TK von etwa 0,4 %/K. Damit ergibt sich für die Widerstandsänderung:

$$\Delta R = R_{20} \cdot \alpha_{\text{Cu}} \cdot \Delta T = 10\ \Omega \cdot 0{,}004\ \text{K}^{-1} \cdot 50\ \text{K} = \underline{2\ \Omega}$$

Bei 70 °C hat das Kabel einen Widerstand von 12 Ω.

Dieser ist um immerhin 20 % angestiegen, was Auswirkungen auf Messergebnisse haben kann.

10. Ein höherer Speisestrom hat eine höhere Verlustleistung zur Folge. In diesem Fall liegt der Unterschied bei Faktor 400, denn es gilt:

$$P = I^2 \cdot R$$

Die Verlustleistung verursacht eine Erwärmung des Widerstandsthermometers. Eine zu hohe Temperatur würde gemessen, denn jedes taktile Thermometer misst streng genommen immer seine eigene Temperatur.

11. Zu den taktilen elektrischen Thermometern gehören u. a. Widerstandsthermometer, Thermoelemente, Thermistoren. Nichtelektrische Beispiele sind Flüssigkeitsausdehnungsthermometer und Bimetallthermometer.

12. Wenn Sonnenstrahlen auf ein Thermometer fallen, wird dieses eine Temperatur annehmen, die größer ist, als die Temperatur des Messobjekts (Luft). Lufttemperaturen werden deshalb im Schatten gemessen.
13. Das Ausgangssignal eines Thermoelements ist die Thermospannung an seinen „kalten" Enden. Die Maßeinheit ist demzufolge V bzw. mV.

    Die Thermospannung verhält sich proportional zur Temperaturdifferenz zwischen Messstelle (Verbindungspunkt der Thermoschenkel untereinander) und Vergleichsstelle („kalte" Enden der Thermoschenkel). Das Ausgangssignal gibt also lediglich Auskunft über den Temperaturunterschied zwischen Messstelle und Vergleichsstelle. Falls über die Vergleichsstellentemperatur nichts bekannt ist, kann keine Aussage über die Temperatur an der Messstelle getroffen werden!
14. Der Seebeck-Koeffizient drückt die thermoelektrische Empfindlichkeit (Verhältnis der Thermospannung zur Temperaturdifferenz) aus. Wie groß die Empfindlichkeit ist, hängt vor allem vom Materialpaar ab. Für die Kombination NiCr-Ni (Typ K) beträgt diese 41 µV/K, während diese für PtRh10-Pt (Typ S) nur 6,4 µV/K beträgt. Einen gewissen Einfluss hat auch die Temperatur selbst. Deshalb sind die Kennlinien der Thermoelemente nicht exakt linear. *Thomas Seebeck entdeckte den nach ihm benannten thermoelektrischen Effekt.*
15. Die Empfindlichkeit eines Thermoelements vom Typ K beträgt 41 µV/K. Bei einem Temperaturunterschied von 80 K erhält man deshalb:

$$U_{\text{Th}} = E \cdot \Delta T = 41 \frac{\mu\text{V}}{\text{K}} \cdot 80\ \text{K} = \underline{3{,}28\ \text{mV}}$$

$$E = \frac{80}{3{,}28} = \underline{24{,}39}$$

Die Empfindlichkeit des Verstärkers muss auf 24,39 eingestellt werden, damit der Temperaturunterschied in Kelvin ziffernrichtig vom Millivoltmeter angezeigt wird.

16. Es ist bekannt, dass ein Pt100 bei 0 °C einen Widerstand von 100 Ω hat. Deshalb muss 20 Ω durch den Anstieg dividiert werden:

$$\upsilon = \frac{\Delta R}{E} = \frac{20\,\Omega}{0{,}39\,\Omega / {}^\circ\text{C}} = 51{,}3\ {}^\circ\text{C}$$

Die Temperatur beträgt 51,3 °C. Bei der Widerstandsmessung tritt jedoch eine Unsicherheit auf:

$$u = 0{,}005 \cdot Mw. + 4 \cdot d = 0{,}005 \cdot 120{,}0\,\Omega + 4 \cdot 0{,}1\,\Omega = 1{,}0\,\Omega$$

$$\Delta T = \frac{u}{E} = \frac{1\,\Omega}{0{,}39\,\Omega/\text{K}} = 2{,}6\ \text{K}$$

Die Unsicherheit der Widerstandsmessung ist äquivalent zu einer Temperaturdifferenz von 2,6 K.

Das vollständige Messergebnis lautet:

$$\upsilon = \underline{(51{,}3 \pm 2{,}6)\ °\mathrm{C}}$$

Hier darf gern auf 51 °C ± 3 K gerundet werden.

17. Die Messstellentemperatur beträgt:

$$\upsilon = \upsilon_{\mathrm{Vergl}} + \frac{U_{\mathrm{Th}}}{E} = 20{,}5\ °\mathrm{C} + \frac{4{,}715\ \mathrm{mV}}{41\ \mu\mathrm{V/K}} = 136{,}0\ °\mathrm{C}$$

Die Spannungsmessung erfolgt mit einer Messunsicherheit:

$$u = 0{,}004 \cdot Mw. + 2 \cdot d = 0{,}004 \cdot 4{,}715\ \mathrm{mV} + 2 \cdot 0{,}001\ \mathrm{mV} = 0{,}021\ \mathrm{mV}$$

Die Unsicherheit infolge des Voltmeters muss in Kelvin umgerechnet werden:

$$\Delta T = \frac{u}{E} = \frac{0{,}021\ \mathrm{mV}}{41\ \mu\mathrm{V/K}} = 0{,}52\ \mathrm{K}$$

Zu dieser addiert sich die Unsicherheit der Vergleichsstellentemperatur, wodurch sich 0,82 K ergibt. Da Fehler nicht abgerundet werden dürfen, erhält man als Messergebnis:

$$\upsilon = \underline{(136{,}0 \pm 0{,}9)\ °\mathrm{C}}$$

Da die Unsicherheit fast ein Kelvin beträgt, empfiehlt es sich, auf die Angabe der Nachkommastelle zu verzichten und 136 °C ± 1 °C anzugeben.

18. Jedes Berührungsthermometer misst seine Eigentemperatur.

19. Ein Pyrometer ist ein Strahlungsthermometer. Das Messprinzip besteht darin, dass ein strahlungsempfindlicher Detektor die Intensität der Wärmestrahlung misst; die übrigens jeder Körper (Messobjekt) abgibt, der eine Temperatur über dem absoluten Nullpunkt hat. Je größer die Oberflächentemperatur des Körpers umso größer ist auch die Strahlungsintensität.

20. Pyrometer messen berührungslos, rückwirkungsfrei und schnell. Sie messen allerdings lediglich die Oberflächentemperatur, sind kostspielig und weniger genau.

21. Dehnungsmessstreifen werden in der experimentellen Spannungsanalyse (Stressmessungen in der Mechanik) eingesetzt sowie im Messgrößenaufnehmerbau.

22. Die Dehnung ist mit einem Dehnungsmessstreifen direkt messbar.

    Indirekt messbar sind alle Größen, die eine Dehnung verursachen können, z.B. mechanische Spannung, Druck, Kraft, Drehmoment, Beschleunigung, Masse, Weg.

23. Die Dehnung ist die relative Längenänderung, das heißt der Quotient aus absoluter Längenänderung und Basislänge. Sie wird vorzugsweise in µm/m angegeben. *Benutzt werden allerdings auch %, ppm und im Englischen microstrains.*

24. Die Dehnung des Stabes beträgt:

$$\varepsilon = \frac{\Delta l}{l} = \frac{1\,\text{mm}}{1\,\text{m}} = \underline{1000\,\mu\text{m/m}}$$

25. Die Dehnung des Quaders beträgt:

$$\varepsilon = \frac{\Delta l}{l} = \frac{-0{,}4\,\text{mm}}{500\,\text{mm}} = \underline{-800\,\mu\text{m/m}}$$

Es wäre auch nicht falsch, die Dehnung mit −0,08 % anzugeben.

26. Die Messrichtung liegt parallel zum Messgitter, wie in der Abbildung dargestellt.

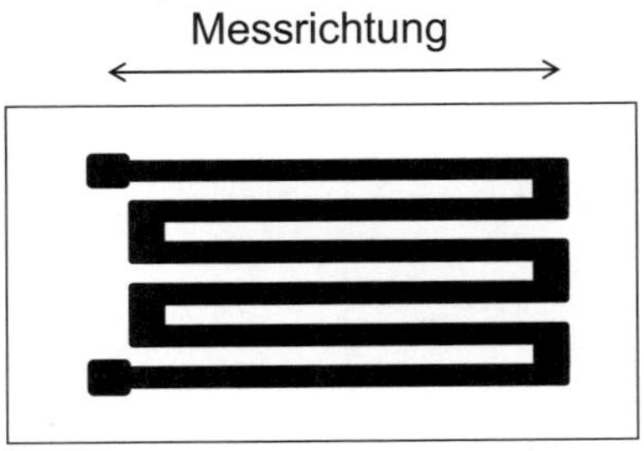

Bild 14.57
Prinzipzeichnung eines Metallfolien-DMS

27. Ein DMS besteht aus einer isolierenden Grundschicht, dem mäanderförmigen Leiter (Messgitter genannt) mit den beiden Anschlüssen und einer isolierenden Deckschicht. Er wird auf ein Objekt aufgeklebt, so dass der Leiter jede Oberflächendehnung des Objekts mit vollzieht. Auch für einen mäandernden Leiter gilt die Widerstandsbemessungsgleichung:

$$R = \frac{\rho \cdot l}{A}$$

Eine positive Dehnung entlang des Messgitters vergrößert einerseits den spezifischen elektrischen Widerstand und die Länge des Leiters, wobei andererseits dessen Querschnitt kleiner wird. Diese drei Effekte bewirken die Vergrößerung des Widerstands. Eine negative Dehnung bewirkt entsprechend die Verminderung des Widerstands. Querdehnungen üben kaum einen Einfluss auf den Widerstand aus. *Besteht das Messgitter aus Silizium hat die Dehnung einen sehr großen Effekt auf den spezifischen elektrischen Widerstand, was zu einer hohen Empfindlichkeit (z. B. 130) führt.*

28. Neben den geometrischen Werten muss der spezifische elektrische Widerstand von Konstantan ($5 \cdot 10^{-7}\,\Omega\text{m}$) eingesetzt werden:

$$R = \frac{\rho \cdot l}{A} = \frac{5 \cdot 10^{-7}\,\Omega\text{m} \cdot 24\,\text{mm}}{5\,\mu\text{m} \cdot 20\,\mu\text{m}} = \underline{120\,\Omega}$$

Der Widerstand beträgt 120 Ω.

29. Der k-Faktor eines DMS drückt dessen Empfindlichkeit aus und ist dimensionslos.
30. Die statische Kennlinie ist im Diagramm dargestellt. An der y-Achse steht die relative Widerstandsänderung. Der Anstieg entspricht dem k-Faktor, der ungefähr 2 beträgt. Für 1000 µm/m bedeutet das:

$$\frac{\Delta R}{R} = k \cdot \varepsilon = 2 \cdot 1000\ \mu\text{m/m} = 0{,}2\,\%$$

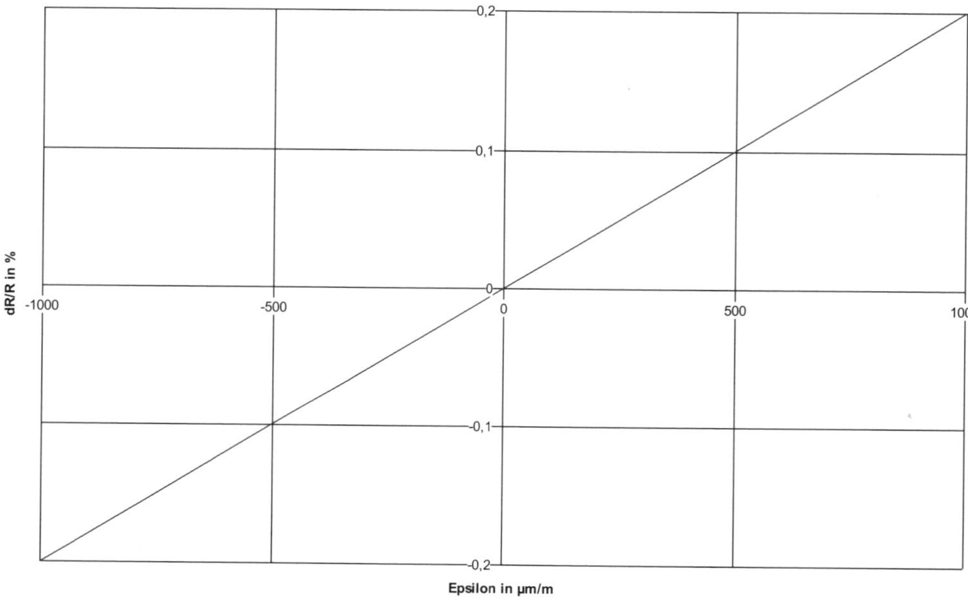

Bild 14.58 Statische Kennlinie eines Metallfolien-DMS

31. Halbleiter-DMS besitzen wesentlich größere k-Faktoren. *Werte um 200 sind möglich.*

    Leider sind Halbleiter-DMS temperaturempfindlich und weisen eine nichtlineare Kennlinie auf.

    Da sie in Laminat-Form sehr spröde sind, ist der Einsatz in der Spannungsanalyse selten.

    Oft verwendet werden Halbleiter-DMS in Drucksensoren. Dabei werden die DMS nicht aufgeklebt, sondern mit Hilfe der Halbleitertechnologie direkt in die Oberfläche einer Siliziummembran eindiffundiert. Diese Technologie ist nur für große Stückzahlen geeignet.
32. Bei einem Metallfolien-DMS kann der k-Faktor von 2 angenommen werden:

$$\frac{\Delta R}{R} = k \cdot \varepsilon = 2 \cdot 150\ \mu\text{m/m} = 0{,}0003$$

Die relative Widerstandsänderung beträgt 0,03 %.

$$\Delta R = R \cdot k \cdot \varepsilon = 350\,\Omega \cdot 2 \cdot 150\,\mu\text{m/m} = \underline{0{,}105\,\Omega}$$

Die absolute Widerstandsänderung beträgt 105 mΩ.

33. Die Speisespannung muss so eingestellt werden, dass bei einer Dehnung von z. B. 1000 µm/m eine Brückenspannung von 1000 µV entsteht. Die relative Widerstandsänderung berechnet sich mit:

$$\frac{\Delta R}{R} = k \cdot \varepsilon = 2 \cdot 1000\,\mu\text{m/m} = 0{,}002$$

Diese kann man in die Gleichung für die Viertelbrücke einsetzen:

$$\frac{U_{\text{Br}}}{U_{\text{Sp}}} = \frac{1}{4}\frac{\Delta R}{R} = \frac{1}{4} \cdot 0{,}002 = 0{,}5\,\text{mV/V}$$

Jetzt ist leicht zu erkennen, dass man eine Speisespannung von 2 V einstellen muss, damit eine Brückenspannung von 1 mV bzw. von 1000 µV ausgegeben wird.

Zu beachten ist, dass der k-Faktor nicht exakt 2,00 beträgt, sondern meist etwas größer ist. Der Wert ist chargenabhängig und wird vom Hersteller mit zwei Nachkommastellen auf der Packung angegeben. In der messtechnischen Praxis sollte der exakte Wert Berücksichtigung finden.

34. Metallfolie-DMS erzeugen sehr kleine Ausgangssignale. Wenn an einem Bauteil die mechanische Spannung gemessen wird, sind nur selten Dehnungen von mehr als 2000 µm/m zu erwarten. Legen wir diesen schon recht hohen Wert zugrunde, erhält man:

$$\frac{\Delta R}{R} = k \cdot \varepsilon = 2 \cdot 2000\,\mu\text{m/m} = 0{,}004$$

Bei einem Dehnungsmessstreifen mit einem Grundwiderstand von 120 Ω würde der Widerstandswert auf lediglich 120,48 Ω ansteigen. Wir wollen jetzt annehmen, unser Widerstandsmessgerät könnte auf 0,4 % vom Messwert genau messen. Dann ist mit einer Messabweichung von 0,48 Ω zu rechnen, was gerade der absoluten Widerstandsänderung entspricht. Die Messabweichung könnte also 2000 µm/m betragen bzw. 100 % vom Messwert! Das Problem besteht darin, dass ein Ohmmeter immer den Grundwiderstand mit messen muss, die Information aber in der Änderung steckt.

Das Problem wurde im 19. Jahrhundert mit der Erfindung der Wheatstone-Brücke gelöst. Nach erfolgtem Brückenabgleich (der den Grundwiderstand kompensiert) setzt diese eine Widerstandsänderung proportional in eine Brückenspannungsänderung um.

35. Das Problem besteht darin, dass ein zweiadriges Messkabel einen Widerstand hat. Dieser verstimmt die Brücke. Das ist allein noch kein großes Problem, weil man die Brücke abgleichen kann oder ganz einfach die Brückenverstimmung (Nullpunktverschiebung) im Nachgang durch Subtraktion kompensieren kann. Leider ist aber der

Widerstand des Messkabels temperaturabhängig. Das bedeutet, dass sich bei jeder Änderung der Umgebungstemperatur der Nullpunkt wieder verändert und so eine Dehnung vorgetäuscht wird. Die abgebildete Schaltung zeigt die 3-Leiter-Technik. Der dritte Leiter im benachbarten Brückenzweig kompensiert sowohl den Nullpunkt als auch dessen Änderungen. *Es darf natürlich angenommen werden, dass die drei Leiter des Messkabels gleich lang sind und den gleichen Querschnitt haben.*

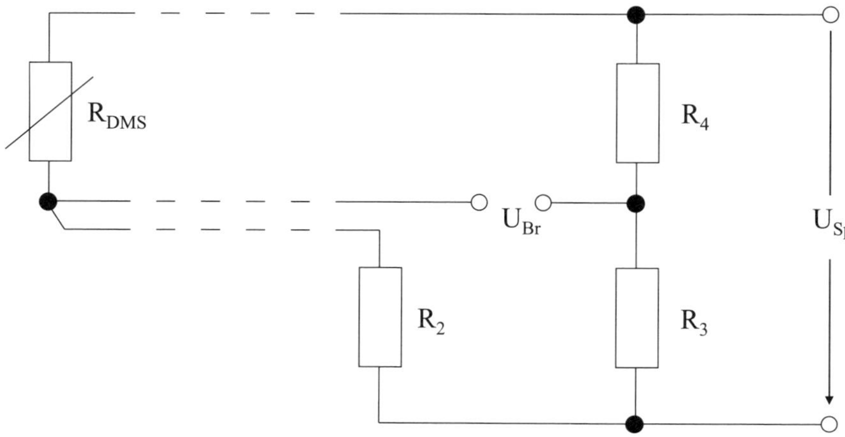

Bild 14.59 Anschluss eines DMS in 3-Leiter-Technik

36. Bei einer Diagonalbrücke (siehe Bild 14.60), die auch als 2/4-Brücke bekannt ist, ändern sich zwei diagonal gegenüberliegende Widerstände (z. B. DMS) gleichsinnig. Der Vorteil gegenüber einer Viertelbrücke liegt in der doppelten Empfindlichkeit. Gegenüber der Halbbrücke hat die Diagonalbrücke jedoch den Nachteil der nichtlinearen statischen Kennlinie.

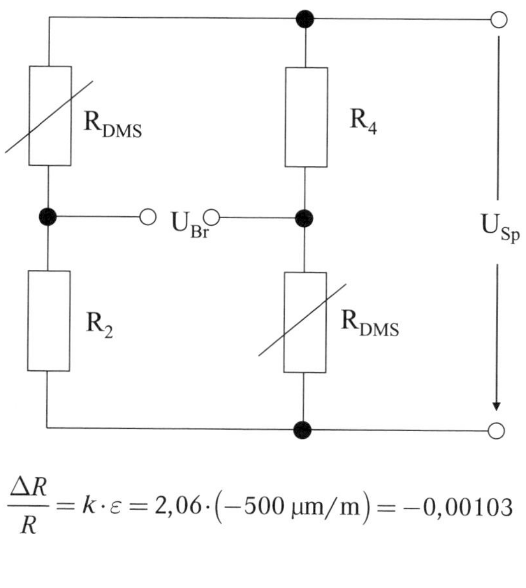

Bild 14.60 Diagonalbrücke

37. $\frac{\Delta R}{R} = k \cdot \varepsilon = 2{,}06 \cdot (-500\ \mu\text{m/m}) = -0{,}00103$

Die relative Widerstandsänderung beträgt −0,103 %.

$$\frac{\Delta U}{U}=\frac{1}{4}\frac{\Delta R}{R}=\frac{1}{4}k\cdot\varepsilon=\frac{1}{4}2{,}06\cdot\left(-500\ \mu\text{m/m}\right)=-257{,}5\ \mu\text{V/V}$$

Die Brückenverstimmung beträgt −0,2575 mV/V.

Um die Brückenspannung zu berechnen, wird die Speisespannung benötigt.

Zur Ermittlung der mechanischen Spannung wird der E-Modul des Materials gebraucht.

Die Druckkraft kann berechnet werden, wenn die Querschnittsfläche des Trägers bekannt ist.

38. Eine Temperaturänderung hat keine Auswirkung. Da es sich um eine Vollbrücke handelt, wird der Temperatureinfluss kompensiert.

Das wirksame Biegemoment ergibt sich aus Masse, Fallbeschleunigung und Hebelarm:

$$M_{\text{B}}=m\cdot g\cdot l$$

Diesem Biegemoment setzt die Biegefeder ein Widerstandsmoment entgegen:

$$W_{\text{B}}=\frac{b\cdot h^2}{6}$$

Der Quotient aus beiden ergibt die Biegespannung:

$$\sigma_{\text{B}}=\frac{M_{\text{B}}}{W_{\text{B}}}=\frac{m\cdot g\cdot l\cdot 6}{b\cdot h^2}=\frac{1\ \text{kg}\cdot 9{,}81\ \text{ms}^{-2}\cdot 140\ \text{mm}\cdot 6}{20{,}5\ \text{mm}\cdot\left(2{,}5\ \text{mm}\right)^2}=\underline{64{,}3\ \frac{\text{N}}{\text{mm}^2}}$$

Mit dem Hookschen Gesetz kann die Dehnung berechnet werden:

$$\varepsilon=\frac{\sigma_{\text{B}}}{E}=\frac{64{,}3\ \frac{\text{N}}{\text{mm}^2}}{142000\ \frac{\text{N}}{\text{mm}^2}}=\underline{453\ \mu\text{m/m}}$$

Für die Berechnung der Brückenverstimmung wird die Vollbrückengleichung zugrunde gelegt:

$$\frac{\Delta U}{U}=\frac{\Delta R}{R}=k\cdot\varepsilon=2\cdot 453\ \mu\text{m/m}=\underline{0{,}906\ \text{mV/V}}$$

39. Zunächst kann die mechanische Spannung in diesem Fall sehr einfach aus Kraft pro Fläche berechnet werden:

$$\sigma=\frac{F}{A}=\frac{F}{\frac{\pi}{4}d^2}=\frac{10\ \text{kN}}{\frac{\pi}{4}\left(11{,}284\ \text{mm}\right)^2}=\underline{100\ \text{N/mm}^2}$$

Dividiert man die Zugspannung durch den E-Modul der Legierung erhält man die Dehnung:

$$\varepsilon = \frac{\sigma}{E} = \frac{100\,\dfrac{\text{N}}{\text{mm}^2}}{70000\,\dfrac{\text{N}}{\text{mm}^2}} = \underline{1429\;\mu\text{m/m}}$$

Die relative Widerstandsänderung erhält man bei Multiplikation mit dem k-Faktor:

$$\frac{\Delta R}{R} = k \cdot \varepsilon = 2 \cdot 1429\;\mu\text{m/m} = 0{,}00286 = \underline{0{,}286\,\%}$$

Die absolute beträgt:

$$\Delta R = R \cdot k \cdot \varepsilon = 120\,\Omega \cdot 2 \cdot 1429\;\mu\text{m/m} = \underline{0{,}343\,\Omega}$$

Das Brückenspannungsverhältnis lautet:

$$\frac{\Delta U}{U} = \frac{1}{4}\frac{\Delta R}{R} = \frac{1}{4}k \cdot \varepsilon = \frac{1}{4} 2 \cdot 1429\;\mu\text{m/m} = \underline{0{,}714\;\text{mV/V}}$$

Die Speisespannung beeinflusst das Brückenspannungsverhältnis nicht.

Diese bestimmt lediglich die Brückenspannung. Bei einem Volt Speisespannung beträgt die Brückenspannung 0,714 mV. Bei 2 V wäre die Brückenspannung doppelt so groß. Angemerkt sei, dass die Materialbelastung nicht weit von der Streckgrenze entfernt ist und dennoch nur recht kleine Brückenspannungen zur Verfügung stehen.

40. Hohe Speisespannungen haben größere Brückenspannungen zur Folge, die sich natürlich besser auswerten lassen. Verdoppelt man die Speisespannung, dann vervierfacht man jedoch auch den Verlustleistungsumsatz im DMS, was zur Erwärmung führt. *Die zulässigen Spannungen sind vor allem vom DMS-Typ abhängig und werden vom Hersteller angegeben.*

41. Der zweite DMS ist dehnungsfrei, er unterliegt aber demselben Temperatureinfluss. Dadurch wird der Temperatureinfluss auf den messenden DMS in der Brückenschaltung kompensiert. Da jedoch nur ein DMS auf die Messgröße reagiert, gilt die Gleichung für die Viertelbrücke:

$$\frac{\Delta U}{U} = \frac{1}{4}\frac{\Delta R}{R} = \frac{1}{4}k \cdot \varepsilon = \frac{1}{2} \cdot \varepsilon$$

Der Anstieg der statischen Kennlinie beträgt somit 0,5 mV/V je 1000 µm/m. Siehe Bild 14.61:

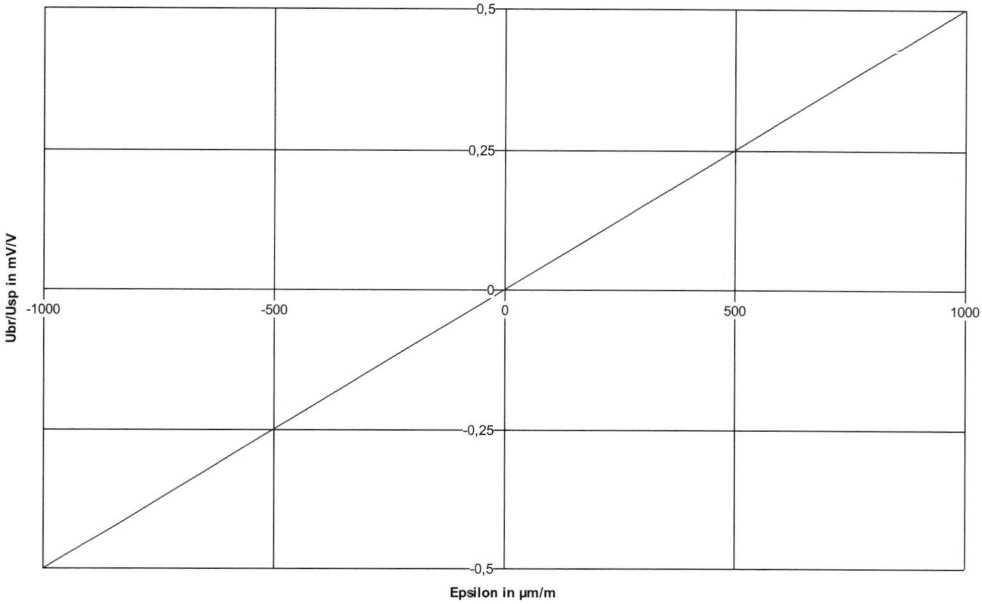

Bild 14.61 Statische Kennlinie

Man bedenke, dass die Kennlinie der Viertelbrücke eigentlich ganz leicht gekrümmt ist. Das kann jedoch bei solch kleinen relativen Widerstandsänderungen vernachlässigt werden.

42. Aus der Logik des Signalflusses folgt, die Masse wird in eine Gewichtskraft umgeformt:

$$F = m \cdot g$$

Die Gewichtskraft erzeugt ein Biegemoment:

$$M_B = F \cdot l$$

Das Biegemoment wird zur Biegespannung:

$$\sigma_B = \frac{M_B}{W_B} \text{ wobei gilt } W_B = \frac{b \cdot h^2}{6}$$

Die Biegespannung verursacht eine Dehnung auf der Oberfläche:

$$\varepsilon = \frac{\sigma_B}{E}$$

Aus der Dehnung folgt eine relative Widerstandsänderung des DMS:

$$\frac{\Delta R}{R} = k \cdot \varepsilon$$

Streng genommen sind das zwei positive und zwei negative Widerstandsänderungen, die sich in der Vollbrücke überlagern und eine Brückenverstimmung (Spannungsverhältnis) herbeiführen:

$$\frac{\Delta U}{U} = \frac{\Delta R}{R}$$

Setzt man die Formeln ineinander ein, erhält man:

$$\frac{\Delta U}{U} = \frac{k \cdot g \cdot l \cdot 6}{E \cdot b \cdot h^2} \cdot m$$

In dieser Gleichung sind alle Einzelübertragungsfaktoren zu einem Faktor zusammengefasst, den wir K nennen wollen:

$$K = \frac{k \cdot g \cdot l \cdot 6}{E \cdot b \cdot h^2}$$

K ist sozusagen die Empfindlichkeit dieser (wenn auch sehr einfach konstruierten) Wägezelle.

Multiplizieren wir das Spannungsverhältnis mit dem Kehrwert von K, erhalten wir das gesuchte Ergebnis:

$$m = \frac{1}{K} \cdot \frac{\Delta U}{U} = \frac{E \cdot b \cdot h^2}{k \cdot g \cdot l \cdot 6} \cdot \frac{\Delta U}{U} = \frac{210000\ \text{N/mm}^2 \cdot 10\ \text{mm} \cdot (2\ \text{mm})^2}{2{,}1 \cdot 9{,}81\ \text{m/s}^2 \cdot 100\ \text{mm} \cdot 6} \cdot \frac{1{,}2\text{mV}}{\text{V}} = \underline{0{,}815\ \text{kg}}$$

Das Massestück am Biegebalken wiegt 815 g.

43. Vier DMS können zu einer Vollbrücke verschaltet werden, woraus folgende Vorteile resultieren:

    größeres Ausgangssignal, lineare statische Kennlinie, Kompensation von Temperatureinflüssen und anderen Störgrößen.

44. Der Federkörper wandelt die Messgröße in eine proportionale Dehnung um. Der Messbereich wird durch den Federkörper bestimmt und zwar von dessen Geometrie sowie dem verwendeten Material.

45. Legt man den Federkörper schwächer aus, entstehen größere Dehnungen, die leichter messbar sind. Damit nimmt jedoch auch die Gefahr der Überlastung (Materialermüdung, plastische Verformung) zu.

46. Die Zugspannung ergibt sich aus Dehnung multipliziert mit dem E-Modul (für Baustahl ≈ 210 000 N/mm²):

$$\sigma = \varepsilon \cdot E = 1500\ \mu\text{m/m} \cdot 210000\ \text{N/mm}^2 = \underline{315\ \text{N/mm}^2}$$

Die Zugspannung ist kleiner als die Streckgrenze. Der Stab wird elastisch verformt, aber nicht plastisch. *Er bleibt „heil".*

47. Die Bezeichnung ist doppeldeutig. Denn es gibt einerseits piezoresistive Sensoren (Prinzip: Halbleiter-DMS) und andererseits piezoelektrische Sensoren (Prinzip: piezoelektrischer Effekt).

    Die beiden Messprinzipien und die damit verbundenen Eigenschaften unterscheiden sich fundamental.

48. Ein piezoelektrischer Sensor erzeugt eine zur Messgrößenänderung proportionale Ladungsänderung. Das Ausgangssignal ist eine Ladung. *Wobei es auch sogenannte stromgespeiste piezoelektrische Sensoren mit integrierter Elektronik gibt, deren Ausgang eine Spannung ist.*

49. Mit piezoelektrischen Aufnehmern ist es nicht möglich, statische Messungen durchzuführen.

50. Die untere Grenzfrequenz eines piezoelektrischen Aufnehmers liegt über 0 Hz. Deshalb sind statische Messungen nicht durchführbar, weil die Ladung mit der Zeit abgebaut wird (Isolationswiderstand kleiner unendlich). *Nach sprungförmiger Änderung der Messgröße strebt die Ausgangsgröße in Form einer e-Funktion dem Wert 0 zu.*

51. Das Gerät sollte 0,0 bar anzeigen. Am besten wäre es, den Nullpunkt neu zu justieren. Ist das nicht einfach möglich, kann von allen Messwerten die bestehende Nullpunktabweichung subtrahiert werden. Denn der Wert von 0,2 bar stellt eine systematische additive Messabweichung dar.

52. Der Anstieg der statischen Kennlinie beträgt:

    $$E = \frac{\Delta y}{\Delta x} = \frac{16\ \text{mA}}{10\ \text{bar}} = 1{,}6\ \frac{\text{mA}}{\text{bar}}$$

    Da infolge des Life-Zero-Signals 4 mA bereits bei 0 bar fließen, steckt die Differenz in den verbleibenden 3,2 mA. Diese müssen durch den Anstieg der Kennlinie (bzw. durch die Empfindlichkeit des Umformers) dividiert werden:

    $$\Delta x = \frac{\Delta y}{E} = \frac{3{,}2\ \text{mA}}{1{,}6\ \frac{\text{mA}}{\text{bar}}} = \underline{2\ \text{bar}}$$

    Der Strom von 7,2 mA steht für einen Druck von 2 bar.

53. Zur Messunsicherheit trägt der Quantisierungsfehler (Auflösung) von 0,1 kg bei.

    Der Temperaturkoeffizient des Nullpunkts hat keinen Einfluss, da vor der Messung ein automatischer Nullabgleich erfolgt.

    Die Umgebungstemperatur liegt 10 K höher als normal, was bei einem Temperaturkoeffizienten der Empfindlichkeit von bis 0,2 % je 10 K eine Änderung der Steilheit von 0,2 % zur Folge haben kann. Bei einem Messwert von 50 kg kann die multiplikative Abweichung demzufolge 0,1 kg betragen.

    Die Linearitätsabweichung bezieht sich auf den Messbereich. Deshalb kommen durch diese noch 0,3 kg hinzu.

In Summe kann eine Abweichung von 0,5 kg auftreten. Das ist auf den Messwert bezogen 1 %.

54. Der Messumformer hat die Empfindlichkeit:

$$E = \frac{\Delta y}{\Delta x} = \frac{8\ \text{V}}{40\ \text{bar}} = 0{,}2\,\frac{\text{V}}{\text{bar}}$$

Die Unsicherheit der Ausgangsspannungsauswertung von 10 mV kann mit einer Division durch die Empfindlichkeit in die äquivalente Eingangsgröße umgerechnet werden:

$$\Delta x = \frac{\Delta y}{E} = \frac{0{,}01\ \text{V}}{0{,}2\,\frac{\text{V}}{\text{bar}}} = 0{,}05\ \text{bar}$$

Es kann eine Druckabweichung von 50 mbar auftreten.

55. Ein Spannungsteiler bestehend aus zwei Widerständen löst das Problem. Das Teilerverhältnis muss 5 zu 1 sein. Geeignet ist ein Widerstand mit 4 kΩ in Reihe und ein zweiter mit 1 kΩ parallel zum DVM-Eingang. *Wesentlich kleinere Widerstände könnten die Quelle belasten. In wesentlich größeren Widerständen würden zusätzliche Spannungsabfälle beim Anschluss des DVM auftreten.* Am DVM ist ein Messbereich von 2 V zu wählen.

56. Da man davon ausgehen kann, dass die statische Kennlinie durch den Ursprung geht (0 kN entspricht 0 mV/V), kann die aktuelle Kraft aus dem Verhältnis der Brückenverstimmungen berechnet werden:

$$F = F_{\text{Nenn}} \frac{\Delta U/U}{(\Delta U/U)_{\text{Nenn}}} = 1\ \text{kN}\frac{0{,}3732\ \text{mV}/2{,}5\ \text{V}}{2\ \text{mV/V}} = \underline{74{,}64\ \text{N}}$$

Nun ist bekannt, dass die Speisespannung eine relative Unsicherheit hat:

$$\delta = \frac{\Delta U_{\text{Speise}}}{U_{\text{Speise}}} = \frac{1\ \text{mV}}{2{,}5\ \text{V}} = 0{,}0004 = 0{,}04\ \%$$

Diese erzeugt multiplikative Abweichungen, die immer messwertbezogen wirken:

$$\Delta F = F \cdot \delta = 0{,}07464\ \text{kN} \cdot 0{,}0004 = 0{,}02986\ \text{N}$$

Die Unsicherheit sollte in diesem Fall auf eine Stelle gerundet und mit 0,03 N angegeben werden.

14.7 Kapitel 7: Verschiedenes

1. Mit einer Druckwaage können Drücke dargestellt werden. Sie dient der Kalibrierung von Druckmessgeräten.

   Präzisionsgewichte werden aufgelegt und lassen Schwerkräfte auf eine Kolbenstange wirken, deren Querschittsfläche genau bekannt ist. Der Zusammenhang wird durch folgende Formel beschrieben:

$$p = \frac{m \cdot g}{A_{\text{Kolben}}}$$

2. Das Messprinzip besteht darin, dass die Wirkung der Gewichtskraft durch eine elektromagnetische Kraft kompensiert wird. Letztere verhält sich proportional zur Stromstärke, die bei Kraftgleichgewicht das Maß für die Gewichtskraft darstellt. Das Massestück auf der Waagschale erzeugt im Schwerefeld der Erde jedoch nicht nur eine Gewichtskraft. Da es ein Volumen aufweist, unterliegt es auch einem Auftrieb. Diese Auftriebskraft ist vom Volumen und vom Luftdruck abhängig.

   Elektromagnetische Kompensationswaagen erfüllen höchste Anforderungen. Deshalb ist bei diesen der Einfluss des Luftdrucks spürbar. Bei einer sehr genauen DMS-Wägezelle ist das Phänomen ebenfalls nachweisbar.

3. Der gefertige DMS-Aufnehmer wird kalibriert. Danach ist dessen Kennlinie bekannt, so dass die Toleranz des k-Faktors keine Rolle mehr spielt.

4. Die Spannung an einem Kondensator (10 pF) wird mit einem Voltmeter gemessen. Sobald das Voltmeter angeschlossen wird, fließt Strom aus dem Kondensator, der eine Spannungsabsenkung zur Folge hat.

   Der Kurzschlussstrom einer Batterie wird mit einem Amperemeter gemessen. Da das Amperemeter einen Innenwiderstand größer 0 besitzt, kann der Kurzschlussstrom gar nicht fließen. Ein etwas geringerer Stromfluss kommt zustande.

   Um die Temperatur (ca. 80 °C) einer kleinen Flüssigkeitsmenge zu messen, wird ein Widerstandsthermometer mit Schutzrohr (ca. 20 °C) hineingesteckt. Das Thermometer senkt infolge seiner Wärmekapazität die Flüssigkeitstemperatur ab.

   Die Dicke einer Isomatte wird mit einem digital anzeigenden Messschieber bestimmt. Infolge der Kraft, mit der die Messschenkel die Matte berühren, wird die Matte etwas dünner. Es wird ein zu kleiner Wert gemessen.

   Die Messgröße soll durch die Messung nicht verändert werden! Diese Forderung ist trivial. Deren Umsetzung stellt den Messtechniker jedoch häufig vor große Herausforderungen.

5. Die Genauigkeitsklasse ist in DIN 1319 definiert als Klasse von Messgeräten mit einheitlichen Merkmalen. Was genau das für Merkmale sind, ist nicht konkret festgelegt. Bildet man das oben erwähnte Produkt, erhält man ohne Mühe sehr schnell einen Wert, der für vergleichende Betrachtungen oder als grobe Schätzung für die Messunsicherheit seinen Sinn haben mag. Mit einer integeren Unsicherheitsbetrachtung hat diese Vorgehensweise jedoch nichts gemein.

6. Bifilar bedeutet zweifadig. Der Widerstandsdraht wird nicht wie bei einer Spule einfadig aufgewickelt, denn dabei entsteht eine Induktivität. Der Draht wird zunächst als Schleife gelegt und anschließend aufgewickelt, so dass mit jeder Rechtswindung auch eine Linkswindung entsteht. Deren Induktivitäten heben sich auf. Hätte der Messwiderstand die Eigenschaften einer Spule, würden Wechselströme beeinflusst. Ein wie eine Spule aufgewickeltes Platindrähtchen (Pt100) würde Magnetfelder „einfangen", was zu Störspannungen führt.

7. Die Unsicherheit des Widerstandswertes ergibt sich aus:

   $$\Delta R = MB \cdot FK = 500\,\Omega \cdot 0{,}002 = 1\,\Omega$$

   Die zufällige Abweichung kann 1 Ω betragen und muss in Kelvin umgerechnet werden:

   $$\Delta T = \frac{\Delta R}{E} = \frac{1\,\Omega}{0{,}391\,\Omega/\mathrm{K}} = \underline{2{,}6\ \mathrm{K}}$$

   Der Kabelwiderstand von 2 Ω erzeugt eine systematische Messabweichung (Nullpunktverschiebung):

   $$\Delta T = \frac{\Delta R}{E} = \frac{2\,\Omega}{0{,}391\,\Omega/\mathrm{K}} = \underline{5{,}2\ \mathrm{K}}$$

   Diese hat additiven Charakter. Von allen Messwerten sollten 5,2 K subtrahiert werden.

   Natürlich verursacht das Pt100 zusätzlich Messunsicherheiten, die hier nicht berücksichtigt werden sollen. Auch haben Schwankungen der Umgebungstemperatur einen Einfluss auf den Kabelwiderstand und damit auf den Nullpunkt.

8. Wasser und Eis im Topf gut vermischen, Widerstandsthermometer hineinstecken und an Ohmmeter anschließen, nach Einschwingen des Widerstandswertes (thermische Übergangsvorgänge müssen abklingen) wird der Messwert notiert. Der y-Wert der Kennlinie bei 0 °C ist damit gefunden.

   Wasser im Topf zum Sieden bringen, nach erneutem Einschwingen des Widerstandswertes wird dieser ebenfalls notiert. Der y-Wert der Kennlinie bei 100 °C ist gefunden.

   Damit sind zwei Punkte der Kennlinie bekannt.

   Natürlich ist die Darstellung der Temperaturen auf diese Weise recht fehlerbehaftet. So ist die Siedetemperatur von der Reinheit des Wassers und vom Luftdruck abhängig.

9. Der Messumformer muss nachjustiert werden. Das heißt, dass zunächst der Nullpunkt und danach die Empfindlichkeit so einzustellen sind, dass die Kennlinie durch die Sollwerte verläuft.

   Falls die Nachjustage nicht einfach realisierbar ist, können die Messwerte auch nachträglich korrigiert werden, denn Nullpunkt- und Empfindlichkeitsabweichung sind ja bekannt, so dass die Möglichkeit gegeben ist, die Fehler herauszurechnen.

10. Am Voltmeter stellen Sie den Messbereich 100 mV ein. Ein Messkabel wird benutzt, um den Eingang des Voltmeters kurzzuschließen. Somit ist gewährleistet, dass eine Spannung von 0 mV anliegt. Die Nullpunktabweichung kann jetzt am Voltmeter direkt abgelesen werden.
11. Dieselben Messkabel werden erneut benutzt und statt deren Enden mit dem Messobjekt zu verbinden, werden diese miteinander verbunden, so dass der Kabelwiderstand zur Anzeige kommt. Direkt angezeigt wird jetzt die systematische additive Abweichung, um die der Messwert zu korrigieren ist.
12. Das ist leider nicht der Fall. Mit folgenden Messabweichungen ist dennoch zu rechnen: Justageabweichung infolge der Unsicherheit des Normals, Linearitätsabweichung durch nicht exakt lineare Kennlinie, Hystereseabweichung, Nullpunkt- und Empfindlichkeitsabweichungen durch Temperatureinfluss.

    Eine Justierung minimiert lediglich systematische Abweichungen, kann die Messunsicherheit aber nicht auf 0 reduzieren.
13. Die Schaltung stellt einen Operationsverstärker dar, der als Spannungsfolger beschaltet ist. Er sorgt dafür, dass die Ausgangsspannung genau der Ausgangsspannung folgt, was an der statischen Kennlinie zu sehen ist (siehe Bild 14.62). Die Empfindlichkeit ist gleich 1. Die Schaltung wird auch als Impedanzwandler bezeichnet, weil deren Eingangswiderstand sehr hoch und deren Ausgangswiderstand niedrig ist. Sie wird benutzt, um die Rückwirkungsfreiheit von Übertragungsgliedern sicherzustellen.

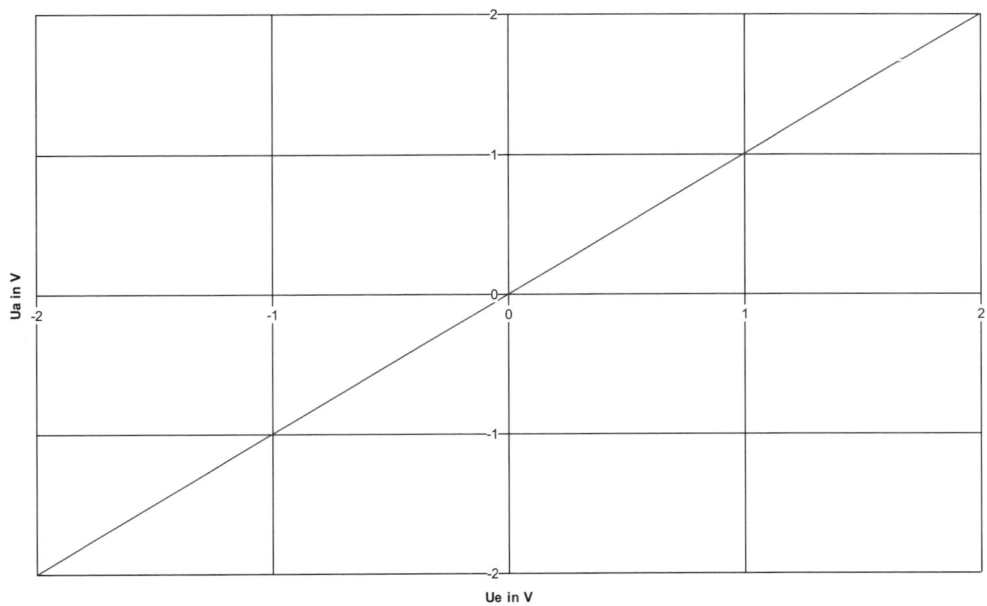

Bild 14.62 Statische Kennlinie Spannungsfolger

14. Benötigt werden zwei DVM und eine DC-Quelle. Der Messverstärkereingang wird an die DC-Quelle angeschlossen. Ein DVM wird ebenfalls an die DC-Quelle angeschlossen. Das zweite DVM dient zur Messung der Verstärkerausgangsspannung. Die Anordnung ist im Blockschaltbild dargestellt:

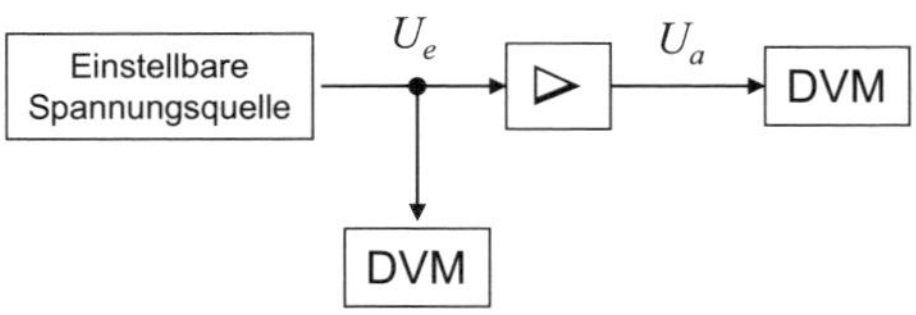

Bild 14.63 Anordnung zur Aufnahme der statischen Kennlinie (Blockschaltbild)

Die Gleichspannung wird jetzt schrittweise erhöht. Punkt für Punkt der Kennlinie wird (nach Abklingen der Übergangsvorgänge) aufgenommen. Jeder Punkt wird bestimmt durch eine Eingangs- und eine Ausgangsspannung.

15. Das Blockschaltbild zeigt die Temperaturmesseinrichtung als reine Reihenstruktur:

Bild 14.64 Blockschaltbild Temperaturmesseinrichtung

16. Bei 50 °C wird ein Strom von 10 mA in die Stromschleife eingeprägt. Fließt der Strom allein durch den Widerstand, entsteht ein Spannungsabfall:

$$U = R \cdot I = 500\,\Omega \cdot 10\text{ mA} = 5\text{ V}$$

Parallel zum Messwiderstand liegt jedoch der Widerstand des Folgegeräts. Die Parallelschaltung ergibt:

$$R_p = \frac{R_1 \cdot R_2}{R_1 + R_2} = \frac{500 \cdot 10000}{500 + 10000}\,\Omega = 476\,\Omega$$

Tatsächlich beträgt der Spannungsabfall:

$$U_p = R_p \cdot I = 476\,\Omega \cdot 10\text{ mA} = 4{,}76\text{ V}$$

Die relative Abweichung beträgt:

$$\delta = \frac{U_p - U}{U} = \frac{4{,}76\text{ V} - 5\text{ V}}{5\text{ V}} = -0{,}048 = -4{,}8\,\%$$

Diese hat systematischen Charakter und wirkt multiplikativ.

Lösung:

$$\Delta T = 50\text{ K} \cdot (-0{,}048) = \underline{-2{,}4\text{ K}}$$

17. Die Empfindlichkeit des Messumformers beträgt:

$$E = \frac{\Delta I}{\Delta T} = \frac{16\ \text{mA}}{500\ \text{K}} = 0{,}032\ \frac{\text{mA}}{\text{K}}$$

Daraus folgt: Wenn die Änderung der Temperatur um 1 K sicher erkannt werden soll, muss das Amperemeter eine Auflösung von 32 µA haben.

Dividiert man den Messbereich durch die Schrittweite, erhält man die Anzahl der Quantisierungsstufen:

$$N = \frac{20\ \text{mA}}{32\ \mu\text{A}} = 625$$

Diese muss noch in Bit umgerechnet werden:

$$N = 2^{\text{n}}$$

Hieraus folgt:

$$\lg N = \lg 2^{\text{n}}$$

Mit

$$\lg 2^{\text{n}} = n \cdot \lg 2$$

erhält man:

$$n = \frac{\lg N}{\lg 2} = \frac{\lg 625}{\lg 2} = 9{,}29$$

Da die Bit-Breite eines ADU immer ganzzahlig ist, muss der Umsetzer mindestens 10 bit haben.

18. Die Leistung berechnet sich aus:

$$P = I^2 \cdot R = (0{,}2\ \text{A})^2 \cdot 100\ \Omega = \underline{4\ \text{W}}$$

Die Unsicherheit des Widerstands beträgt laut Toleranzangabe 2 Ω. Die der Strommessung beträgt:

$$\Delta I = 1\,\% \cdot Mw. + 4 \cdot d = 0{,}01 \cdot 0{,}2\ \text{A} + 4 \cdot 0{,}001\ \text{A} = 0{,}006\ \text{A}$$

Mit dem Totalen Differential erhält man:

$$\Delta P = 2I \cdot R \cdot \Delta I + I^2 \cdot \Delta R = 2 \cdot 0{,}2\ \text{A} \cdot 100\ \Omega \cdot 0{,}006\ \text{A} + (0{,}2\ \text{A})^2 \cdot 2\ \Omega = \underline{0{,}32\ \text{W}}$$

Das vollständige Messergebnis lautet $P = (4{,}00 \pm 0{,}32)$ W.

Praktischer wäre es, anzugeben $P = (4{,}0 \pm 0{,}4)$ W.

19. Die Idee besteht darin, dass nacheinander zwei bekannte Eingangsgrößen an das Messgerät angelegt werden (z. B. eine Spannung von 0,000 V und eine Referenzspannung von 1,000 V), was durch den internen Prozessor gesteuert wird. Anhand der gemessenen Werte erkennt das Gerät selbständig, wie seine statische Kennlinie verläuft - Linearität vorausgesetzt. Der Nullpunkt und die Empfindlichkeit werden jetzt so nachjustiert, bis die Kennlinie auf den Sollverlauf eingestellt ist. *Die Justage ist eine reine Firmwarefunktion: Ein Summand und ein Faktor werden angepasst. Der Vorgang läuft automatisch ab.*

    Oft wird die automatische Selbstjustage als Autokalibrierung bezeichnet. Das ist nicht korrekt, weil bei einer Kalibrierung die Kennlinie nicht verändert wird.

20. Die Genauigkeit wird maßgeblich vom Normal bestimmt. Das kann z. B. eine Band-Gap-Referenzspannungsquelle oder ein Ultrapräzisionswiderstand sein.
21. Es erhöht sich sowohl die Langzeit- als auch die Temperaturstabilität.
22. Zunächst wird der Vergleichswert berechnet:

$$v_{\text{wahr}} = \frac{s}{t} = \frac{1\,\text{km}}{40\,\text{s}} \cdot \frac{3600\,\text{s}}{1\,\text{h}} = 90\,\frac{\text{km}}{\text{h}}$$

    Der Tacho zeigt 10 km/h zu viel an.

    Die Uhr hat einen Quantisierungsfehler von einer Sekunde. Die tatsächliche Geschwindigkeit wurde indirekt mit Hilfe der gemessenen Zeit ermittelt.

$$u = \Delta v_{\text{wahr}} = \left|\frac{\partial s}{\partial t}\Delta t\right| = \left|-\frac{s}{t^2}\Delta t\right| = \frac{1\,\text{km}}{(40\,\text{s})^2} \cdot 1\,\text{s} \cdot \frac{3600\,\text{s}}{1\,\text{h}} = 2{,}25\,\frac{\text{km}}{\text{h}}$$

    Die Unsicherheit der „wahren" Geschwindigkeit beträgt 3 km/h.

    Die Geschwindigkeitsanzeige des Fahrzeugs weist eine Abweichung auf, die zwischen 7 und 13 km/h liegt.

14.8 Kapitel 8: Signalverarbeitung im Zeitbereich

1. Die Kennlinie ist nach der Kalibrierung nur punktweise in Form einer Wertetabelle bekannt. Es ist vorteilhaft, wenn der Zusammenhang zwischen Eingang und Ausgang durch eine einzige Funktionsgleichung beschrieben bzw. angenähert wird. Approximation bedeutet Näherung.
2. Ob sich eine Gerade als Ausgleichsfunktion eignet, hängt einerseits davon ab, wie linear der Zusammenhang zwischen Ein- und Ausgang ist und andererseits, welche Abweichungen in der praktischen Anwendung zulässig sind. Auch hier gilt der Grundsatz: so genau wie nötig. Unnötiger Aufwand soll vermieden werden.

3. Es würden jeweils 10 % am Erreichen des Endwertes fehlen. Beim Kalibrieren sollte man sich wirklich Zeit nehmen und bei jedem Kennlinienpunkt abwarten, bis das System restlos eingeschwungen ist. Denn Kalibrierabweichungen erzeugen bei jeder nachfolgenden Messung Fehler im Messergebnis.
4. Falls die Kennlinie der Messeinrichtung eine Hysterese aufweist, ist das von Bedeutung.
5. Die einfachste Variante, Näherungsgleichungen aufzustellen, besteht darin, die jeweils benachbarten Stützpunkte (Wertepaare) durch eine Gerade miteinander zu verbinden, so dass ein offener Polygonzug (bestehend aus 10 Strecken) entsteht. Alle Werte zwischen den Stützpunkten können dann mit den Geradengleichungen berechnet werden.
6. Benutzt man zur Approximation zwischen den Punkten kubische Spline-Funktionen, enthält die so modellierte Kennlinie keine Unstetigkeiten im Anstieg. Der Nachteil, dass man mehrere Einzelfunktionen benötigt, um den gesamten Verlauf zu beschreiben, bleibt allerdings erhalten.
7. Um ein Polynom aufzustellen, das durch n Stützpunkte verläuft, muss dieses vom Grad n-1 sein.
8. Zur Beschreibung wäre ein Polynom 5. Grades geeignet. Der Grad des Polynoms liegt immer um 1 unter der Zahl der Stützpunkte.
9. Je größer die Anzahl der Stützpunkte, desto höher muss bekanntlich der Grad des Polynoms sein. Mit dem Grad des Polynoms steigt die Gefahr, dass es Überschwinger zwischen den Stützstellen gibt und die gefundene Funktion durch diese nicht mehr eineindeutig ist.
10. Es ist sehr zweckmäßig, vor einer Regression die Achsen zu vertauschen. Anderenfalls werden die Koeffizienten der Funktion $y = f(x)$ berechnet, obwohl man letztendlich die Funktion $x = f(y)$ benötigt. *Die Invertierung einer quadratischen Funktion ist noch einfach, die einer kubischen ist ebenfalls mit einer Lösungsformel realisierbar. Alles was darüber hinausgeht, ist äußerst schwierig.*
11. Der Vorteil der Ausgleichsrechnung besteht darin, dass eine einzige Funktion aufgestellt wird, die den Zusammenhang zwischen Ein- und Ausgang beschreibt.

    Der Nachteil liegt darin, dass die gefundene Funktion nicht genau durch die Stützstellen verläuft.
12. Die mittlere quadratische Abweichung gibt (ähnlich wie der Korrelationskoeffizient) an, wie gut die gewählte Funktion zu den gefundenen Stützpunkten passt. Zieht man die Quadratwurzel aus der mittleren quadratischen Abweichung, so erhält man die mittlere Abweichung der Funktionswerte von den Stützpunkten, also die Abweichung, die dadurch entsteht, dass die Funktion nicht exakt durch die Stützpunkte verläuft.
13. Die Quadratwurzel ergibt einen Wert in der Einheit der Messgröße von 0,1 mm. Dieser Wert entspricht dem mittleren Abstand der gefundenen Ausgleichsfunktion von den Stützstellen. Das heißt, allein dadurch, dass die Kennlinie nicht exakt durch die experimentell ermittelten Kalibrierpunkte verläuft, entsteht eine durchschnittliche Abweichung von 0,1 mm. Es können also auch größere Abweichungen entstehen (sicher nicht wesentlich größere, weil das durch das Optimierungskriterium verhindert wird). Und zu diesen gesellen sich natürlich noch weitere Messabweichungen, z. B. die, die

bei der Messung der Induktivität entstehen. Die Messunsicherheit ist also mit Sicherheit größer als 0,1 mm.

14. Eine Grenzfrequenz von 40 Hz scheint geeignet zu sein. Diese hätte zur Folge, dass Nutzsignale von 40 Hz einen Amplitudenfehler von 29,3 % aufweisen. Störungen von 50 Hz würden zumindest ein wenig reduziert. Höherfrequente entsprechend stärker. Wie wirkungsvoll die Filterwirkung ist, hängt von der Steilheit des Filters ab. Bei diesem geringen Abstand der Störsignalfrequenzen von der Grenzfrequenz darf man sich natürlich keinen Illusionen hingeben. Setzt man die Filterfrequenz auf 45 Hz oder gar 50 Hz, um das Nutzsignal weniger zu beeinträchtigen, wäre die Filterwirkung gegenüber den Störungen noch geringer.

    Die Herausforderung dieser Aufgabenstellung liegt darin, dass Nutz- und Störsignale sehr eng beieinander liegen.

15. Ein Filter mit Bessel-Charakteristik zeigt im Gegensatz zum Butterworth-Filter kaum ein Überschwingen in der Sprungantwort. Werden Signale im Zeitbereich verarbeitet, ist deshalb dem Bessel-Filter der Vorzug gegeben. Ein Überschwingen von 10 % kann bei Butterworth-Charakteristik durchaus auftreten. Dieses würde zum Beispiel das Ergebnis einer Spitzenwertmessung völlig verderben.
16. Die untere Grenzfrequenz muss 0 Hz betragen. Das piezoelektrische Prinzip wäre nicht geeignet.
17. Der Sensor ist so anzubringen, dass dessen Messrichtung quer zur Fallbeschleunigung steht. So wird die größtmögliche Empfindlichkeit erreicht.
18. Dann läge die Messrichtung parallel zur Fallbeschleunigung. Damit würde die Vorzeicheninformation verloren gehen. Eine Neigung nach rechts wäre nicht von einer Neigung nach links unterscheidbar.
19. Der Messbereich beträgt −90° bis +90°. Darüber hinausgehende Winkel können nicht mehr eindeutig erfasst werden, denn bei +100° würde derselbe Spannungswert ausgegeben wie bei +80°. Bei einer Neigung von 90° wirkt die Fallbeschleunigung genau in Messrichtung des Sensors, so dass bei der gegebenen Empfindlichkeit eine Ausgangsspannung von 9,81 V entsteht. Die Kennlinie wird von der folgenden Sinusfunktion beschrieben:

    $$U = 9{,}81\,\text{V} \cdot \sin\alpha$$

    Die Umkehrfunktion für die Berechnung des Winkels in der Signalverarbeitung lautet:

    $$\alpha = \arcsin\frac{U}{9{,}81\,\text{V}}$$

    Für eine Ausgangsspannung von −2 V erhält man:

    $$\alpha = \arcsin\frac{U}{9{,}81\,\text{V}} = \arcsin\frac{-2\,\text{V}}{9{,}81\,\text{V}} = \underline{-11{,}8^\circ}$$

20. Ausgangspunkt ist die nichtlineare Funktion:

$$U = 9{,}81\,\mathrm{V} \cdot \sin\alpha$$

Die erste Ableitung nach dem Winkel lautet:

$$\frac{dU}{d\alpha} = 9{,}81\,\mathrm{V} \cdot \cos\alpha$$

Setzt man für $\alpha = 0°$ ein, erhält man

$$\frac{dU}{d\alpha}(\alpha = 0°) = 9{,}81\,\mathrm{V}$$

woraus folgt:

$$\Delta U = 9{,}81\,\mathrm{V} \cdot \frac{2\pi}{360°} \cdot \Delta\alpha$$

Die Empfindlichkeit beträgt für kleine Winkel in sehr guter Näherung:

$$E = 9{,}81\,\mathrm{V} \cdot \frac{2\pi}{360°}$$

Die Ausgangsspannung kann nun ganz einfach durch die Empfindlichkeit dividiert werden, um den Neigungswinkel zu berechnen. Das kann die Signalverarbeitung erheblich vereinfachen - zumindest für kleine Neigungen.

Setzt man eine Ausgangsspannung von −2 V ein, erhält man:

$$\Delta\alpha = \frac{360°}{9{,}81\,\mathrm{V} \cdot 2\pi} \cdot \Delta U = \underline{-11{,}7°}$$

Obwohl der Messwert gar nicht so klein ist, kann die Abweichung zum richtigen Wert (in vorangegangener Aufgabe berechnet: −11,8°) vernachlässigt werden.

21. Die Geschwindigkeit hat folgenden Verlauf:

$$v(t) = \frac{ds(t)}{dt} = \frac{d\left(s_0 \cdot \sin\omega t\right)}{dt} = s_0\omega \cdot \cos\omega t = v_0 \cdot \cos\omega t$$

Mit $f = 1$ Hz, $v_0 = 6{,}28$ mm/s.

Die Beschleunigung wird durch folgende Funktion beschrieben:

$$a(t) = \frac{dv(t)}{dt} = \frac{d\left(v_0 \cdot \cos\omega t\right)}{dt} = v_0\omega \cdot \left(-\sin\omega t\right) = -a_0 \cdot \sin\omega t$$

Mit $f = 1$ Hz, $a_0 = 39{,}5$ mm/s^2.

Das Diagramm zeigt den Verlauf des Messwerts (Schwingweg) und der beiden daraus gewonnenen Messsignale (Schwinggeschwindigkeit und Schwingbeschleunigung).

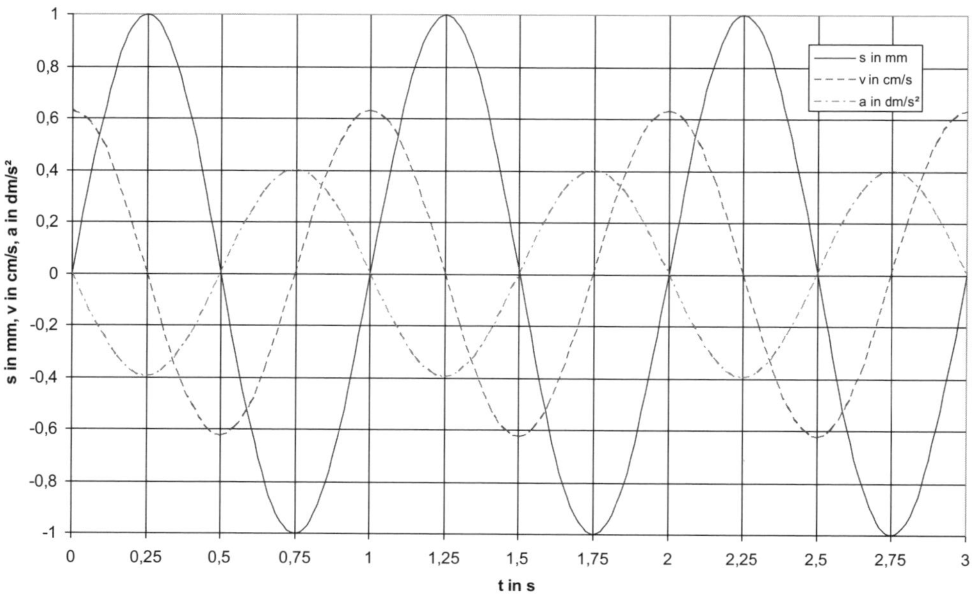

Bild 14.65 Signalverlauf von Weg, Geschwindigkeit und Beschleunigung

In der Praxis kann mit einer OPV-Schaltung (Analogrechner) differenziert werden. Wenn ein ADU und ein Prozessor vorhanden sind, wird man es eher digital tun; das heißt, man wird numerisch differenzieren und den zeitlichen Differenzenquotienten bilden. Störungen im Messsignal (egal ob stochastisch oder periodisch) können sich in jedem Fall unverhältnismäßig kräftig nach dem Differenzieren auswirken und bringen Unruhe in das Geschwindigkeitssignal und erst recht in das Beschleunigungssignal.

22. Die Schwinggeschwindigkeit hat folgenden Verlauf:

$$v(t) = \int a(t)dt = \int a_0 \cdot \sin \omega t dt = -\frac{a_0}{\omega} \cdot \cos \omega t = -v_0 \cdot \cos \omega t$$

Mit $f = 1$ Hz, $v_0 = 1{,}59$ m/s.

Der Schwingweg wird durch folgende Funktion beschrieben:

$$s(t) = \int v(t)dt = \int -v_0 \cdot \cos \omega t dt = -\frac{v_0}{\omega} \cdot \sin \omega t = -s_0 \cdot \sin \omega t$$

Mit $f = 1$ Hz, $s_0 = 0{,}253$ m.

Das Diagramm zeigt den Verlauf des Messwerts (Schwingbeschleunigung) und der beiden daraus gewonnenen Messsignale (Schwinggeschwindigkeit und Schwingweg).

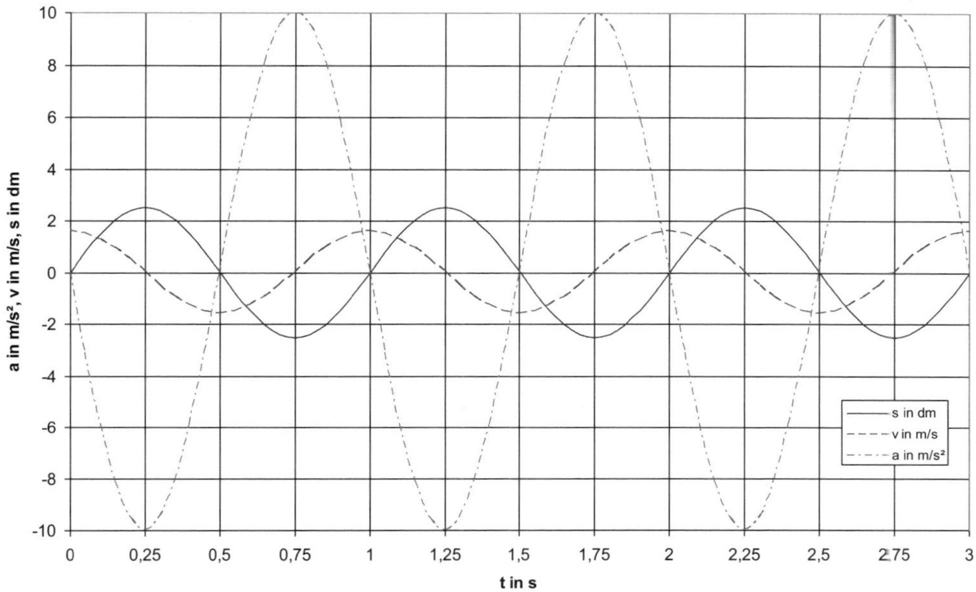

Bild 14.66 Signalverlauf von Beschleunigung, Geschwindigkeit und Weg

Wenn der Sensor auch nur die geringste Nullpunktabweichung hat, wird aus dieser infolge der ersten Integration eine wachsende Geschwindigkeitsabweichung und infolge der zweiten Integration eine Wegabweichung, die sich immer schneller vergrößert. Wenn das Ziel der Messung der Weg ist, kann dieser nur bei Kurzzeitmessungen aus der Beschleunigung bestimmt werden.

23. Jeder Sensor, der eine untere Grenzfrequenz von 0 Hz hat, kann eine Nullpunktdrift aufweisen. Im Beispiel entspricht eine Drift von 0,01 % einer Nullpunktabweichung von 0,05 m/s². Wird das Beschleunigungssignal zum Zweck der Geschwindigkeitsmessung nach der Zeit integriert, erfolgt das nach dieser Gleichung:

$$v_D(t) = \int a_D dt = a_D \cdot t$$

Je länger die Messung andauert, desto größer wird die Abweichung. Bei konstantem Beschleunigungsfehler wächst der Geschwindigkeitsfehler proportional mit der Zeit. Nach 10 s ist eine beachtliche Geschwindigkeitsabweichung entstanden:

$$v_D = a_D \cdot t = 0{,}05\,\frac{\mathrm{m}}{\mathrm{s}^2} \cdot 10\,\mathrm{s} = 0{,}5\,\frac{\mathrm{m}}{\mathrm{s}}$$

Um den Weg zu messen, muss auch das Geschwindigkeitssignal über der Zeit integriert werden:

$$s_D(t) = \int v_D(t)dt = \int a_D \cdot tdt = \frac{a_D}{2} \cdot t^2$$

Man könnte auch sagen, es findet eine Zweifachintegration der Beschleunigung statt. Die Gleichung lässt erkennen, dass die Wegabweichung quadratisch ansteigt.

$$s_D(t) = \frac{a_D}{2} \cdot t^2 = \frac{0{,}05\ \text{m/s}^2}{2} \cdot (10\ \text{s})^2 = \underline{2{,}5\ \text{m}}$$

Nach 10 s beträgt diese beachtliche 2,5 m.

Das Diagramm zeigt, dass ein Beschleunigungssensor kein guter Ersatz für einen Wegsensor ist. Während die Nullpunktabweichung der Beschleunigung konstant ist, vergrößert sich die Abweichung der Geschwindigkeit proportional mit der Zeit. Die Wegabweichung wächst quadratisch.

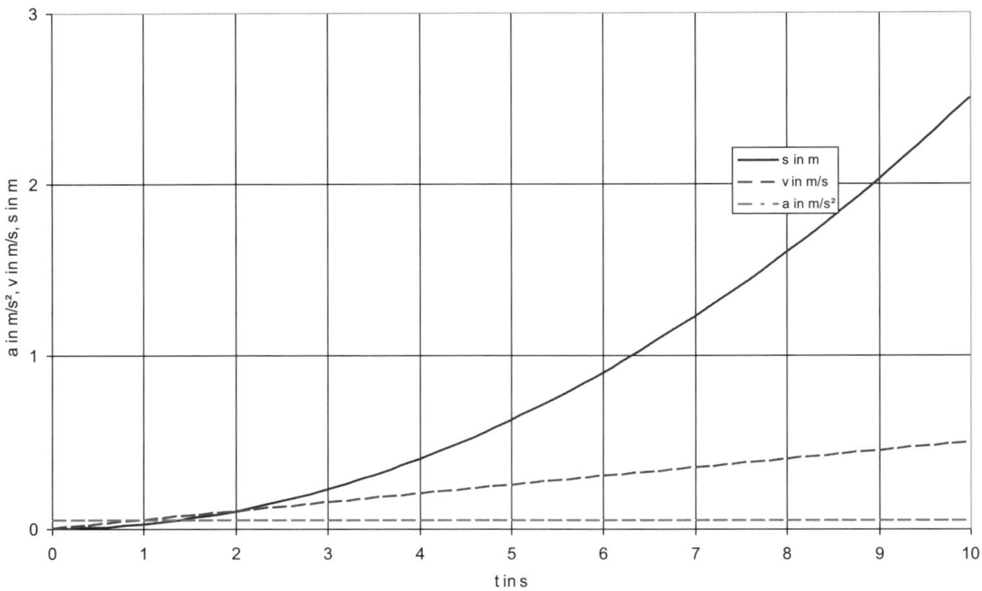

Bild 14.67 Zeitlicher Fehlerverlauf für Beschleunigung, Geschwindigkeit und Weg

24. Bei Sensoren, die ein schwingungsfähiges System 2. Ordnung mit kleinem Dämpfungsgrad (z. B. $D = 0{,}01$) darstellen, kann das dynamische Verhalten durch die Wirkung eines Tiefpasses verbessert werden. Die Grenzfrequenz des Tiefpasses muss so gewählt werden, dass die Eigenfrequenz weitestgehend gefiltert wird. Dadurch werden die Schwingamplituden nach einem Sprung am Eingang vermindert, wodurch das Gesamtsystem schneller einschwingt. Die Resonanzüberhöhung im Amplitudengang wird teilweise kompensiert, so dass der nahezu lineare Durchlassbereich des Amplitudengangs auf höhere Frequenzen ausgedehnt wird.

25. Sensorsignale sind oft sehr klein und damit störanfällig. Außerdem sind diese häufig passiv (resistiv, kapazitiv, induktiv). Ebenso können es Spannungsverhältnisse (Brückenverstimmungen) oder kleine Ladungen sein. Um die Messbarkeit und die Störfestigkeit zu verbessern, werden diese Sensorsignale in kräftigere Signale umgeformt. Wandler, die diese Funktion erfüllen, werden Messverstärker genannt. Deren Ausgangssignale sind oft Einheitssignale oder digitale Signale.
26. Trägerfrequenz-Messverstärker speisen Brückenschaltungen mit einer Wechselspannung, deren Frequenz je nach Anwendung 225 Hz oder auch 1 MHz betragen kann. Die Brückenspannung ist deshalb ebenfalls eine Wechselspannung mit derselben Frequenz. *Nachrichtentechnisch gesehen handelt es sich um eine Amplitudenmodulation.*
27. Da die Brückenspannung eine Wechselspannung ist, muss auch nur die Wechselspannung verstärkt werden. Das geschieht nicht sonderlich breitbandig, weshalb viele Störungen (z.B. Thermospannungen, Netzbrummen) unterdrückt werden. TF-Messverstärker zeichnen sich auch durch eine sehr große Nullpunktstabilität aus.
28. Wenn die messgrößenempfindlichen Elemente in einer Brückenschaltung induktiv oder kapazitiv arbeiten, muss mit einer Wechselspannung gearbeitet werden.
29. Wird die Brückenschaltung mit einer Wechselspannung gespeist, liegt die Information nicht nur in der Amplitude der Brückenspannung, sondern auch in deren Phasenlage zur Speisespannung. Damit die Vorzeicheninformation gewonnen werden kann, ist ein phasenempfindlicher Gleichrichter erforderlich. Würde nur die Amplitude betrachtet, könnte bei einem DMS-Kraftsensor nicht zwischen Zug- und Druckkraft unterschieden werden.
30. Bestandteile von TF-Messverstärkern sind ein Speisespannungsgenerator, optional eine Reglerschaltung zum Nachführen der Speisespannung (6-Leiter-Technik), der Verstärker für die Brückenspannung, ein phasengesteuerter Gleichrichter, der Tiefpass zum Unterdrücken der TF (es bleibt nur ein sehr kleiner Trägerrest), ein Ausgangstreiber oder ein ADU.
31. Nach der Gleichrichtung wird die Trägerfrequenz weitestgehend aus dem Signal entfernt, was mit einem Tiefpass geschieht. Dessen Grenzfrequenz muss deutlich unter der Trägerfrequenz liegen, damit die gewünschte Wirkung eintritt. So hat zum Beispiel ein Messverstärker mit einer TF von 600 Hz eine Bandbreite von 200 Hz.
32. Deren Aufbau ist einfacher. Höhere Grenzfrequenzen sind erreichbar.
33. Die Eingangsgröße eines Ladungsverstärkers ist eine Ladung. Die Ausgangsgröße ist (nicht etwa eine größere Ladung, sondern) eine Spannung. Ein Ladungsverstärker ist also eigentlich ein Ladungs-Spannungs-Wandler, denn das ist seine Funktion. Ebenso kann man einen Ladungsverstärker als Strom-Integrator betrachten. Denn die Ladung am Eingang fließt sofort in Form eines Stromes zu einem Kondensator und lässt dort eine Spannung entstehen.
34. Die Empfindlichkeit und damit der Messbereich eines Ladungsverstärkers werden vom Ladekondensator, der auch Bereichskondensator genannt wird, bestimmt. Dieser liegt im Rückkoppelzweig des OPV. Die Empfindlichkeit entspricht dem Kehrwert seiner Kapazität.

35. Umschaltbar sind die Zeitkonstantenwiderstände. Wie der Name verrät, wird die Zeitkonstante (Entladezeitkonstante) und damit die untere Grenzfrequenz durch diese beeinflusst. Außerdem hängt die Zeitkonstante vom Ladekondensator ab, denn τ ist gleich dem Produkt aus Widerstand und Kapazität.

36. Aus

$$\omega_{gu} = \frac{1}{\tau}$$

folgt:

$$f_{gu} = \frac{1}{2\pi \cdot \tau} = \frac{1}{2\pi \cdot R \cdot C} = \frac{1}{2\pi \cdot 4{,}7\,\mathrm{M\Omega} \cdot 0{,}1\,\mathrm{\mu F}} = \underline{0{,}34\ \mathrm{Hz}}$$

Die untere Grenzfrequenz beträgt 0,34 Hz.

37. Hauptbestandteil des Ladungsverstärkers ist ein OPV, der als Strom-Integrator geschaltet ist (Ladekondensator im Rückkoppelzweig). Die Ladung am Eingang wird nach der Zeit integriert, so dass am Kondensator und damit am Ausgang des OPV eine Spannung entsteht, die proportional zur Ladung ist. Infolge der, wenn auch sehr geringen, Eingangsleckströme (die einer andauernden Ladungsverschiebung entsprechen) des OPV, kann sich am Ladekondensator eine Spannung einstellen, die zur Übersteuerung des OPV führt, weil sich die Spannung zeitproportional zum Biasstrom verändert.

38. Beim Betätigen der Reset-Taste wird der Ladekondensator kurzgeschlossen. Er entlädt sich. Das kann vor jeder Messung geschehen und ist identisch mit einem Nullabgleich. Auch ein externes Gerät kann ein Reset auslösen. Bei industriellen Anwendungen löst oft eine SPS den Nullabgleich aus.

39. Ein piezoelektrischer Sensor mit großem Messbereich erzeugt am oberen Ende des Messbereichs eine große Ladung. Der Grund liegt darin, dass die Empfindlichkeit eines piezoelektrischen Sensors nicht vom Messbereich abhängt, sondern vom Piezomaterial. So hat ein Quarz-Sensor eine Empfindlichkeit von 4,3 pC/N. Von Sensoren mit großen Messbereichen sind deshalb große Ladungen zu erwarten. Da auch diese in eine Spannung von 10 V gewandelt werden sollen, muss der Ladekondensator (Bereichskondensator) entsprechend groß ausgewählt werden.

    DMS-Sensoren weisen beim Nennwert eine Brückenverstimmung von meist 2 mV/V auf. Unabhängig vom Messbereich des Sensors hat der Messverstärker die Aufgabe, ein Spannungsverhältnis von 2 mV/V in eine Spannung von 10 V zu wandeln. Es spielt also keine Rolle, was der Sensor für einen Messbereich hat. Es ist mit 2 mV/V beim Nennwert zu rechnen.

40. Damit die Selbstjustage die gesamte Messkette einschließt, muss die nichtelektrische Größe hinreichend präzise dargestellt und am Eingang zu- und abgeschaltet werden. Das ist mit ganz erheblichem Aufwand verbunden. Man denke nur einmal an die Messgrößen Drehmoment, Luftfeuchtigkeit, Volumenstrom.

41. Die Spannungsverstärkung kann mit der Formel für Nichtinverter berechnet werden:

$$\frac{u_\mathrm{a}}{u_\mathrm{e}} = 1 + \frac{R_2}{R_1} = 1 + \frac{9\ \mathrm{k\Omega}}{1\ \mathrm{k\Omega}} = 10$$

Die Verstärkung beträgt 10.

R_3 dient der Ruhestromkompensation. Diese ist zweckmäßig, wenn der OPV bipolare Eingänge hat. Durch unterschiedlich große Eingangsruheströme entstehen zusätzliche Differenzeingangsspannungen, die (im Beispiel um den Faktor 10 verstärkt) am Ausgang als Offsetspannung zu verzeichnen sind.

$$R_3 \approx \frac{R_1 \cdot R_2}{R_1 + R_2} = \frac{1\ \mathrm{k\Omega} \cdot 9\ \mathrm{k\Omega}}{1\ \mathrm{k\Omega} + 9\ \mathrm{k\Omega}} = 900\ \Omega$$

Beträgt R_3 900 Ω, sind die Ströme an den Eingängen fast gleich groß.

42. Die Berechnungsgleichung für den Inverter lautet:

$$\frac{u_\mathrm{a}}{u_\mathrm{e}} = -\frac{R_2}{R_1} = -\frac{20\ \mathrm{k\Omega}}{200\ \Omega} = -100$$

Der Übertragungsfaktor (Empfindlichkeit) beträgt –100. Die Ausgangsspannung beträgt 0,5 V.

Der Eingangswiderstand ist die Summe aus R_1 und R_3. Diese beträgt 400 Ω. *Im Gegensatz zum Elektrometerverstärker hat der Inverter einen recht niedrigen Eingangswiderstand.*

43. Auf den Nullpunkt gibt es natürlich keinerlei Auswirkung, denn dieser wird nicht von den Widerständen beeinflusst, sondern durch die Offsetspannung des OPV. Die Verstärkung ist hingegen von den Widerständen abhängig, die im Beispiel identische TK aufweisen. Wenn alle Widerstände dieselbe Temperatur haben, dann gibt es keinen Einfluss auf den Anstieg der Kennlinie.

44. Der Schaltplan zeigt einen invertierenden Verstärker mit der Option Nullabgleich.

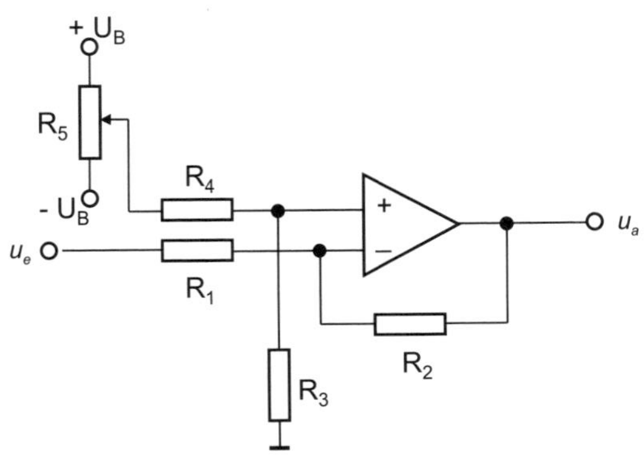

Bild 14.68
Inverterschaltung mit Nullabgleich

Mit Hilfe des dargestellten externen Offsetabgleichs ist es möglich, die statische Kennlinie der Schaltung parallel zu verschieben. Es gibt auch OPVs mit zusätzlichen Anschlüssen für den internen Offsetabgleich.

45. Die Schaltung bildet die Differenz der Eingangsspannungen:

$$u_a = \frac{R_2}{R_1}(u_{e2} - u_{e1}) = \frac{1\,\text{k}\Omega}{1\,\text{k}\Omega}(6\,\text{V} - 5\,\text{V}) = 1\,\text{V}$$

Die Differenz und damit die Ausgangsspannung beträgt 1 V.

46. Der Schaltplan zeigt einen Summierverstärker, aufgrund der Vorzeichenumkehr auch Umkehr-Addierer genannt.

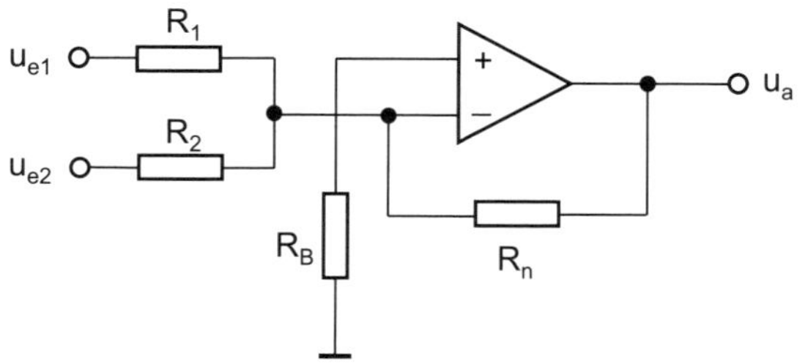

Bild 14.69
Summierverstärker

R_B dient wieder der Bias- bzw. Ruhestromkompensation.

$$-u_a = \frac{R_n}{R_1}u_{e1} + \frac{R_n}{R_2}u_{e2}$$

Der negierte arithmetische Mittelwert ergibt sich, wenn gilt: $R_1 = R_2 = 2R_n$.

Wählt man für R_1 und R_2 unterschiedliche Werte, erfolgt eine gewichtete Addition der Eingangsspannungen.

Soll der Vorzeichenwechsel vermieden werden, ist ein Inverter nach- oder mehrere vorzuschalten.

47. Zunächst kann festgestellt werden, dass der Nullpunkt von der Temperaturabhängigkeit der Widerstände unbeeinflusst bleibt. Dieser wird in der vorliegenden Schaltung durch den TK der Eingangsoffsetspannung der OPVs bestimmt, was hier jedoch nicht betrachtet werden soll.

Für die Gesamtschaltung gilt:

$$u_a = \left(1 + \frac{2R_2}{R_1}\right)(u_{e2} - u_{e1})$$

Für die Differenzverstärkung bedeutet das:

$$K = \frac{u_a}{u_D} = 1 + \frac{2R_2}{R_1} = 1 + \frac{2 \cdot 100\,\text{k}\Omega}{1\,\text{k}\Omega} = 201$$

Bei Temperaturerhöhung um 10 K ergeben sich folgende Widerstandswerte:

$$R_1 = 1\,\text{k}\Omega\left(1 + 500\,\frac{\text{ppm}}{\text{K}} \cdot 10\,\text{K}\right) = 1{,}005\,\text{k}\Omega$$

$$R_2 = 100\,\text{k}\Omega\left(1 + 20\,\frac{\text{ppm}}{\text{K}} \cdot 10\,\text{K}\right) = 100{,}02\,\text{k}\Omega$$

Die Differenzverstärkung sinkt demzufolge:

$$K_{\text{T}=+10\text{K}} = 1 + \frac{2R_2}{R_1} = 1 + \frac{2 \cdot 100{,}02\,\text{k}\Omega}{1{,}005\,\text{k}\Omega} = 200{,}045$$

Die relative Änderung beträgt:

$$\delta = \frac{K_{\text{T}=+10\text{K}} - K}{K} = \frac{200{,}045 - 201}{201} = -0{,}48\,\%$$

Der Temperaturkoeffizient der Empfindlichkeit beträgt −0,48 % je 10 K. Das kann für einige messtechnische Anwendungen zu viel sein.

Es sollten deshalb Widerstände mit identischen TK Verwendung finden.

48. Beim Nennwert der Messgröße beträgt die Brückenspannung 10 mV (2 mV/V multipliziert mit 5 V). Die Verstärkung muss demzufolge auf 1000 eingestellt werden.

$$G = 20 \cdot \lg\frac{U_\text{a}}{U_\text{e}} = 20 \cdot \lg\frac{10\,\text{V}}{10\,\text{mV}} = 60\,\text{db}$$

Das entspricht 60 dB.

Die Eingangsoffsetspannungsdrift verursacht eine Temperaturdrift des Nullpunkts. Die entsprechende Kenngröße heißt TKN. Da dieser üblicherweise auf 10 K bezogen wird, muss mit 50 μV (5 μV/K multipliziert mit 10 K) gerechnet werden. Dividiert man diese 50 μV durch das Nenneingangssignal von 10 mV, erhält man 0,005 bzw. 0,5 % je 10 K. Das ist nicht wenig!

Man erkennt an diesem Beispiel deutlich, dass es auf ein gutes Verhältnis von Stör- zu Nutzsignal ankommt. Eine kleinere Speisespannung, die Halb- oder gar die Viertelbrücke wären kontraproduktiv. Höhere Speisespannungen sind bezüglich des Stör-Nutz-Abstands vorteilhaft, verursachen jedoch auch eine Erwärmung der DMS. *DMS- und Aufnehmerproduzenten geben Maximalwerte in Datenblättern an.*

Vorsicht ist in diesem Beispiel zusätzlich geboten, da die Angabe von 5 μV/K mit der Bemerkung typisch versehen ist. Der tatsächliche Wert kann dann natürlich höher sein. *Zu bevorzugen sind für die Verstärkung kleiner Brückenspannungen Präzisions-Instrumentationsverstärker, die eine Drift von max. 0,25 μV/K aufweisen.*

49. Im Schaltbild ist ein Spannungs-Strom-Wandler dargestellt.

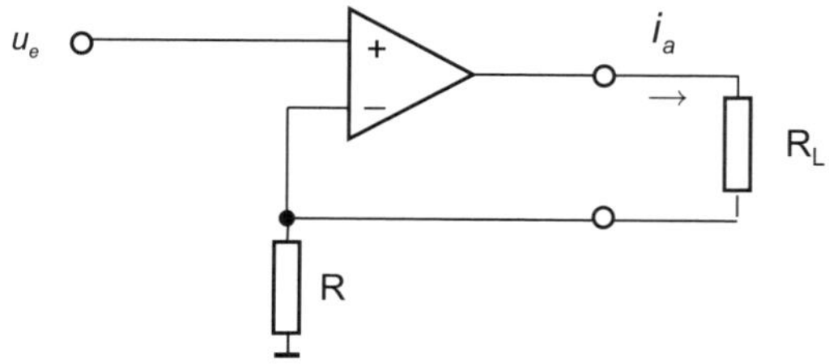

Bild 14.70
Spannungs-Strom-Wandler

Der funktionale Zusammenhang lautet:

$$i_a = \frac{1}{R} u_e$$

Der Lastwiderstand hat (in gewissen Grenzen) keinen spürbaren Einfluss auf den eingeprägten Strom. Nach Umstellung erhält man:

$$R = \frac{u_e}{i_a} = \frac{10\ \text{V}}{20\ \text{mA}} = 500\ \Omega$$

Der Widerstand R muss exakt 500 Ω betragen. Eine Toleranz von 1 % würde eine Unsicherheit der Empfindlichkeit von 1 % mit sich bringen.

Der Eingangswiderstand beträgt ca. 500 Ω. *Genügt das nicht, ist ein Spannungsfolger vorzuschalten.*

Der Ausgangswiderstand einer spannungsgespeisten Stromquelle ist der einer Konstantstromquelle: beinahe unendlich.

50. Der Übertragungsfaktor ist identisch mit dem Wert des Widerstands - im Beispiel 1 kΩ. Rückwirkungsfreiheit ist nicht gegeben. Der Widerstand vermindert den Strom.
51. Der im Schaltbild dargestellte aktive Strom-Spannungs-Wandler hat einen äußerst geringen Eingangswiderstand.

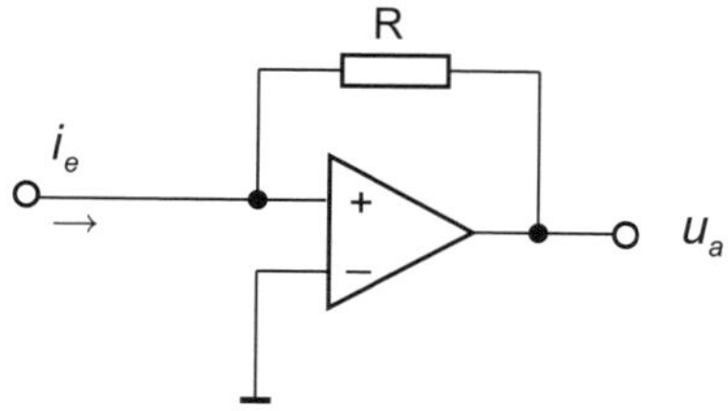

Bild 14.71
Aktiver Strom-Spannungs-Wandler

Ein- und Ausgangswiderstand sind sehr niedrig.

Für den Übertragungsfaktor gilt:

$$K = \frac{u_a}{i_e} = -R$$

52. Ein solcher Zweiweggleichrichter hat eine nichtlineare Kennlinie. Wegen der Schwellenspannung der Dioden werden kleine Eingangsspannungen nicht übertragen.
53. Das Schaltbild zeigt einen linearen Zweiweggleichrichter (Präzisionsgleichrichter).

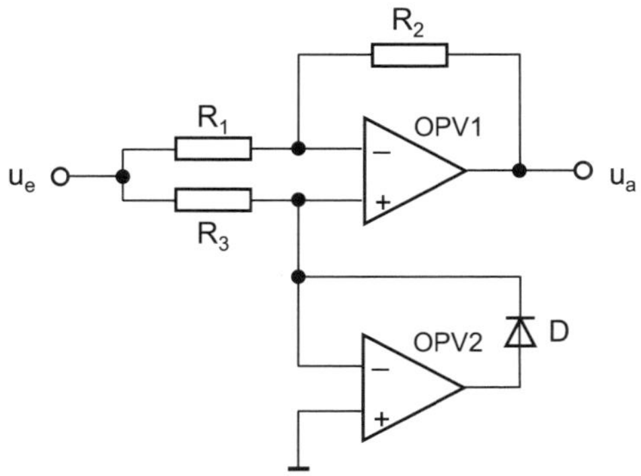

Bild 14.72
Linearer Zweiweggleichrichter

Die Bedingung ist erfüllt, wenn die Widerstände gleich groß sind.

Der OPV2 mit der Diode im Rückkoppelzweig fungiert als ideale Diode (Schwellenspannung = 0 V). Bei positiver Eingangsspannung u_e sperrt diese, so dass am nicht invertierenden Eingang von OPV1 die Eingangsspannung u_e anliegt. OPV1 arbeitet dann als Nichtinverter. Die Ausgangsspannung ist dann gleich der Eingangsspannung.

Liegt am Eingang eine negative Spannung an, ist die ideale Diode durchlässig. Der nicht invertierende Eingang des OPV1 liegt dann auf Masse, so dass OPV1 als Inverter arbeitet und das Vorzeichen der Eingangsspannung umkehrt.

54. Abgebildet ist ein (Spannungs-)Integrator, auch Integrierer genannt. Die Abhängigkeit der Ausgangs- von der Eingangsspannung wird mit folgender Formel beschrieben:

$$U_a = -\frac{1}{RC}\int_0^t U_e\,dt + U_a(t=0)$$

Der Eingangswiderstand ist gleich dem Widerstand R am invertierenden Eingang.

Eingesetzt werden Integrierer in Signalgeneratoren, AD-Umsetzern (Dual-Slope-Verfahren, Single-Slope-Verfahren, Charge-Balancing-Verfahren) sowie für die Ermittlung der Energie aus der Leistung, der Schwinggeschwindigkeit aus der Schwingbeschleunigung, des Volumens aus dem Durchfluss.

Analoge PID-Regler nutzen den Integrator zur Berechnung des I-Anteils aus der Regeldifferenz.

55. Dargestellt ist das Schaltbild eines Differenzierers (Bild 14.73). Im Gegensatz zum Integrator befindet sich der Kondensator in Reihe zum Eingang:

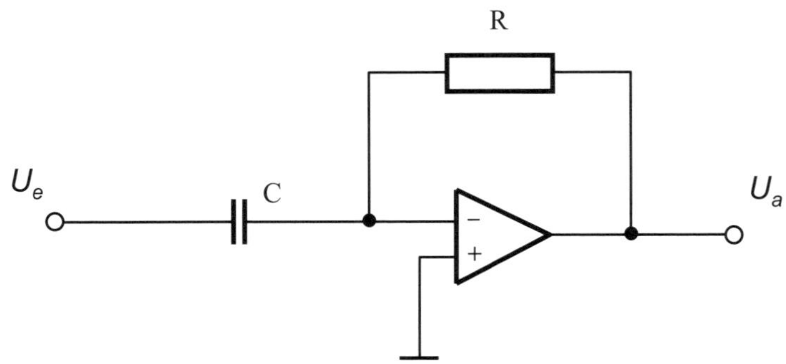

Bild 14.73 OPV als Differenzierer

Die Abhängigkeit der Ausgangs- von der Eingangsspannung wird mit der Differentialgleichung

$$U_a = -RC \cdot \frac{dU_e(t)}{dt}$$

beschrieben.

Die Zeitkonstante ist gleich dem Produkt aus R und C.

Eingesetzt werden Differenzierer für die Ermittlung des zeitlichen Anstiegs eines Signals. So kann der Massestrom aus der Masse bestimmt werden, die Beschleunigung aus der Geschwindigkeit oder die Geschwindigkeit aus dem Weg. Auch wird der D-Anteil eines PID-Reglers aus der Änderungsgeschwindigkeit der Regeldifferenz gebildet.

In der Praxis besteht die Gefahr, dass das differenzierte Eingangssignal wegen zufälliger Störsignale sehr „zapplig" wird.

14.9 Kapitel 9: Spektralanalyse

1. Um die Eigenfrequenz eines mechanischen Bauteils zu bestimmen, könnte man den Schwingweg, die Schwinggeschwindigkeit, die Schwingbeschleunigung, die Dehnung oder den Schalldruck über der Zeit messen.
2. Man benötigt eine große Messzeit, damit die Frequenzauflösung bzw. die Trennschärfe des Spektrums hoch ist.
3. Kohärent abtasten bedeutet, dass die Messzeit (Produkt aus Abtastperiode und Anzahl der Messwerte) genau einer oder einem ganzzahligen Vielfachen einer Periode des Messsignals entspricht. Kohärenz ist anzustreben, wenn auf den gewonnenen Datensatz eine DFT angewandt werden soll.

   Da im Messsignal oft viele verschiedene Frequenzen enthalten sind, ist die kohärente Abtastung in der Praxis meist nicht realisierbar.

4. Der Leakage- bzw. Leckage-Effekt ist nicht gewollt. Dieser tritt auf, wenn nicht kohärent gemessen wird. Der Leakage-Effekt führt zu sogenannten Abschneidefehlern im Zeitbereich, was sich im Frequenzbereich (im Amplitudenspektrum) dadurch äußert, dass man statt eines schmalen Peaks, der eine einzige Frequenz verkörpert, eine abgeflachte Erhebung erhält - ganz so, als würde der Inhalt des Peaks nach rechts und links „auslaufen", als hätte der Peak ein Leck. Das Spektrum wird fehlerhaft. Im Bildbereich entstehen Frequenzen, die im Messsignal gar nicht vorhanden sind.

   Verhindert wird der Effekt, wenn die Länge des Datensatzes, auf den die DFT angewandt wird, so gewählt ist, dass Kohärenz zustande kommt. Oder man benutzt eine spezielle Fensterfunktion (z. B. das Dreieckfenster). Diese wird im Zeitbereich mit dem Messsignal multipliziert. Danach wird die DFT auf das gefensterte Signal angewandt. Der Leckage-Effekt wird dadurch nicht beseitigt aber immerhin vermindert. Beide Maßnahmen können natürlich auch *off-line* (*post-processing*) durchgeführt werden.

5. Die FFT kann nur eine Anzahl von Messwerten verarbeiten, die einer ganzzahligen Zweierpotenz entspricht (2048, 4096, 8192, usw.). Eine FFT würde deshalb 3904 Werte ignorieren und das Spektrum aus 4096 Messwerten berechnen. Es ist deshalb günstiger, nur 4096 Werte zu erfassen. Das Spektrum steht dann schneller zur Verfügung. Oder man erfasst 192 Werte mehr (insgesamt 8192 Messwerte) und erhält damit ein Spektrum mit der doppelten Trennschärfe.

6. Bei der FFT sind viel weniger Rechenoperationen erforderlich, so dass man schneller zum Ergebnis kommt. Dieser Vorteil macht sich insbesondere bei großen Datensätzen bemerkbar.

   Da der verwendete Datensatz eine ganzzahlige Zweierpotenz sein muss, ist es bei der FFT fast unmöglich, Kohärenz zu erreichen oder ganzzahlige diskrete Frequenzen.

7. Der Abstand zwischen den Frequenzen errechnet sich mit folgender Gleichung:

$$\Delta f = \frac{f_a}{N}$$

   Da bei einer FFT der Nenner eine Zweierpotenz ist, müsste man am DAQ-System eine Abtastfrequenz (Zähler) einstellen, die diesen „krummen" Wert hat. Beispielsweise müsste für N gleich 8192 eine Messrate von 8,192 kHz eingestellt werden. Da das meist nicht möglich ist, entstehen „krumme" Werte an der x-Achse des Spektrums.

8. Wenn ein transienter Vorgang aufgezeichnet wurde, wendet man keine spezielle Fensterfunktion an. Man benutzt das Rechteckfenster. Da die ersten und die letzten Messwerte identisch sind, entsteht kein Abschneidefehler. Man bedenke, dass die speziellen Fensterfunktionen eigene Spektren haben, die das Ergebnis beeinflussen würden. *Die Pre-Trigger-Funktion eignet sich hier für die Messwerterfassung.*

9. Die niedrigste Frequenz beträgt 0 Hz. Die hier berechnete Amplitude entspricht dem Gleichanteil des Signals.

   Die Trennschärfe entspricht dem Kehrwert der Messzeit:

$$\Delta f = \frac{1}{T_m} = \frac{1}{100\text{ ms}} = \underline{10\text{ Hz}}$$

Die Abtastfrequenz ist gleich der Zahl der Messwerte je Zeiteinheit:

$$f_a = \frac{N}{T_m} = \frac{1000}{100\ \text{ms}} = \underline{10\ \text{kHz}}$$

Die größte Frequenz im Spektrum ist etwas kleiner als die halbe Abtastfrequenz:

$$f_{max} = \frac{f_a}{2} - \Delta f = \frac{10\ \text{kHz}}{2} - 10\ \text{Hz} = \underline{4{,}99\ \text{kHz}}$$

Es werden 500 Amplitudenwerte über 500 Frequenzen berechnet. Die berechneten Phasenwerte (ebenfalls 500) sind nur selten von Interesse.

10. Die FFT kann von den 1000 Messwerten lediglich 512 verwenden.

Die Abtastperiode beträgt:

$$T_a = \frac{T_m}{N} = \frac{100\ \text{ms}}{1000} = \underline{0{,}1\ \text{ms}}$$

Die Trennschärfe entspricht dem Kehrwert der effektiven Messzeit:

$$\Delta f = \frac{1}{T_{m,eff}} = \frac{1}{N_{eff} \cdot T_a} = \frac{1}{512 \cdot 0{,}1\ \text{ms}} = \underline{19{,}53\ \text{Hz}}$$

Die Trennschärfe ist fast um den Faktor 2 schlechter als bei der DFT. Die Frequenzwerte sind jetzt keine natürlichen Zahlen mehr, was zumindest ein Schönheitsfehler ist.

Die größte Frequenz im Spektrum weicht kaum von dem Wert ab, der mit der DFT erzielt wurde:

$$f_{max} = \frac{f_a}{2} - \Delta f = \frac{10\ \text{kHz}}{2} - 20\ \text{Hz} = \underline{4{,}98\ \text{kHz}}$$

Es werden nur 256 Amplitudenwerte über 256 Frequenzen berechnet.

Man sollte die Messzeit um 2,4 ms verlängern und 1024 Werte erfassen. Durch die gestiegene Leistungsfähigkeit der Prozessoren lohnt es sich aber auch, darüber nachzudenken, ob die Implementierung einer „normalen“ DFT lohnenswert ist.

11. Die Anzahl der erfassten Messwerte entspricht einer Zweierpotenz. Die FFT verwendet deshalb exakt dieselben Messwerte wie die DFT. Deshalb sind beide Frequenzspektren auch völlig identisch.

12. Die Frequenzauflösung entspricht dem Kehrwert der Messzeit:

$$\Delta f = \frac{1}{T_m} = \frac{1}{10\ \text{s}} = \underline{0{,}1\ \text{Hz}}$$

Die größte Frequenz im Spektrum liegt knapp unter der halben Abtastfrequenz:

$$f_{\max} = \frac{f_a}{2} - \Delta f = \frac{10\ \text{kHz}}{2} - 0{,}1\ \text{Hz} = \underline{4{,}9999\ \text{kHz}}$$

Eine Drehzahl von 30 000 /min entspricht 500 Umdrehungen je Sekunde. Die größte Amplitude ist deshalb bei 500 Hz (Anregungsfrequenz) zu erwarten. Weitere lokale Maxima werden bei den Oberwellen zu finden sein.

Bei 500 Hz sowie den Harmonischen ist Kohärenz gegeben. Sobald jedoch die Drehzahl sich ein klein wenig ändert, ist das nicht mehr der Fall. Durch die große Anzahl der Perioden innerhalb der Messzeit relativiert sich jedoch der Abschneidefehler erheblich.

Die obere Grenzfrequenz des Beschleunigungsaufnehmers sowie die des Verstärkers sollte mindestens 5 kHz betragen, wenn ein Spektrum dieser Bandbreite benötigt wird. Man beachte jedoch, dass das Nyquist-Kriterium verletzt wird, falls das Messsignal Frequenzen größer 5 kHz enthält.

13. Die FFT kann von den 100 000 Messwerten nur 65 536 verwenden.

Die Trennschärfe kann errechnet werden aus Abtastfrequenz dividiert durch Anzahl der verwendeten Messwerte:

$$\Delta f = \frac{f_a}{N_{\text{eff}}} = \frac{10\ \text{kHz}}{65536} = \underline{0{,}152588\ \text{Hz}}$$

Die Trennschärfe ist um ca. den Faktor 1,5 schlechter als bei der DFT.

Leider gibt es keine Kohärenz für eine Signalfrequenz von 500 Hz. Für diese wird weder Amplitude noch Phase berechnet. Berechnet werden Amplituden bei den diskreten Frequenzen 499,878 Hz und 500,031 Hz. Das Spektrum läuft infolge des Abschneidefehlers etwas aus.

14. Das Messsignal kann mit folgender Gleichung beschrieben werden:

$$U(t) = 2\ \text{V} + 1\ \text{V} \cdot \sin(2\pi \cdot 10\ \text{Hz} \cdot t)$$

Die Messzeit betrug:

$$T_m = \frac{1}{\Delta f} = \frac{1}{10\ \text{Hz}} = \underline{100\ \text{ms}}$$

$$f_a = 2 \cdot \left(f_{\max} + \Delta f\right) = 2 \cdot \left(70\ \text{Hz} + 10\ \text{Hz}\right) = \underline{160\ \text{Hz}}$$

Die Abtastrate war auf 160 Hz eingestellt.

15. Die Anwendung spezieller Fensterfunktionen ist nur dann vorteilhaft, wenn nicht kohärent abgetastet wird. Das ist in der Praxis fast immer der Fall. Solche Fensterfunktionen sind u. a. Dreieck-, Hanning-, Hamming- und Blackman-Fenster. Es sind Zeitfunk-

tionen, die bei kleinen Werten beginnen, den Wert 1 erreichen und wieder bei kleinen Werten enden. Die Gleichung

$$w(t) = \frac{1}{2}\left[1 - \cos\left(2\pi \frac{t}{T_w}\right)\right]$$

beschreibt den Verlauf des Hanning-Fensters.

Durch Multiplikation mit dem Messsignal, das nach der Erfassung als diskrete Zeitfunktion vorliegt, werden Abschneidefehler reduziert (Reduktion der Amplituden an den Fensterrändern). Das Auslaufen der Spektrallinien wird dadurch vermindert. Jedoch haben Fensterfunktionen eigene Spektren, die durch Multiplikation im Zeitbereich in den Bildbereich hineingefaltet werden. Im Experiment kann das leicht gezeigt werden. Benutzt man trotz kohärenter Messung das Dreieckfenster, entstehen im Spektrum Frequenzen, die im ursprünglichen Signal nicht vorhanden waren.

16. Lange Messzeiten reduzieren die Wirkung von Abschneidefehlern. Was so zu erklären ist, dass bei nur einer beschnittenen Periode bezogen auf 50 vollständige, keine große Wirkung erfolgt. Die abgeschnittene Periode fällt relativ zu den vielen vollständigen Perioden kaum noch ins Gewicht.

17. Zum einen kann das Spektrum erst berechnet werden, wenn der Datensatz „im Kasten" ist. Die Echtzeitfähigkeit kann verloren gehen.

    Zum anderen kann sich die Frequenz der Anregung (z. B. durch Drehzahlwechsel) ändern. Je länger die Messzeit ist, umso größer ist diese Gefahr. Wenn sich die Signalfrequenzen während der Messzeit ändern, „verschmiert" das Spektrum. Denn während der Messzeit überstreicht die Frequenz einen ganzen Bereich.

18. Ein Crashtest ist ein transienter Vorgang. Es werden transiente Signale gemessen, so dass das Rechteckfenster zum Einsatz kommen muss.

19. a) Wenn alle Messwerte für die Transformation verwendet werden, entstehen Abschneidefehler. Da es sich um ein periodisches Signal handelt, liegt es nahe, eine spezielle Fensterfunktion zu benutzen. Jedoch würde wegen des verhältnismäßig großen Gleichanteils das Spektrum des Fensters unser Ergebnisspektrum ganz erheblich beeinflussen. Deshalb sollte das Rechteckfenster benutzt werden.

    b) Es sollten die Messwerte aus einem Zeitbereich von 4 ms benutzt werden. Hierbei ist es ohne Belang, ob es die Messwerte von 0 bis 4 ms oder die Messwerte von 1 bis 5 ms sind. In jedem Fall ist Kohärenz gegeben. Das Rechteckfenster ist daher sehr gut geeignet.

20. Da es ein transienter Vorgangs ist, eignet sich das Rechteckfenster. Für die FFT können nicht alle 1000 Messwerte (20 kHz mal 0,05 s) Verwendung finden. Es müssen die ersten 512 Werte benutzt werden. Das entspricht der Zeitspanne von 0 bis 25,6 ms.

21. Bei einer Abtastrate von 2 kHz und einer Messzeit von 10 ms entstehen Datensätze mit nur 20 Werten. Die DFT kann alle Werte verarbeiten, weshalb die Frequenzauflösung dem Kehrwert der Messzeit entspricht: 100 Hz. Die DFT berechnet 10 Amplituden- sowie 10 Phasenwerte für die Frequenzen von 0 Hz, 100 Hz, 200 Hz bis 900 Hz.

Mit Abstand am besten wird das Amplitudenspektrum für das Signal a (100 Hz) ermittelt. Denn der Tiefpass zeigt kaum Wirkung und die Signalfrequenz ist genauso groß wie eine der diskreten Ergebnisfrequenzen:

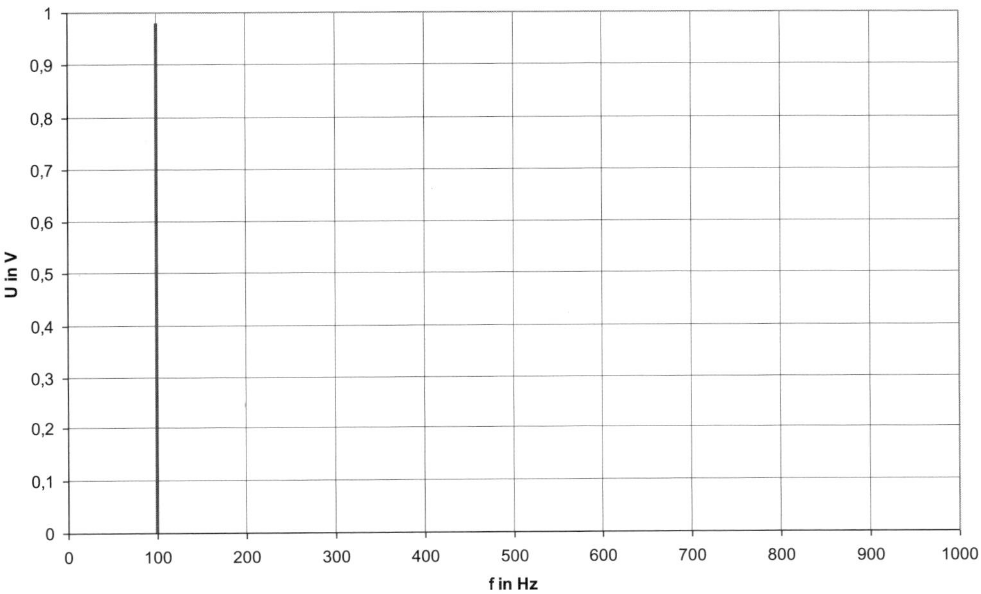

Bild 14.74 Amplitudenspektrum Signal a) Sinus (1 V, 100 Hz)

Das Signal b liegt mit seinen 250 Hz genau zwischen zwei diskreten Frequenzen. Für 250 Hz wird keine diskrete Amplitude ermittelt. Durch den Leckage-Effekt werden für die benachbarten diskreten Frequenzen Amplituden berechnet, die wesentlich kleiner sind als 1 V (siehe Bild 14.75). Wie groß die diskreten Amplituden sind, ist von der zeitlichen Lage des Messfensters abhängig. Deshalb kann die Abbildung nur beispielhaft sein.

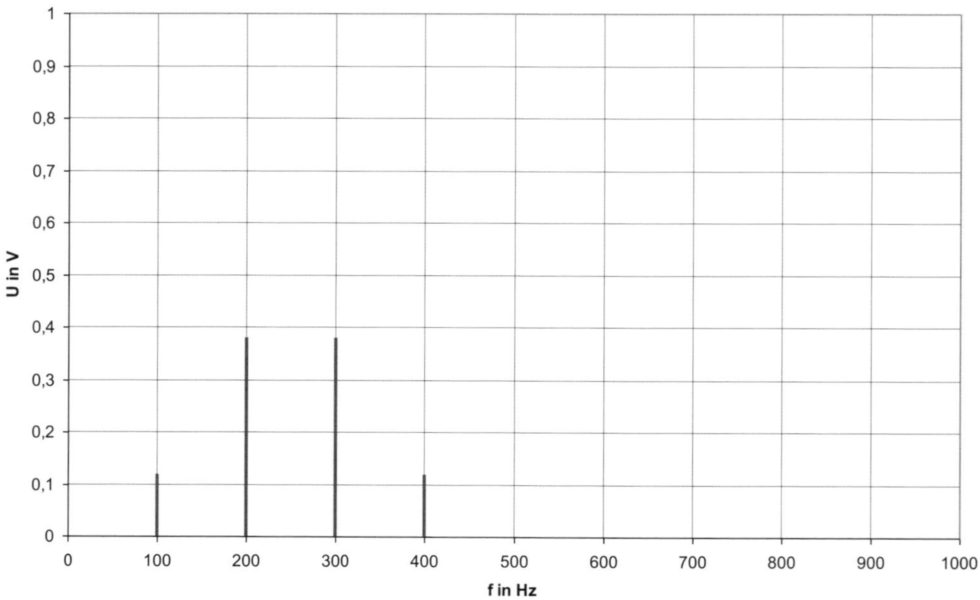

Bild 14.75 Amplitudenspektrum Signal b) Sinus (1 V, 250 Hz)

Das Signal c weist mit 500 Hz eine Frequenz auf, die exakt einer der diskreten Ergebnisfrequenzen entspricht. Jedoch hat der vorgeschaltete Tiefpass seine Grenzfrequenz ebenfalls bei 500 Hz. Da keine nähere Angabe vorliegt, ist davon auszugehen, dass es sich um die 3-dB-Grenzfrequenz handelt. Die Spektrallinie endet deshalb bei 0,7 V:

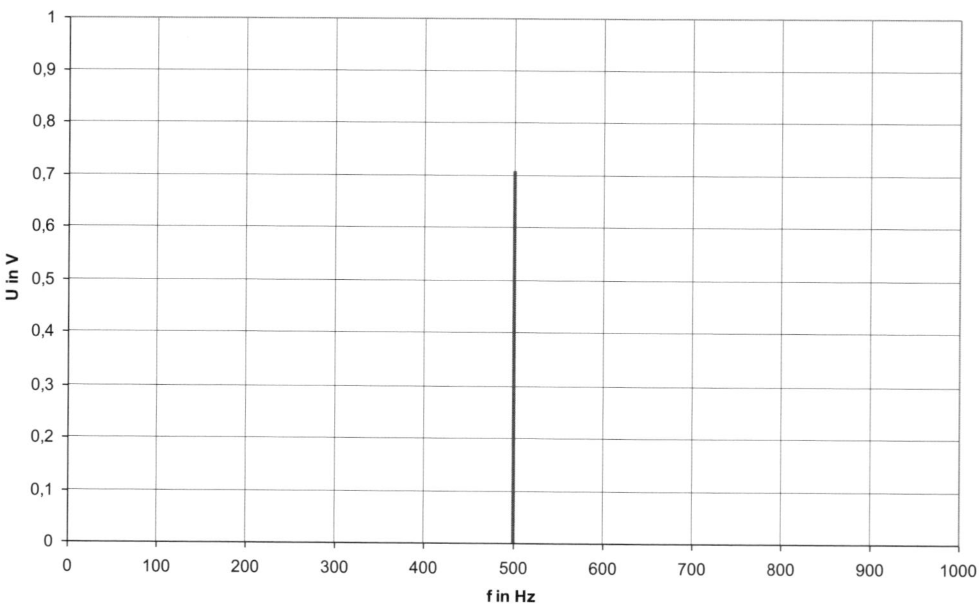

Bild 14.76 Amplitudenspektrum Signal c) Sinus (1 V, 500 Hz)

Die Frequenz des Signals d (1000 Hz) ist so groß wie die halbe Abtastfrequenz. Für 1000 Hz berechnet die DFT deshalb keine Amplitude. Für alle anderen Frequenzen sind die Amplituden gleich 0. Im Bild 14.77 ist keine Spektrallinie zu sehen:

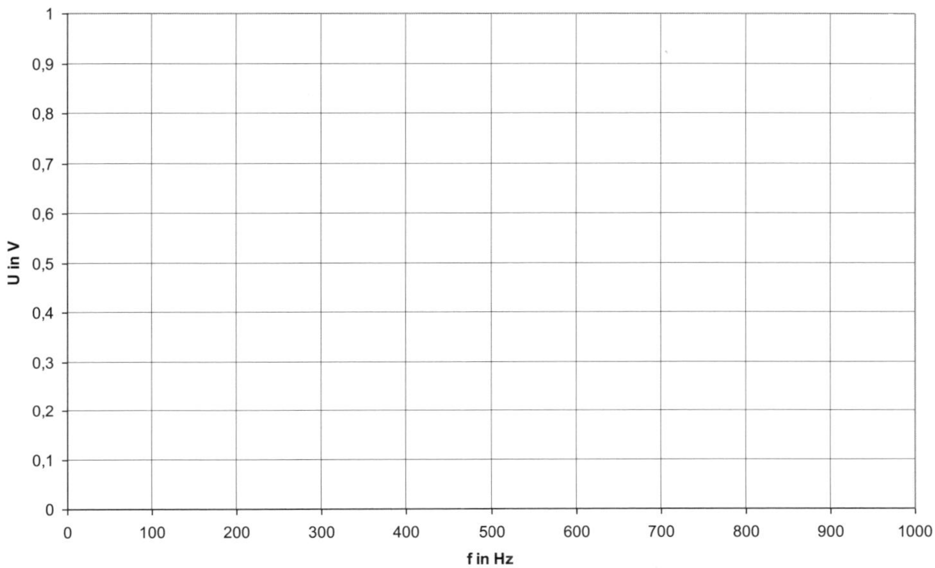

Bild 14.77 Amplitudenspektrum Signal d) Sinus (1 V, 1000 Hz)

22. Leider ist diese als Artefakt im Spektrum zu sehen. Der Tiefpass vermindert die Wechselspannungsamplitude aufgrund der Dämpfung bei 90 kHz auf 0,1414 V (= 0,2 V mal 0,707). Diese Spannung liegt am ADU an. Das Nyquist-Kriterium ist offensichtlich verletzt. Im Spektrum wird ein Peak von ca. 0,14 V bei einer Frequenz von 10 kHz zu sehen sein. Der Aliasing-Effekt tritt auf, weil der RC-Tiefpass alles andere als ein idealer Filter ist.
23. Die Herausforderung liegt darin, dass einerseits eine hohe Trennschärfe benötigt wird (0,1 Hz), was eine Messzeit von 10 s erfordert und andererseits nicht zu erwarten ist, dass der Prozess über 10 s stationär bleibt. Die Frequenzen werden sich während der Messzeit ändern, so dass das Spektrum „verschmiert“. In diesem Fall sollte zusätzlich der Drehwinkel des Motors gemessen werden. Das ist die Voraussetzung dafür, dass eine Ordnungsanalyse erfolgen kann.
24. Eine Ordnungsanalyse liefert ein Ordnungsspektrum. Die Amplituden werden über der Ordnung dargestellt. Die Ordnung ist unabhängig von der Anregungsfrequenz. Darin liegt der entscheidende Vorteil. Die aktuelle Drehzahl entspricht immer der ersten Ordnung, ganz egal welche Werte die Drehzahl annimmt. Die zweite Ordnung entspricht der doppelten Drehzahl usw.
25. Ein Filter mit Butterworth-Charakteristik hat einen besseren Amplitudengang (linearer Bereich reicht weit an die Grenzfrequenz heran, steilerer Abfall in Grenzfrequenznähe). Werden Signale im Frequenzbereich (beispielsweise nach einer FFT) verarbeitet, ist das Butterworth-Filter besser geeignet.

14.10 Kapitel 10: Ausgewählte Messgrößen der Fertigungstechnik

1. Ein 2/10 V-Signal ist ein Live-Zero-Signal (lebender Nullpunkt). Ein Drahtbruch kann leicht erkannt werden.
2. Der Verstärker sollte an die Quelle gesetzt werden, damit ein kräftiges Signal übertragen wird. Das verstärkte Signal hat einen besseren Störabstand.

Kraft

3. Stimmt die Wirkrichtung der Kraft nicht mit der Messrichtung des Aufnehmers überein, werden zu kleine Messwerte gewonnen. Außerdem wirkt dann eine Querkraftkomponente, die ebenfalls Messabweichungen verursachen kann.
4. Es tritt eine multiplikative Abweichung auf:

$$\frac{\Delta E}{E} = 1 - \cos\alpha = 1 - \cos 8^\circ = 0{,}01 = \underline{1\,\%}$$

Diese beträgt 1 % vom aktuellen Wert.

Außerdem wirkt eine Querkraft auf den Sensor:

$$\frac{F_\mathrm{q}}{F} = \sin\alpha = \sin 8^\circ = 0{,}14 = \underline{14\,\%}$$

Diese beträgt 14 % der aktuellen Messgröße. Die daraus resultierende Unsicherheit kann nur berechnet werden, wenn die Querempfindlichkeit des Sensors bekannt ist. Oft ist ein Grenzwert im Datenblatt zu finden.

5. Das Ausgangssignal eines DMS-Aufnehmers ist ein Spannungsverhältnis (Brückenspannung zu Speisespannung). Es ist eigentlich dimensionslos und wird meist in mV/V angegeben.
6. Die Empfindlichkeit ist der Quotient aus Kennwert und Nennkraft:

$$E = \frac{C_\mathrm{nom}}{F_\mathrm{nom}} = \frac{2\ \mathrm{mV/V}}{10\ \mathrm{kN}} = 0{,}2 \frac{\mathrm{mV/V}}{\mathrm{kN}}$$

Die Empfindlichkeit beträgt 0,2 mV/V/kN. Bei einer Kraft von −1 kN beträgt das Ausgangssignal −0,2 mV/V. *In den technischen Daten von DMS-Aufnehmern (im Gegensatz zu piezoelektrischen Aufnehmern) sind anstelle der Empfindlichkeit der Nennkennwert und die Nennkraft angegeben.*

7. Die Kraft beträgt:

$$F = F_\mathrm{nom} \frac{U_\mathrm{Br}/U_\mathrm{Sp}}{C_\mathrm{nom}} = 5\ \mathrm{kN} \cdot \frac{0{,}525\ \mathrm{mV/5\ V}}{2\ \mathrm{mV/V}} = \underline{262{,}5\ \mathrm{N}}$$

Die Unsicherheit der Brückenspannung errechnet sich zu:

$$\Delta U_{\mathrm{Br}} = 0{,}3\% \cdot Mw + 2d = 0{,}003 \cdot 0{,}525\ \mathrm{mV} + 2 \cdot 0{,}001\ \mathrm{mV} = 0{,}004\ \mathrm{mV}$$

Die Unsicherheit der Speisespannung beträgt 5 mV (0,1 % von 5 V).

Das Totale Differential eignet sich für die Berechnung der Unsicherheit:

$$\Delta F = \frac{F_{\mathrm{nom}}}{C_{\mathrm{nom}}} \frac{1}{U_{\mathrm{Sp}}} \cdot \Delta U_{\mathrm{Br}} + \left| -\frac{F_{\mathrm{nom}}}{C_{\mathrm{nom}}} \frac{U_{\mathrm{Br}}}{U_{\mathrm{Sp}}^2} \cdot \Delta U_{\mathrm{Sp}} \right|$$

$$\Delta F = \frac{5\ \mathrm{kN}}{2\ \mathrm{mV/V}} \frac{1}{5\ \mathrm{V}} \cdot 0{,}004\ \mathrm{mV} + \left| -\frac{5\ \mathrm{kN}}{2\ \mathrm{mV/V}} \frac{0{,}525\ \mathrm{mV}}{(5\ \mathrm{V})^2} \cdot 5\ \mathrm{mV} \right| = 0{,}002\ \mathrm{kN} + 0{,}000263\ \mathrm{kN} = \underline{2{,}3\ \mathrm{N}}$$

Die Kraft wird mit einer Unsicherheit von 2,3 N gemessen.

8. Das Diagramm zeigt den Amplitudengang eines DMS-Kraftaufnehmers, wobei die Ordinate normiert wurde. In der Umgebung der Resonanzfrequenz treten ganz erhebliche Resonanzüberhöhungen auf. *Die Resonanzfrequenz ist von der Einbausituation abhängig, kann kleiner als 100 Hz sein aber auch wesentlich größer.* Nutzbar ist der Bereich von 0 Hz bis etwa der halben Resonanzfrequenz.

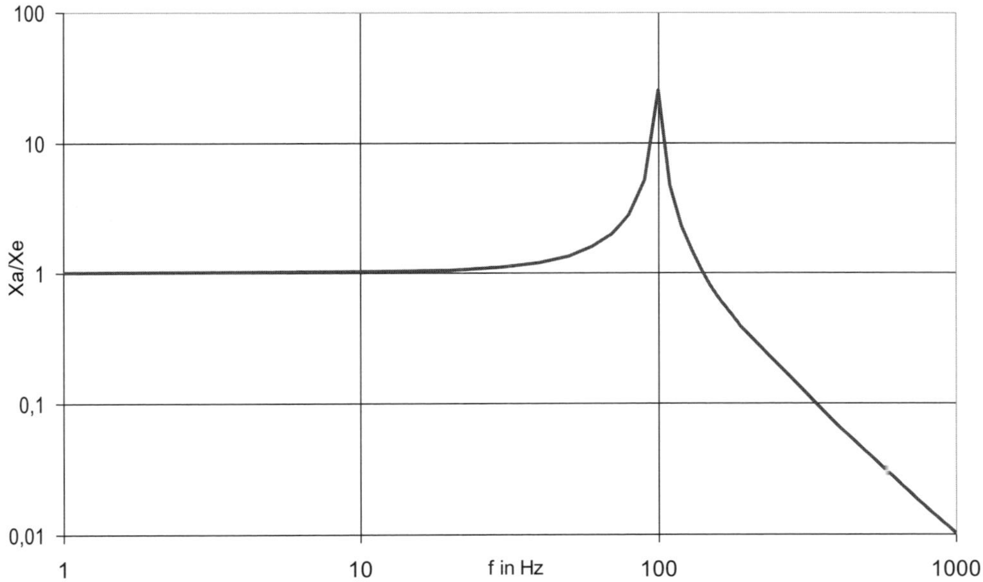

Bild 14.78 Amplitudengang DMS-Kraftaufnehmer

9. Falls im Datenblatt eine Eigenfrequenz angegeben wird, dann ist das die Grundeigenfrequenz. Mit dieser schwingt der Aufnehmer, wenn dieser einseitig fest montiert ist und an der anderen Seite keinerlei Masse angekoppelt ist. Bei einer praktischen Messung wird auch an der anderen Seite ein Bauteil montiert sein. Dessen Masse beein-

flusst die Eigenfrequenz. Die Eigenfrequenz eines Kraftaufnehmers kann im praktischen Einsatz um ein Vielfaches kleiner sein als die Grundeigenfrequenz, die im Datenblatt angegeben ist. *Man kann das dem Hersteller nicht zum Vorwurf machen. Dieser kann nicht wissen, was der Anwender alles am Kraftaufnehmer befestigt.*

10. Aus der Schwingungsgleichung der Mechanik ist bekannt, dass das Quadrat der Eigenkreisfrequenz dem Quotienten aus Federsteifigkeit (Federkonstante) und schwingender Masse entspricht:

$$\omega^2 = \frac{k}{m}$$

Setzt man für die Steifigkeit die Nennkraft dividiert durch den Nennmessweg ein, erhält man nach Umstellung die gewünschte Formel:

$$f_0 = \frac{1}{2\pi}\sqrt{\frac{F_{\text{nom}}}{s_{\text{nom}} \cdot m}}$$

11. Die Grundeigenfrequenz ist nicht entscheidend, weil sich durch die Zusatzmasse eine geringere Eigenfrequenz einstellt.

$$f_0 = \frac{1}{2\pi}\sqrt{\frac{F_{\text{nom}}}{s_{\text{nom}} \cdot m}} = \frac{1}{2\pi}\sqrt{\frac{50\ \text{kN}}{0{,}2\ \text{mm} \cdot 3000\ \text{kg}}} = \frac{1}{2\pi}\sqrt{\frac{50\,000}{0{,}0002 \cdot 3000\ \text{s}^2}} = \underline{46\ \text{Hz}}$$

Die Eigenfrequenz beträgt mit nur 46 Hz etwa ein Hundertstel der Grundeigenfrequenz. *Tatsächlich ist diese noch ein wenig geringer, weil auch immer eine gewisse Reibung vorhanden ist, die in der verwendeten Gleichung nicht beachtet wird.*

12. Die Eigenfrequenzangabe im Datenblatt ist ohne Belang.

$$f_0 = \frac{1}{2\pi}\sqrt{\frac{k}{m}} = \frac{1}{2\pi}\sqrt{\frac{400\ \text{N}/\mu\text{m}}{80\ \text{kg}}} = \frac{1}{2\pi}\sqrt{\frac{400 \cdot 10^6}{80\ \text{s}^2}} = \underline{356\ \text{Hz}}$$

Die Eigenfrequenz beträgt 356 Hz (unter der Annahme, der Dämpfungsgrad ist gleich 0).

13. Piezoelektrische Kraftaufnehmer sind zumeist kleiner, leichter, steifer und haben höhere Grundeigenfrequenzen. Viele können auch bei größeren Temperaturen eingesetzt werden. Leider können statische Messungen mit piezoelektrischen Aufnehmern nicht ausgeführt werden. Außerdem sind sie nicht so genau.

14. Das bedeutet, dass eine in x-Richtung wirkende Kraft eine Signaländerung am y-Ausgang verursacht (und umgekehrt), die maximal 2 % der in x-Richtung wirkenden Kraft entspricht. Die Datenblattangabe ist eine Aussage zur maximalen Querempfindlichkeit.

15. Die Linearitätsabweichung hat keinerlei Einfluss auf die Übergangsfunktion.

Wichtig ist die Zeitkonstante. Diese beträgt:

$$\tau = R \cdot C = 10^{12}\ \Omega \cdot 50\ \text{pF} = \underline{50\ \text{s}}$$

Wegen des niedrigen Dämpfungsgrads beträgt das Überschwingen fast 100 %. Die Eigenfrequenz ist so groß, dass die periodischen Schwingungen nur als eine senkrechte Linie darstellbar sind. Im weiteren Verlauf entspricht die dargestellte Übergangsfunktion einer abklingenden e-Funktion.

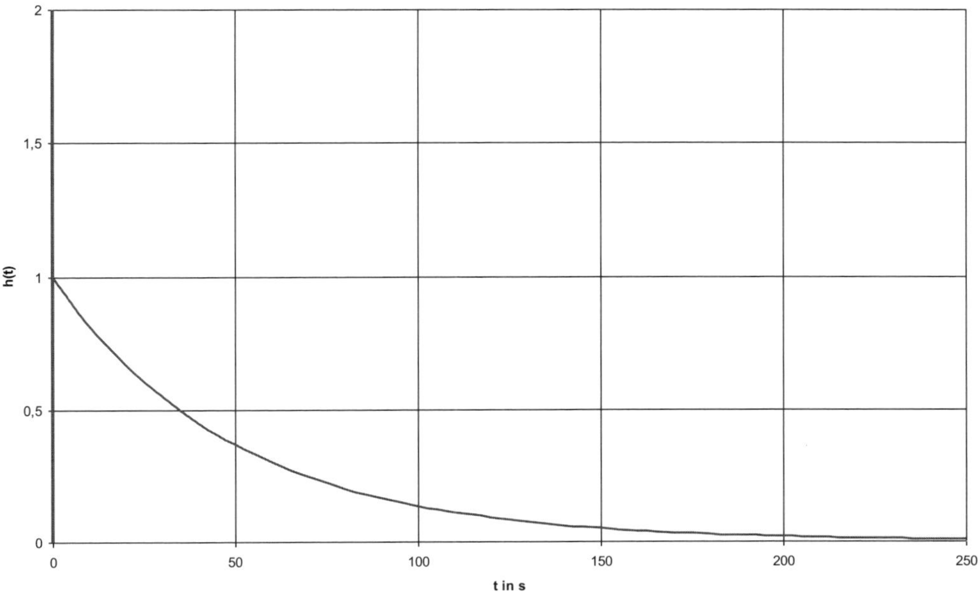

Bild 14.79 Vereinfachte Übergangsfunktion piezoelektrischer Kraftaufnehmers

Der Isolationswiderstand hängt sehr stark von der Temperatur ab. Außerdem ändert sich dieser und auch die Kapazität sofort, wenn das Messkabel verlängert wird.

16. Die Ladung am Sensorausgang wird durch einen Ladungsverstärker in eine Spannung umgeformt. Die Ladung wird also nicht im wörtlichen Sinne verstärkt. Die Ladung wird in Form eines Stromflusses auf einen Kondensator geleitet. Der Kondensator (oft als Ladekondensator bezeichnet) lädt sich auf. Die Spannung, die sich an diesem einstellt, verhält sich proportional zur Ladung und damit zur Messgröße.

17. Durch die Zuschaltung einer bestimmten Kapazität wird der Messbereich eingestellt. Je größer die zu erwartende Ladung am Eingang des Ladungsverstärkers ist, desto größer muss die Kapazität des Ladekondensators sein, denn es gilt:

$$U = \frac{Q}{C}$$

18. Die Ladung ist das Produkt aus Empfindlichkeit und Eingangsgröße:

$$Q = E \cdot F_{\text{nom}} = 4{,}4\ \text{pC/N} \cdot 200\ \text{kN} = \underline{880\ \text{nC}}$$

Das Ausgangssignal beträgt 880 nC bei einer Kraft von 200 kN. Die elektrische Kapazität des Sensors spielt dabei keine Rolle. Man könnte die Ladung durch die Kapazität dividieren, um die Spannung am offenen Sensorausgang auszurechnen. Jedoch kann sich durch den angeschlossenen Ladungs-Spannungs-Wandler gar keine Spannung am Ausgang des Sensors bilden.

19. Die statische Kennlinie eines piezoelektrischen Sensors ist nicht exakt linear (Abweichung von der Geraden ca. 1 %). Deshalb wird nicht nur die Empfindlichkeit für den Nennbereich, sondern eine weitere für einen Teilbereich angegeben. Sind nur kleine Kräfte zu erwarten, legt man für die Justage der Messkette die Empfindlichkeit für den Teilbereich zugrunde. Der Linearitätsfehler kann so reduziert werden.

20. Das Ausgangssignal bei 10 kN beträgt:

$$Q = E \cdot F = 4{,}34 \text{ pC/N} \cdot 10 \text{ kN} = \underline{43{,}4 \text{ nC}}$$

Das Ausgangssignal bei 800 N beträgt:

$$Q = E \cdot F = 4{,}24 \text{ pC/N} \cdot 800 \text{ N} = \underline{3{,}392 \text{ nC}}$$

21. Dass die Nennlast des Sensors 40 kN beträgt, ist ohne Bedeutung. Wichtig ist, dass maximal 8 kN zu erwarten sind:

$$Q = E \cdot F = 4{,}4 \text{ pC/N} \cdot 8 \text{ kN} = \underline{35{,}2 \text{ nC}}$$

Die Ladungen werden 35,2 nC nicht überschreiten. Der Messbereich von 100 nC sollte eingestellt werden. Im Messbereich 10 nC würde es Übersteuerungen geben. Im Messbereich 1 µC würde man nur kleine Ausgangsspannungen gewinnen (Faktor 10 gegenüber 100 nF).

$$Q_{\text{mess}} = E \cdot F_{\text{mess}} = 4{,}4 \text{ pC/N} \cdot 250 \text{ N} = 1{,}1 \text{ nC}$$

Die Ladung ändert sich infolge der Krafteinwirkung um 1,1 nC.

22. Die Drift von 0,03 pC/s entspricht einem Eingangsleckstrom von 30 fA. Multipliziert man die Ladungsdrift mit der Zeit, erhält man eine Ladung:

$$Q_{\text{Drift}} = E_{\text{Drift}} \cdot t = 0{,}03 \text{ pC/s} \cdot 5 \text{ min} = 9 \text{ pC}$$

Man kann natürlich nicht unterscheiden, ob die Kraft oder der Eingangsleckstrom zu einer Ladungsänderung am Bereichskondensator geführt hat.

$$\Delta F = \frac{Q_{\text{Drift}}}{E} = \frac{9 \text{ pC}}{4{,}4 \text{ pC/N}} = \underline{2{,}1 \text{ N}}$$

Deshalb täuscht die Ladungsänderung von 9 pC eine Kraftänderung von 2,1 N vor.

$$\delta = \frac{\Delta F}{F_{\text{mess}}} = \frac{2{,}1 \text{ N}}{250 \text{ N}} = 0{,}0084 = \underline{0{,}84\ \%}$$

Nach 5 Minuten kann die Abweichung beinahe 1 % vom Messwert betragen.

$$\frac{\Delta F}{\Delta t} = \frac{E_{\text{Drift}}}{E} = \frac{0{,}03\ \text{pC/s}}{4{,}4\ \text{pC/N}} = 0{,}0068\ \text{N/s} = \underline{0{,}41\ \text{N/min}}$$

Der Messwert kann mit einer Geschwindigkeit von 0,41 N/min driften.

Die letzte Gleichung zeigt anschaulich, dass es immer darauf ankommt, eine kleine Empfindlichkeit gegen Störungen (man kann die Zeit auch als Störgröße auffassen) und eine große Empfindlichkeit gegenüber der Nutzgröße zu erreichen. Letztendlich kommt es auf das Verhältnis der beiden Empfindlichkeiten an.

23. Dieser muss vorgespannt sein, wofür sich ein Bolzen eignet. Die Vorspannkraft muss größer sein als die Zugkraft, die später gemessen werden soll. Der Aufnehmer muss beidseitig Flansche, Gewinde oder ähnliche Konstruktionselemente besitzen, um eine Zugkraft einzuleiten.

24. Nullpunktbezogene Messungen sind mit einem piezoelektrischen Aufnehmer sowieso nicht möglich. Deshalb erübrigt sich die Angabe.

25. Der piezoelektrische Effekt nimmt mit der Temperatur etwas ab. Im Beispiel sinkt die Empfindlichkeit je 10 K um 0,2 %. Der Fehler ist systematisch und außerdem multiplikativ, da er sich auf den Messwert bezieht.

26. Der triboelektrische Effekt tritt auf, wenn das Sensorkabel bewegt wird (z. B. durch Maschinenschwingungen). Dabei kommt es zur Verschiebung kleinster Ladungen. Der Effekt ist abhängig von der Qualität des Kabels. Deshalb werden Low-Noise-Spezialkabel empfohlen.

27. Um die Auswirkung zu berechnen, werden die störenden Ladungen durch die Empfindlichkeit dividiert.

$$\Delta F = \frac{Q_{\text{stör}}}{E} = \frac{20\ \text{pC}}{4{,}4\ \text{pC/N}} = 4{,}6\ \text{N}$$

Man erhält so die zum Wert der Störgröße äquivalente Kraft von etwa 5 N.

Bezogen auf einen Messwert von 1 kN entspricht das einer Störung von 0,5 %. Das ist bei den allermeisten Anwendungen hinnehmbar. Bei kleineren Messwerten kann es allerdings kritisch werden. Die Störung äußert sich ähnlich dem Rauschen. Wenn das Nutzsignal nur niedrige Frequenzen enthält, kann der Störung mit einem Tiefpass begegnet werden.

28. Im Gehäuse eines solchen Aufnehmers ist bereits ein Ladungs-Spannungs-Wandler integriert. Dieser wird extern über den Koaxialanschluss mit einem Strom (wenige mA) gespeist und so mit Elektroenergie versorgt. IEPE (Integrated Electronics Piezo Electric) bezeichnet einen Industriestandard für stromgespeiste piezoelektrische Aufnehmer (Kraft, Druck, Beschleunigung) oder Mikrofone mit integriertem Impedanzwandler. Die kräftige Ausgangsspannung hat eine hohe Störfestigkeit und kann verlustarm über große Entfernungen (um 100 m) übertragen werden. An das Koaxialkabel vom Aufnehmer zum Auswertegerät (das auch den Konstantstrom liefert) werden nur geringe Anforderungen gestellt.

29. Einen Einfluss auf die Messwerte hat die Masse des Adapters, denn diese muss in Aufprallrichtung beschleunigt werden, bevor eine Kraft in den Aufnehmer eingeleitet wird. Der Aufnehmer kann nur ein Kraftsignal erzeugen, wenn er deformiert wird. Deshalb beeinflusst dessen Federsteifigkeit das Messergebnis. Selbstverständlich spielen auch die obere Grenzfrequenz des Messverstärkers und die Abtastrate des ADU eine Rolle. Je größer die Adaptermasse, je kleiner die Steifigkeit des Aufnehmers, je kleiner die Grenzfrequenz, je geringer die Abtastrate, desto größer sind die Abweichungen bei dieser Spitzenwertmessung. Bei großer Adaptermasse und geringer Aufnehmersteifigkeit werden nicht nur kleinere Werte gemessen, sondern es treten tatsächlich kleinere Kräfte am Kraftaufnehmer auf!

30. In der Umgebung der Eigenfrequenz kommt es zu Resonanzüberhöhungen. Zweistellige Faktoren sind keine Seltenheit. Das gilt übrigens für alle schwingungsfähigen Systeme 2. Ordnung mit niedrigem Dämpfungsgrad: Drehmomentaufnehmer, Wägezellen, Druck- und Beschleunigungssensoren.

31. Die Resonanzüberhöhung ist abhängig vom Dämpfungsgrad sowie vom Verhältnis aus Messsignalfrequenz zu Eigenfrequenz. Da sich die Überhöhung aus dem Amplitudengang berechnen lässt, bezeichnet man den Betrag der Übertragungsfunktion bei schwingungsfähigen Systemen 2. Ordnung auch als Vergrößerungsfunktion.

$$V(\omega)=\frac{1}{\sqrt{\left[1-\left(\frac{\omega}{\omega_0}\right)^2\right]^2+4D^2\left(\frac{\omega}{\omega_0}\right)^2}}=\frac{1}{\sqrt{\left[1-\left(\frac{80}{100}\right)^2\right]^2+4\cdot 0{,}01^2\left(\frac{80}{100}\right)^2}}=2{,}775$$

Die Resonanzüberhöhung beträgt 178 %. Anstelle von 100 N wird eine Kraft von 278 N gemessen.

Ein Aufnehmer mit einer solch niedrigen Dämpfung darf nicht in der Nähe der Eigenfrequenz betrieben werden.

32. Die obere Grenzfrequenz entspricht etwa der halben Eigenfrequenz, legt man das 3-dB-Kriterium zugrunde. *Das kann leicht mit der Vergrößerungsfunktion nachgewiesen werden.*

33. Kräfte sind mit Wägezellen messbar, denn eine Wägezelle ist vom Prinzip her nichts anderes, als ein Gewichtskraftaufnehmer der in einer Masse-Einheit kalibriert wurde. Für manche Kraftmessanwendungen sind Wägezellen jedoch ungeeignet. Gründe können sein: schlechtere Reproduzierbarkeit, größere Empfindlichkeit bei Querkräften, größere Kennwerttoleranz, geringere Federsteifigkeit, mechanisch ungünstige Bauform.

Gewicht

34. Ein DMS-Kraftaufnehmer ist geeignet, Gewichte zu messen. Hingegen ist der Aufbau einer Waage mit einem piezoelektrischen Kraftaufnehmer nicht sinnvoll. Dieser kann nur Gewichtskraftänderungen messen. Außerdem ist die Messunsicherheit für wägetechnische Anwendungen zu groß.

35. Eine Wägezelle ist nicht in N oder kN kalibriert sondern in kg oder t. Der Kennwert ist auf 2 mV/V bei z.B. 2 t und nicht bei 20 kN abgeglichen. Der Ausgangswiderstand weist meist sehr geringe Toleranzen auf, was die Parallelschaltung in einer Wägezellengruppe vereinfacht. Viele Wägezellentypen haben eine Zulassung für den Einsatz in eichpflichtigen Waagen. Die Genauigkeitsklasse ist daher selten in % angegeben sondern üblicherweise nach OIML R60.
36. Der Speisespannungsgenerator muss in der Lage sein, die erforderliche Stromstärke bereitzustellen.
37. Eine Wägezelle der Genauigkeitsklasse C3 darf in Handelswaagen (dafür steht der Buchstabe C) eingesetzt werden, die eine Auflösung von 3000 Teilen (dafür steht die Ziffer 3) erzielen.
38. Geeichte Waagen haben eine eingeschränkte Auflösung. Diese ist absichtlich begrenzt. Üblich sind meist 3000 oder auch 6000 Schritte. Sollen kleinste Änderungen erkennbar sein, ist das nicht hinreichend. Nur falls gesetzlich gefordert, sollte eine geeichte Waage verwendet werden.
39. Diese beruhen auf dem Prinzip der elektromagnetischen Kraftkompensation In diesen wird die Gewichtskraft mit einer elektromagnetischen Kraft kompensiert, die von einer Stromstärke verursacht wird (Stromwaage). Maß für das Gewicht ist der Strom, der sehr genau messbar ist. *Die EMK-Wägezelle ist ein sehr schönes Beispiel für die Anwendung der Kompensationsmethode.*
40. EMK-Wägezellen erreichen Messunsicherheiten weit kleiner 0,01 %. Die Reproduzierbarkeit liegt sogar bei 10^{-7}. Messbereiche über 5 kg sind allerdings nur mit Hebelwerken erzielbar, die zu erheblichen Genauigkeitsverlusten führen. Große Messbereiche werden deshalb nicht abgedeckt. Die Preise liegen etwa eine Zehnerpotenz über denen von DMS-Wägezellen.
41. Eine Zählwaage dient zur Bestimmung der Stückzahl von identischen Elementen. Die Grundidee einer Zählwaage liegt darin, dass ein Digit dem Gewicht eines Stücks entsprechen muss. Die Empfindlichkeit muss also 1 Digit je Masse eines Elements betragen. Nachkommastellen dürfen natürlich nicht angezeigt werden. Liegen beispielsweise 120 Schrauben auf der Zählwaage und jede Schraube wiegt 7,24 g, beträgt das Nettogewicht 868,8 g. Zur Anzeige muss der Zahlenwert 120 kommen.
42. Aus der Schwingungsgleichung der Mechanik ergibt sich:

$$f_0 = \frac{1}{2\pi}\sqrt{\frac{k}{m}} = \frac{1}{2\pi}\sqrt{\frac{F}{s \cdot m}} = \frac{1}{2\pi}\sqrt{\frac{m \cdot g}{s \cdot m}} = \frac{1}{2\pi}\sqrt{\frac{9{,}81\,\text{m/s}^2}{0{,}6\,\text{mm}}} = \frac{1}{2\pi}\sqrt{\frac{9{,}81}{0{,}0006\,\text{s}^2}} = \underline{20{,}4\,\text{Hz}}$$

Die Eigenfrequenz ist mit 20 Hz recht niedrig. Bei Nennlast benötigt man nur den Nennmessweg, um die Eigenfrequenz zu berechnen. Für alle anderen Lasten innerhalb des Messbereichs ist die Eigenfrequenz größer. Bei einer Bruttolast von 0 ist die Eigenfrequenz identisch mit der Grundeigenfrequenz im Datenblatt. In diesem Fall schwingt lediglich ein Teil der Wägezellenmasse. Diese ist klein gegenüber den Bruttolasten, weshalb die Masse der Wägezelle zurecht in der Rechnung oben vernachlässigt wurde.

43. Zunächst wird wieder die Eigenfrequenz berechnet:

$$f_0 = \frac{1}{2\pi}\sqrt{\frac{F}{s \cdot m}} = \frac{1}{2\pi}\sqrt{\frac{100\,\text{kg} \cdot 9{,}81\,\text{m/s}^2}{0{,}5\,\text{mm} \cdot 50\,\text{kg}}} = \frac{1}{2\pi}\sqrt{\frac{981}{0{,}0005 \cdot 50\,\text{s}^2}} = \underline{31{,}5\,\text{Hz}}$$

Die Eigenfrequenz beträgt 31,5 Hz und bestimmt mit dem Dämpfungsgrad die Einschwingzeit. Die Berechnungsformel ist aus der Gleichung für die Übergangsfunktion eines schwingungsfähigen T_2-Gliedes hergeleitet:

$$T_{E;0,95} = -\frac{\ln\left(0{,}05 \cdot \sqrt{1-D^2}\right)}{D \cdot 2\pi f_0} = -\frac{\ln\left(0{,}05 \cdot \sqrt{1-0{,}02^2}\right)}{0{,}02 \cdot 2\pi \cdot 31{,}5\,\text{Hz}} = \underline{0{,}757\,\text{s}}$$

Die Einschwingzeit beträgt ca. 0,8 s.

Um die 99 %-Einschwingzeit zu berechnen, ändert sich der Faktor vor der Wurzel von 0,05 auf den Wert 0,01:

$$T_{E;0,99} = -\frac{\ln\left(0{,}01 \cdot \sqrt{1-D^2}\right)}{D \cdot 2\pi f_0} = -\frac{\ln\left(0{,}01 \cdot \sqrt{1-0{,}02^2}\right)}{0{,}02 \cdot 2\pi \cdot 31{,}5\,\text{Hz}} = \underline{1{,}16\,\text{s}}$$

Man muss 1,2 s warten, bis die Sprungantwort in einem Toleranzband von ±1 % verschwindet.

Um schneller zum Messergebnis zu gelangen, könnte man einen Tiefpass ($f_g \approx 10$ Hz) höherer Ordnung benutzen. Noch günstiger wäre eine Bandsperre für die Frequenz von 31,5 Hz. Diese ist mit einer Integration bzw. Mittelwertbildung über 32 ms (Kehrwert der Eigenfrequenz) leicht realisierbar. Leider ist aber die Eigenfrequenz vom Gewicht des Messobjekts abhängig. Smarte Systeme erkennen die Periodendauer und adaptieren die Zahl der Einzelwerte bei laufender Messung.

44. Die mechanische Spannung berechnet sich aus Kraft je Fläche:

$$\sigma = \frac{F}{A} = \frac{m \cdot g}{\frac{\pi}{4} \cdot d^2} = \frac{800\,\text{kg} \cdot 9{,}81\,\text{m/s}^2}{\frac{\pi}{4} \cdot (30\,\text{mm})^2} = \underline{11{,}1\,\text{N/mm}^2} = \underline{11{,}1\,\text{MPa}}$$

Da es sich um eine Druckspannung handelt, ist das Vorzeichen negativ.

Um die Dehnung zu gewinnen, muss durch den E-Modul von Stahl dividiert werden:

$$\varepsilon = \frac{\sigma}{E} = \frac{-11{,}1\,\text{N/mm}^2}{210000\,\text{N/mm}^2} = \underline{-52{,}9\,\mu\text{m/m}}$$

Diese negative Dehnung (Stauchung) erfahren die in Längsrichtung angeordneten DMS.

$$\frac{\Delta R_2}{R} = \frac{\Delta R_4}{R} = k \cdot \varepsilon = 2{,}2 \cdot 52{,}9\,\mu\text{m/m} = \underline{-0{,}0001163}$$

Deren Widerstandsänderung beträgt nur etwa −0,012 %. *Das Minuszeichen zeigt, dass der Widerstand bei Belastung sinkt, was nicht verwundert, denn der Zylinder wird kürzer.*

Auf die in Querrichtung installierten DMS wirkt eine geringere Dehnung mit positivem Vorzeichen, die von der Querdehnzahl (von Stahl etwa 0,3) beeinflusst wird:

$$\frac{\Delta R_1}{R} = \frac{\Delta R_3}{R} = k \cdot \varepsilon \cdot \nu = 2{,}2 \cdot 52{,}9\ \mu\text{m/m} \cdot 0{,}3 = \underline{0{,}0000349}$$

Die vier Widerstandsänderungen überlagern sich in der Brückengleichung:

$$\frac{\Delta U}{U} = \frac{1}{4} \cdot \left(\frac{\Delta R_1}{R} - \frac{\Delta R_2}{R} + \frac{\Delta R_3}{R} - \frac{\Delta R_4}{R} \right) = \underline{0{,}0756\ \text{mV/V}}$$

Das Ausgangssignal ist knapp 0,08 mV/V recht klein. Es beträgt weniger als 5 % des Nennsignals.

45. Die Waage muss nur dann geeicht sein, wenn die Messung der Eichpflicht unterliegt. Im vorliegenden Fall handelt es sich keinesfalls um eine eichpflichtige Messung. Eine Kalibrierung mit anschließender Justage ist völlig hinreichend.

46. Das wäre beispielsweise im rechtsgeschäftlichen Verkehr der Fall. Also immer dann, wenn die Gewichtsbestimmung erfolgt, um einen Preis zu berechnen. Eine geeichte Waage ist für eichpflichtige Messungen unabdingbar. Ein populäres Beispiel ist die Ladentischwaage. Übrigens kann man nicht jede Waage eichen lassen. Es muss eine Bauartzulassung für den Waagentyp vorliegen.

47. Eine Eichung verbessert die Genauigkeit einer Waage nicht. Der Vorteil liegt lediglich darin, dass von unabhängiger Seite festgestellt wurde, ob die Eichfehlergrenzen eingehalten werden. Ist das der Fall, erhält die Waage einen Aufkleber und darf für eichpflichtige Messungen verwendet werden.

48. Solange die Gültigkeit der Eichung besteht, darf das Messmittel für eichpflichtige Messaufgaben benutzt werden. Die Eichung einer Waage ist zeitlich befristet. Ist die Frist abgelaufen, muss eine Nacheichung erfolgen, soll die Waage auch zukünftig eichpflichtige Messungen durchführen. Es gibt nur wenige Ausnahmen, bei denen die Gültigkeit der Eichung zeitlich unbegrenzt ist (Eichstrich an Schnapsgläsern).

49. Die Eichvorschriften begrenzen die zulässige Anzeigeauflösung. Es soll keine Genauigkeit vorgetäuscht werden, die gar nicht erreicht wird. Auch wenn ein 24-bit-ADU Verwendung findet (entspricht ca. 16 Mio. Schritten), darf nur ein Bruchteil der Auflösung zur Anzeige kommen – z. B. 6000 Schritte. Kleinste Änderungen sind so nicht mehr erkennbar. Eine geeichte Waage verfügt niemals über eine sehr hohe Auflösung.

Weg

50. Ein LVDT ist ein linear variabler Differential-Transformator. Ein solcher induktiver Sensor dient der Wegmessung und besteht aus einer Primärspule und zwei Sekundärspulen. Letztere sind gegenphasig in Serie geschaltet und mechanisch axial hintereinander angeordnet. Die Primärspule ist über die Sekundärspulen gewickelt. An die Primärspule wird eine Wechselspannung angelegt. Ein ferritischer Stab ist an das

Messobjekt gekoppelt und dient als beweglicher Spulenkern. Befindet sich der Ferritkern genau in der Mitte der Sekundärspulen, wird in beiden Spulen die gleiche Spannung induziert. Durch die gegenphasige Reihenschaltung ist die Summenspannung gleich 0. Eine axiale Verschiebung des Ferritkerns führt dazu, dass in einer Sekundärspule eine größere Spannung und in der zweiten Sekundärspule eine kleinere Spannung induziert wird. Die Summe der beiden Sekundärspannungen verhält sich proportional zur Position des Ferritkerns bzw. zum Weg.

51. Eine Differentialdrossel besteht aus zwei Spulen, die (ähnlich dem LVDT) mechanisch axial hintereinander angeordnet sind. Ein ferritischer Stab fungiert auch hier als axial beweglicher Spulenkern. Befindet sich der Ferrit genau in der Mitte, dann haben beide Spulen die gleiche Induktivität. Rückt der Ferrit weiter in die eine Spule hinein, dann ragt er aus der anderen etwas mehr heraus. Demzufolge steigt die Induktivität der einen Spule in dem Maß, wie die Induktivität der anderen Spule sinkt. Das Verhältnis der Induktivitäten ist proportional zur Position des Ferritstabes. Zur Auswertung dient meist eine wechselspannungsgespeiste Brückenschaltung. Hierfür werden die beiden Spulen um zwei ohmsche Widerstände ergänzt.

52. Der lose Tauchanker muss am Messobjekt befestigt sein, damit dieser dessen Bewegungen mitmacht. Es gibt keinerlei mechanische Verbindung zwischen Tauchanker und Spulenkörper. Sollte sich das Messobjekt quer zur Messrichtung des Wegsensors bewegen, kommt es zu mechanischen Komplikationen. Gern werden deshalb Gelenkösen (beidseits) benutzt.

    Die Tastspitze hingegen berührt das Messobjekt nur. Sie wird von einer Spiralfeder (es gibt auch Wegaufnehmer mit pneumatischem oder elektromotorischem Antrieb) leicht an das Messobjekt gepresst. Das vereinfacht in vielen Anwendungen die Montage. Jedoch kann eine zu hohe Anpresskraft das Messergebnis beeinflussen. Ist diese zu niedrig, hebt die Tastspitze bei schnellen Wegänderungen ab.

53. Entfernt man den Tauchanker vollständig, sind beide Induktivitäten gleich groß. Das ist jedoch auch der Fall, wenn sich der Tauchanker genau in der Mitte des Spulenkörpers befindet. Die statische Kennlinie einer Differentialdrossel ist nur innerhalb des Messbereichs eindeutig.

54. Ein DC-Verstärker stellt als Speisespannung eine Gleichspannung zur Verfügung. Induktivitätsänderungen hätten keinerlei Einfluss auf die Brückenspannung. Es wird genau wie bei kapazitiven Sensoren eine Wechselspannung (TF) benötigt. Die Effekte bei 225 Hz wären allerdings zu gering. Üblich sind Trägerfrequenzen von ca. 5 kHz und darüber.

55. Die Periodendauer aller Spannungen beträgt 0,2 ms. In Mittelposition ist die Amplitude der Ausgangsspannung gleich 0. Bei einer Auslenkung um plus oder minus 1 mm beträgt die Verstimmung 8 mV/V, was bei einer Speisespannung von 4 V zu einer Amplitude der Ausgangsspannung von 32 mV führt. Die Vorzeicheninformation steckt in der Phasenlage, wie im folgenden Spannungs-Zeit-Diagramm zu erkennen ist:

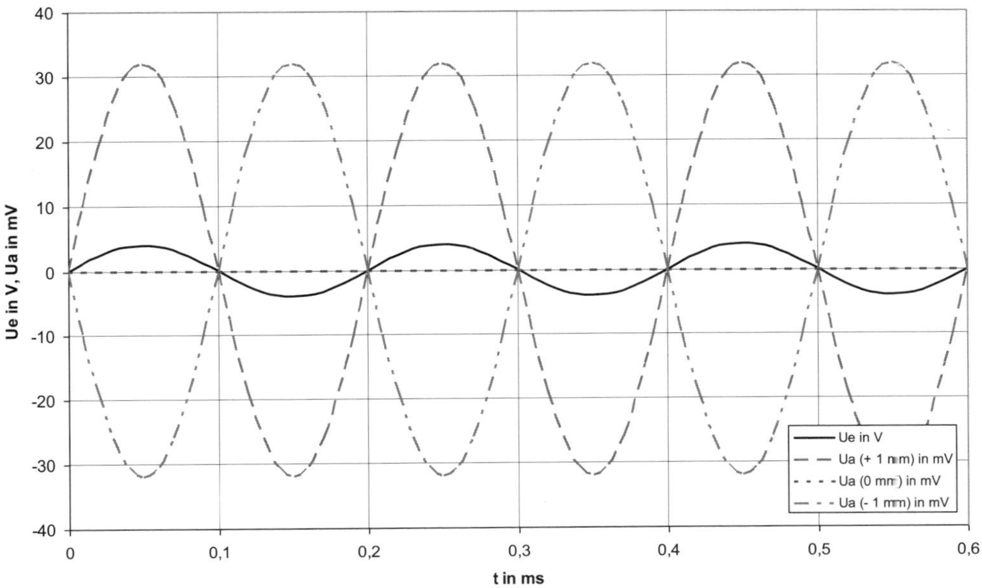

Bild 14.80 Spannungs-Zeit-Diagramm Differentialdrossel

56. Jedes Verfahren hat gewisse Vorteile:
    a. Das Wirbelstromverfahren arbeitet völlig berührungslos und ist auch für harte Bedingungen (hohe Temperaturen, Schmutz, Feuchtigkeit) geeignet.
    b. Optische Maßstäbe zeichnen sich durch höchste Genauigkeit aus.
    c. Seilzugaufnehmer sind mechanisch überaus unkompliziert applizierbar. Querbewegungen des Messobjekts sind unkritisch.
    d. Linearpotentiometer (Schiebewiderstände) sind preisgünstig. Das Ausgangssignal ist sehr einfach auswertbar.
57. Die absolute Längenänderung des Stahldrahts ergibt sich zu:

$$\Delta l = l \cdot \alpha \cdot \Delta T = 8\,\text{m} \cdot 12 \cdot 10^{-6}/\text{K} \cdot 30\,\text{K} = \underline{2{,}9\,\text{mm}}$$

Der Nullpunkteinfluss kann also rund ±3 mm betragen, was einer Spanne von 6 mm entspricht. *Das Problem tritt unabhängig vom Messprinzip auf (LVDT, potentiometrischer Aufnehmer, Aufnehmer mit Glasmaßstab). In der Praxis behilft man sich deshalb gern mit Draht aus Invar-Stahl (Werkstoffnummer 1.3912) um Längenstabilität zu erreichen.*

58. Der Abstand ergibt sich aus der Schallausbreitungsgeschwindigkeit multipliziert mit der benötigten Laufzeit. Da der Weg zweimal zurückgelegt werden muss, ist das Produkt durch 2 zu dividieren.

$$s = \frac{v \cdot t}{2}$$

Die Schallausbreitungsgeschwindigkeit beträgt 343 m/s (Luft, 1 bar, 20 °C). *Werden Abstandsmessungen mit hohen Genauigkeitsansprüchen im Freien durchgeführt, muss die Temperatur gemessen werden, um deren Einfluss auf die Schallgeschwindigkeit zu korrigieren.*

59. $\Delta s = \frac{v \cdot \Delta t}{2} = \frac{343\ \text{m/s} \cdot 1\ \text{ms}}{2} = \underline{172\ \text{mm}}$

Bei einer Messunsicherheit von einer Millisekunde kann der Fehler fast 0,2 m betragen.

60. Das Problem entsteht dadurch, dass die Kraft für die Beschleunigung der Tastspitze nicht hinreicht, dieselbe im Fall eines sich schnell entfernenden Messobjekts nachzuführen. Die Beschleunigung wird von der Federkraft F erzeugt. Es gilt der Zusammenhang:

$$a = \frac{F}{m}$$

Man kann einerseits Federn mit größerer Federkonstante benutzen oder die Federn im Aufnehmer weiter vorspannen. Denn es gilt:

$$F = k \cdot s$$

Alternativ gibt es die Möglichkeit, leichtere Tastspitzen (zu beschleunigende Masse m vermindern) einzubauen.

61. Immer dann, wenn eine Differentialdrossel oder ein LVDT verwendet wird, benötigt man einen phasenempfindlichen Gleichrichter. Anderenfalls könnte man nur den halben Messbereich benutzen, denn würde man nur die Amplitude oder den Effektivwert der Ausgangsspannung betrachten, wäre die statische Kennlinie zweideutig, so dass auf den halben Messbereich verzichtet werden müsste. Es muss die Phasenlage zwischen Ausgangsspannung und Eingangsspannung berücksichtigt werden, um die Vorzeicheninformation zu gewinnen.

62. Eine Laserdiode sendet einen Lichtstrahl zum Messobjekt. Auf dessen Oberfläche entsteht ein Lichtpunkt, der von einer Sensorzeile (CCD, CMOS, PSD) aus zu sehen ist. Zwischen Lichtpunkt und Sensorzeile befindet sich ein schmales Fenster, das einen dünnen Strahl des diffus vom Messobjekt in alle Richtungen reflektierten Laserlichts zur Sensorzeile passieren lässt. Die Auftreffposition auf der Sensorzeile wird zum Maß für die Entfernung des Messobjekts, wie in Bild 14.81 dargestellt.

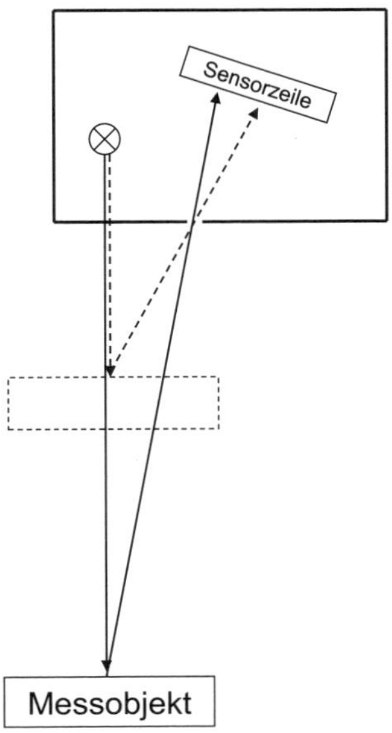

Bild 14.81
Prinzipskizze Triangulationsaufnehmer

In der tatsächlichen Ausführung eines Triangulationsaufnehmers wird anstelle des schmalen Fensters eine Sammellinse benutzt, um die Lichtausbeute zu erhöhen. Das Prinzip bleibt dadurch unberührt.

63. Der Zähler zählt je nach Phasenlage der Inkrementalsignale vorwärts oder rückwärts. Nur durch Auswertung beider Signale ist die Bewegungsrichtung erkennbar. Ein Zähler mit nur einem Eingang würde immer in eine Richtung zählen – unabhängig davon, ob der Abstand größer oder kleiner wird.

Da es zwei Inkrementalsignale gibt, die je zwei Flanken haben, wird eine Auflösung von 0,5 µm (Ortsperiode geteilt durch 4) erreicht.

Die Frequenz des inkrementellen Signals verhält sich proportional zur Geschwindigkeit und umgekehrt proportional zur Ortsperiode:

$$f_S = \frac{v}{l_P}$$

Da die Signalfrequenz nicht größer sein darf als die Frequenz, die der Zähler noch verarbeiten kann, gilt:

$$f_{Z,max} \geq f_S = \frac{v}{l_P}$$

Hieraus folgt:

$$v \leq f_{Z,max} \cdot l_P = 1\,\text{MHz} \cdot 2\,\mu\text{m} = \underline{2\,\text{m/s}}$$

Bei Geschwindigkeiten von mehr als 2 m/s besteht die Gefahr, dass grobe Messfehler auftreten.

Drehzahl und Drehwinkel

64. Der Informationsparameter ist die Amplitude der Spannung. Diese verhält sich näherungsweise proportional zur Drehzahl.

65. Der Informationsparameter ist die Frequenz. Diese verhält sich proportional zur Drehzahl. Die Empfindlichkeit wird durch die Anzahl der Ereignisse je Umdrehung bestimmt, was bei einer Schlitzscheibe der Zahl der Schlitze gleichkommt.

66. Mit einem Inkrementalgeber kann neben der Drehzahl auch der Drehwinkel gemessen werden. *Außerdem ist die Abbildungsgröße eine Zeit bzw. Frequenz und damit sehr genau bestimmbar.*

67. Um eine Drehwinkeländerung von einem Grad zu erkennen, müssen 90 Schlitze äquidistant auf dem Scheibenumfang verteilt sein. Der Geber muss zwei Signale liefern. Beide Flanken beider Signale sind auszuwerten.

$$N_{\text{Schlitze}} = \frac{360}{2 \cdot 2}$$

68. Die Drehrichtung wird dadurch erkannt, dass vom inkrementell arbeitenden Drehgeber zwei zueinander phasenverschobene Signale erzeugt werden. Eine mögliche Anordnung ist im Bild dargestellt.

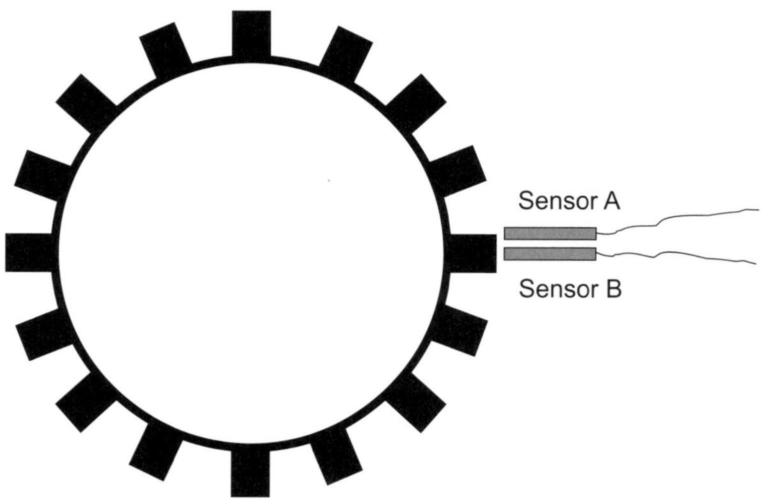

Bild 14.82 Anordnung zur Drehrichtungserkennung

Der Drehgeber besteht aus zwei Sensoren, die um etwa 90° phasenverschoben (bezogen auf eine Ortsperiode des Zahnradumfangs) angeordnet sind. Die Drehrichtungsinformation liegt in der Phasenlage des Signals A zum Signal B. Das Signaldiagramm (Bild 14.83) zeigt die Phasenlage der Signale bei Rechtsdrehung.

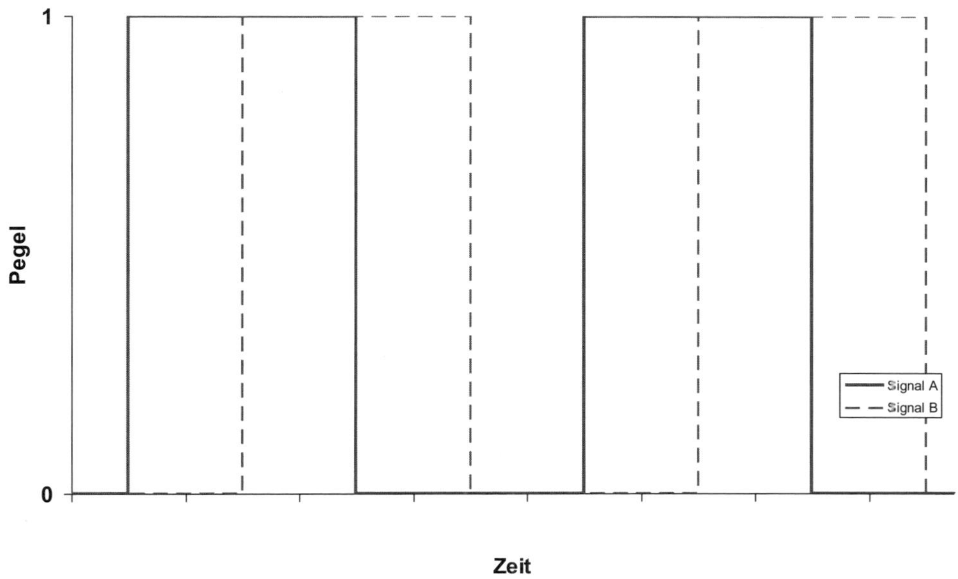

Bild 14.83 Phasenlage bei Rechtsdrehung

69. Als Inkrementalgeber für die Drehzahlmessung dienen Resolver, Schlitzscheiben in Kombination mit Lichtschranken, segmentweise magnetisierte Scheiben in Kombination mit GMR-Sensoren, ferritische Zahnkränze in Kombination mit Hallsensoren oder Spulen.
70. Ein Quadratur-Demulator ist ein Vor-/Rückwärtszähler mit zwei Eingängen für Inkrementalsignale, die zur Drehrichtungserkennung um ca. 90° phasenverschoben sind.

    Werden die Zähleingänge A und B vertauscht, entsteht ein Drehrichtungsfehler.
71. Jeder Zählfehler führt bei Inkrementalmessungen zu einem dauerhaften Nullpunktfehler. Bei mehrfachem Auftreten akkumulieren sich diese Fehler. Der Reset-Eingang dient zur Referenzierung des inkrementell gemessenen Winkels *(oder Weges bei Wegsensoren).* Beim Überschreiten des Referenzpunktes wird ein Reset-Signal vom Sensor erzeugt. Die Elektronik kann so den Nullpunkt abgleichen und alle vorher entstandenen Nullpunktfehler beseitigen.
72. Die Flanken der frequenzanalogen Signale können während einer definierten Messzeit ausgezählt werden. Der Zählwert ist proportional zur Frequenz des Messsignals (Frequenzmessverfahren).

    Mit den Flanken des frequenzanalogen Signals wird die Torzeit (Messzeit) gesteuert. Am Toreingang liegt eine definierte Frequenz an. Solange das Tor geöffnet ist, zählt der Zähler die Flanken des Referenzsignals. Der Zählwert ist proportional zur Periodendauer des Messsignals (Periodendauermessverfahren).
73. Für die Periodendauermessung gilt:

$$\delta = \frac{1}{f_0 \cdot T_m} = \frac{f_m}{f_0} = \frac{n}{f_0} = \frac{3000\ \text{min}^{-1} \cdot 1\ \text{min}/60\ \text{s}}{1\ \text{MHz}} = 50 \cdot 10^{-6} = \underline{0{,}005\ \%}$$

Der relative Fehler verhält sich beim Periodendauermessverfahren proportional zur Drehzahl, deshalb ist die größte Drehzahl einzusetzen. Das muss so sein, weil die Torzeit bzw. Messzeit umgekehrt proportional zur Drehzahl ist. Bei großen Drehzahlen ist die Messzeit klein, so dass weniger Flanken des Referenzsignals gezählt werden.

Wie lange es dauert, um einen Messwert zu gewinnen, hängt ebenfalls von der Drehzahl ab. Je größer die Drehzahl ist, desto geringer ist die Messzeit:

$$T_\mathrm{m} = \frac{1}{n} = \frac{1}{50\ \mathrm{min}^{-1} \cdot 1\ \mathrm{min}/60\ \mathrm{s}} = \underline{1{,}2\ \mathrm{s}}$$

Beträgt die Drehzahl nur 50/min dauert es 1,2 s, bis ein neuer Messwert zur Verfügung steht.

Das Zählergebnis z ist proportional zur Referenzfrequenz und zur Torzeit:

$$z = T_\mathrm{m} \cdot f_0$$

Die Torzeit ist umgekehrt proportional von der Drehzahl abhängig, woraus sich der funktionale Zusammenhang zwischen der Messgröße Drehzahl und dem Zählwert ergibt:

$$z = \frac{f_0}{n}$$

Leider ist die Abhängigkeit reziprok. Um eine ziffernrichtige Anzeige der Drehzahl zu gewinnen, muss der Kehrwert des Zählerstandes mit der Referenzfrequenz multipliziert werden. Mit folgender Formel kann ein Prozessor die Drehzahl in 1/min berechnen:

$$n = \frac{f_0}{z} \cdot \frac{60\ \mathrm{s}}{\mathrm{min}}$$

Benutzt man eine Scheibe mit mehreren Schlitzen, verkürzen sich die Messzeiten, jedoch steigt der Quantisierungsfehler.

74. Die Abweichung entsteht einerseits infolge des Quantisierungsfehlers:

$$\delta = \frac{1}{f_0 \cdot T_\mathrm{m}} = \frac{f_\mathrm{m}}{f_0} = \frac{n \cdot K}{f_0} = \frac{6000\ \mathrm{min}^{-1} \cdot 1\ \mathrm{min}/60\ \mathrm{s} \cdot 360}{10\ \mathrm{MHz}} = 3600 \cdot 10^{-6} = \underline{0{,}36\ \%}$$

Hinzu kommt die Unsicherheit der Quarzfrequenz, die mit 10^{-6} nicht ins Gewicht fällt. Das sind lediglich 0,0001 % vom aktuellen Messwert. Bei einer Drehzahl von 6000/min wird die relative Messabweichung den Wert 0,4 % nicht überschreiten.

Bei der Berechnung der Messzeit muss wieder beachtet werden, dass je Winkelgrad ein Messergebnis gewonnen wird:

$$T_\mathrm{m} = \frac{1}{n \cdot K} = \frac{1}{6000\ \mathrm{min}^{-1} \cdot 1\ \mathrm{min}/60\ \mathrm{s} \cdot 360} = \underline{27{,}9\ \mathrm{ms}}$$

Befinden sich mehrere Schlitze auf der Schlitzscheibe, müssen diese hochpräzise gefertigt werden, um Äquidistanz über dem Umfang zu erhalten. Jede Fertigungsabweichung führt dazu, dass während einer Umdrehung 360 verschiedene Werte gemessen werden, obwohl die Winkelgeschwindigkeit konstant ist. *Natürlich ließe sich der Effekt per Mittelwertbildung über 360 Werte beseitigen. Das würde jedoch die Messdynamik erheblich einschränken.*

75. Die Messzeit ist drehzahlunabhängig und beträgt immer eine Sekunde, da es sich um das Frequenzmessverfahren handelt.

    Die Unsicherheit der Torzeit verursacht einen multiplikativen Fehler, der 0,0001 % vom aktuellen Messwert nicht überschreitet.

    Der relative Quantisierungsfehler verhält sich umgekehrt proportional zum Zählwert, der das Produkt aus Anzahl der eingehenden Flanken (4 Flanken je Schlitz) und Torzeit ist.

$$\delta = \frac{1}{f_x \cdot T_0} = \frac{1}{4 \cdot K \cdot n \cdot T_0} = \frac{1}{4 \cdot 360 \cdot n \cdot \mathrm{min}/60\mathrm{s} \cdot 1\,\mathrm{s}} = \frac{1}{n \cdot 24\,\mathrm{min}}$$

Die relative Abweichung verhält sich daher umgekehrt proportional zur Drehzahl:

a. Drehzahl von 1/min: $\delta = 4{,}2\,\%$

b. Drehzahl von 100/min: $\delta = 0{,}042\,\%$

c. Drehzahl von 10000/min: $\delta = 0{,}00052\,\%$

   Am Ergebnis c ist erkennbar, dass sich bei großen Drehzahlen die Unsicherheit des Quarzgenerators bemerkbar macht.

d. Drehzahl von 300 000 /min: Die Messstelle fällt aus, weil die anliegende Frequenz für den Zähler zu hoch ist:

$$f_x = 4 \cdot K \cdot n = 4 \cdot 360 \cdot n \cdot \mathrm{min}/60\,\mathrm{s} = 4 \cdot 360 \cdot \frac{300000}{\mathrm{min}} \cdot \frac{\mathrm{min}}{60\,\mathrm{s}} = 7{,}2\,\mathrm{MHz}$$

Solch hohe Drehzahlen sind selten. Pneumatisch betriebene Turbinen erreichen diese Drehzahlen. Ein „schönes“ Beispiel einer solchen Turbine ist der Antrieb für den Bohrer beim Zahnarzt. Die Drehzahl ist als Pfeifen im Kilohertzbereich vernehmbar.

Drehmoment

76. Wenn ein Elektromotor Teil des Antriebsstranges ist, kann das Drehmoment aus der aufgenommenen Leistung und der Drehzahl bestimmt werden. Es gilt:

$$M_D = \frac{P}{2\pi \cdot n}$$

Die elektrische Leistung (messbar über Strom und Spannung und ggf. noch die Phasenverschiebung) ist natürlich nicht identisch mit der gesuchten mechanischen Leistung. Die Verlustleistung muss Berücksichtigung finden. Da diese vom Betriebszustand abhängig ist, können recht große Messabweichungen auftreten. Der Charme dieses Messverfahrens besteht jedoch darin, dass kein aufwändiger mechanischer Umbau notwendig ist.

77. Um Drehmomente zu messen, werden meist DMS-Aufnehmer eingesetzt. *Weitere Prinzipien sind: piezoelektrisch, optisch, SAW und magnetoelastisch.*

78. Drehmomentmesswellen bestehen aus einem Stator und einem Rotor. Zum Rotor gehört der Verformungskörper mit den DMS, die zur Wheatstoneschen Vollbrücke verschaltet sind. Je nach Ausführung werden die Signale mit Schleifringen oder telemetrisch zum Stator übertragen.

79. Schleifringe in Kombination mit Bürsten sind eine einfache bewährte Technik, um Speisespannung und Brückenspannung zu übertragen, unterliegen jedoch einem Verschleiß (Bürstenabrieb). Bei hohen Drehzahlen ist der Kontakt nicht gewährleistet. Thermospannungen treten auf, deshalb ist die Verwendung von TF-Messverstärkern angezeigt. *Es gibt Messwellen mit integriertem Axialventilator. Dieser entfernt bei hohen Drehzahlen wirksam den Abrieb.*

80. Das Drehmoment verursacht eine Scherspannung. Diese ist reziprok vom polaren Widerstandsmoment abhängig.

    Die Scherspannung verursacht eine Scherdehnung, die umgekehrt proportional zum E-Modul ist.

    Die Scherdehnung wird von 4 DMS (sind im Winkel von 45° auf dem Rundstab appliziert) in eine relative Widerstandsänderung gewandelt, die proportional zum k-Faktor ist.

    Die relative Widerstandsänderung wird aufgrund der Vollbrückenschaltung zu einem Spannungsverhältnis (Brückenspannung zu Speisespannung). Der Proportionalitätsfaktor (Brückenfaktor) ist gleich 1.

81. Eine Wechselspannung wird an eine Primärspule angelegt, die sich im Stator befindet. Auf dem Rotor befindet sich die Sekundärspule in räumlicher Nähe zur Primärspule. Die Sekundärspannung wird von der Rotor-Elektronik gleichgerichtet, geglättet, stabilisiert und dient u. a. der Brückenspeisung. Die Brückenspannung wird von der Rotor-Elektronik verstärkt und in ein frequenzanaloges Signal gewandelt. Dieses wird induktiv zum Stator übertragen. Die Kopplungsbedingung hat keinen Einfluss auf das Messergebnis, denn die Information steckt in der Frequenz des Ausgangssignals. Oft wird heute eine HF-Übertragung für das Messsignal benutzt.

82. Jedes Drehmoment in einer rotierenden Welle geht mit einem Reaktionsmoment außerhalb des Antriebsstranges einher. Dieses kann über einen Hebelarm in eine Kraft umgeformt und mit einem tangential angeordneten Kraftaufnehmer gemessen werden. Das geschieht bei Pendelmaschinen. Der Vorteil liegt darin, dass weder Schleifringe noch ein Telemetriesystem notwendig sind. Denn der Sensor rotiert nicht. Er befindet sich außerhalb des Antriebsstranges. Der Nachteil dieser Reaktionsmomentmessung besteht darin, dass sehr schnelle Drehmomentänderungen im Antriebsstrang nicht messbar sind.

83. Eine Pendelmaschine erzeugt eine mechanische Last und ermöglicht die Messung des Drehmoments in Prüfständen. Der Ständer (Stator) ist drehbar gelagert und mit einem Hebelarm versehen. Am Hebelende verhindert ein Kraftaufnehmer eine Rotation des Stators. *Alternativ zu Kraftaufnehmern kommen noch immer auch mechanische Waagen zum Einsatz (Drehmomentwaage).*

84. Aus „Drehmoment ist gleich Kraft mal Hebelarm" folgt die optimale Länge:

$$l = \frac{M_D}{F_{Nenn}} = \frac{1{,}4\ \text{kNm}}{2\ \text{kN}} = \underline{0{,}7\ \text{m}}$$

85. Für den relativen Fehler gilt:

$$\delta = \frac{\Delta l}{l_0} = \frac{3\ \text{mm}}{500\ \text{mm}} = \underline{0{,}6\ \%}$$

Die Länge des Hebelarms kann sich um 0,6 % ändern. Es entstehen multiplikative Messabweichungen. In deren Folge kann der Messwert 0,6 % vom wahren Wert abweichen. Da die Abweichung messwertbezogen wirkt, spielt der Messbereich keine Rolle.

86. Messflansche sind wesentlich kürzer und drehsteifer, beanspruchen daher eine geringere Einbaulänge und beeinflussen das dynamische Verhalten des Antriebsstranges nur wenig.

87. Neben den Maßen und Gewichten sind Torsionssteifigkeit und Trägheitsmoment von großer Bedeutung. Diese Eigenschaften beeinflussen in hohem Maß die Resonanzfrequenz des Antriebsstranges.

88. Es ist unmöglich, die Baugruppen eines Antriebsstrangs perfekt auszurichten. Mit Axial-, Radial- und Parallelversatz ist zu rechnen. Es sind deshalb Ausgleichselemente (Kupplungen, Gelenkwellen) nötig, um das Auftreten zu großer Kräfte und Biegemomente am Drehmomentaufnehmer zu verhindern. *Leider wird oft vergessen, dass es sich um empfindliche Sensoren handelt. Parasitäre Kräfte und Momente können zu Messabweichungen und sogar zur Zerstörung der Sensoren führen.*

89. Die Aufgabe besteht oft darin, die mechanische Leistung zu messen, die von der Arbeitsmaschine (Generator, Pumpe, Verdichter, Extruder) aufgenommen wird oder von der Kraftmaschine (E-Motor, Dieselmotor, Turbine) bereitgestellt werden kann. Deshalb wird neben dem Drehmoment die Drehzahl gemessen. Es gilt der Zusammenhang:

$$P = M_D \cdot \omega = M_D \cdot 2\pi \cdot n$$

90. Das Nennmoment ist leicht zu berechnen:

$$M_D = \frac{P}{2\pi \cdot n} = \frac{5000\ \text{W}}{2\pi \cdot 1450/60\ \text{s}} = \underline{33\ \text{N} \cdot m}$$

Jedoch muss beachtet werden, dass die Grenzmomente wesentlich größer sind. Beim Gleichstrommotor kann das Anlaufmoment und beim Wechselstrommotor das Kippmoment um etwa Faktor 3 über dem Nennmoment liegen. Der Drehmomentaufnehmer sollte deshalb einen Nennmessbereich von mindestens 100 N·m haben.

91. Für das Ausgangssignal gilt:

$$\frac{U_{Br}}{U_{Sp}} = \frac{M_D}{M_{Nenn}} \cdot c_{Nenn} = \frac{-50\ \text{Nm}}{500\ \text{Nm}} \cdot 2\ \text{mV/V} = \underline{-0{,}2\ \text{mV/V}}$$

Der Aufnehmer liefert eine Brückenspannungsverstimmung von −0,2 mV/V. Das Vorzeichen weist darauf hin, dass es sich um ein Linksmoment handelt.

92. Die Ursache liegt darin, dass mit dem Aufnehmer ein relativ (!) drehweiches Element in den Antriebsstrang integriert wird, das darüber hinaus Trägheitsmomente mitbringt. Als Resultat sinkt die Drehsteifigkeit des Strangs und es wächst das Trägheitsmoment im Strang. Das führt zu einer geringeren Torsionseigenfrequenz, was wiederum zu starken unerwünschten Schwingungen des Antriebsstranges schon bei mittleren Drehzahlen führen kann.

Messdynamik

93. Jeder Sensor hat eine obere Grenzfrequenz und damit auch eine Einschwingzeit. Diese kann von der Einbausituation beeinflusst werden. So hat ein Temperatursensor in ruhiger Luft eine viel größere Einschwingzeit als in fließendem Wasser und damit eine niedrigere Grenzfrequenz. Der Messverstärker hat ebenfalls eine obere Grenzfrequenz und damit eine Einschwingzeit. Der ADU hat eine Messrate (Abtastfrequenz), deren Kehrwert die Abtastperiode ist. Die Messwerte müssen über eine Schnittstelle zum PC übertragen werden, bevor dieser die Werte verarbeiten oder auch nur anzeigen kann. Durch zu geringe Datenraten und insbesondere dann, wenn der PC simultan andere Aufgaben erledigt, kann eine nennenswerte Totzeit entstehen. *In besonders ungünstigen Fällen sind die angezeigten Werte einige Minuten alt oder es gehen gar Messwerte verloren, weil der Ausgangspuffer (ein FIFO-Speicher) des DAQ-Systems zu klein ist.*
94. Meist sind Aufnehmer für diese Messgrößen sehr gut als schwingungsfähige PT_2-Systeme beschreibbar.
95. Für die folgenden Darstellungen wurde ein Dämpfungsgrad von 0,02 gewählt. Im Diagramm ist unschwer zu erkennen, dass die Eigenfrequenz 100 Hz beträgt.

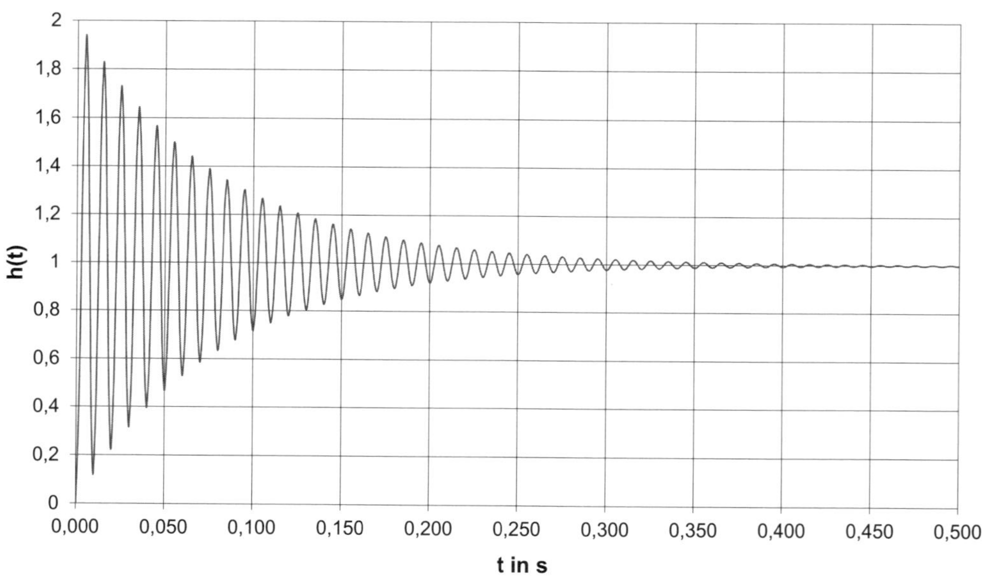

Bild 14.84 Übergangsfunktion eines PT_2-Systems (100 Hz, $D = 0{,}02$)

In den Frequenzgangdarstellungen ist das nicht erkennbar. Durch die Normierung der Frequenzachsen ist sowohl im Amplituden- als auch im Phasengang der Zahlenwert der Eigenfrequenz nicht erkennbar.

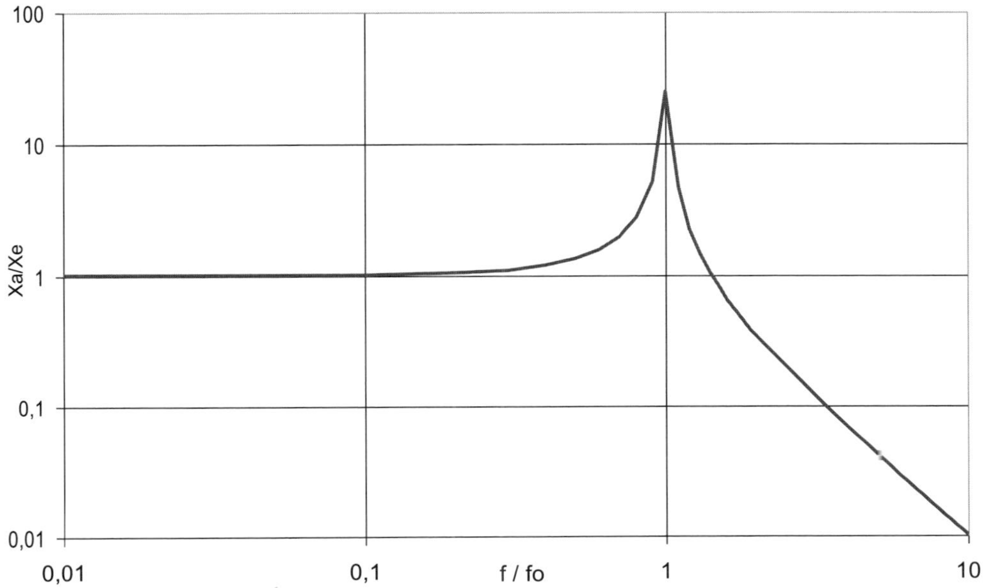

Bild 14.85 Amplitudengang eines PT_2-Systems ($D = 0{,}02$)

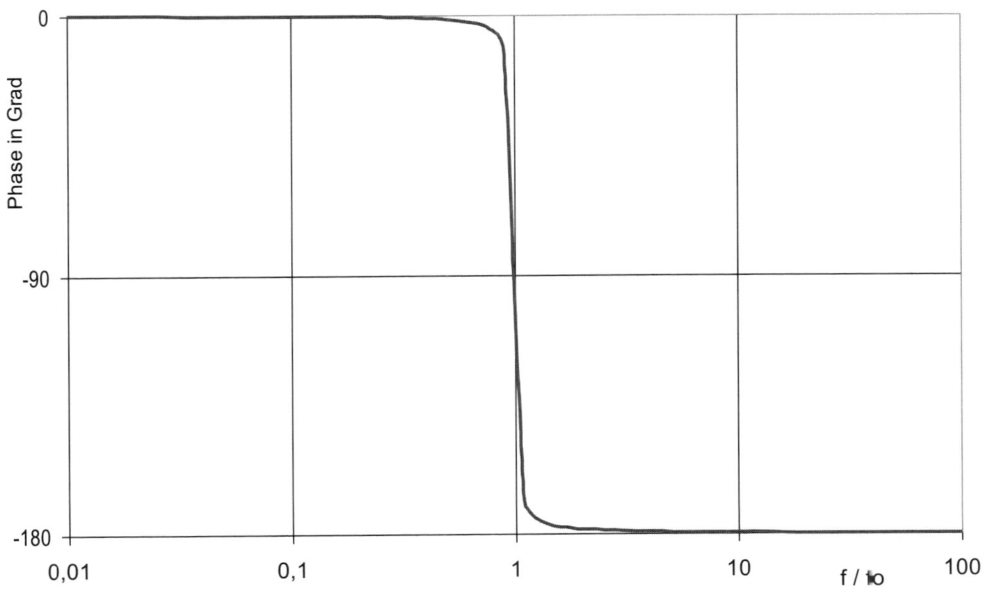

Bild 14.86 Phasengang eines PT_2-Systems ($D = 0{,}02$)

Der Amplitudengang hat in der messtechnischen Praxis die weitaus größere Bedeutung als der Phasengang.

96. Wenn T_2-Systeme einen Dämpfungsgrad von beinahe 0 aufweisen, ändert sich die Phase als Funktion der Frequenz sehr kräftig. Knapp unter der Eigenfrequenz beträgt diese noch fast 0° und knapp darüber beinahe schon −180°. Die Phase scheint zu springen.

97. Aus der Sprungantwort kann man die Einschwingzeit und die Eigenfrequenz bestimmen. Der Dämpfungsgrad lässt sich ebenfalls berechnen.

98. Im Amplitudengang sind die Grenzfrequenz, die Resonanzfrequenz und die Resonanzüberhöhung zu finden.

99. Das Diagramm zeigt den normierten Amplitudengang eines piezoelektrischen Sensors. Das Spezifische besteht darin, dass sehr niedrige Frequenzen nicht mehr übertragen werden. *Wie groß der Abstand zwischen unterer Grenzfrequenz und Resonanzfrequenz ist, hängt von sehr vielen Faktoren ab.*

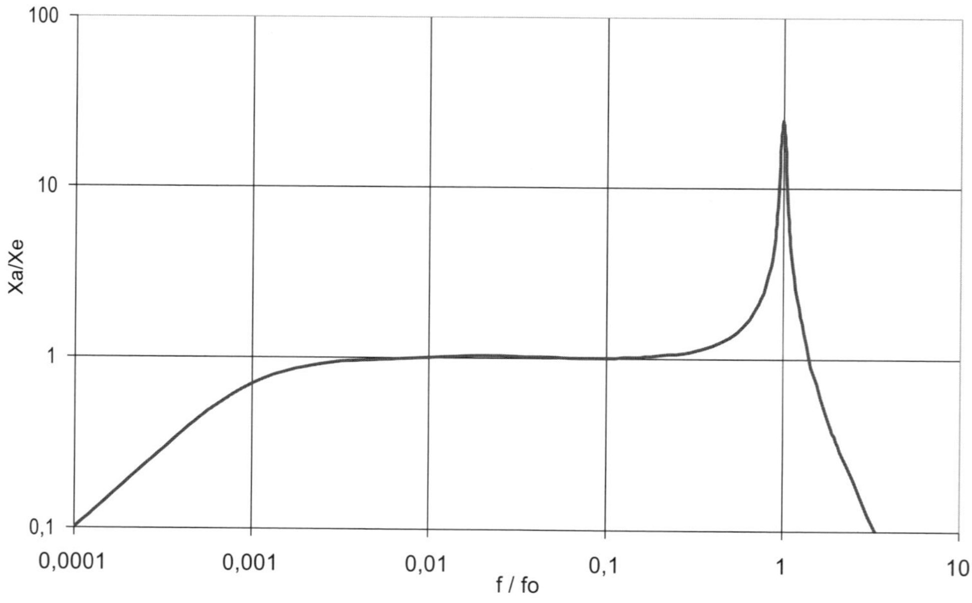

Bild 14.87 Amplitudengang eines piezoelektrischen Sensors

100. Eigenfrequenz und Einschwingzeit sind von den Bedingungen an der Messstelle abhängig. Handelt es sich beim Messobjekt um eine Flüssigkeit, wird diese infolge ihrer Masseträgheit die dynamischen Eigenschaften stärker beeinflussen als ein Gas. Falls im Datenblatt ein Wert für die Eigenfrequenz angegeben ist, gilt dieser nicht für den Fall, dass mit der Sensormembran eine Flüssigkeitssäule „verbunden ist".

101. Die Übergangsfunktion eines piezoelektrischen Sensors nähert sich asymptotisch der Nulllinie an, während sich die Übergangsfunktion eines DMS-Sensors dem Wert 1 annähert, denn konstante Größen sind mit dem Piezoprinzip nicht messbar.

102. Ein Drehmomentaufnehmer stellt ein schwingungsfähiges System 2. Ordnung dar. Dargestellt ist deshalb die Gewichtsfunktion eines PT_2-Systems. Willkürlich gewählt wurde der Dämpfungsgrad 0,1 und die Eigenfrequenz 100 Hz. Letztere ist leicht ablesbar.

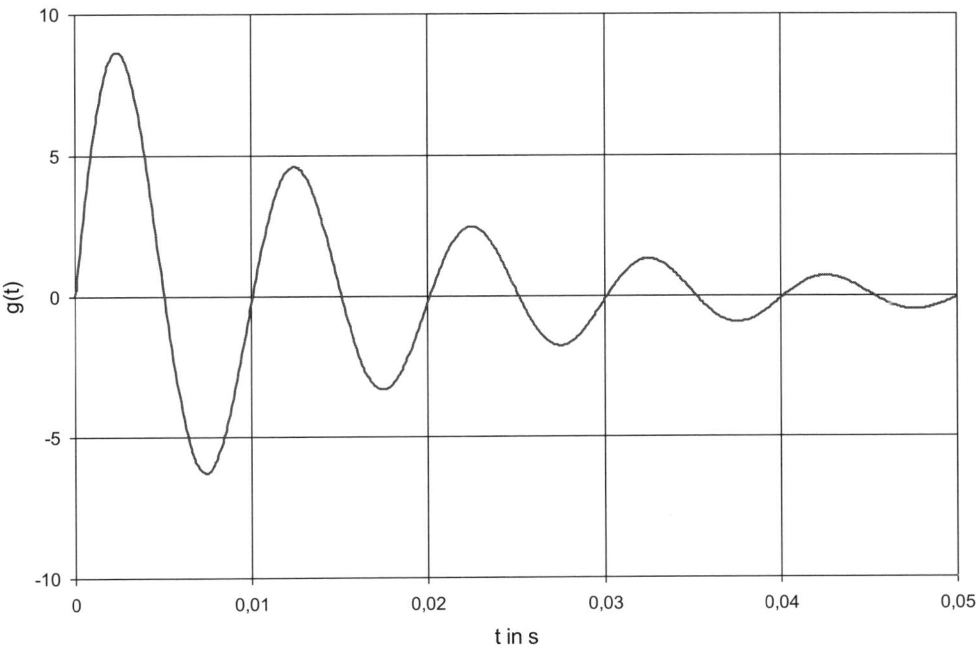

Bild 14.88 Gewichtsfunktion eines Systems 2. Ordnung (D = 0,1)

103. Wesentlich für die Beantwortung der Frage ist wiederum, dass es sich um ein schwingungsfähiges System 2. Ordnung handelt. Aus der Gewichtsfunktion kann man die Einschwingzeit ebenso ermitteln wie aus der Übergangsfunktion. Die Eigenfrequenz ergibt sich aus dem Kehrwert der Periodendauer. Der Dämpfungsgrad lässt sich ebenfalls berechnen.

104. Die Gewichtsfunktion ist die erste Ableitung der Übergangsfunktion nach der Zeit.

105. Eine Stoßfunktion ist oft einfacher realisierbar als eine Sprungfunktion. Ein kurzer Schlag mit einem kleinen Holzhammer auf eine Wägezelle kommt einem Dirac-Stoß sehr nahe.

106. Der Sensor mit idealen Eigenschaften *(den es übrigens niemals geben wird!)* besitzt einen über alle Dekaden linearen Amplituden- sowie Phasengang.

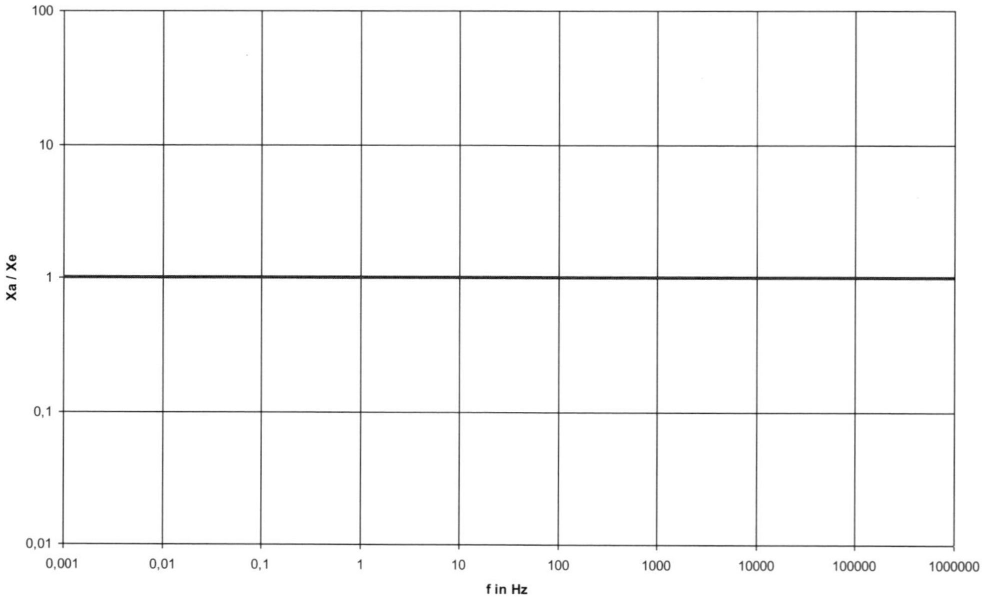

Bild 14.89 Amplitudengang des idealen Sensors

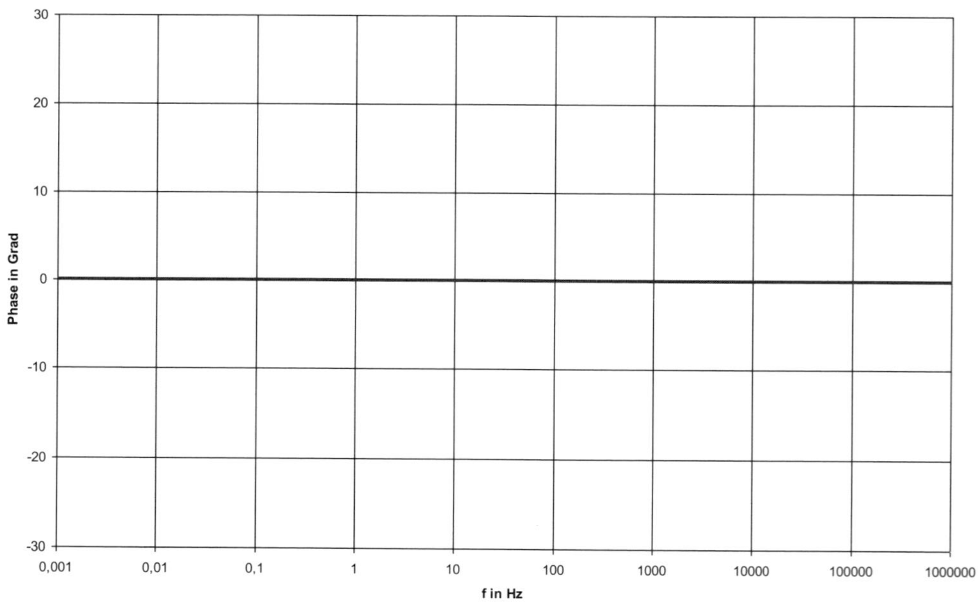

Bild 14.90 Phasengang des idealen Sensors

107. Sensoren, die eine Eigenfrequenz besitzen, neigen bei sprunghaften Änderungen der Messgröße zum Überschwingen. Die Folge ist, es werden zu große Extremwerte gemessen. Im Ausgangssignal des Sensors ist dann eine Frequenz vorhanden (die Eigenfrequenz), die im Messsignal ursprünglich gar nicht existierte. Je niedriger die Eigenfrequenz ist, desto länger dauert es, bis das Ausgangssignal auf den gewünschten Endwert eingeschwungen ist.

Sind im Messsignal Frequenzen enthalten, die in der Nähe der Eigenfrequenz liegen, kann es zu Resonanzüberhöhungen kommen, wodurch viel zu große Amplituden entstehen. Unter sehr ungünstigen Bedingungen kann der Sensor dadurch überlastet werden.

Je kleiner der Dämpfungsgrad, desto dramatischer sind die Effekte.

108. Bei diesem System kann man die 3-dB-Grenzfrequenz mit folgender Beziehung (gilt für $D \leq 0{,}2$) abschätzen:

$$f_{go} \approx \frac{f_0}{2} = \frac{10\ \text{kHz}}{2} = \underline{5\ \text{kHz}}$$

Die Grenzfrequenz liegt bei ca. 5 kHz.

$$T_{E,95} = \frac{3}{D \cdot 2\pi \cdot f_0} = \frac{3}{0{,}01 \cdot 2\pi \cdot 10\ \text{kHz}} = \underline{4{,}8\ \text{ms}}$$

Alternativ eignet sich zur Berechnung auch folgende Formel:

$$T_{E,95} = \frac{-\ln(0{,}05 \cdot \sqrt{1-D^2})}{D \cdot 2\pi \cdot f_0} = \frac{-\ln(0{,}05 \cdot \sqrt{1-0{,}01^2})}{0{,}01 \cdot 2\pi \cdot 10\ \text{kHz}} = \underline{4{,}8\ \text{ms}}$$

Die Einschwingzeit beträgt ca. 5 ms.

109. Die Abklingkonstante ist das Produkt aus Dämpfungsgrad und Kreiseigenfrequenz:

$$\delta = D \cdot \omega_0$$

Die Maßeinheit ist 1/s. Der Kehrwert der Abklingkonstante ist demzufolge eine Zeit:

$$\tau = \frac{1}{\delta} = \frac{1}{D \cdot \omega_0} = \frac{1}{D \cdot 2\pi \cdot f_0}$$

Es ist die Zeit, die vergeht, bis die Hüllkurve einer Sprungantwort oder die einer Impulsantwort auf den 1/e-fachen Wert (37 %) abgefallen ist. 3 Tau entspricht der 95 %-Einschwingzeit.

110. Der Dämpfungsgrad ergibt sich allein aus der Überschwingweite von 10 % bzw. 0,1:

$$D = \frac{|\ln(h_{max} - 1)|}{\sqrt{\pi^2 + [\ln(h_{max} - 1)]^2}} = \frac{|\ln 0{,}1|}{\sqrt{\pi^2 + [\ln 0{,}1]^2}} = \underline{0{,}59}$$

Der Dämpfungsgrad beträgt ca. 0,6. Solch große Werte für den Dämpfungsgrad erreicht man mit zusätzlichen mechanisch-konstruktiven Maßnahmen. Ohne diese beträgt der Dämpfungsgrad oft nur 0,01.

Bei der Entwicklung von mikromechanischen (MEMS-Sensoren) und induktiven Beschleunigungsaufnehmern wird oft versucht, durch eine Gas- oder Öl-Dämpfung einen Dämpfungsgrad von ca. 0,6 zu erreichen. Dieser Wert ist ein guter Kompromiss hinsichtlich des Amplitudengangs und der Sprungantwort. Wird Öl zur Dämpfung verwendet, ist die Viskosität des Öls und damit auch der Dämpfungsgrad des Sensors temperaturabhängig.

111. Zunächst wird die Eigenfrequenz berechnet. Aus

$$\omega_0 = \sqrt{\frac{k}{m}}$$

ergibt sich:

$$f_0 = \frac{1}{2\pi}\sqrt{\frac{F}{s \cdot m}} = \frac{1}{2\pi}\sqrt{\frac{100\ \text{kg} \cdot 9{,}81\ \text{m/s}^2}{0{,}2\ \text{mm} \cdot 50\ \text{kg}}} = \frac{1}{2\pi}\sqrt{\frac{981}{0{,}0002 \cdot 50\ \text{s}^2}} = \underline{49{,}8\ \text{Hz}}$$

Die Eigenfrequenz beträgt 50 Hz. Der Dämpfungsgrad kann mit 0,01 angenommen werden. Da kleinere Werte kaum zu erwarten sind, liegt das Ergebnis auf der sicheren Seite.

$$T_{E,95} = \frac{-\ln(0{,}01 \cdot \sqrt{1 - D^2})}{D \cdot 2\pi \cdot f_0} = \frac{-\ln(0{,}01 \cdot \sqrt{1 - 0{,}01^2})}{0{,}01 \cdot 2\pi \cdot 50\ \text{Hz}} = \underline{1{,}47\ \text{s}}$$

Es vergeht eine Zeit von maximal 1,5 s, bis nach einer sprungförmigen Kraftänderung der Abstand vom Endwert kleiner als 1 % der Sprunghöhe ist.

112. Sensoren, deren Dämpfungsgrad zwischen 0,707 und 1 liegt, besitzen eine Eigenfrequenz (Überschwingen der Sprungantwort) jedoch keine Resonanzfrequenz (normierter Amplitudengang weist keine y-Werte größer 1 auf).

113. Die Übergangsfunktion eines Verzögerungsglieds 2. Ordnung mit dem Dämpfungsgrad von 0 erreicht auch im Unendlichen keinen stationären Endwert:

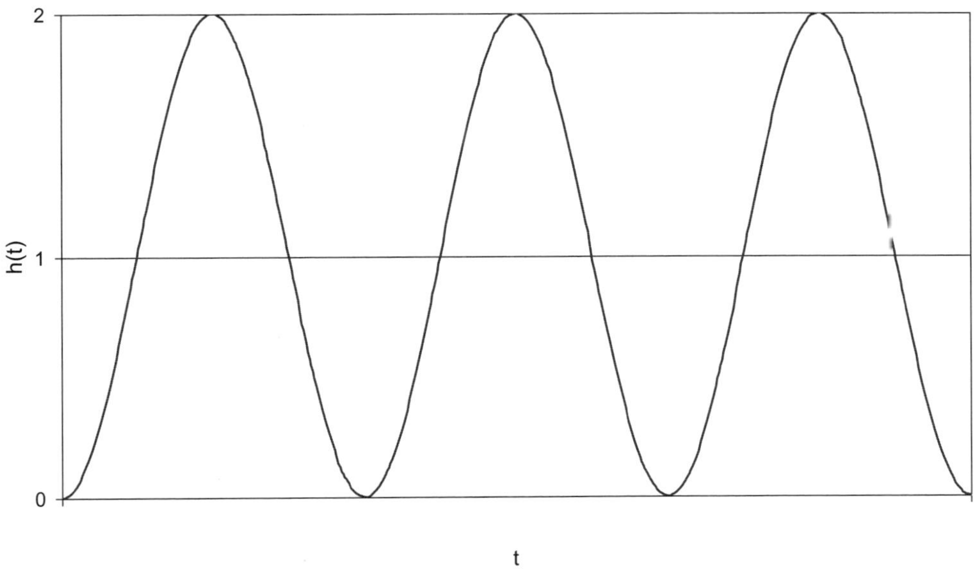

Bild 14.91 Übergangsfunktion System 2. Ordnung für den Sonderfall $D = 0$

Der Amplitudengang ist selbst logarithmisch nicht darstellbar. Grund: Resonanzüberhöhung $= \infty$. Der Phasengang springt an der Stelle $f = f_0$ von 0° auf −180°.

Ein Sensor mit einem solchen Verhalten ist weder realisierbar noch vorteilhaft.

114. Die Sprungantwort ist die eines Systems mit Hochpassverhalten, denn sie strebt dem Wert 0 zu. Legt man eine Tangente im Zeitpunkt 0 an, schneidet diese den stationären Endwert bei einer Minute, was der Zeitkonstante des Hochpasses entspricht. Die untere Grenzfrequenz berechnet sich mit folgender Gleichung:

$$f_{gu} = \frac{1}{2\pi \cdot \tau} = \frac{1}{2\pi \cdot 1\,\text{min}} = \underline{2{,}7\,\text{mHz}}$$

Mit 2,7 mHz ist die untere Grenzfrequenz durchaus sehr niedrig. Dennoch ist es unmöglich, mit diesem System Größen zu messen, die sich über lange Zeiträume nur wenig ändern. Nullpunktbezogene Messungen können nicht ausgeführt werden.

115. Die untere Grenzfrequenz beträgt 0 Hz.

Die obere Grenzfrequenz erreicht nicht ganz 0,5 kHz (+3 dB).

Resonanzfrequenz und Eigenfrequenz betragen etwa 1 kHz, wobei die Resonanzfrequenz minimal niedriger ist als die Eigenfrequenz.

Die Resonanzüberhöhung beträgt 900 %.

Der Dämpfungsgrad lässt sich aus der Güte Q berechnen. Die Güte hat laut Diagramm den Wert 10. Daraus folgt:

$$D = \frac{1}{2 \cdot Q} = \frac{1}{2 \cdot 10} = \underline{0{,}05}$$

Der Dämpfungsgrad beträgt 0,05.

$$T_{E,95\%} = \frac{3}{D \cdot 2\pi \cdot f_0} = \frac{3}{0{,}05 \cdot 2\pi \cdot 1\,\text{kHz}} = \underline{9{,}5\,\text{ms}}$$

Es dauert ca. 10 s bis die Sprungantwort letztmalig in ein 5 %-Toleranzband eintaucht.

116. Aus dem Amplitudengang ist ablesbar, dass die untere Grenzfrequenz kleiner als 100 Hz ist. Es ist bekannt, dass die Phase bei 0° beginnt. Deshalb muss es sich um ein reines PT_2-System handeln. Die untere Grenzfrequenz beträgt also 0 Hz, da keine Hochpasseigenschaften vorliegen.

117. Die Periodendauer ist direkt ablesbar und liegt knapp über einer Millisekunde. Damit beträgt die Eigenfrequenz etwas weniger als 1 kHz.

Die 95 %-Einschwingzeit ist ebenfalls direkt ablesbar. Man muss etwa 4,5 ms warten, bis die Sprungantwort in einem Toleranzband von ±5 % verschwunden ist.

Den Dämpfungsgrad kann man aus der Überschwingweite berechnen. Diese ist aus der Übergangsfunktion mit ca. 72 % ablesbar.

$$D = \frac{\left|\ln(h_{max} - 1)\right|}{\sqrt{\pi^2 + \left[\ln(h_{max} - 1)\right]^2}} = \frac{\left|\ln 0{,}72\right|}{\sqrt{\pi^2 + \left[\ln 0{,}72\right]^2}} = \underline{0{,}104}$$

Geeignet ist auch das logarithmische Dekrement. Hierfür werden das 2. und 3. lokale Maximum (das 1. und 2. wäre natürlich ebenfalls geeignet) abgelesen: 1,38 und 1,2. Beim Einsetzen in die Näherungsformel ist unbedingt darauf zu achten, dass der stationäre Endwert von den lokalen Extrema subtrahiert wird:

$$D \approx \frac{\ln \frac{A_n}{A_{n+1}}}{2\pi} = \frac{\ln \frac{0{,}38}{0{,}2}}{2\pi} = \underline{0{,}102}$$

Außerdem ist die Berechnung aus der Einschwingzeit möglich:

$$D = \frac{3}{T_{E,95} \cdot 2\pi \cdot f_0} = \frac{3}{4{,}5\,\text{ms} \cdot 2\pi \cdot 1\,\text{kHz}} = \underline{0{,}106}$$

Die Ergebnisse liegen unweit auseinander. Der Dämpfungsgrad beträgt etwa 0,1 und ist als recht groß einzuschätzen, was aber kein Nachteil ist.

118. In die Vergrößerungsfunktion sind das Frequenzverhältnis einzusetzen sowie der Dämpfungsgrad:

$$V(f) = \frac{1}{\sqrt{\left[1 - \left(\frac{f}{f_0}\right)^2\right]^2 + 4D^2 \cdot \left(\frac{f}{f_0}\right)^2}} = \frac{1}{\sqrt{\left[1 - \left(\frac{6\,\text{kHz}}{8\,\text{kHz}}\right)^2\right]^2 + 4 \cdot 0{,}01^2 \cdot \left(\frac{6\,\text{kHz}}{8\,\text{kHz}}\right)^2}} = \underline{2{,}28}$$

Die Resonanzüberhöhung beträgt bei einer Signalfrequenz von 6 kHz 128 %. Die Messabweichung ist systematisch und multiplikativ. Es werden alle Werte um den Faktor 2,28 zu groß gemessen. Die tatsächliche Amplitude der Kraft ist demzufolge niedriger:

$$\widehat{F}_{\text{wahr}} = \frac{\widehat{F}_{\text{mess}}}{2{,}28} = \frac{50\text{ N}}{2{,}28} = \underline{22\text{ N}}$$

Falls die Messwerte in Echtzeit weiterverarbeitet werden, ist zu beachten, dass auch eine Phasenverschiebung auftritt:

$$\rho = \arctan -\frac{2D \cdot f \cdot f_0}{f_0^2 - f^2} = \arctan -\frac{2 \cdot 0{,}01 \cdot 6\text{ kHz} \cdot 8\text{ kHz}}{(8\text{ kHz})^2 - (6\text{ kHz})^2} = \underline{-2°}$$

Diese beträgt lediglich 2°. *Eine so geringe Phasenverschiebung kann in fast allen Anwendungsfällen vernachlässigt werden. Das Minuszeichen weist darauf hin, dass das Ausgangssignal nacheilt. Die Phasenverschiebung ist so gering, weil der Dämpfungsgrad sehr niedrig ist.*

119. Für die Lösung werden nur die Sensoreigenschaften Eigenfrequenz und Dämpfungsgrad benötigt sowie natürlich die Frequenz des anliegenden Signals:

$$\rho(f) = \arctan -\frac{2D \cdot f \cdot f_0}{f_0^2 - f^2} = \arctan -\frac{2 \cdot 0{,}6 \cdot f \cdot 6\text{ kHz}}{(6\text{ kHz})^2 - f^2}$$

Die Ergebnisse lauten

−0,03° bei 3 Hz,

−1,1° bei 100 Hz,

−39° bei 3 kHz.

Natürlich werden hohe Frequenzen am Chassis des Fahrzeugs im Regelfall gar nicht auftreten. Die Ausnahme wäre ein Unfall.

Das letzte Ergebnis zeigt aber deutlich, dass bei geringem Abstand der Signalfrequenz von der Eigenfrequenz große Phasenverschiebungen auftreten. Dass also eine hohe Eigenfrequenz auch hinsichtlich der Phase Vorteile birgt.

120. Da der Dämpfungsgrad unbekannt ist, sollte man von einem kleinen Wert (z. B. 0,01) ausgehen, um auf der sicheren Seite zu liegen. Die 3-dB-Grenze liegt für kleine D etwa beim Frequenzverhältnis von 2 zu 1. Das gilt selbst für den theoretischen Fall D gleich 0. Die Eigenfrequenz des Sensors sollte mindestens 1 kHz betragen. Es gilt hier: je größer, desto besser!

121. Eine hohe Eigenfrequenz ist in jedem Fall nützlich. Zum einen schwingt die Sprungantwort bei 10-fach höherer Eigenfrequenz 10-mal schneller ein. Zum anderen wird ein Sensor mit einer extrem hohen Eigenfrequenz in der Praxis keine Überschwinger von 95 % erzeugen. Denn Sprünge mit unendlich steilen Flanken gibt es nur in der Theorie. Diese treten in der Praxis nicht auf. Deshalb sind auch nicht alle Frequenzen

in einem realen Sprung enthalten, so dass man darauf hoffen kann, dass die höchste im Sprung enthaltene Frequenz niedriger ist als die Eigenfrequenz. Es kommt dann kaum zu einer Anregung. Dementsprechend gering ist das Überschwingen.

122. Zum einen ist die Phasenverschiebung von Messsignalen immer dann von Bedeutung, wenn es um das Lösen von Echtzeitaufgaben geht – wenn abhängig vom aktuellen Messwert eine Aktion erfolgen soll. Eine zu große Phasenlaufzeit der Messeinrichtung kann beispielsweise einen Regelkreis instabil machen. Optimal wäre bei Echtzeitaufgaben eine Phasenverschiebung von 0.

     Zum anderen ist es wichtig, dass bei der simultanen Erfassung mehrerer Messwerte, die Phasenverschiebung für alle Messsignale gleich groß ist. Das trifft insbesondere für Signale zu, die miteinander korreliert sind. Man denke nur an die mechanischen Größen Weg und Kraft, die an einer geschichteten Blattfeder erfasst werden. Unterschiedliche Phasenverschiebungen in den beiden Messkanälen würden zu fehlerhaften Schlussfolgerungen bezüglich der Eigenschaften der Blattfeder (Reibung) führen.

14.11 Kapitel 11: Prozessmesstechnik und ausgewählte Messgrößen

1. Die Prozessmesstechnik befasst sich mit der Messung von Größen in der Prozesstechnik. Die Prozesstechnik ist mit der Verfahrenstechnik identisch. Ein Rohstoff wird durch chemische Reaktionen, physikalische oder biologische Vorgänge in einen anderen Stoff umgewandelt: alkoholische Gärung, Destillation, Polymerisation. Typische Branchen sind Wasseraufbereitung, Petrochemie, Pharmazie. Es handelt sich um kontinuierliche Prozesse oder um Chargenprozesse. *Fertigungsprozesse sind Stückgutprozesse und gehören nicht dazu.*
2. Die wichtigsten Messgrößen der Prozesstechnik sind in der Reihenfolge ihrer Häufigkeit die Temperatur (T), der Druck (P), der Füllstand bzw. Level (L), der Volumen- bzw. der Massestrom auch als Flow (F) bezeichnet. Außerdem ist die Zusammensetzung bzw. die Konzentration eine wichtige Messgröße. Das Kürzel Q steht hier für Qualität.
3. Stromsignale sind wesentlich störfester gegenüber elektrischen und magnetischen Feldern. Spannungsabfälle haben keinen Einfluss auf den Informationsparameter. Deshalb werden Einheitsströme in der Prozessmesstechnik bevorzugt. Man spricht auch von eingeprägten Strömen, weil die Stromstärke im Idealfall ganz allein von der Messgröße abhängt.
4. Ein Kabelbruch kann leicht als solcher erkannt werden, da 0 mA im Wertebereich gar nicht vorkommt. Außerdem können die Geräte in 2-Leiter-Technik betrieben werden. Bei den großen Entfernungen, die in Chemieanlagen zu überbrücken sind, hilft das, Kosten bei den Messkabeln zu sparen.

5. Bei Life-Zero-Signalen fließt immer ein Strom von mindestens 4 mA in der Stromschleife (Loop genannt). Dieser muss natürlich auch durch den Umformer fließen. Multipliziert man diesen Strom mit dem Spannungsabfall an den beiden Anschlüssen des Umformers, erhält man die Leistung, die für den Betrieb des Umformers zur Verfügung steht. Gibt der Hersteller als Mindestversorgungsspannung 10 V an, dann kommt der Transmitter mit einer Leistung von nur 40 mW aus. Bei 0 mA wäre diese Leistung gleich 0.
6. Die Auswirkung einer Widerstandsänderung in einer Stromschleife ist kaum messbar und hat daher keine Bedeutung für die messtechnische Praxis. Der Strom wird unabhängig von der Bürde eingeprägt, solange die Versorgungsspannung des Messumformers groß genug ist.
7. Ist die Summe aller Widerstände in einem Loop zu groß, reicht die Spannung, die für den Betrieb des Messumformers zur Verfügung steht, nicht mehr aus. Der Umformer versagt seinen Dienst – insbesondere bei großen Schleifenströmen. *In welchem Spannungsbereich der Umformer einwandfrei arbeitet, muss deshalb bei der Planung unbedingt berücksichtigt werden. Bei vielen Geräten ist der Bereich recht groß, z. B. 8 bis 36 V.*
8. Der Schaltplan zeigt den Betrieb zweier Loops mit nur einem Netzteil.

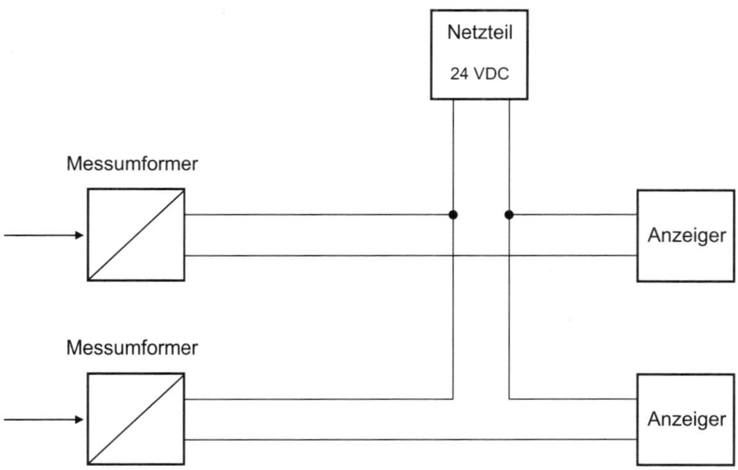

Bild 14.92 Betrieb zweier Loops mit einem Netzteil

9. Die Speisespannung muss unter allen Umständen hinreichend groß sein:

$$U_{\text{Speise}} \geq U_{\min} + I_{\max} \cdot R_{\text{V}} = 10V + 20\ \text{mA} \cdot 400\ \Omega = \underline{18\ \text{V}}$$

Das Speisegerät muss zu jeder Zeit mindestens 18 V zur Verfügung stellen. Bei einem weit ausgedehnten Loop ist natürlich noch der Leitungswiderstand in Betracht zu ziehen. Gemäß NAMUR-Empfehlung 43 soll ein Loop sogar bis zu einer Stromstärke von 20,5 mA funktionsfähig sein.

10. Ein Speisetrenner hat die Aufgabe, einen im Feld befindlichen Messumformer mit Elektroenergie zu versorgen (Speisung) und dessen analoges Signal galvanisch getrennt zu übertragen (Trennung). Das Ausgangssignal des Speisetrenners führt dabei die gleiche Stromstärke wie der Messumformer. Abweichungen liegen bei etwa 0,1 %. Durch die galvanische Trennung werden Signalverschleppungen wirksam verhindert. *Diese können durch möglicherweise vorhandene gemeinsame Impedanzen der Betriebsmittel entstehen.*

11. Ein Signalvervielfacher dient zur Verdoppelung von analogen Signalen. Das ist vorteilhaft, wenn mehrere Empfänger die Information aus dem Stromsignal beziehen. Würden diese einfach nur in Serie im Loop verschaltet, dann gäbe es eine Unterbrechung des Stromkreises, sobald ein Empfänger entfernt wird.

    Oft realisieren diese Signalvervielfacher auch die galvanische Trennung der einzelnen Stromkreise und speisen die Messumformer.

12. Dem 4/20 mA-Stromsignal kann ein Wechselstrom der Amplitude 0,5 mA überlagert werden. Abhängig von dessen Frequenz wird vom Transmitter logisch 1 (entspricht 1,2 kHz) oder 0 (entspricht 2,2 kHz) erkannt. Das analoge 4/20 mA-Stromsignal behält dabei seine Funktionalität. Auf diese Weise kann der Transmitter fernparametriert werden oder er kann seinerseits Messwerte digital liefern. Ein (wenn auch langsames) digitales Netz unter Ausnutzung der 4/20 mA-Verkabelung kann aufgebaut werden.

13. Hellblaue Kabel sind fast immer ein Anzeichen dafür, dass es sich bei diesem Stromkreis um einen eigensicheren handelt. Damit es nicht zu Verwechselungen kommt, sollen diese von nichteigensicheren Kreisen räumlich getrennt verlegt werden.

14. Der sekundäre Ex-Schutz dient dazu, bei Auftreten einer explosionsfähigen Atmosphäre die Zündung derselben durch ein Betriebsmittel (z. B. ein defektes MSR-Gerät) zu verhindern. Das geschieht u. a. durch Trennung von potentiellen Zündquellen und Ex-Atmosphäre, durch Vermeidung von heißen Flächen, Gasen, Flammen sowie durch eine Begrenzung der Energie möglicher Funken.

15. Zündschutzarten, die in der MSR-Technik oft angewandt werden sind:

    Eigensicherheit *i*

    Druckfeste Kapselung *d*

    Erhöhte Sicherheit *e*

    Sandkapselung *q*

    Vergusskapselung *m*

16. Zündschutzarten werden nach der Wahrscheinlichkeit des Auftretens eines Ex-Gemisches eingeteilt und danach, ob sich im Ex-Gemisch brennbare Gase oder brennbare Stäube befinden.

17. Ein Ex-Gemisch kann von einer heißen Fläche gezündet werden. Da die Zündtemperaturen stoffabhängig sind, erfolgt eine Einteilung der Medien und der für diese geeigneten Betriebsmittel in Temperaturklassen. Können beispielsweise Benzin- oder Dieseldämpfe auftreten (Zündtemperatur größer 200 °C), darf die Oberflächentemperatur des Betriebsmittels unter keinen Umständen 200 °C überschreiten. Das Betriebsmittel muss in diesem Fall den Anforderungen der Temperaturklasse 3 oder höher entsprechen.

18. EEx (i) steht für die Zündschutzart „eigensicherer Stromkreis“. Die Idee liegt darin, dass bei Vorhandensein eines Ex-Gemisches dieses auch dann nicht durch das Betriebsmittel gezündet werden kann, sollte in diesem ein Funke oder ein Lichtbogen entstehen. Das wird verhindert, indem die im Betriebsmittel gespeicherte elektrische Energie auf einen Wert begrenzt wird, der unter der Zündenergie des Gemisches liegt. Das wird erreicht, indem sowohl Speisespannung als auch Speisestrom begrenzt werden. Außerdem dürfen Kapazitäten und Induktivitäten (beides Energiespeicher) des Betriebsmittels einschließlich der Zuleitungen nicht zu groß sein.

    Durch die Begrenzung von Strom und Spannung wird weiterhin gewährleistet, dass kein Bauteil des Betriebsmittels Oberflächentemperaturen aufweist, die über der Zündtemperatur des Ex-Gemisches liegen.

19. Eine Sicherheitsbarriere sorgt für die Begrenzung von Speisestrom und Speisespannung. Sie sichert ab, dass auch im Fehlerfall (Kurzschluss im Speisegerät) die Zündenergie nicht ausreicht. *Das erfolgt mit mehreren Zenerdioden, Widerständen und Sicherungen. Oft wird der Begriff Zenerbarriere verwendet. Eine Sicherheitsbarriere trennt bei der Zündschutzart EEx (i) den sicheren Bereich vom ex-gefährdeten Bereich und ist selbst im sicheren Bereich platziert.*

20. Für jeden Stromkreis wird eine Sicherheitsbarriere benötigt. Bei einer Wägezelle benötigt man deshalb mindestens zwei Zenerbarrieren: eine für die Speisespannung und eine für das Messsignal. *Bei Anwendung der 6-Leiter-Technik wird eine zusätzliche Barriere für die Fühlleitungen gebraucht.*

21. Der Lösungsweg führt über die kapazitiv gespeicherte Energie:

    $$W_C = \frac{1}{2} C \cdot U^2 = \frac{1}{2} 2{,}2\,\mu\text{F} \cdot (5\,\text{V})^2 = \underline{27{,}5\,\mu\text{Ws}}$$

    Die gespeicherte Zündenergie ist kleiner als 60 µJ. Das Gerät ist demzufolge geeignet für die Explosionsgruppe C. Es erfüllt diesbezüglich höchste Anforderungen und kann deshalb auch für Medien der anderen Explosionsgruppen A und B verwendet werden.

22. Ein Messgerät mit Grenzwertschalter kann als Zweipunktregler verwendet werden. Der Sollwert wird als Grenzwert vorgegeben. *Damit nicht unnötig viele Schaltspiele erfolgen, empfiehlt es sich, einen gewissen Abstand zwischen Ein- und Ausschaltpunkt (Hysterese) einzustellen.*

Temperatur

23. Mit Abstand am häufigsten werden für Temperaturmessungen in der Prozessindustrie Thermoelemente und Widerstandsthermometer eingesetzt.

24. Der Leitungswiderstand täuscht eine Temperaturerhöhung vor, weil das Auswertegerät nicht zwischen einer Widerstandsänderung des Pt100 und dem Zuschalten des Leitungswiderstands unterscheiden kann.

    $$\Delta t = \frac{R_\text{L}}{E} = \frac{\Delta R_{\text{Pt100}}}{E} = \frac{10\,\Omega\,\text{K}}{0{,}4\,\Omega} = \underline{25\,\text{K}}$$

Es wird eine Temperatur angezeigt, die um ca. 25 K zu groß ist. Der Kabelwiderstand verursacht eine Nullpunktverschiebung um 10 Ω bzw. um 25 K.

Nach Anschluss der Zuleitung muss deshalb der Nullpunkt der Messkette nachjustiert werden, damit keine systematischen Messabweichungen auftreten.

Leider ändert sich der Nullpunkt, sobald sich die Temperatur der Zuleitung ändert.

25. Um die Messabweichung zu berechnen, werden benötigt:

    der Grundwiderstand,

    der Temperaturkoeffizient des spezifischen elektrischen Widerstands des Widerstandsthermometers sowie des Leitermaterials,

    die maximale Temperaturschwankung der Leitung,

    der Widerstand der Leitung.

26. Das Problem dieser Messanordnung liegt darin, dass das Auswertegerät nicht zwischen den Änderungen des Pt100-Widerstands und denen der Zuleitung unterscheiden kann. Da beide dieselbe Wirkung auf das Messergebnis haben, kann man schreiben:

$$\Delta R_\mathrm{L} = \Delta R_\mathrm{Pt100}$$

Bekannt sind:

$$\Delta R_\mathrm{L} = R_\mathrm{L} \cdot \alpha_\mathrm{L} \cdot \Delta t_\mathrm{L}$$

und

$$\Delta R_\mathrm{Pt} = R_\mathrm{Pt,0} \cdot \alpha_\mathrm{Pt} \cdot \Delta t_\mathrm{mess}$$

Setzt man die Formeln gleich, kann man nach der vorgetäuschten Temperaturänderung umstellen:

$$\Delta t_\mathrm{mess} = \frac{R_\mathrm{L} \cdot \alpha_\mathrm{L}}{R_\mathrm{Pt,0} \cdot \alpha_\mathrm{Pt}} \Delta t_\mathrm{L} = \frac{\frac{\rho \cdot l}{A} \cdot \alpha_\mathrm{L}}{R_\mathrm{Pt,0} \cdot \alpha_\mathrm{Pt}} \Delta t_\mathrm{L} = \frac{\dfrac{0{,}018 \frac{\Omega\,\mathrm{mm}^2}{\mathrm{m}} \cdot 100\,\mathrm{m}}{0{,}14\,\mathrm{mm}^2} \cdot 0{,}004\,\mathrm{K}^{-1}}{100\,\Omega \cdot 0{,}004\,\mathrm{K}^{-1}} 30\,\mathrm{K} = \underline{3\,\mathrm{K}}$$

Eine Leitungstemperaturänderung von 30 K verursacht eine Messabweichung von 3 K.

Die Formel oben gibt Hinweise auf denkbare Gegenmaßnahmen:

Zuleitung mit kleinerem Widerstand (kürzer, höherer Querschnitt),

Material mit kleinerem Temperaturkoeffizienten (Konstantan),

Widerstandsthermometer mit höherem Ausgangswiderstand (Pt1000),

Widerstandsthermometer mit größerem Temperaturkoeffizienten,

Leitungstemperatur konstant halten.

Natürlich sind nicht alle diese Maßnahmen praktikabel. Optimal ist die 4-Leiter-Technik.

27. Mit Hilfe einer Konstantstromquelle wird der Widerstand in einen Spannungsabfall gewandelt. Dies geschieht gänzlich unabhängig von den Spannungsabfällen, die infolge der Zuleitungswiderstände im Speisekreis auftreten. An die beiden Messleitungen ist ein Spannungsmessgerät angeschlossen, dass so hochohmig ist, dass praktisch kein Stromfluss und deshalb auch kein Spannungsabfall in den Messleitungen verursacht wird.

28. Ein Widerstandsthermometer misst (genau wie alle anderen Berührungsthermometer: Thermoelement, Flüssigkeitsausdehnungsthermometer, Bimetallthermometer, ...) seine Eigentemperatur. *Die Kunst der Temperaturmessung besteht also darin, das Thermometer so zu positionieren, dass es ohne große zeitliche Verzögerungen die Temperatur des Messobjektes annimmt.*

29. Die Empfindlichkeit erhält man, wenn man die Funktion R(t) nach t ableitet:

$$E = \frac{dR(t)}{dt} = 0{,}391 \frac{\Omega}{°\mathrm{C}}$$

Ändert sich die Temperatur um ein Kelvin, hat das eine Widerstandsänderung von 0,391 Ω zur Folge.

Zur statischen Kennlinie des Auswertegeräts gelangt man durch Bildung der Umkehrfunktion:

$$t = \left(\frac{R}{100\,\Omega} - 1\right) \cdot \frac{°\mathrm{C}}{3{,}91 \cdot 10^{-3}} = \left(R - 100\,\Omega\right) 2{,}56 \frac{°\mathrm{C}}{\Omega}$$

30. Bei schlichtem Weglassen des quadratischen Anteils entsteht die lineare Gleichung:

$$R = 100\,\Omega(1 + t \cdot 3{,}908 \cdot 10^{-3} \cdot °\mathrm{C}^{-1})$$

Die Differenz aus beiden Gleichungen entspricht der Messabweichung:

$$\Delta R = 100\,\Omega(-t^2 \cdot 0{,}5802 \cdot 10^{-6} \cdot °\mathrm{C}^{-2})$$

Von Bedeutung ist jedoch weniger die Widerstandsdifferenz, sondern vielmehr die zu dieser äquivalente Temperaturdifferenz. Diese erhält man durch Division mit dem Anstieg der Kennlinie:

$$\Delta t = \frac{\Delta R}{E} = \frac{100\,\Omega(-t^2 \cdot 0{,}5802 \cdot 10^{-6} \cdot °\mathrm{C}^{-2})}{0{,}3908\,\Omega \cdot °\mathrm{C}^{-1}} = -t^2 \cdot 0{,}1485 \cdot 10^{-3} \cdot °\mathrm{C}^{-1}$$

Zu jeder Temperatur gehört eine Abweichung:

t in °C	Δt in K
0	0
100	-1,5
200	-5,9
400	-23,8

Die Differenz zwischen Messwert und wahrem Wert steigt quadratisch mit wachsendem Abstand vom Nullpunkt. Das pure Weglassen des quadratischen Anteils erweist sich als außerordentlich ungünstig. Es kommt dem Anlegen einer Tangente an die statische Kennlinie im Nullpunkt gleich. *Die Linearitätsabweichungen sind etwas geringer, wenn man eine Sehne oder eine Sekante benutzt.*

Transmitterelektroniken, die über einen Prozessor verfügen, kompensieren die Linearitätsabweichung durch Berechnung einer Wurzelfunktion.

31. Hier wollen wir die empirische quadratische Formel

$$R = 100\,\Omega(1 + t\cdot 3{,}908\cdot 10^{-3}\cdot{}^\circ\mathrm{C}^{-1} - t^2\cdot 0{,}5802\cdot 10^{-6}\cdot{}^\circ\mathrm{C}^{-2})$$

zugrunde legen, weil diese den tatsächlichen Zusammenhang sehr gut widerspiegelt. Es liegt nahe, dass die Umkehrfunktion hergeleitet werden muss. Hierfür wird die Lösungsformel für quadratische Gleichungen verwendet. Von den zwei Lösungen scheidet eine aus (diese beschreibt den abfallenden Ast, der keinerlei physikalische Bedeutung hat) und es bleibt:

$$t[^\circ\mathrm{C}] = 3367{,}8 - \sqrt{13{,}066\cdot 10^6 - 17235\cdot R[\Omega]}$$

Wenn der Prozessor den Zahlenwert für den Widerstand in Ohm vom ADU erhält, kann er mit obiger Formel den Zahlenwert für die Temperatur ziffernrichtig in Grad Celsius berechnen, ohne dass ein Linearitätsfehler auftritt.

32. Mit Hilfe der Konstantstromspeisung wird der Widerstand des Pt100 in eine Spannung gewandelt. Die Widerstandsmessung wird auf eine Spannungsmessung zurückgeführt. Die Spannung wird durch den Strom dividiert, um den Widerstand zu berechnen:

$$R_{\mathrm{Pt100}} = \frac{U_{\mathrm{mess}}}{I_{\mathrm{k}}}$$

Mit Hilfe der Ableitung nach dem Konstantstrom erhält man:

$$\Delta R_{\mathrm{Pt100}} = \left|\frac{dR_{\mathrm{Pt100}}}{dI_{\mathrm{k}}}\Delta I_{\mathrm{k}}\right| = \frac{U_{\mathrm{mess}}}{I_{\mathrm{k}}^2}\Delta I_{\mathrm{k}} = \frac{R_{\mathrm{Pt100}}\cdot I_{\mathrm{k}}}{I_{\mathrm{k}}^2}\Delta I_{\mathrm{k}} = \frac{R_{\mathrm{Pt100}}(t)}{I_{\mathrm{k}}}\Delta I_{\mathrm{k}} = R_{\mathrm{Pt100}}(t)\cdot 0{,}001$$

Geht man von der oben genannten Empfindlichkeit aus, erhält man für die beiden Temperaturen folgende Widerstände:

100 Ω bei 0 °C,

200 Ω bei 250 °C.

Die Unsicherheiten der Widerstandsmessung betragen somit:

0,1 Ω bei 0 °C,

0,2 Ω bei 250 °C.

Legt man den gegebenen Temperaturkoeffizienten des spezifischen elektrischen Widerstands von Platin zugrunde, kann mit einer Empfindlichkeit des Pt100 von 0,4 Ω/K gerechnet werden. Es gilt:

$$\Delta t = \frac{\Delta R_{\text{Pt100}}}{E} = \frac{\Delta R_{\text{Pt100}}}{0{,}4} \frac{\text{K}}{\Omega}$$

Bei 0 °C kann die Abweichung 0,25 K und bei 250 °C kann die Abweichung 0,5 K betragen. *Für fast alle Temperaturmessaufgaben in der Prozesstechnik ist die Abweichung vertretbar. Natürlich gibt es neben der Unsicherheit des Konstantstroms noch weitere Fehlerursachen.*

33. Je größer der Grundwiderstand des Widerstandsthermometers ist, umso kritischer sind mangelhafte Isolationswiderstände. Die Erklärung ist darin zu finden, dass ein mangelhafter Isolationswiderstand, oft hervorgerufen durch Feuchtigkeit und zunehmende Verschmutzung von Anschlüssen, in seiner Wirkung auf den Gesamtwiderstand mit einem Parallelwiderstand vergleichbar ist.

34. Um das abzuschätzen, wird angenommen, dass der Isolationswiderstand wie ein unerwünschter Nebenschlusswiderstand den Gesamtwiderstand beeinflusst. Bei der Betrachtung wird weiterhin eine Temperatur von 0 °C angenommen. Das Widerstandsthermometer hat bei 0 °C einen Widerstand von 10 kΩ. Die Kennlinie lässt sich näherungsweise mit folgender Funktion beschreiben:

$$R_{\text{Pt}} = 10\ \text{k}\Omega\left(1 + 0{,}004 \cdot t[°\text{C}]\right)$$

Der zur Temperaturabweichung von einem Kelvin äquivalente Gesamtwiderstand beträgt:

$$R_{\text{Pt}} = 10\ \text{k}\Omega\left(1 + 0{,}004 \cdot (-1)\right) = \underline{9{,}96\ \text{k}\Omega}$$

Um den minimal zulässigen Nebenschlusswiderstand zu berechen, kann folgender Ansatz gewählt werden:

$$\frac{1}{R_{\text{ges}}} = \frac{1}{R_{\text{Pt}}} + \frac{1}{R_{\text{iso}}}$$

Die Umstellung nach dem Nebenschlusswiderstand ergibt:

$$R_{\text{iso}} = \frac{1}{\dfrac{1}{R_{\text{ges}}} - \dfrac{1}{R_{\text{Pt}}}} = \frac{1}{\dfrac{1}{9{,}96\ \text{k}\Omega} - \dfrac{1}{10\ \text{k}\Omega}} = \underline{\underline{2{,}49\ \text{M}\Omega}}$$

Der Isolationswiderstand soll 2,5 MΩ nicht unterschreiten.

35. Kupfer ist ein unedles Metall. Es ist geneigt, Verbindungen mit umgebenden Atomen einzugehen. Das führt dazu, dass das Material korrodiert und der Widerstandswert driftet. Dieser soll bei einem Widerstandsthermometer aber langzeitstabil und ausschließlich von der Temperatur abhängig sein.

36. Der Informationsparameter des Ausgangssignals ist der Widerstand. Dieser wird mit einem Konstantstrom in eine Spannung gewandelt. Die Spannung wird gemessen. Treten im Stromkreis Thermospannungen auf, wird das Messergebnis verfälscht. Thermospannungen treten an allen Materialübergängen Pt - Cu usw. auf. Glücklicherweise heben sich diese zwischen den Zu- und Rückleitungen weitestgehend auf, wenn die Anordnung symmetrisch ist. Um ganz sicher zu gehen, kann mit Trägerfrequenz (Wechselstromspeisung) gearbeitet werden. Die Information steckt dann in der Amplitude der Wechselspannung, die über dem Pt100 abfällt, so dass die Thermospannungen (Gleichspannungen) keine Auswirkungen haben.

37. Bei sehr kleiner Stromstärke ist der Spannungsabfall über dem Widerstandsthermometer so niedrig, dass bei der Messung zu hohe Abweichungen auftreten. Vergrößert man die Stromstärke, gewinnt man größere Spannungen. Jedoch vergrößert sich dadurch auch der Leistungsumsatz im Widerstandsthermometer, was zu einer Erwärmung des Sensors führt. Dadurch entstehen positive Messabweichungen. Die Konstantströme moderner Messumformer überschreiten selten 1 mA.

38. Es gilt:

$$P = R \cdot I^2$$

Die Verlustleitung steigt auf den 100-fachen Wert! Handelt es sich beim Messobjekt um ein Gas, kann das zu signifikanten Messabweichungen führen.

39. Unabhängig davon, ob die Temperatur elektrisch oder nichtelektrisch gemessen wird, ist bei jedem Berührungsthermometer (Thermoelement, Widerstandsthermometer, Flüssigkeitsausdehnungsthermometer, usw.) die Einschwingzeit von der Wärmekapazität des Sensors und vom Wärmeübergangswiderstand abhängig. Ein Sensor mit einer großen Masse benötigt mehr Zeit, die Temperatur des Messobjekts anzunehmen, als ein sehr kleiner Sensor. Wird der Aufnehmer in einem massiven Schutzrohr betrieben, steigt naturgemäß die Einschwingzeit, weil eine weitere Zeitkonstante hinzukommt.

40. Das Messobjekt beeinflusst den Wärmeübergangswiderstand. Dieser ist bei Gasen ca. 6-mal größer als bei Flüssigkeiten. Außerdem spielt die Strömung eine Rolle. Je größer die Strömungsgeschwindigkeit eines fluiden Messobjekts ist, desto geringer ist die Einschwingzeit.

41. Das Schutzrohr bringt eine weitere Zeitkonstante in die Messkette ein. Die Übergangsfunktion eines Temperatursensors im Schutzrohr ist deshalb die eines PT_n-Systems, wobei n mindestens 2 beträgt:

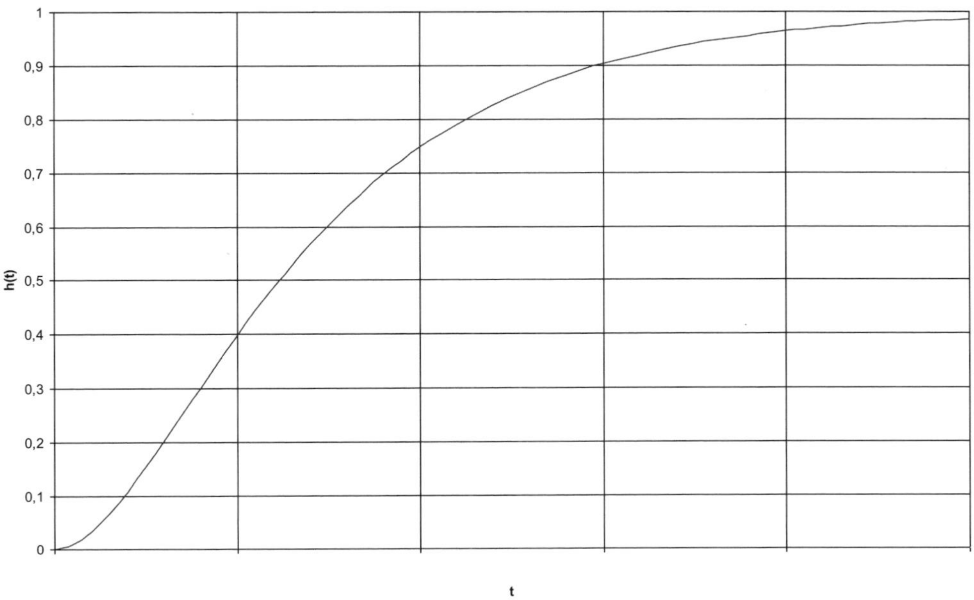

Bild 14.93 Übergangsfunktion Temperatursensor im Schutzrohr

42. Anstelle des P100 wird der Widerstand angeschlossen. Zeigt das Gerät 0 °C an, ist es in Ordnung. Der Fehler wird vom Pt100 verursacht. Bleibt die ERROR-Meldung bestehen, ist die Elektronik (oder auch die Vierdrahtleitung) defekt.

43. Die Thermoschenkel sind abzuklemmen. Es wird eine Brücke mit dem Cu-Draht gelegt, um einen Kurzschluss zu erzeugen. Da die Thermospannung des Cu-Drahts 0 V beträgt, muss das Auswertegerät (falls in Ordnung) die Vergleichsstellentemperatur anzeigen.

44. Das Thermoelement wird mit den Fingern erwärmt. Steigt der Messwert, sind die Thermoschenkel richtig gepolt.

45. Diese ist so groß, wie die Temperatur der Vergleichsstelle. Eine absolute Aussage ist nur möglich, wenn die Vergleichsstellentemperatur bekannt ist.

46. Die Empfindlichkeit lässt sich aus dem Differenzenquotienten berechnen:

$$E = \frac{\Delta U_{\text{Th}}}{\Delta t} = \frac{48{,}828\ \text{mV} - 41{,}269\ \text{mV}}{1200\ ^\circ\text{C} - 1000\ ^\circ\text{C}} = 37{,}795\ \frac{\mu\text{V}}{\text{K}}$$

Die Kennlinien von Thermoelementen sind nicht ganz linear. Deshalb wird die Empfindlichkeit auch von der Messgröße beeinflusst.

47. Ein Thermoelement vom Typ K hat eine Empfindlichkeit von ca. 41 µV/K. Das Auswertegerät kann Störspannungen nicht von Thermospannungen unterscheiden:

$$\Delta t = \frac{\Delta U_{\text{Th}}}{E} = \frac{500\ \mu\text{V}}{41\ \mu\text{V/K}} = 12{,}2\ \text{K}$$

Die Störspannung kann deshalb Messabweichungen von 13 K verursachen.

48. Es wird eine Temperatur von 15 °C angezeigt. Das Auswertegerät kennt die Temperatur der Vergleichsstelle, weil dort ein entsprechender Sensor platziert ist. Außerdem kennt das Auswertegerät die Thermospannung und berechnet aus dieser gemäß der Kennlinie die Temperaturdifferenz von -5 K. 20 °C minus 5 K ergibt 15 °C.
49. Das hat keinerlei Einfluss auf den Nullpunkt, weil sich die Thermoelemente nur im Anstieg ihrer Kennlinien unterscheiden.
50. Das Auswertegerät misst eine Thermospannung von 0 µV, was einer Temperaturdifferenz zwischen Mess- und Vergleichsstelle von 0 K entspricht. Es kommt die Temperatur der Vergleichsstelle zur Anzeige.
51. Die Ausgleichsleitung hat ähnliche thermoelektrische Eigenschaften wie das Thermoelement. Kommt eine Ausgleichsleitung zum Einsatz, wird diese direkt mit dem Thermoelement verbunden, wie in der Abb. dargestellt.

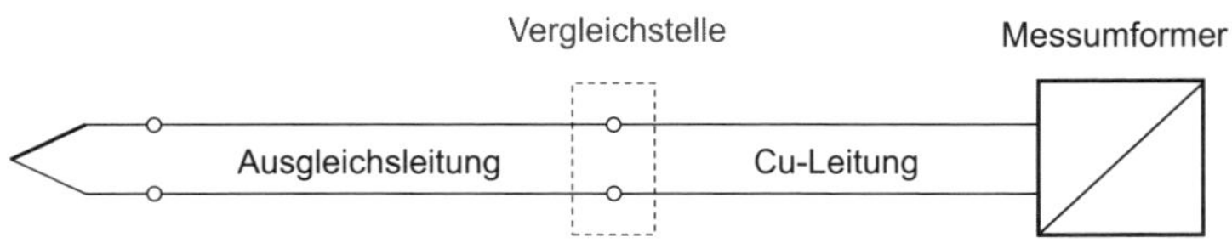

Bild 14.94 Thermoelement mit Ausgleichsleitung

Die Vergleichsstelle befindet sich am Ende der dem Thermoelement abgewandten Seite der Ausgleichsleitung. Dort muss die Vergleichstemperatur gemessen werden.

52. Der Widerstand der Ausgleichsleitung beeinflusst das Messergebnis nicht, denn der Informationsparameter ist die Spannung. Die Thermospannung wird hochohmig gemessen.
53. Ein Pyrometer ist ein Strahlungsthermometer. Es misst die Intensität der vom Messobjekt emittierten elektromagnetischen Wellen. Diese ist umso größer, je höher die Oberflächentemperatur des Messobjekts ist. Jeder Körper mit einer Temperatur größer 0 K strahlt elektromagnetische Wellen ab. *Das Spektrum der Strahlung lässt sich übrigens mit dem planckschen Strahlungsgesetz berechnen:*

$$W_\lambda = \frac{2\pi h c^2}{\lambda^5 \left(e^{\frac{hc}{k\lambda T}} - 1 \right)}$$

Setzt man die Naturkonstanten ein, erhält man:

$$W_\lambda = \frac{3{,}74 \cdot 10^{-16}\,\mathrm{W} \cdot m^2}{\lambda^5 \left(e^{\frac{1{,}44 \cdot 10^{-2}\,\mathrm{K \cdot m}}{\lambda T}} - 1 \right)}$$

Die spezifische spektrale Intensität kann mit dieser Formel für eine bestimmte Temperatur T für verschiedene Wellenlängen λ berechnet werden.

54. Die meisten Pyrometer haben Messbereiche deren Strahlungsmaximum im Infrarotbereich liegt.

55. Je größer die Temperatur ist, desto kürzer werden die Wellenlängen der ausgesendeten Strahlung. Der Zusammenhang wird auch als das wiensche Verschiebungsgesetz bezeichnet. Bei einer Objekttemperatur von 2000 °C liegt das Maximum der Strahlungsintensität bei 2 µm. Bei einer Temperatur von 20 °C sind es etwa 10 µm.

56. Infrarot befindet sich zwischen dem sichtbaren Bereich und den Terahertzwellen. Terahertzstrahlen sind langwelliger wobei es Überlappungen mit dem fernen infraroten Bereich gibt. Das sichtbare Licht ist dagegen kurzwelliger als die Infrarotstrahlung.

57. Strahlungsthermometer messen berührungslos und können viele Meter vom Messobjekt entfernt sein. Deren Einschwingzeiten betragen wenige Millisekunden. Sie sind sehr gut zur Temperaturmessung von mobilen Messobjekten *(von besonderer Bedeutung in der Fertigungstechnik)* geeignet. Bei der Messung wird dem Messobjekt keine Energie entzogen, weil die elektromagnetischen Wellen in jedem Fall abgestrahlt werden. Strahlungsthermometer eignen sich auch für sehr große Temperaturen (z. B. 4000 °C). Ein Strahlungsthermometer misst jedoch nur die Oberflächentemperatur, was nachteilig sein kann. Es ist meist teurer aber dennoch ungenauer als ein Berührungsthermometer.

58. Der Emissionsgrad kann Werte zwischen 0 und 1 haben. Er ist identisch mit dem Absorptionsgrad.

59. Der Begriff stammt aus der Physik und bezeichnet einen Körper, der bei allen Wellenlängen einen Emissionsgrad von 1 besitzt.

60. Die Summe aus Transmissionsgrad, Reflexionsgrad und Emissionsgrad ist immer gleich 1. Der Emissionsgrad der Messobjektoberfläche beträgt ergo 0,3.

61. Die Strahlungsintensität einer Messobjektoberfläche hängt nicht nur von der Temperatur ab, sondern auch vom Emissionsgrad. Deshalb stellt man am Pyrometer den Emissionsgrad ein.

62. Der Emissionsgrad ist abhängig von der Materialzusammensetzung, der Oberflächenbeschaffenheit, dem Abstrahlwinkel zur Flächennormalen und von der Oberflächentemperatur.

63. Die korrekte Temperatur des Messobjekts wird mit einem Berührungsthermometer gemessen. Gleichzeitig wird das Pyrometer auf das Messobjekt gerichtet und der Emissionsgradsteller justiert, bis das Pyrometer die richtige Temperatur anzeigt.

64. Das Stefan-Boltzmann-Gesetz lautet:

$$W = \sigma T^4$$

Sigma ist darin die Stefan-Boltzmann-Konstante. Das Gesetz zeigt, dass die je Fläche emittierte Strahlungsleistung proportional zur vierten Potenz der Temperatur ist. Der Zusammenhang ist also stark nichtlinear. Das muss im Pyrometer bei der Berechnung der Temperatur aus der empfangenen Strahlungsintensität Berücksichtigung finden.

65. Es gibt einen proportionalen Zusammenhang zwischen der Wellenlänge maximaler Strahlungsintensität und der absoluten Temperatur (wiensches Verschiebungsgesetz):

$$\lambda_{\text{max}} \cdot T = 2896\,\mu\text{m K}$$

Aus diesem folgt:

$$\lambda_{\text{max}} = \frac{2896\,\mu\text{m K}}{T} = \frac{2896\,\mu\text{m K}}{500\ °\text{C} + 273\ \text{K}} = 3{,}75\ \mu\text{m}$$

Das Maximum der Strahlungsintensität befindet sich bei einer Wellenlänge von 3,75 µm.

66. Das Pyrometer muss bei einer Wellenlänge um 4 µm (siehe oben) empfindlich sein. Denn Strahlungsintensität und spektrale Verteilung sind von der Oberflächentemperatur und nicht von der Kerntemperatur abhängig.

Die Oberflächentemperatur der Sonne liegt bei 6000 K. Entsprechend liegt das Strahlungsmaximum bei Wellenlängen um 550 nm (grünes Licht). Die Kerntemperatur von 15 Mio. K lässt das Maximum bei 0,2 nm entstehen. Diese Röntgenstrahlen dringen nicht nach außen - zum Glück.

67. Diese Linsen sind Sammellinsen, deren Aufgabe darin besteht, möglichst viel Strahlungsleistung auf der Apertur einzufangen und dem Sensor (bzw. den lichtempfindlichen Elementen) zur Verfügung zu stellen. Je größer die Apertur, desto mehr Leistung steht dem Sensor zur Verfügung.

68. Wassermoleküle weisen im infraroten Spektralbereich mehrere Absorptionsbanden auf. Der Transmissionsgrad hängt deshalb von der Luftfeuchtigkeit ab. Obwohl das erst bei Entfernungen von einigen Metern eine Rolle spielt, haben sich die Gerätehersteller darauf eingestellt. Hochwertige Pyrometer arbeiten z. B. im Bereich von 3 bis 5 µm oder im Bereich von 8 bis 14 µm, weil dort kaum Absorption durch Wassermoleküle auftritt.

69. Dieser Wert gibt den Durchmesser des Messflecks an, von dem das Pyrometer die ausgesendete elektromagnetische Strahlung empfängt.

Druck

70. Ein Druckaufnehmer enthält laut DIN 16086 nur passive Bauelemente. Das Ausgangssignal wird unverstärkt zur Verfügung gestellt. *Die Begriffe Drucksensor, Druckaufnehmer, Druckmessumformer und Druckmessgerät werden von Praktikern jedoch leider nicht einheitlich verwendet.*

71. Absolutdruckmessgeräte erfassen den Druck bezogen auf Vakuum. Überdruckmessgeräte (auch als Relativdruckmessgeräte bezeichnet) erfassen den Druck bezüglich des aktuell vorhandenen Umgebungsdrucks. Der Überdruck kann deshalb auch negativ sein (Unterdruck). Absolut- und Überdruckmessgeräte besitzen nur einen Druckanschluss.

72. Differenzdruckmessgeräte haben zwei Anschlüsse und messen die Druckdifferenz zwischen diesen.

a. Der Reifeninnendruck wird mit einem Überdruckmessgerät erfasst.

b. Um den Luftdruck zu messen, benötigt man ein Absolutdruckmessgerät.

c. Mit dem Verschmutzungsgrad eines Partikelfilters steigt auch dessen Strömungswiderstand. Zu diesem ist der Druckabfall proportional, der mit einem Differenzdruckmessgerät erfasst wird.

d. Der Pegel im offenen Becken kann mit einem Überdruckmessgerät erfasst werden.

e. Für die Füllstandsmessung im Druckbehälter wird ein Differenzdruckmessgerät benötigt.

f. Die Dichte einer Flüssigkeit bei wechselndem Füllstand kann mit einem Differenzdruckmessgerät erfasst werden.

73. Am häufigsten wird das piezoresistive, das kapazitive und das DMS-Prinzip verwendet.

74. In der Prozesstechnik muss fast immer mit Nullpunktbezug gemessen werden. Außerdem treten schnelle Druckänderungen kaum auf und können auch mit anderen Prinzipien erfasst werden.

75. Wie bei den meisten Messgeräten ist der Anstieg der statischen Kennlinie einstellbar. Beträgt bei einem Transmitter mit dem Messbereich 100 bar der Turn Down 50:1, kann die Kennlinie so steil eingestellt werden, dass 20 mA bereits bei 2 bar fließen. Das kann einerseits vorteilhaft sein, wenn gerade kein Messgerät mit kleinerem Messbereich vorhanden ist. Da aber der Drucksensor einen viel zu großen Messbereich (100 bar) hat, werden Messfehler um den Faktor 50 verstärkt.

76. Immer dann, wenn Temperaturänderungen größer 10 K zu erwarten sind, können Messabweichungen größer als Genauigkeitsklasse mal Messbereich auftreten.

77. Die beiden Einzelabweichungen ergeben sich wie folgt.

$$\Delta p_{\text{TKN}} = TKN \cdot MB \cdot \Delta t = 0{,}5\,\% \cdot 100\ \text{bar} \cdot 50\ \text{K} = 2{,}5\ \text{bar}$$

$$\Delta p_{\text{TKE}} = TKE \cdot MW \cdot \Delta t = 0{,}8\,\% \cdot 60\ \text{bar} \cdot 50\ \text{K} = 2{,}4\ \text{bar}$$

In Summe kann die Messabweichung infolge Temperaturänderung beinahe 5 bar betragen. *Zusätzliche Messabweichungen durch Linearitätsfehler können natürlich auftreten.*

78. Ein Druckmittler verfügt eingangsseitig über einen Prozessanschluss, der meist eine frontbündige Membran mit großem Durchmesser aufweist, und ist ausgangsseitig mit dem Druckanschluss des Druckmessgeräts verbunden. Der Druck wird durch eine gasfreie Füllflüssigkeit von der prozessseitigen Membran zum Drucksensor übertragen.

Ein Druckmittler kann Vorteile bringen bei

- stark korrosiven Medien (nur die prozessseitige Druckmittlermembran muss aus teurem Spezialwerkstoff bestehen),
- hochviskosen Medien, wenn Messstoffe kristallisieren oder polymerisieren (Prozessanschlüsse mit Innenbohrung bzw. Totvolumen wären ungeeignet und sind nicht lebensmitteltauglich),
- Produkttemperaturen, die dem Drucksensor schaden (Temperaturentkopplung).

79. Ein Druckmittler ist ein vorgeschaltetes nichtelektrisches Übertragungsglied. Im Idealfall sorgt er dafür, dass der Druck am Eingang des Messumformers genau so groß ist wie der Prozessdruck. Jedoch hat die Druckmittlermembran eine gewisse Steifigkeit und die Füllflüssigkeit einen Temperaturausdehnungskoeffizienten. Das wirkt sich auf die Empfindlichkeit und den Nullpunkt aus, insbesondere bei kleinen Prozessdrücken, kleinen Druckmittlermembran-Durchmessern und großen Temperaturänderungen.
80. Die Kapillarleitungen sollen die gleiche Länge haben, was bei der ersten Variante gegeben ist. Durch den symmetrischen Aufbau wirken sich Volumenänderungen der Füllflüssigkeit infolge Temperatureinfluss nicht auf den Differenzdruck aus.

Füllstand

81. In der Pegelmessung kommen vor allem die Messprinzipien hydrostatisch, Ultraschall, Radar, geführte Mikrowelle und gravimetrisch zum Einsatz.
82. Bei der hydrostatischen Messung wird die lineare Abhängigkeit des hydrostatischen Drucks vom Füllstand genutzt.
83. Für den hydrostatischen Druck gilt:

    $$p = \rho \cdot g \cdot h$$

    Der Proportionalitätsfaktor ist ergo das Produkt aus Dichte und Fallbeschleunigung:

    $$K = \rho \cdot g$$

84. Ein Absolutdruckmessgerät muss einen größeren Messbereich haben: 1 bar zusätzlich. Mit dem Messbereich vergrößert sich auch die Messunsicherheit.

    Außerdem muss bei einem Absolutdruckaufnehmer der atmosphärische Druck durch Nullpunktabgleich kompensiert werden. Dieser ist jedoch nicht konstant, sondern vom Wetter abhängig.
85. Natürlich ist der größte Wert von 10 m einzusetzen:

    $$p = \rho \cdot g \cdot h = 1{,}6\ \text{g/cm}^3 \cdot 9{,}81\ \text{m/s}^2 \cdot 10\ \text{m} \approx 160\ \text{kPa} = 1{,}6\ \text{bar}$$

    Der optimale Messbereich des Überdruckmessumformers beträgt 1,6 bar.

    Dichteschwankungen würden systematische multiplikative Messabweichungen verursachen. Im ungünstigsten Fall würde gar der Arbeitsbereich des Messgeräts überschritten und die Messstelle ausfallen.
86. Stellt man die Formel für den hydrostatischen Druck nach dem Füllstand um, erhält man:

    $$h = \frac{p}{\rho \cdot g}$$

    Ändert sich der Luftdruck, wird dadurch eine Füllstandsänderung vorgetäuscht. Luftdruckänderungen um 50 mbar können durchaus auftreten. Damit ergibt sich:

$$\Delta h = \frac{\Delta p}{\rho \cdot g} = \frac{0{,}05\ \text{bar}}{1\frac{\text{g}}{\text{cm}^3} \cdot 9{,}81\frac{\text{m}}{\text{s}^2}} = \frac{0{,}05 \cdot 10^5\ \frac{\text{kg} \cdot \text{m/s}^2}{\text{m}^2}}{1\frac{\text{g}}{\text{cm}^3} \cdot 9{,}81\frac{\text{m}}{\text{s}^2}} \approx 0{,}5\ \text{m}$$

Bei einem Messbereich von nur 3 Metern entspricht das einem Sechstel! Es wäre ein grober Planungsfehler, ein Absolutdruckmessgerät einzusetzen.

87. Die Messunsicherheit ist in diesem Fall etwa so groß wie das Produkt aus Messbereich und Genauigkeitsklasse: 3 mbar. Mit diesem Wert ergibt sich:

$$\Delta h = \frac{\Delta p}{\rho \cdot g} = \frac{0{,}003 \cdot 10^5\ \frac{\text{kg} \cdot \text{m/s}^2}{\text{m}^2}}{0{,}7\frac{\text{g}}{\text{cm}^3} \cdot 9{,}81\frac{\text{m}}{\text{s}^2}} \approx 0{,}043\ \text{m}$$

Der Füllstand kann auf etwa 5 cm genau gemessen werden.

88. In geschlossenen Behältern kann sich ein Kopfdruck einstellen, der den Messwert beeinflusst. In Druckbehältern kann der Kopfdruck größer sein als der hydrostatische Druck. Ohne Zweifel ist der Kopfdruck vom Gesamtdruck, der über dem Grund des Behälters gemessen wird, in irgendeiner Weise zu subtrahieren.

89. Werden Kopfdruck und Gesamtdruck mit je einem Überdruckmessgerät erfasst, muss deren Messbereich entsprechend groß sein. Wenn der Kopfdruck hoch ist, ist die Differenz aus zwei fast gleich großen Werten zu bilden. In ungünstigen Fällen ist das Ergebnis so groß wie die Unsicherheit.

Bei Einsatz eines Differenzdruckmessgeräts muss der Kopfdruck nur insofern berücksichtigt werden, dass der zulässige Betriebsdruck des Gerätes nicht überschritten wird. Für den Messbereich spielt der Kopfdruck jedoch keine Rolle. Dieser wird bereits mechanisch in der Differenzdruckmesszelle subtrahiert, weil er beidseitig anliegt. Der Messbereich des Differenzdruckmessgeräts kann entsprechend des hydrostatischen Drucks unabhängig vom Betriebsdruck gewählt werden.

90. Das Messgerät sendet einen Ultraschallimpuls in Richtung des Produkts aus. Ein Teil der Schallwellen wird vom Produkt infolge der Fehlanpassung reflektiert und vom Messgerät empfangen. Die Laufzeit verhält sich proportional zum Abstand.

91. Aus dem Messprinzip ergibt sich die Berechnungsformel:

$$s = c\frac{t_L}{2} = 343\frac{\text{m}}{\text{s}} \cdot \frac{10{,}6\ \text{ms}}{2} = 1{,}82\ \text{m}$$

Der Abstand zur Flüssigkeit entspricht nicht dem Füllstand!

$$h = a - s = 3{,}25\ \text{m} - 1{,}82\ \text{m} = 1{,}43\ \text{m}$$

Der Füllstand beträgt 143 cm.

92.
$$\lambda = \frac{c}{f} = \frac{343\,\frac{\text{m}}{\text{s}}}{30\ \text{kHz}} = 11{,}4\ \text{mm}$$

Die Wellenlänge beträgt bei 30 kHz 11,4 mm. Das gilt für die Ausbreitung in Luft (20 °C, 1 bar).

93. Die Auflösung ist umso besser, je kürzer die Wellenlänge ist. Denn mit höheren Frequenzen lassen sich steilere Impulsflanken erzielen.

94. Die Schallausbreitungsgeschwindigkeit in Gasen kann aus dem Adiabatenexponenten, der allgemeinen Gaskonstante, der absoluten Temperatur und der molaren Masse des Gases berechnet werden:

$$c = \sqrt{\frac{\kappa \cdot R \cdot T}{M}}$$

Unterstellt man, dass sich die Temperatur nicht ändert, kann man leicht das Verhältnis der Schallgeschwindigkeiten berechnen:

$$\frac{c_{N_2}}{c_{CO_2}} = \frac{\sqrt{\frac{\kappa_{N_2} \cdot R \cdot T}{M_{N_2}}}}{\sqrt{\frac{\kappa_{CO_2} \cdot R \cdot T}{M_{CO_2}}}} = \sqrt{\frac{\kappa_{N_2} \cdot M_{CO_2}}{\kappa_{CO_2} \cdot M_{N_2}}} = \sqrt{\frac{1{,}39 \cdot 44{,}01}{1{,}31 \cdot 28{,}01}} = 1{,}29$$

Bei einem Wechsel von Kohlendioxid auf Stickstoff erhöht sich die Schallgeschwindigkeit um 29 %. Der Abstand zwischen Messgerät und Produkt verkürzt sich deshalb scheinbar (!) um 23 %.

95. Der Einfluss der Temperatur wird in den meisten Ultraschallmessgeräten mit Hilfe eines integrierten Temperatursensors kompensiert, denn der Zusammenhang ist systematisch:

$$c = \sqrt{\frac{\kappa \cdot R \cdot T}{M}}$$

Bei Außenmontage kann es jedoch durch Sonnenbestrahlung dazu kommen, dass die Temperatur des Messgeräts höher ist als die der Umgebung. Da der Temperatursensor die Gerätetemperatur misst, der Schall sich aber abhängig von der Umgebungstemperatur ausbreitet, ist die Korrektur des Messergebnisses unzulänglich.

96.
$$F = \frac{c_{20°C}}{c_{40°C}} = \frac{\sqrt{\frac{\kappa \cdot R \cdot T}{M}}}{\sqrt{\frac{\kappa \cdot R \cdot T}{M}}} = \sqrt{\frac{293\ \text{K}}{313\ \text{K}}} = 0{,}968$$

Die Schallgeschwindigkeit ist um etwa 3 % kleiner als der Wert, mit dem das Gerät arbeitet. Bei einem Abstand von 3 m entspricht das einer Messabweichung von fast 0,1 m. *Für die meisten Anwendungen (insbesondere bei Schüttgütern) ist das ohne Belang. Dennoch empfiehlt es sich, das Messgerät abzuschatten.*

97. Zunächst sind die Schallkennimpedanzen zu berechnen:

$$Z = \rho \cdot c$$

Dabei wird vernachlässigt, dass diese von der Temperatur und beim Gas auch vom Druck abhängig sind. Setzt man Dichte und Ausbreitungsgeschwindigkeit für Luft ein, erhält man den Wert für die Quelle:

$$Z_1 = \rho \cdot c = 1{,}3\,\frac{\mathrm{kg}}{\mathrm{m}^3} \cdot 343\,\frac{\mathrm{m}}{\mathrm{s}} = 446\,\frac{\mathrm{kg}}{\mathrm{m}^2 \cdot \mathrm{s}}$$

Mit den Werten für Wasser bekommt man die Impedanz für die Senke:

$$Z_2 = \rho \cdot c = 1000\,\frac{\mathrm{kg}}{\mathrm{m}^3} \cdot 1480\,\frac{\mathrm{m}}{\mathrm{s}} = 1480000\,\frac{\mathrm{kg}}{\mathrm{m}^2 \cdot \mathrm{s}}$$

Auf die Umrechnung in die übliche Einheit $\mathrm{Ns/m^3}$ wird verzichtet, da bei der Quotientenbildung die Einheit herausfällt:

$$r = \frac{Z_2 - Z_1}{Z_2 + Z_1} = \frac{1480000 - 446}{1480000 + 446} = 0{,}9994$$

Es erfolgt beinahe eine Totalreflexion an der Wasseroberfläche. Flüssigkeiten sind aufgrund der hohen Dichte schallhart.

98. Bei Schüttgütern ist die Fehlanpassung oft geringer. Außerdem bildet sich keine waagerechte Reflexionsfläche aus. Daher wird ein Schüttkegel oder ein Trichter den Großteil der Schallenergie nicht in Richtung des Messgeräts reflektieren. Erschwerend kommt hinzu, dass die Echoamplitude stark abhängig von der Form der Reflexionsfläche ist, was die Unterscheidung zwischen Nutz- und Störecho erschwert.

99. Schallweiche Feststoffe erzeugen nur kleine Echoamplituden. Aufgrund der geringen Dichte sind Schallkennimpedanz und damit auch der Reflexionsfaktor niedrig.

    Feinkörnige Schüttgüter neigen zur Staubbildung insbesondere beim Befüllen. Alles was im Gasraum „herumwabert“ dämpft die Schallenergie.

    Schüttgüter mit großer innerer Reibung (Mehl) neigen zur Brückenbildung, Schachtbildung oder zu Anbackungen (auch infolge Feuchtigkeit), was erhebliche Messfehler verursacht.

    Einige Flüssigkeiten bilden Schäume, deren Oberfläche ein Störecho erzeugt und/oder deren Volumen die Schallausbreitung dämpft, was zu falschen oder fehlenden Messwerten führt.

100. Bei fast leerem Behälter entstehen Störechos.

Wellen auf bewegten Flüssigkeiten erzeugen destruktive Interferenzen, welche die Amplitude vermindern.

Laufende Rührwerke verursachen trichterförmige Vertiefungen auf der Flüssigkeitsoberfläche, welche die Richtung des Echos verändern.

101. Innerhalb der Blockdistanz kann das Gerät den Abstand zum Produkt nicht messen. Das ist ein blinder Bereich. Die Ursache liegt in der Zeit, die der Ultraschallwandler benötigt, um nach dem Aussenden des Ultraschallimpulses auszuschwingen. Erst nach dieser Zeit ist der Schallwandler, der als Sender und Empfänger arbeitet, in der Lage, die kleine Echoamplitude zu erkennen.

102. Beim Radar-Prinzip wird kein Medium benötigt, denn elektromagnetische Wellen breiten sich auch im Vakuum aus. Das Prinzip ist sowohl vakuum- als auch hochdrucktauglich.

Beim Radar-Prinzip liegen die Signalfrequenzen und die Ausbreitungsgeschwindigkeit ca. sechs Größenordnungen über dem des Ultraschall-Prinzips. Entsprechend kurz sind die Laufzeiten.

Der Reflexionsgrad wird beim Radar nicht von der Schallkennimpedanz, sondern vom Wellenwiderstand bestimmt.

Radar darf im Allgemeinen nicht im Freien angewandt werden.

103. Je größer die Apertur, desto besser die Richtwirkung und desto größer ist die Energie, die aus dem Echo entnommen werden kann. Große Aperturen benötigen leider Prozessanschlüsse mit entsprechend großem Durchmesser.

104. Der Öffnungswinkel ist umso kleiner (die Richtwirkung umso größer), je kleiner der Quotient aus Wellenlänge und Aperturdurchmesser ist.

105. Für die Berechnung eignet sich eine empirische Gleichung:

$$\alpha = 70^\circ \frac{\lambda}{d} = 70^\circ \frac{c}{f \cdot d} = 70^\circ \frac{300000\ \text{km/s}}{26\ \text{GHz} \cdot 60\ \text{mm}} = 13{,}5^\circ$$

Der Öffnungswinkel beträgt rund 14°.

106. Wegen der hohen Ausbreitungsgeschwindigkeit sind die Laufzeiten um etwa sechs Größenordnungen kleiner als beim Ultraschall. Es wird deshalb ein Zeitdehnungsverfahren (Impuls-Radar) oder ein FMCW-Verfahren (Dauerstrich-Radar) angewandt.

107. FMCW steht für Frequency Modulated Continuous Wave. Ausgesendet wird eine elektromagnetische Welle, deren Frequenz innerhalb einer festgelegten Bandbreite (z.B. 24 bis 26 GHz) zeitproportional ansteigt. Die kontinuierlich abgestrahlte Welle wird vom Produkt reflektiert und von der Antenne empfangen. Die Antenne arbeitet dabei gleichzeitig als Sender und als Empfänger. Die Sendefrequenz ist größer als die Empfangsfrequenz. Die Frequenzdifferenz f_d verhält sich proportional zum Abstand zwischen Produkt und Messgerät. Im Frequenz-Zeit-Diagramm sind ausgestrahlte und empfangene Frequenz dargestellt.

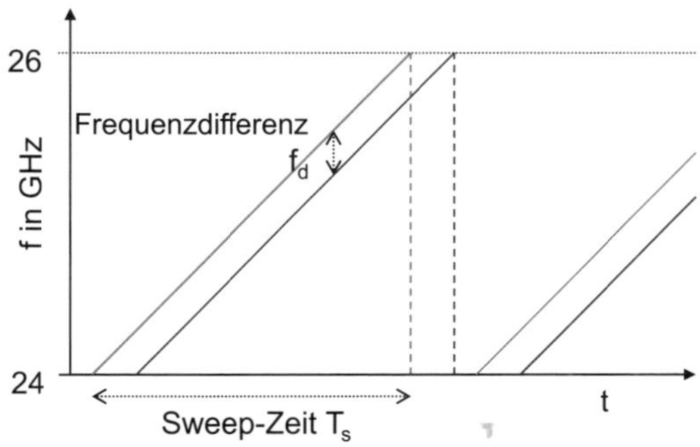

Bild 14.95
Frequenz-Zeit-Diagramm
FMCW-Verfahren

108. Der Zusammenhang zwischen Abstand *s* und Laufzeit *t* ist bekanntlich:

$$s = c\frac{t_L}{2}$$

Die Frequenzänderungsgeschwindigkeit ist gleich dem Quotienten aus genutzter Bandbreite und der Zeitdauer des Frequenzsweeps:

$$\frac{\Delta f}{\Delta t} = \frac{f_{\text{Sweep}}}{T_{\text{Sweep}}}$$

Setzt man die Laufzeit der elektromagnetischen Welle gleich der Zeitdifferenz, erhält man:

$$t_L = \Delta t = \frac{\Delta f \cdot T_{\text{Sweep}}}{f_{\text{Sweep}}}$$

Die Laufzeit kann nun eingesetzt werden, so dass man erhält:

$$s = c\frac{t_L}{2} = \frac{c \cdot T_{\text{Sweep}}}{2 \cdot f_{\text{Sweep}}} \cdot \Delta f$$

Die hergeleitete Gleichung zeigt, zwischen Abstand und Frequenzdifferenz besteht ein proportionaler Zusammenhang. Der Proportionalitätsfaktor wird von den beiden Gerätekenngrößen und der Ausbreitungsgeschwindigkeit der Welle bestimmt.

109. $$\Delta f = \frac{2 \cdot f_{\text{Sweep}}}{c \cdot T_{\text{Sweep}}} \cdot s = \frac{2 \cdot 2\,\text{GHz}}{3 \cdot 10^8\ \text{m/s} \cdot 1\,\mu\text{s}} \cdot 5\ \text{m} = 66{,}7\ \text{MHz}$$

Die Frequenzdifferenz beträgt 66,7 MHz.

110. Je größer die relative Dielektrizitätszahl des Gases, umso langsamer breitet sich eine elektromagnetische Welle aus. Der Zusammenhang wird von folgender Formel beschrieben:

$$c = \frac{c_0}{\sqrt{\mu_r \cdot \varepsilon_r}}$$

Die relative Dielektrizitätszahl steigt mit der Dichte des Gases, was nicht verwundert. Die Dichte ist wiederum proportional zum Verhältnis aus Druck und Temperatur:

$$\varepsilon_r = 1 + (\varepsilon_{rN} - 1)\frac{273{,}15\,\text{K} \cdot p}{T \cdot 1\,\text{bar}}$$

111. Um den Einfluss abzuschätzen, wird angenommen, dass die Gasphase aus Luft mit einer Temperatur von 20 °C besteht. Unter Normbedingungen hat Luft eine relative Dielektrizitätszahl von 1,000 633.

$$\varepsilon_r = 1 + (\varepsilon_{rN} - 1)\frac{273{,}15\,\text{K} \cdot p}{T \cdot 1\,\text{bar}} = 1 + (1{,}000633 - 1)\frac{273{,}15\,\text{K} \cdot 40\,\text{bar}}{293{,}15\,\text{K} \cdot 1\,\text{bar}} = 1{,}024$$

Die Dielektrizitätszahl unter Betriebsbedingung beträgt 1,024. Daraus folgt:

$$c = \frac{c_0}{\sqrt{\mu_r \cdot \varepsilon_r}} = \frac{c_0}{\sqrt{1{,}024}} = 0{,}988 \cdot c_0$$

Die Ausbreitungsgeschwindigkeit wird um etwa 1,2 % vermindert. Es wird ein größerer Abstand gemessen, was einem niedrigeren Füllstand entspricht. Die Abweichung des Messwerts für den Abstand ist multiplikativ und systematisch. *In den allermeisten Anwendungen sind Messabweichungen durch Druckschwankungen vernachlässigbar. Kritisch können Standmessungen von überhitztem Wasser (Sattdampf) sein, weil sich in diesen Dampfkesseln sehr viele Wassermoleküle in der Gasphase aufhalten.*

112. Die elektromagnetische Welle breitet sich nur im Vakuum und im freien Raum mit 299 792 458 m/s aus. Im Rohr ist die Freiraumbedingung nicht gegeben. Es vermindert sich die Ausbreitungsgeschwindigkeit.

113. Setzt man in die folgende empirische Formel den Rohrdurchmesser in mm ein, erhält man die Änderung in Prozent. (Achtung: Die Formel gilt lediglich für die Frequenz von 6,3 GHz.)

$$\delta = -100\left(1 - \sqrt{1 - \frac{777{,}85}{d^2}}\right) = -100\left(1 - \sqrt{1 - \frac{777{,}85}{50^2}}\right) = -17\,\%$$

Die Verminderung der Ausbreitungsgeschwindigkeit um 17 % ist beachtlich. Das Phänomen ist als Hohlleitereffekt bekannt und muss bei der Justage berücksichtigt werden.

Der Effekt wirkt umso stärker, je größer das Verhältnis von Wellenlänge zu Rohrdurchmesser ist.

Übrigens „passt“ die elektromagnetische Strahlung bei zu großer Wellenlänge nicht mehr durch das Rohr. Das Rohr hat (wie auch jeder Hohlleiter) eine untere Grenzfrequenz.

114. Der Gewinn ist unabhängig davon, ob die Welle kontinuierlich oder gepulst abgestrahlt wird. Er kann mit folgender Formel in dBi berechnet werden:

$$g[dBi] = 10\lg G = 10\lg\left(\eta\left(\frac{\pi d}{\lambda}\right)^2\right)$$

Der Wirkungsgrad solcher Strahler beträgt etwa 70%. Die Umstellung nach dem Durchmesser ergibt:

$$d = \frac{c}{\pi \cdot f} \cdot \sqrt{\frac{10^{\frac{g}{10}}}{\eta}} = \frac{3 \cdot 10^8\ \text{m/s}}{\pi \cdot 24\ \text{GHz}} \cdot \sqrt{\frac{10^{\frac{18}{10}}}{0{,}7}} = 0{,}038\ \text{m}$$

Die Apertur muss einen Durchmesser von mindestens 38 mm haben. *Das ist unabhängig davon, ob es sich bei der Antenne um ein Horn oder um eine Parabolantenne handelt. Wie bei jeder Satellitenschüssel gilt, je größer der Durchmesser, desto größer ist der Gewinn.*

115. Das Prinzip lebt vom Echo. Die Echoamplitude ist proportional zur Fehlanpassung. Die Fehlanpassung und damit die vom Produkt reflektierte Leistung sind umso größer, je größer die Dielektrizitätszahl des Produkts ist. Nachfolgende Formeln verdeutlichen das. Je mehr sich die Wellenwiderstände von Gas und Produkt unterscheiden (Wellenwiderstand des Gases = Z_1, Wellenwiderstand des Produkts = Z_2), umso größer ist der Reflexionsfaktor *r*:

$$r = \frac{Z_2 - Z_1}{Z_2 + Z_1}$$

Weil die Permeabilität von Gas und Produkt meist gleich groß ist, müssen sich die Dielektrizitätszahlen voneinander unterscheiden:

$$Z = \sqrt{\mu/\varepsilon}$$

Die Praxis hat gezeigt, dass relative Dielektrizitätszahlen des Produkts kleiner als 5 Probleme hervorrufen können: z. B. ungenügende Nutzreflexion am Produkt, zu große Störreflexion am Behälterboden.

116. Die geführte Mikrowelle wird auch als „Radar am Seil" bezeichnet. Die elektromagnetische Welle breitet sich dabei entlang einer Sonde (Seil oder Stab) aus, die von oben in den Behälter hineinragt. *Die Mikrowellenenergie konzentriert sich dabei in Sondennähe innerhalb eines Durchmessers von etwa einem Meter.*

117. Durch die Konzentration der elektromagnetischen Energie in Sondennähe sind Störreflexionen an Behältereinbauten und an der Behälterwand wesentlich geringer. Das Produkt darf deshalb auch kleine Werte für die Dielektrizitätszahl (z. B. 1,4) haben. Es sind kleine Prozessanschlüsse möglich (z. B. 3/4"), da weder eine Horn- noch eine Parabolantenne erforderlich ist.

Nachteilig ist, dass die Sonde das Produkt berührt. Man denke nur an die Lebensmitteltechnik, an Rührwerke, ggf. auftretende Anhaftungen sowie Sondenkorrosion.

118. Bei einer gravimetrischen Füllstandsmessung wird das Bruttogewicht des Behälters mit einer oder mit mehreren Wägezellen bestimmt. Der Behälter steht auf oder hängt an den Wägezellen. Man spricht auch von einer Behälterwaage. Das gravimetrische Verfahren wird angewandt, wenn die Masse des Produkts sehr genau bestimmt werden soll. Hierbei ist ohne Belang, ob es sich um einen Feststoff oder eine Flüssigkeit handelt und welche Eigenschaften das Produkt hat. Eigentlich ist es eine Gewichtsmessung und nur sekundär eine Füllstandsmessung. Denn der Pegel hängt signifikant vom horizontalen Behälterquerschnitt und der Dichte des Produkts ab.

119. Das Nettogewicht ergibt sich aus dem Brutto- abzüglich des Taragewichts:

$$m_{\text{Netto}} = m_{\text{Brutto}} - m_{\text{Tara}} = 3{,}4\ \text{t} - 2{,}2\ \text{t} = 1{,}2\ \text{t}$$

Die relative Dichte der Flüssigkeit beträgt 1, woraus sich deren Volumen mit 1200 Litern berechnet. Der Füllstand L (Level) ist gleich dem Füllvolumen dividiert durch den Behälterquerschnitt:

$$L = \frac{V}{A_q} = \frac{V}{\frac{\pi}{4} d^2} = \frac{1{,}2\ \text{m}^3}{\frac{\pi}{4}(1{,}1\ \text{m})^2} = \underline{1{,}26\ \text{m}}$$

Der Pegel beträgt 126 cm.

120. Der Behälter muss frei auf den Wägezellen stehen, so dass die von diesem erzeugte Gewichtskraft erfasst werden kann. Sämtliche Kraftnebenschlüsse (z. B. infolge Zu- und Ableitungen) müssen deshalb durch die Verwendung flexibler Verbindungselemente oder horizontal abgehender Rohrleitungen vermieden werden. Der mechanisch konstruktive Aufwand ist deshalb höher als bei anderen Messverfahren.

Ist der leere Behälter (mit Anbauten) viel schwerer als dessen Inhalt, müssen Wägezellen mit größeren Messbereichen benutzt werden. Darunter kann die Messgenauigkeit leiden.

121. Hat der Behälter vier Füße (was meist der Fall ist), benötigt man vier Wägezellen, was mit Mehrkosten verbunden ist. Damit die Last einigermaßen gleich auf alle Wägezellen verteilt wird, müssen zudem durch mechanisch konstruktive Maßnahmen Höhenunterschiede ausgeglichen werden. Hingegen gilt für drei Füße: Ein Tisch mit drei Beinen kippelt nicht.

122. Hat der Behälter einen schrägen Auslaufboden oder werden in diesem Schüttgüter gespeichert, ändert sich nach Befüllung oder Leerung dessen horizontaler Schwerpunkt. Der Einfluss ist in der Praxis vernachlässigbar, wenn alle verwendeten Wägezellen dieselbe Empfindlichkeit und denselben Ausgangswiderstand haben. Bei der Auswahl der Wägezellen ist deshalb nicht nur auf identische Nennlast, sondern auch auf kleine Kennwert- und Widerstandstoleranzen zu achten. Üblich sind Toleranzen kleiner als 1 %.

123. Werden Kipp- oder Festlager verwendet, kann nur ein Bruchteil des Gewichts von der Wägezelle erfasst werden. Ändert sich der Proportionalitätsfaktor durch eine horizontale Schwerpunktverlagerung in Richtung der Lager bzw. in Richtung der Wägezelle, entstehen negative bzw. positive Messabweichungen.

124. Das Nettogewicht ergibt sich aus Dichte mal Volumen mit 0,9 t. Addiert man hierzu das Taragewicht, erhält man das maximale Bruttogewicht mit 2,4 t. Die einzelnen Wägezellen werden demzufolge mit maximal 0,8 t belastet. Es sollten Wägezellen mit einer Nennlast von einer Tonne benutzt werden. *Ist zukünftig mit Produkten größerer Dichte zu rechnen oder besteht die Wahrscheinlichkeit, dass durch zusätzliche Behälteran- und -einbauten die Taralast ansteigt, ist der Einbau von Wägezellen mit einer Nennlast von z. B. 2 t angeraten.*

125. $$\frac{U_A}{U_E} = c_{Nenn} \cdot \frac{m}{E_{Nenn}} = 2\,\frac{mV}{V} \cdot \frac{0{,}4\,t}{2\,t} = \underline{0{,}4\,\frac{mV}{V}}$$

Die Wägezellen 1 und 2 haben ein Ausgangssignal von 0,4 mV/V.

$$\frac{U_A}{U_E} = c_{Nenn} \cdot \frac{m}{E_{Nenn}} = 2\,\frac{mV}{V} \cdot \frac{0{,}6\,t}{2\,t} = \underline{0{,}6\,\frac{mV}{V}}$$

Die Wägezellen 3 und 4 hingegen erzeugen 0,6 mV/V.

Bei der Parallelschaltung der vier Wägezellen werden die Brückenverstimmungen verhältnisgleich summiert. Es stellt sich der Mittelwert ein. Dieser beträgt 0,5 mV/V, was dem Gesamtgewicht von 2 Tonnen entspricht. Die Voraussetzung dafür, dass alle Wägezellensignale mit derselben Wichtung in das Gesamtsignal eingehen, sind identische Ausgangswiderstände und identische Kennwerte.

126. Der Widerstand in den Speiseleitungen vermindert die effektiv an der Wheatstone-Brücke anliegende Betriebsspannung. Der Spannungsabfall in den Speiseleitungen ist noch dazu abhängig von der Umgebungstemperatur. Bei der 6-Leiter-Technik wird der Speisespannungsgenerator in der Wägeelektronik mit Hilfe zweier zusätzlicher Messleitungen über den tatsächlichen Wert der Betriebsspannung vor Ort informiert und regelt diese automatisch auf den Sollwert ein.

127. Zunächst wird der Widerstand der beiden Speiseleitungen berechnet.

$$R_{Leitung} = \rho_{Cu} \cdot \frac{l}{A} = 0{,}018\,\frac{\Omega \cdot mm^2}{m} \cdot \frac{2 \cdot 50\,m}{0{,}14\,mm^2} = 13\,\Omega$$

Der Speisestrom muss einen Widerstand von 13 Ω überwinden. Natürlich wird dieser bei der Justage der Messkette berücksichtigt und so der Einfluss kompensiert. Wenn sich nun die Umgebungstemperatur ändert, dann verändert sich der Leitungswiderstand:

$$\Delta R_{Leitung} = R_{Leitung} \cdot \alpha_{Cu} \cdot \Delta T = 13\,\Omega \cdot 0{,}0039\,K^{-1} \cdot 30\,K = 1{,}5\,\Omega$$

Die Widerstandsänderung beeinflusst die effektiv vorhandene Speisespannung:

$$\frac{\Delta U_{\text{Speise}}}{U_{\text{Speise}}} = \frac{\Delta R_{\text{Leitung}}}{R_{\text{Brücke}} + R_{\text{Leitung}} + \Delta R_{\text{Leitung}}} = \frac{1{,}5\,\Omega}{350\,\Omega + 13\,\Omega + 1{,}5\,\Omega} = \underline{0{,}41\,\%}$$

Diese sinkt um mehr als 0,4 %. Die Empfindlichkeit der Messkette vermindert sich dadurch um denselben Prozentsatz. So entstehen negative Messabweichungen, die ihrer Natur nach multiplikativ, das heißt messwertbezogen, sind. Alle Messwerte sind um 0,4 % zu klein. In diesem Fall kommt zwar der Nettowert zur Anzeige, aber die multiplikative Abweichung wirkt auf den Bruttowert, der aus Tara und Netto besteht. Das führt dazu, dass auch der Nullpunkt durch die Empfindlichkeitsänderung beeinflusst wird:

$$\Delta m = \delta \cdot m_{\text{Tara}} = -0{,}41\,\% \cdot 4\,\text{t} = \underline{-16{,}5\,\text{kg}}$$

Bei einer Umgebungstemperaturerhöhung von 30 K wird der Nullpunkt um ca. −17 kg verschoben. Bei Dosieraufgaben würde die Nullpunktabweichung keine Rolle spielen.

Dennoch zeigt das Beispiel, dass der 6-Leiter-Technik der Vorzug zu geben ist.

128. Zwei nach unten ragende Paddel werden ähnlich wie bei einer Stimmgabel zum Schwingen angeregt, was mit einem piezokeramischen Aktor geschieht. Steigt der Füllstand so weit, dass das Füllgut die Paddel erreicht, werden Dämpfung und Eigenfrequenz verändert. Die Abnahme der Amplitude der periodischen Schwingung dient als Kriterium für das Erreichen einer bestimmten Füllhöhe. Der Grenzwert wird als binäres Signal ausgegeben.

129. Im Allgemeinen wird der Auftrieb den das Wägegut durch die Luftverdrängung erfährt, nicht berücksichtigt. Für die Berechnung des Auftriebs kann die thermische Zustandsgleichung von Gasen verwendet werden:

$$pV = mR_{\text{L}}TZ$$

Der Realgasfaktor Z kann unter Normbedingungen in sehr guter Näherung mit 1 angenommen werden. Stellt man die Gleichung nach der Masse um und setzt die spezifische Gaskonstante von Luft ($R_{\text{L}} = 0{,}287\,\text{Jg}^{-1}\text{K}^{-1}$), einen Luftdruck von 1 bar, eine Temperatur von 20 °C und (hier willkürlich) einen Kubikmeter für das Volumen des Wägeguts (identisch mit dem Volumen der verdrängten Luft) ein, erhält man:

$$m_{\text{Luft}} = \frac{pV}{R_{\text{L}}T} = \frac{0{,}1 \cdot 10^6\,\text{Nm}^{-2} \cdot 1\,\text{m}^3}{0{,}287\,\text{Jg}^{-1}\text{K}^{-1} \cdot 293\,\text{K}} = 1{,}2\,\text{kg}$$

Das Wägegut verdrängt 1,2 kg Luft. Dieses Gewicht entspricht der absoluten Abweichung. Die Masse des Polyethylens entspricht dem Produkt aus Dichte und Volumen:

$$m_{\text{Kunststoff}} = \rho V = 0{,}9\,\frac{\text{kg}}{\text{dm}^3} \cdot 1\,\text{m}^3 = 900\,\text{kg}$$

Die relative Messabweichung ist gleich der absoluten Abweichung dividiert durch den wahren Wert:

$$\delta = \frac{-m_{\text{Luft}}}{m_{\text{Kunststoff}}} = \frac{-1{,}2\,\text{kg}}{900\,\text{kg}} = \underline{-0{,}1\bar{3}\,\%}$$

Infolge des Auftriebs beträgt die Abweichung vom wahren Wert fast 0,14 %. Diese relative Abweichung ist unabhängig vom Messwert, denn der Einfluss ist multiplikativ.

Bei der Mehrzahl der praktischen Messaufgaben ist der Einfluss des Auftriebs vernachlässigbar. Man bedenke, dass die Kalibriergewichte ebenfalls einen Auftrieb erhalten. Mit der folgenden Formel kann die tatsächlich wirkende Gewichtskraft berechnet werden:

$$F_{\text{G}} = m \cdot g \left(1 - \frac{\rho_{\text{Luft}}}{\rho_{\text{Wägegut}}}\right)$$

Durchfluss

130. Wirkdruckgeber: Ein Strömungshindernis (Blende, Venturirohr) oder ein Wirkdruckgeber (Annubar-Staudruckgeber) wird in die Rohrleitung eingebaut. Der entstehende Differenzdruck ist ein Maß für die Strömungsgeschwindigkeit.

Schwebekörper: In einem senkrechten Messrohr, dessen Querschnitt nach oben zunimmt, befindet sich ein Körper (im einfachsten Fall eine Kugel). Dieser wird durch das von unten anströmende Fluid in der Schwebe gehalten. Die vertikale Position ist vor allem abhängig von der Strömungsgeschwindigkeit.

Wirbel-Prinzip: Ein Störkörper (meist deltaförmig) befindet sich in der Rohrleitung. Dieser verursacht gegenläufige Wirbel (Karmansche Wirbelstraße), die sich hinter dem Störkörper ablösen. Die Ablösefrequenz verhält sich proportional zur Strömungsgeschwindigkeit.

Magnetisch-induktiv (MID oder IDM): Quer zur Strömungsrichtung einer Flüssigkeit (diese muss leitfähig sein) wird ein Magnetfeld angelegt. Senkrecht sowohl zum Magnetfeld als auch zum strömenden Medium (bewegter Leiter) wird eine Spannung induziert, deren Amplitude proportional zur Strömungsgeschwindigkeit ist.

Ultraschall: Hier wird der Mitführeffekt ausgenutzt, wobei zwischen Laufzeit- und Doppler-Prinzip zu unterscheiden ist.

Bei Ersterem wird die Laufzeit von Ultraschallimpulsen sowohl in Strömungsrichtung als auch entgegen derselben gemessen. Die Differenz der beiden Laufzeiten ist proportional zur Strömungsgeschwindigkeit.

Beim Dopplerprinzip wird ausgenutzt, dass Unstetigkeiten (Blasen, Partikel) im Fluid den Schall reflektieren. Je größer die Strömungsgeschwindigkeit ist, desto größer ist die Frequenzverschiebung, d. h. die Differenz zwischen ausgesendeter und empfangener Frequenz (wie beim Geschwindigkeits-Radar).

131. Der Volumenstrom ist das Produkt aus Strömungsgeschwindigkeit (gemittelt über den durchströmten Querschnitt) und durchströmter Querschnittsfläche:

$$q_V = v_m \cdot A$$

Diese Formel wird als Kontinuitätsgesetz bezeichnet.

Der Massestrom verhält sich proportional zur Dichte:

$$q_m = q_V \cdot \rho = v_m \cdot A \cdot \rho$$

132. Die Druckdifferenz an einer Normblende hängt quadratisch vom Volumenstrom ab:

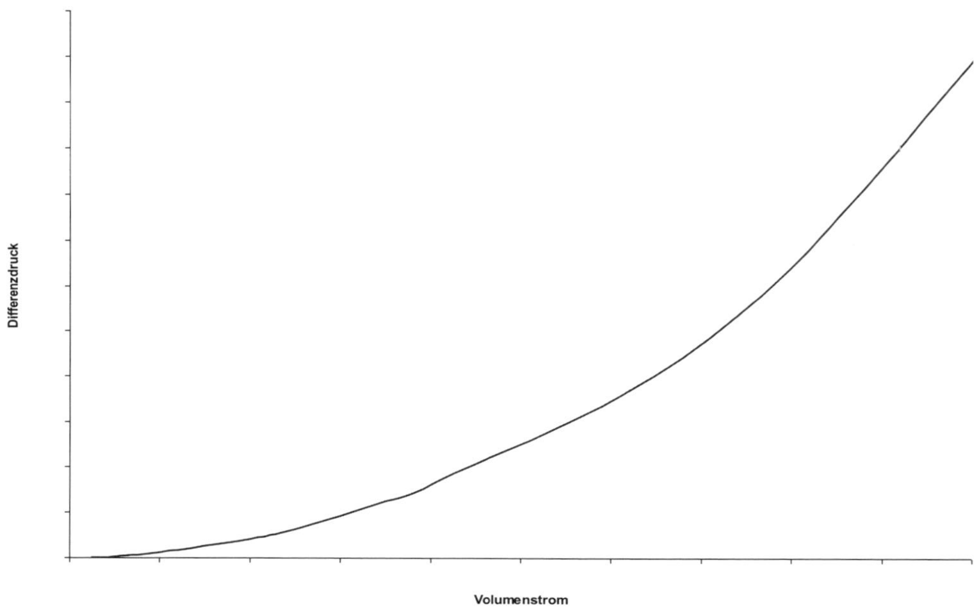

Bild 14.96 Kennlinie einer Normblende

Der Differenzdruck wird gemessen und mit der Umkehrfunktion

$$q_V = \alpha \cdot \varepsilon \cdot A_d \cdot \sqrt{\frac{2p_{Diff}}{\rho}}$$

in den Volumenstrom umgerechnet. *Hierbei sind die Eigenschaften der Normblende zu berücksichtigen: Durchflusszahl α, Fläche des Wirkdruckgebers A_d. Und es gehen die Eigenschaften des Mediums in die Rechnung ein: Expansionszahl ε, Dichte ρ.*

133. Der Wirkdruckgeber wandelt den Volumenstrom in einen Differenzdruck um. Letzterer verhält sich proportional zum Quadrat des Volumenstroms. Der Anstieg der statischen Kennlinie ist deshalb für kleine Volumenströme flacher als für große. Die immer vorhandene Unsicherheit beim Messen des Differenzdrucks hat deshalb bei niedrigem Durchfluss eine größere Wirkung auf den Messwert.

134. Der Volumenstrom ergibt sich aus dem Differenzdruck:

$$q_V = \frac{16\ \text{m}^3/\text{h}}{\sqrt{\text{bar}}} \cdot \sqrt{p_{\text{Diff}}}$$

Bildet man die partielle Ableitung nach der fehlerbehafteten Größe erhält man:

$$\Delta q_V = \frac{\partial q_V}{\partial p_{\text{Diff}}} \cdot \Delta p_{\text{Diff}} = \frac{1}{2} \frac{16\ \text{m}^3/\text{h}}{\sqrt{\text{bar}} \cdot \sqrt{p_{\text{Diff}}}} \Delta p_{\text{Diff}}$$

Nun muss man nur noch die gegebenen Werte einsetzen:

$$q_V = \frac{16\ \text{m}^3/\text{h}}{\sqrt{\text{bar}}} \cdot \sqrt{0{,}2\ \text{bar}} = \underline{7{,}16\ \text{m}^3/\text{h}}$$

$$\Delta q_V = \frac{8\ \text{m}^3/\text{h}}{\sqrt{\text{bar}} \cdot \sqrt{0{,}2\ \text{bar}}} \cdot 3\ \text{mbar} = \underline{54\ \text{l/h}}$$

Bei einem Differenzdruck von 0,2 bar beträgt der Messwert 7,16 m^3/h und die Messunsicherheit 54 l/h.

$$q_V = \frac{16\ \text{m}^3/\text{h}}{\sqrt{\text{bar}}} \cdot \sqrt{1\ \text{bar}} = \underline{16\ \text{m}^3/\text{h}}$$

$$\Delta q_V = \frac{8\ \text{m}^3/\text{h}}{\sqrt{\text{bar}} \cdot \sqrt{1\ \text{bar}}} \cdot 3\ \text{mbar} = \underline{24\ \text{l/h}}$$

Bei einem Differenzdruck von 1 bar beträgt der Messwert 16 m^3/h und die Messunsicherheit 24 l/h.

Aufgrund der parabelförmigen Kennlinie des Wirkdruckgebers nimmt die Unsicherheit bei steigendem Durchfluss ab.

135. Ausgehen kann man von der Gleichung

$$q_V = \alpha \cdot \varepsilon \cdot A_d \cdot \sqrt{\frac{2 p_{\text{Diff}}}{\rho}}$$

und von der Definition für das Öffnungsverhältnis n (Blendenquerschnitt geteilt durch Rohrleitungsquerschnitt):

$$n = \frac{A_d}{A_D}$$

Setzt man in die erste Gleichung das Kontinuitätsgesetz und das Öffnungsverhältnis ein, erhält man:

$$\frac{A_d}{n} v_m = \alpha \cdot \varepsilon \cdot A_d \cdot \sqrt{\frac{2 p_{Diff}}{\rho}}$$

Da es sich um eine Flüssigkeit handelt, wird die Expansionszahl mit 1 angesetzt. Die Umstellung nach dem Differenzdruck ergibt:

$$p_{Diff} = \frac{\rho}{2} \cdot \left(\frac{v_m}{n \cdot \alpha} \right)^2 = \frac{1\ \text{kg/dm}^3}{2} \cdot \left(\frac{2\ \text{m/s}}{0{,}4 \cdot 0{,}68} \right)^2 = 0{,}5 \cdot 10^3\ \frac{\text{kg}}{\text{m}^3} \cdot 54{,}1\ \frac{\text{m}^2}{\text{s}^2} = 27\ \text{kPa} = \underline{270\ \text{mbar}}$$

Der Transmitter sollte einen Messbereich von 0,4 bar haben.

136. Normblenden gehören zu den Wirkdruckgebern. Diese verursachen aufgrund ihres Strömungswiderstands einen bleibenden Druckabfall. Um diesen auszugleichen, muss die Pumpe bzw. der Verdichter mehr Energie aufwenden.

137. Die mechanische Leistung ist das Produkt aus Volumenstrom und Druckdifferenz:

$$P_{mech} = q_{Nenn} \cdot \Delta p = 12\ \frac{\text{m}^3}{60\ \text{s}} \cdot 0{,}125 \cdot 10^5\ \frac{\text{N}}{\text{m}^2} = 2{,}5\ \text{kW}$$

Die Pumpe muss eine zusätzliche mechanische Leistung von 2,5 kW erbringen, um den Druckverlust auszugleichen. Der Energiebedarf ergibt sich aus der Zeit (ein Jahr hat etwa 10 000 h):

$$W_{elektr} = P_{mech} \cdot t = 2{,}5\ \text{kW} \cdot 10000\ \text{h} = 25\ \text{MWh}$$

Nimmt man den Wirkungsgrad der Pumpe mit 0,8 an, liegt der jährliche Mehrbedarf an Elektroenergie bei 30 MWh. *Das sind Tausende Euro im Jahr.*

138. Der bleibende Druckabfall ist beim Venturirohr geringer.

139. Die Kennlinie der Messkette kann wegen des radizierenden Speisetrenners als linear angenommen werden. Der Anstieg (Empfindlichkeit) beträgt:

$$E = \frac{\Delta I}{\Delta \dot{V}} = \frac{16\ \text{mA}}{500\ \text{l/min}} = 0{,}032\ \frac{\text{mA}}{\text{l/min}}$$

Der Volumenstrom sowie die Messunsicherheit können mit folgender Formel berechnet werden:

$$\dot{V} = \frac{\Delta I}{E}$$

Mit dem Einsetzen der Werte erhält man den aktuellen Durchfluss

$$\dot{V} = \frac{\Delta I}{E} = \frac{(10-4)\,\text{mA}}{0{,}032\,\dfrac{\text{mA}}{\text{l/min}}} = 187{,}5\ \text{l/min}$$

und die Unsicherheit:

$$\Delta\dot{V} = \frac{\Delta I}{E} = \frac{70\,\mu\text{A}}{0{,}032\,\dfrac{mA}{\text{l/min}}} = 2{,}2\ \text{l/min}$$

In der Unsicherheit von 2,2 l/min sind nicht die Unsicherheiten enthalten, die von der Blende, dem Druckmessgerät und dem Speisetrenner verursacht werden.

140. Volumen- und Volumenstromangaben für Gase erfolgen in Normkubikmetern (Nm^3) bzw. in Nm^3 je Zeit. Um eine Anzeige in Nm^3 zu ermöglichen, muss der Betriebszustand des Gases, d. h. dessen Druck und dessen Temperatur, bekannt sein. Für große Drücke ist bei der Umrechnung vom Betriebszustand (mit der Zustandsgleichung) in den Normzustand der Realgasfaktor zu berücksichtigen. Dieser beschreibt die Abweichung des Gasverhaltens von dem eines idealen Gases. Der Realgasfaktor ist selbst vom Betriebszustand und von der Gasart abhängig. *Für praktische Berechnungen des Realgasfaktors eignet sich die empirische Redlich-Kwong-Gleichung.*

141. Mit dem Coriolis-Prinzip wird der Massestrom gemessen.

142. Die Gewichtskraft ist gleich der Summe aus Auftriebskraft (Prinzip nach Archimedes) und Strömungskraft (infolge des Druckabfalls am Strömungskörper):

$$F_\text{G} = F_\text{A} + F_\text{p}$$

143. Die Gewichtskraft entspricht der Masse des Schwebekörpers mal der Fallbeschleunigung:

$$F_\text{G} = m_\text{S} \cdot g$$

Die Auftriebskraft ist das Produkt aus Volumen des Schwebekörpers, Fallbeschleunigung und Dichte des Mediums:

$$F_\text{A} = V_\text{S} \cdot g \cdot \rho_\text{M}$$

Die Strömungskraft ergibt sich aus einer Multiplikation der angeströmten Fläche des Schwebekörpers und dem Druckabfall an diesem:

$$F_\text{p} = A_\text{S} \cdot \Delta p$$

144. Im Schwebezustand gilt:

$$F_\text{G} = F_\text{A} + F_\text{p}$$

Die Umstellung nach der Strömungskraft ergibt:

$$F_{\mathrm{p}} = F_{\mathrm{G}} - F_{\mathrm{A}}$$

Setzt man die angeströmte Schwebekörperfläche und den Druckabfall am Schwebekörper ein, ergibt sich nach Umstellung:

$$\Delta p = \frac{F_{\mathrm{G}} - F_{\mathrm{A}}}{A_{\mathrm{S}}}$$

Alle Größen auf der rechten Seite der Gleichung sind unabhängig vom Durchfluss. Ergo ist der Druckabfall beim Schwebekörperdurchflussmesser im gesamten Messbereich konstant.

145. Die Frequenz ist linear von der Strömungsgeschwindigkeit abhängig. Sie wird außerdem von der Strouhal-Zahl und der Breite des Störkörpers bestimmt.

$$f = St \frac{v}{d} = 0{,}2 \cdot \frac{6\ \mathrm{m/s}}{20\ \mathrm{mm}} = 60\ \mathrm{Hz}$$

Die Ablösefrequenz beträgt 60 Hz. Diese ist unabhängig vom Rohrinnendurchmesser.

146. Aus dem Induktionsgesetz geht hervor, dass die Bewegung eines elektrischen Leiters (hier: einer leitfähigen Flüssigkeit) im Magnetfeld eine Spannung entstehen lässt, deren Amplitude proportional zur Geschwindigkeit v der Bewegung ist. Stehen Magnetfeld (Flussdichte bzw. Induktion B), Bewegungsrichtung und eine gedachte Linie zwischen den spannungsabgreifenden Elektroden (deren Abstand D ist gleich dem Rohrdurchmesser) orthogonal zueinander, gilt folgende Gleichung für die elektromagnetische Induktion:

$$U = B \cdot v \cdot D$$

Berücksichtigt man, dass für den Volumenstrom gilt

$$q_{\mathrm{V}} = A \cdot v$$

und für die durchströmte Fläche

$$A = \frac{\pi}{4} D^2$$

und fasst man die Gleichungen zusammen, ergibt sich:

$$q_{\mathrm{V}} = \frac{\pi}{4} \frac{D}{B} \cdot U$$

Volumenstrom und induzierte Spannung verhalten sich proportional.

Der Proportionalitätsfaktor wird vom Rohrleitungsdurchmesser D (gleich dem Elektrodenabstand) und der Magnetfeldstärke B bestimmt. Auch spielt das Strömungsprofil eine Rolle, was durch einen zusätzlichen Faktor in der Formel Berücksichtigung finden kann.

147. Für die induzierte Spannung gilt:

$$U = \frac{4}{\pi}\frac{B}{D}\cdot q_V = \frac{4}{\pi}\frac{20\ \mathrm{mT}}{600\ \mathrm{mm}}\cdot 5000\frac{1}{\mathrm{s}} = \frac{4}{\pi}\frac{0{,}02\ \mathrm{Vs/m^2}}{0{,}6\ \mathrm{m}}\cdot 5\frac{\mathrm{m^3}}{\mathrm{s}} = 0{,}212\ \mathrm{V}$$

Unter den gegebenen Bedingungen beträgt diese 212 mV.

148. Die Schallausbreitungsgeschwindigkeit ist von der Zusammensetzung des Fluids sowie von Temperatur und Druck abhängig. Wird sowohl mit als auch entgegen der Strömung gemessen, hebt sich die Schallgeschwindigkeit vorteilhaft auf und die Information findet sich in der Laufzeitdifferenz.

149. Die Zeit t, die eine Schallwelle für das Zurücklegen der Strecke s benötigt, verhält sich umgekehrt proportional zur Ausbreitungsgeschwindigkeit der Welle. Bei ruhendem Medium ist diese identisch mit der Schallgeschwindigkeit c:

$$t = \frac{s}{c}$$

Bei strömenden Medien kommt es zum Mitnahmeeffekt. Die Laufzeit hängt dann auch von der (mittleren) Strömungsgeschwindigkeit und von der Strömungsrichtung ab. Die Laufzeit in Strömungsrichtung

$$t_{\mathrm{hin}} = \frac{s}{c + v_{\mathrm{m}}}$$

ist kleiner als die Laufzeit entgegen der Strömung:

$$t_{\mathrm{rück}} = \frac{s}{c - v_{\mathrm{m}}}$$

Beide Formeln werden nach der Schallgeschwindigkeit umgestellt:

$$c = \frac{s - v_{\mathrm{m}} \cdot t_{\mathrm{hin}}}{t_{\mathrm{hin}}}$$

$$c = \frac{s + v_{\mathrm{m}} \cdot t_{\mathrm{rück}}}{t_{\mathrm{rück}}}$$

Nach Gleichsetzen und Umstellen erhält man:

$$\frac{s}{t_{\mathrm{hin}}} - v_{\mathrm{m}} = \frac{s}{t_{\mathrm{rück}}} + v_{\mathrm{m}}$$

Die mittlere Strömungsgeschwindigkeit kann aus dem Abstand s und den Laufzeiten berechnet werden:

$$v_{\mathrm{m}} = \frac{s}{2}\left(\frac{1}{t_{\mathrm{hin}}} - \frac{1}{t_{\mathrm{rück}}}\right)$$

Die Schallgeschwindigkeit geht bei der Laufzeitdifferenzmessung nicht ein, denn durch Messung beider Laufzeiten wird die Einflussgröße Schallgeschwindigkeit eliminiert. *Da diese nicht nur von der Zusammensetzung des Fluids, sondern auch vom Betriebszustand abhängt, ist das überaus günstig.*

150. Zunächst wird die Strömungsgeschwindigkeit berechnet.

$$v = \frac{q_{\mathrm{V}}}{\frac{\pi}{4}D^2} = \frac{3\,\mathrm{m^3/s}}{\frac{\pi}{4}(0{,}6\,\mathrm{m})^2} = 10{,}61\,\mathrm{m/s}$$

Da es sich um Wasser handelt, kann eine Schallgeschwindigkeit von 1483 m/s zugrunde gelegt werden.

$$t_{\mathrm{hin}} = \frac{s}{c + v_{\mathrm{m}}} = \frac{2\,\mathrm{m}}{1483\,\mathrm{m/s} + 10{,}61\,\mathrm{m/s}} = 1{,}339\,\mathrm{ms}$$

$$t_{\mathrm{rück}} = \frac{s}{c - v_{\mathrm{m}}} = \frac{2\,\mathrm{m}}{1483\,\mathrm{m/s} - 10{,}61\,\mathrm{m/s}} = 1{,}358\,\mathrm{ms}$$

Die Laufzeiten differieren nur um 0,02 ms, was nicht einmal 2 % entspricht. Das verwundert nicht, denn die Strömungsgeschwindigkeit beträgt weniger als ein Hundertstel der Schallausbreitungsgeschwindigkeit.

151. Der Zusammenhang zwischen Abstand entlang der Flussrichtung, Schallweg und Winkel ergibt sich aus der Kosinus-Funktion und lautet:

$$s = \frac{L}{\cos\alpha}$$

Nach Einsetzen in die bekannte Beziehung erhält man die gewünschte Gleichung:

$$v_{\mathrm{m}} = \frac{L}{2\cdot\cos\alpha}\left(\frac{1}{t_{\mathrm{hin}}} - \frac{1}{t_{\mathrm{rück}}}\right)$$

152. Der Sinus des Winkels α ergibt sich aus der trigonometrischen Beziehung Gegenkathete dividiert durch Hypotenuse mit:

$$\sin\alpha = \frac{1\,\mathrm{m}}{1{,}5\,\mathrm{m}} = 0{,}6\overline{6}$$

Der Winkel α beträgt 41,81°.

$$v_m = \frac{L}{2 \cdot \cos\alpha}\left(\frac{1}{t_{hin}} - \frac{1}{t_{rück}}\right) = \frac{1{,}5\ \mathrm{m}}{2 \cdot \cos 41{,}81°}\left(\frac{1}{4{,}4013\ \mathrm{ms}} - \frac{1}{4{,}5247\ \mathrm{ms}}\right) = 6{,}24\ \mathrm{m/s}$$

Die mittlere Strömungsgeschwindigkeit beträgt 6,24 m/s.

$$q_V = \frac{\pi}{4} D^2 \cdot v = \frac{\pi}{4}(1\ \mathrm{m})^2 \cdot 6{,}24 \frac{\mathrm{m}}{\mathrm{s}} = \underline{4{,}9\ \mathrm{m^3/s}}$$

Der Volumenstrom beträgt 4,9 m^3/s. Ohne Kenntnis des Betriebszustands ist diese Angabe wertlos.

Für die Umrechnung in Nm^3 muss der Betriebszustand des Gases (Druck und Temperatur) und dessen Zusammensetzung (falls Realgaskorrektur erfolgen soll) bekannt sein.

153. Der Ultraschallimpuls wird auf die Trägerfrequenz moduliert (Amplitudenmodulation). Diese wird aus energetischen Gründen entsprechend der Eigenfrequenz des Piezowandlers, z. B. 2 MHz, gewählt. Je größer die Frequenz des Ultraschallsignals ist, desto steilere Impulsflanken können erzeugt werden. Steile Flanken begünstigen sowohl Auflösung als auch Genauigkeit der Laufzeitmessung.

154. Der Vorteil liegt darin, dass das Messergebnis unabhängiger vom Strömungsprofil ist, wenn die Messung entlang verschiedener Schallpfade durchgeführt wird. Eine Messunsicherheit von 0,2 % kann dann erreicht werden.

155. Das Doppler-Prinzip stellt eine Alternative zur Laufzeitmessung dar. Im Fluid vorhandene Inhomogenitäten streuen die Ultraschallwellen. Bewegen sich diese „Streuer" relativ zur Schallquelle, kommt es zu einer Frequenzverschiebung – dem Doppler-Effekt:

$$f_{Diff} = 2 f_0 \frac{v}{c} \cos\alpha$$

156. Die Doppler-Frequenz ist identisch mit der Frequenzverschiebung:

$$f_{Diff} = 2 f_0 \frac{v}{c} \cos\alpha = 2 \cdot 2{,}4\ \mathrm{MHz} \frac{0{,}6\ \frac{\mathrm{m}}{\mathrm{s}}}{1483\ \frac{\mathrm{m}}{\mathrm{s}}} \cos 8° = \underline{1{,}923\ \mathrm{kHz}}$$

Die empfangene Frequenz liegt 1,923 kHz über der Sendefrequenz.

157. Ausgangspunkt ist die bekannte Formel:

$$f_{Diff} = 2 f_0 \frac{v}{c} \cos\alpha$$

Steigt die Schallgeschwindigkeit c um 5 % an, tritt eine um 5 % reduzierte Doppler-Frequenz auf. Bleibt die Abweichung von c unberücksichtigt, wird die Strömungsgeschwindigkeit v mit folgender Formel berechnet:

$$v = \frac{f_{\text{Diff}} \cdot c}{2 f_0 \cos\alpha}$$

(Das Ergebnis müsste mit dem Faktor 1,05 multipliziert werden.) Geschieht das nicht, hat der Messwert eine Abweichung von −5 %. Diese ist systematisch und multiplikativ.

158. Bei Abwasserleitungen füllt das Medium selten den gesamten Leitungsquerschnitt aus. Deshalb muss auch der Füllstand im Rohr erfasst werden. *Leider ist der Zusammenhang zwischen Füllstand und durchströmtem Querschnitt meist stark nichtlinear.*

159. In die bekannte Gleichung

$$q_V = A \cdot v$$

ist die Formel für den Flächeninhalt A eines Kreissegments einzusetzen:

$$q_V = \left[r^2 \cdot \arccos\left(1 - \frac{h}{r}\right) - (r - h) \cdot \sqrt{2rh - h^2} \right] \cdot v$$

$$q_V = \left[(0{,}5\,\text{m})^2 \cdot \arccos\left(1 - \frac{0{,}4\,\text{m}}{0{,}5\,\text{m}}\right) - (0{,}5\,\text{m} - 0{,}4\,\text{m}) \cdot \sqrt{2 \cdot 0{,}5\,\text{m} \cdot 0{,}4\,\text{m} - (0{,}4\,\text{m})^2} \right] \cdot 0{,}3 \frac{\text{m}}{\text{s}} = \underline{0{,}088\,\text{m}^3/\text{s}}$$

Es fließen 88 l/s.

160. Beim Coriolis-Verfahren wird der Massestrom und nicht der Volumenstrom gemessen. *Der Vorteil liegt darin, dass die Masse im Gegensatz zum Volumen unabhängig von Temperatur und Druck ist. Aus diesem Grund wird ein Mischungsverhältnis zumeist in Masseprozent angegeben. Coriolis-Durchflussmesser bestimmen zusätzlich oft auch die Dichte.*

161. Für große Durchflüsse sind große Rohrleitungsdurchmesser eine Grundvoraussetzung. Diese müssten, um Coriolis-Kräfte zu erzeugen, quer zur Strömungsrichtung zum Schwingen gebracht werden. Es ist leicht einzusehen, dass dies bei einem 1000er Rohrdurchmesser nicht praktikabel ist.

162. Um den Luftmassenstrom im Ansaugrohr zu messen, werden Verfahren eingesetzt, deren Grundprinzip das Hitzdraht-Anemometer ist. Ein Widerstand im Luftstrom wird einerseits von einem elektrischen Strom erwärmt und andererseits vom Luftmassenstrom im Ansaugkanal gekühlt. Die Widerstandsänderung dient als Maß für den Massestrom. Alternativ wird die Stromstärke von einem Regelkreis so verändert, dass die Temperatur des Widerstands konstant bleibt. Die Stromstärke dient dann als Abbildungsgröße. Aufgrund hoher Stückzahlen können diese Sensoren preisgünstig hergestellt werden. Das Messverfahren ist für Anwendungen in der Prozesstechnik jedoch meist zu ungenau.

163. Das transportierte Flüssigkeitsvolumen wird in einem Behälter erfasst, wobei simultan die Zeit gemessen wird. Das Volumen kann direkt in einem Volumenmessbehälter oder indirekt mittels Füllstandsmessung oder einer Behälterwaage (sehr genaue Variante) ermittelt werden. Es gelten die Formeln:

$$q_V = \frac{V_2 - V_1}{t_2 - t_1}$$

$$q_m = \frac{m_2 - m_1}{t_2 - t_1}$$

Beim Vergleichsverfahren fließt der Fluidstrom zeitgleich sowohl durch den Prüfling als auch durch ein bereits kalibriertes Durchflussmessgerät.

Ein Kolben wird mit konstanter Geschwindigkeit in einem Rohrabschnitt, dessen Durchmesser sehr genau bekannt ist, entlang der Strecke s bewegt. Es gilt die Formel:

$$q_V = \frac{\frac{\pi}{4} d^2 \cdot (s_2 - s_1)}{t_2 - t_1}$$

164. Der Massestrom berechnet sich aus Nettogewicht je Bandlänge multipliziert mit der Bandgeschwindigkeit.

$$\dot{m} = \frac{m}{l} \cdot v = 15 \text{ kg/s}$$

Sowohl im Fall a als auch im Fall b beträgt der Massestrom 15 kg/s. Die Dosiergenauigkeit hängt naturgemäß unmittelbar von der Messgenauigkeit ab. Um diese abzuschätzen, hilft das Totale Differential:

$$\Delta\dot{m} = \frac{m \cdot \Delta v + v \cdot \Delta m}{l} = \frac{20 \text{ kg} \cdot 0{,}006 \text{ m/s} + 0{,}6 \text{ m/s} \cdot 0{,}2 \text{ kg}}{1 \text{ m}} = \underline{0{,}24 \text{ kg/s}}$$

Im Fall a beträgt die Unsicherheit 0,24 kg.

Fall b:

$$\Delta\dot{m} = \frac{m \cdot \Delta v + v \cdot \Delta m}{l} = \frac{5 \text{ kg} \cdot 0{,}024 \text{ m/s} + 2{,}4 \text{ m/s} \cdot 0{,}2 \text{ kg}}{1 \text{ m}} = \underline{0{,}6 \text{ kg/s}}$$

Offensichtlich dient es der Dosiergenauigkeit, wenn die Anlage mit hoher Beladung und geringer Bandgeschwindigkeit gefahren wird. *Der Grund ist in der konstanten Unsicherheit der Gewichtsmessung zu suchen.*

Konzentration

165. Der pH-Wert (lat: potentia Hydrogenii) ist ein Maß für den Charakter einer wässrigen Lösung (sauer oder basisch). Er gibt deren Wasserstoffionen-Aktivität an, die etwa der Wasserstoffionen-Konzentration entspricht.

166. Definiert ist der pH-Wert als der negative dekadische Logarithmus der Wasserstoffionen-Aktivität:

$$pH = -\log_{10} a(H^+)$$

Daraus folgt:

$$a(H^+) = 10^{-pH}$$

Es ist nun leicht zu sehen, dass sich die Wasserstoffionen-Aktivität um eine ganze Zehnerpotenz verändert, wenn sich der pH-Wert um 1 verändert.

167. Proportional zum pH-Wert stellt sich an den Anschlüssen der Glaselektrode eine Gleichspannung ein. Der Informationsparameter ist die Amplitude, die natürlich in V bzw. in mV gemessen wird.

168. Die Steilheit der Kennlinie ist stark temperaturabhängig. Der Zusammenhang zwischen pH-Wert und Spannung (Elektrodenpotential) wird durch die Nernst-Gleichung beschrieben. Bei Kenntnis der Temperatur T ist eine Korrektur möglich, wie die vereinfachte Form der Nernstgleichung mit der Gaskonstante R und der Faraday-Konstante *F* zeigt:

$$U = \frac{R \cdot T}{F} 2{,}303 \cdot \lg \frac{a}{a_{\mathrm{R}}}$$

169. Für die Lösung der Aufgabe wird eine Temperatur von 25 °C angenommen:

$$U = \frac{R \cdot T}{F} 2{,}303 \cdot \lg \frac{a}{a_{\mathrm{R}}} = \frac{8{,}3144 \,\frac{\mathrm{J}}{\mathrm{mol} \cdot \mathrm{K}} \cdot 298{,}15\,\mathrm{K}}{96485 \,\frac{\mathrm{C}}{\mathrm{mol}}} 2{,}303 \cdot \lg 10 = \underline{0{,}059\ \mathrm{V}}$$

Die Änderung beträgt −59 mV je pH. Das negative Vorzeichen hat seine Ursache in der Definition des pH-Wertes (negativer dekadischer Logarithmus).

170.

$$U = \frac{R \cdot T}{F} 2{,}303 \cdot \lg \frac{a}{a_{\mathrm{R}}} = \frac{8{,}3144 \,\frac{\mathrm{J}}{\mathrm{mol} \cdot \mathrm{K}} \cdot 323{,}15\,\mathrm{K}}{96485 \,\frac{\mathrm{C}}{\mathrm{mol}}} 2{,}303 \cdot \lg 10 = 0{,}064\ \mathrm{V}$$

$$\frac{\Delta U}{U} = \frac{0{,}064\ \mathrm{V} - 0{,}059\ \mathrm{V}}{0{,}059\ \mathrm{V}} = \underline{0{,}085}$$

Der Übertragungsfaktor ändert sich um 8,5 %. Um den Temperatureinfluss zu kompensieren, muss für die pH-Wertberechnung die Spannung durch −0,064 V dividiert werden.

171. Der Innenwiderstand einer Glaselektrode kann Werte von fast einem Gigaohm annehmen. Er ändert sich über der Zeit in Abhängigkeit der Einsatz- aber auch der Lagerungsbedingungen. Der Isolationswiderstand des Messkabels und der Eingangswiderstand des Messverstärkers müssen entsprechend groß sein. *Empfohlen wird ein Teraohm. Um Probleme mit Isolationswiderständen zu vermeiden, integrieren einige Hersteller den Messverstärker in die Glaselektrode.*

172. Die Einschwingzeit ist sehr stark von den Eigenschaften des Mediums abhängig.

173. Streng genommen ist hier die Wasserdampftaupunkttemperatur gemeint. Je niedriger die absolute Luftfeuchtigkeit ist, desto niedriger ist die Temperatur (auch verkürzt Taupunkt genannt), ab der Wassertropfen entstehen. Die Taupunkttemperatur ist somit ein Maß für die absolute Feuchte eines Gases und steigt mit dieser an. Der Zusammenhang ist jedoch nicht proportional.

174. Sobald der Taupunkt unterschritten ist, entsteht tropfbares Wasser. Das muss bei vielen Prozessen vermieden werden. Bekannte Folgen sind Korrosion, Schimmel, Hydratbildung. Deshalb ist der Taupunkt eine wichtige hygrometrische Messgröße.

175. Oft geschieht das mit einem Tauspiegelhygrometer. Eine Fläche wird gezielt mit Hilfe eines Regelkreises auf den Taupunkt abgekühlt. Ein optischer oder ein kapazitiver Sensor detektiert die Taubildung auf der Spiegeloberfläche. Der Taupunkt kann unmittelbar als Temperatur des Spiegels gemessen werden.

176. Zunächst kann unschwer aus den gegebenen Messwerten abgelesen werden, dass für Referenztemperatur der Nullpunkt der statischen Kennlinie bei 0 V liegt und deren Anstieg 0,1 V je Vol.-% beträgt.

Außerdem ist zu erkennen, dass der Nullpunkt um 0,2 V sinkt, wenn die Temperatur um 20 K steigt. Zu einer relativen Angabe kommt man per Division durch die Ausgangsmessspanne (MB):

$$TKN = \frac{NP_{40°C} - NP_{20°C}}{t_2 - t_1} \cdot \frac{1}{MB} = \frac{-0{,}2\ \text{V} - 0\ \text{V}}{40\ °\text{C} - 20\ °\text{C}} \cdot \frac{1}{10\ \text{V}} = -1\frac{\%}{10\ \text{K}}$$

Der Temperaturkoeffizient des Nullpunkts beträgt −1 %/10 K.

Bei 40 °C beträgt der Anstieg der Kennlinie 0,098 V je Vol.-%. Der Temperaturkoeffizient der Empfindlichkeit ergibt sich mit:

$$TKE = \frac{E_{40°C} - E_{20°C}}{t_2 - t_1} \cdot \frac{1}{E_{20°C}} = \frac{0{,}098\,\frac{\text{V}}{\text{Vol.\%}} - 0{,}1\,\frac{\text{V}}{\text{Vol.\%}}}{40\ °\text{C} - 20\ °\text{C}} \cdot \frac{1}{0{,}1\,\frac{\text{V}}{\text{Vol.\%}}} = -1\frac{\%}{10\ \text{K}}$$

Der Temperaturkoeffizient der Empfindlichkeit beträgt ebenfalls −1 %/10 K

177. Die niedrigste Frequenz (der gegebenen Bereiche) hat UKW, gefolgt von Mikrowellen, Terahertzwellen, IR-Strahlung, sichtbares Licht, UV-Strahlung und der Röntgen-Strahlung. Die höchste Frequenz und damit die kürzeste Wellenlänge weisen Röntgen-Strahlen auf.

14.12 Kapitel 12: Versuch und Erprobung

1. Die Empfindlichkeit eines DMS wird allein von dessen k-Faktor bestimmt. Dieser ist definiert als der Quotient aus relativer Widerstandsänderung und Dehnung:

$$k = \frac{\Delta R/R}{\varepsilon}$$

Da die Dehnung nichts anderes ist als die relative Längenänderung, kann man auch schreiben:

$$k = \frac{\Delta R/R}{\Delta l/l}$$

Richtig ist, dass ein DMS mit einer großen Länge l bei gleicher Dehnung auch eine große Längenänderung Δl erfährt. Die relative Widerstandsänderung verhält sich jedoch proportional zur Dehnung und ist deshalb unabhängig von der Basislänge l.

2. Das Ausgangssignal wird von der mittleren Dehnung unter dem Messgitter bestimmt. Entlang des aktiven Messgitters wird die Dehnung sozusagen integriert. Wenn kein homogenes Dehnungsfeld vorhanden ist, muss dieser Umstand berücksichtigt werden. So darf das Messgitter bei Kerbspannungsmessungen nicht zu lang sein, weil dann zu geringe Werte gemessen werden. Sollen hingegen Materialspannungen an Teilen mit großen Inhomogenitäten (Beton mit Kieseinschlüssen) erfasst werden, sind lange Messgitter zu bevorzugen.

3. Die Zugspannung ergibt sich aus Kraft pro Fläche:

$$\sigma = \frac{F}{A} = \frac{F}{\frac{\pi}{4}d^2} = \frac{20\ \text{kN}}{\frac{\pi}{4}(20\ \text{mm})^2} = 63{,}7\ \frac{\text{N}}{\text{mm}^2}$$

Legt man einen E-Modul für den Werkstoff von 70 000 N/mm² zugrunde, erhält man:

$$\varepsilon = \frac{\sigma}{E} = \frac{63{,}7\ \frac{\text{N}}{\text{mm}^2}}{70000\ \frac{\text{N}}{\text{mm}^2}} = 909\ \frac{\mu\text{m}}{\text{m}}$$

Mit der Dehnung von 909 µm/m werden folgende relative Widerstandsänderungen erzeugt:

$$\frac{\Delta R}{R} = k \cdot \varepsilon = 2{,}2 \cdot 909\ \frac{\mu\text{m}}{\text{m}} = 0{,}002$$

Das sind 0,2 % Widerstandsänderung für die längsinstallierten DMS. Bei den querinstallierten DMS muss die Querdehnzahl von Aluminium (etwa 0,34) berücksichtigt werden:

$$\frac{\Delta R}{R} = k \cdot (-\varepsilon) \cdot \nu = -2{,}2 \cdot 909 \frac{\mu\text{m}}{\text{m}} \cdot 0{,}34 = -0{,}00068$$

Deren Widerstandsänderung beträgt −0,068 %.

$$\frac{\Delta U}{U} = \frac{1}{4} \cdot \left(\frac{\Delta R_1}{R} - \frac{\Delta R_2}{R} + \frac{\Delta R_3}{R} - \frac{\Delta R_4}{R} \right) = \frac{1}{4} \cdot (0{,}002 + 0{,}00068 + 0{,}002 + 0{,}00068) = \underline{1{,}34 \text{ mV/V}}$$

Eine Kraft von 20 kN verursacht eine Brückenverstimmung von 1,34 mV/V.

Die Rechnung lässt vermuten, dass der Zusammenhang zwischen Spannungsverhältnis und Kraft bzw. relativer Widerstandsänderung linear ist. Streng genommen ist das nicht der Fall. Die Formel

$$\frac{\Delta U}{U} = \frac{1}{4} \cdot \left(\frac{\Delta R_1}{R} - \frac{\Delta R_2}{R} + \frac{\Delta R_3}{R} - \frac{\Delta R_4}{R} \right)$$

gilt nur dann, wenn alle ΔR gleich groß sind. Für alle anderen Fälle stellt sie eine Näherung dar, die für praktische Messungen und kleine relative Widerstandsänderungen hinreichend genau ist.

4. Der Baustahl S355 (alte Bezeichnung St52) hat eine Streckgrenze von 355 N/mm². Will man plastische Verformungen vermeiden, darf die mechanische Spannung diesen Wert nicht überschreiten. Mit Hilfe des E-Moduls von Stahl kann die zulässige Dehnung berechnet werden:

$$\varepsilon = \frac{\sigma}{E} = \frac{355 \frac{\text{N}}{\text{mm}^2}}{210000 \frac{\text{N}}{\text{mm}^2}} = 1690 \frac{\mu\text{m}}{\text{m}}$$

Aus der Dehnung kann die relative Widerstandsänderung der DMS berechnet werden, wobei der k-Faktor mit 2 angenommen wird.

$$\frac{\Delta R}{R} = k \cdot \varepsilon = 2 \cdot 1690 \frac{\mu\text{m}}{\text{m}} = 0{,}00338$$

Für den quer applizierten DMS ist dabei die Querdehnzahl (Stahl etwa 0,3) zu berücksichtigen:

$$\frac{\Delta R}{R} = k \cdot (-\varepsilon) \cdot \nu = -2 \cdot 1690 \frac{\mu\text{m}}{\text{m}} \cdot 0{,}3 = -0{,}00101$$

Weil dessen Dehnung negativ ist, ist auch dessen Widerstandsänderung negativ.

Da die DMS in einer Halbbrücke verschaltet sind, kann man rechnen:

$$\frac{\Delta U}{U}=\frac{1}{4}\cdot\left(\frac{\Delta R_1}{R}-\frac{\Delta R_2}{R}\right)=\frac{1}{4}\cdot(0{,}00338-(-00101))=1{,}098\,\frac{\text{mV}}{\text{V}}$$

Für die Brückenspeisespannung von 5 V erhält man einen Wert von 5,5 mV, der nicht überschritten werden darf, will man sichergehen, dass der Werkstoff nur elastisch verformt wird.

5. Für die 2/4-Brücke gilt in guter Näherung:

$$\frac{\Delta U}{U}=\frac{1}{4}\cdot\left(\frac{\Delta R_1}{R}+\frac{\Delta R_3}{R}\right)$$

Ersetzt man die relative Widerstandsänderung durch das Produkt aus k-Faktor (der exakte Wert steht auf der Packung) und Dehnung, erhält man nach Umstellung:

$$\varepsilon=\frac{\Delta U}{U}\cdot\frac{2}{k}=0{,}825\,\frac{\text{mV}}{\text{V}}\cdot\frac{2}{2}=825\,\frac{\mu\text{m}}{\text{m}}$$

Die Dehnung beträgt 825 µm/m.

Da es sich um eine 2/4-Brücke handelt, ist die temperaturgangkompensierende Wirkung der Brückenschaltung nicht vorhanden. Deshalb ist sehr darauf zu achten, dass DMS benutzt werden, die an den Temperaturausdehnungskoeffizienten des Kunststoffes angepasst sind.

6. Das Auswertegerät kann nicht unterscheiden, ob sich der Kabel- oder der DMS-Widerstand ändert. Demzufolge wird die Änderung des Leitungswiderstands als Änderung der Dehnung interpretiert. Aus dem bekannten Zusammenhang

$$\frac{\Delta R}{R}=k\cdot\varepsilon$$

folgt nach Umstellung:

$$\varepsilon=\frac{\Delta R}{R}\cdot\frac{1}{k}=\frac{70\text{ m}\Omega}{120\,\Omega}\cdot\frac{1}{2}=292\,\mu\text{m/m}$$

Die scheinbare Dehnung beträgt 292 µm/m.

Um den doch ganz erheblichen Messfehler zu vermeiden, sollte der DMS in 3- oder 4-Leiter-Technik betrieben werden.

7. Die DMS müssen die Positionen 1 und 2 (oder 3 und 4) einnehmen.

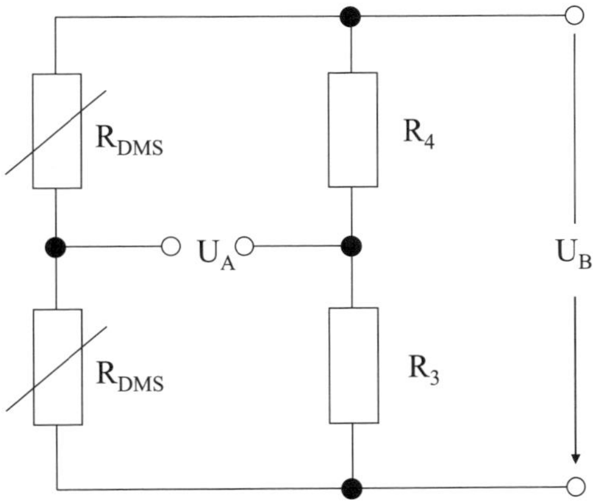

Bild 14.97
Wheatstonesche Brücke mit zwei DMS

Bei der Anordnung handelt es sich um eine Halbbrücke, demzufolge gilt:

$$\frac{U_A}{U_B} = \frac{1}{4} \cdot \left(\frac{\Delta R_1}{R} - \frac{\Delta R_2}{R} \right)$$

Man kann davon ausgehen, dass beide DMS denselben k-Faktor besitzen und diese aufgrund derselben Entfernung vom Lasteinleitungspunkt auch gleiche Dehnungen erfahren.

$$\frac{U_A}{U_B} = \frac{1}{4} \cdot \left(k \cdot \varepsilon_1 - (-k \cdot \varepsilon_2) \right) = \frac{1}{2} \cdot k \cdot \varepsilon$$

Zur Wirkung der Einflussgrößen:

Eine Längskraft am Biegebalken würde diesen dehnen. Diese Dehnung würde von beiden DMS in die gleiche relative Widerstandsänderung gewandelt und demzufolge von der Wheatstone-Brücke kompensiert. Die Kompensation ist natürlich nur dann vollständig, wenn die Grundwiderstände und die Empfindlichkeiten der DMS identisch sind. Diese sollten deshalb aus einer Packung sein.

Für eine Querkraft, die am rechten Balkenende angreift (Wirkung in die Bildebene), gilt das ebenfalls. Zusätzliche Voraussetzung ist hierbei, dass die beiden DMS den gleichen Abstand vom Balkenrand haben. Am besten wäre, diese in der Mitte auf der neutralen Linie (im Sinne der Querkraft) zu platzieren. Dann würde bei den DMS keine Widerstandsänderung auftreten.

Eine Temperaturänderung würde auf beide DMS die gleiche Wirkung haben und von der Wheatstone-Brücke kompensiert werden.

8. Das Messgitter ist quer zur Rohrachse auszurichten, weil die Tangentialspannung immer größer ist als die Axialspannung.

Um die Kabeleinflüsse klein zu halten, ist der DMS in 3-Leiter-Technik zu verdrahten. Dadurch bleibt der Nullpunkt stabil. Siehe Zeichnung.

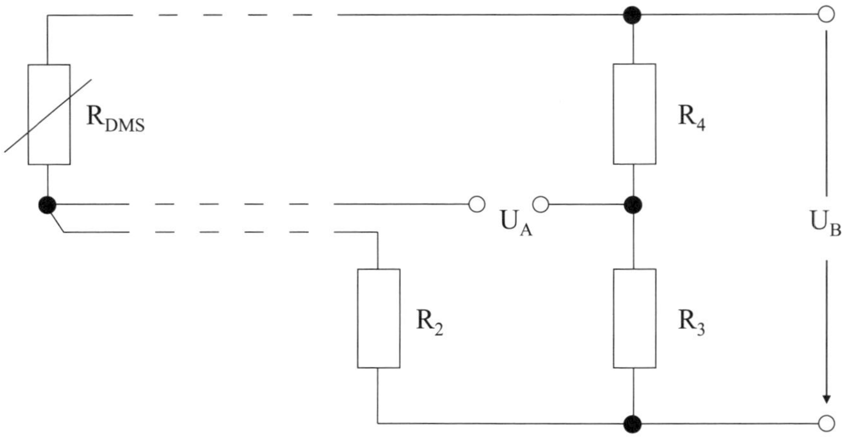

Bild 14.98 DMS-Anschluss in 3-Leiter-Technik

Da es sich um eine Viertelbrücke handelt, gilt der Zusammenhang:

$$\frac{U_A}{U_B} = \frac{1}{4} \cdot \frac{\Delta R}{R} = \frac{1}{4} \cdot k \cdot \varepsilon$$

Aus diesem folgt unter der Annahme *k* ist gleich 2:

$$V = \frac{U_A}{U_B} \cdot \frac{4}{k \cdot \varepsilon} = \frac{1000\,\mu\text{V}}{5\,\text{V}} \cdot \frac{4}{2 \cdot 1000\,\frac{\mu\text{m}}{\text{m}}} = 400$$

Wird dem DVM ein Verstärker mit einer Empfindlichkeit von 400 vorgeschaltet, erfolgt die ziffernrichtige Anzeige der Dehnung. Achtung: Soll auch der Einfluss des Kabelwiderstands auf die Empfindlichkeit eliminiert werden, ist der Widerstand einer Ader zum Grundwiderstand des DMS zu addieren:

$$\frac{U_A}{U_B} = \frac{1}{4} \cdot \frac{\Delta R}{R + R_{\text{Ader}}}$$

Steigt die Speisespannung um ein Prozent an, dann steigt die Brückenspannung und damit der Messwert ebenfalls um ein Prozent (bezogen auf den aktuellen Wert). Die erzeugte Abweichung ist multiplikativ.

Hochwertige Messverstärker stellen auch die Brückenspeisespannung zur Verfügung und arbeiten mit Fühlleitungen, so dass eine stabile Spannungsversorgung gewährleistet ist.

9. Die Toleranz des k-Faktors verursacht eine multiplikative Messabweichung. Bezogen auf die aktuellen Messwerte, kann die Messabweichung den Wert von 2 µm/m bzw. von 8 µm/m nicht unterschreiten. In der experimentellen Spannungsanalyse sind Messunsicherheiten im einstelligen Prozentbereich unkritisch. Da sowieso mit zusätzlichen Fehlerquellen zu rechnen ist, die noch stärker ins Gewicht fallen, kann die Toleranz des k-Faktors von einem Prozent meist hingenommen werden.

10. Die mechanische Spannung (Stress) ist das Produkt aus Dehnung und E-Modul:

$$\sigma = E \cdot \varepsilon = 205000 \frac{\text{N}}{\text{mm}^2} \cdot 600 \frac{\mu\text{m}}{\text{m}} = 123 \frac{\text{N}}{\text{mm}^2}$$

Da der E-Modul eine Unsicherheit von 8 % hat, kann die mechanische Spannung nicht genauer sein. Deren Unsicherheit beträgt mindestens 8 % vom jeweiligen Messwert, was bei der aktuellen Spannung 10 N/mm² entspricht.

11. Das Blockschaltbild gibt den Signalfluss wieder.

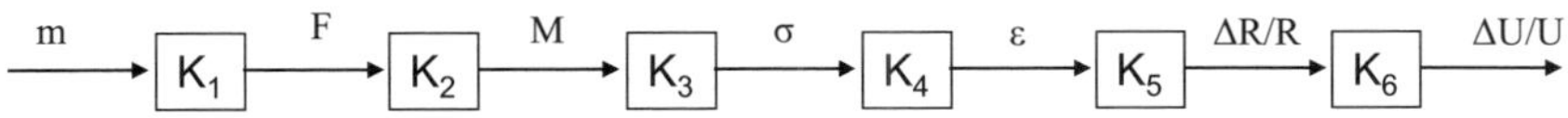

Bild 14.99 Blockschaltbild einer Anordnung für die Dehnungsmessung

Die Masse wird mit der Fallbeschleunigung (Übertragungsfaktor) multipliziert:

$$K_1 = \frac{F}{m} = a = 9{,}81 \frac{\text{m}}{\text{s}^2}$$

Die Kraft wird mit der Länge des Hebelarms multipliziert:

$$K_2 = \frac{M}{F} = l = 120\ \text{mm}$$

Das Biegemoment wird durch das Widerstandsmoment dividiert:

$$K_3 = \frac{\sigma}{M} = \frac{1}{W} = \frac{1}{\frac{b \cdot h^2}{6}} = \frac{6}{b \cdot h^2} = 0{,}15\ \text{mm}^{-3}$$

Der Kehrwert des E-Moduls ist der Übertragungsfaktor, denn die mechanische Spannung wird durch den E-Modul dividiert:

$$K_4 = \frac{\varepsilon}{\sigma} = \frac{1}{E} = \frac{1}{105000 \frac{\text{N}}{\text{mm}^2}} = 9{,}524 \cdot 10^{-6} \frac{\text{mm}^2}{\text{N}}$$

Die Dehnung wird mit dem k-Faktor des DMS multipliziert:

$$K_5 = \frac{\Delta R/R}{\varepsilon} = k = 2$$

Der Übertragungsfaktor der Viertelbrücke beträgt 0,25. Dessen Multiplikation mit der relativen Widerstandsänderung ergibt die Verstimmung der Brücke:

$$K_6 = \frac{\Delta U/U}{\Delta R/R} = \frac{1}{4}$$

Da Rückwirkungsfreiheit vorausgesetzt werden kann, ergibt sich die Gesamtempfindlichkeit aus dem Produkt aller Empfindlichkeiten.

$$K_{ges} = K_1 \cdot K_2 \cdot K_3 \cdot K_4 \cdot K_5 \cdot K_6$$

$$K_{\mathrm{ges}} = 9{,}81\,\frac{\mathrm{m}}{\mathrm{s}^2} \cdot 120\ \mathrm{mm} \cdot 0{,}15\ \mathrm{mm}^{-3} \cdot 9{,}524 \cdot 10^{-6}\,\frac{\mathrm{mm}^2}{\mathrm{N}} \cdot 2 \cdot \frac{1}{4} = 0{,}841\,\frac{\mathrm{mV/V}}{\mathrm{kg}}$$

Ändert sich die Masse um 1 kg, hat das eine Brückenverstimmung von 0,84 mV/V zur Folge.

Alle Einzelübertragungsfaktoren sind fehlerbehaftet: Die Fallbeschleunigung ist orts- und höhenabhängig. Länge, Breite und Dicke des Hebelarms weisen Unsicherheiten auf. Der E-Modul ist nicht genau bekannt. Der k-Faktor weist eine Toleranz auf. Der Übertragungsfaktor der Viertelbrücke ist (wenn auch nur gering) von der relativen Widerstandsänderung abhängig. Der Praktiker begnügt sich aus diesen Gründen nicht mit der Rechnung. Er nimmt eine Kalibrierung vor.

12. Die Leistung, die von der Welle übertragen wird, ist proportional zu Drehzahl und Drehmoment:

$$P = \omega \cdot M_{\mathrm{D}} = 2\pi n \cdot M_{\mathrm{D}}$$

Für eine Drehzahl von 60 je Minute und ein Drehmoment von 1000 Newtonmetern ergibt sich demzufolge:

$$P = 2\pi n \cdot M_{\mathrm{D}} = 2\pi \cdot 60\,\frac{1}{\mathrm{min}} \cdot 1000\ \mathrm{Nm} = 6283\ \mathrm{W}$$

Damit eine ziffernrichtige Anzeige in Watt erfolgen kann, muss die Spannung am DVM bei 60/min und 1000 N·m einen Wert von 6283 mV haben.

Die Brückenverstimmung ist gleich dem Produkt aus Drehmoment an der Welle und Empfindlichkeit des Drehmomentaufnehmers:

$$\frac{U_{\mathrm{A}}}{U_{\mathrm{B}}} = E_{\mathrm{Md-Sensor}} \cdot M_{\mathrm{D}}$$

Die Brückenspannung wird um den Faktor V verstärkt. Daraus folgt für die Spannung am DVM:

$$U_{\mathrm{DVM}} = U_{\mathrm{A}} \cdot V = E_{\mathrm{Md-Sensor}} \cdot M_{\mathrm{D}} \cdot U_{\mathrm{B}} \cdot V$$

Außerdem gilt für die Betriebsspannung der Brücke:

$$U_{\mathrm{B}} = E_{\mathrm{DZ-Sensor}} \cdot n$$

Die beiden Formeln werden zusammengefasst. Die Umstellung nach der gesuchten Verstärkung ergibt:

$$V = \frac{U_{\mathrm{DVM}}}{E_{\mathrm{Md-Sensor}} \cdot M_{\mathrm{D}} \cdot E_{\mathrm{DZ-Sensor}} \cdot n} = \frac{6283\,\mathrm{mV}}{1\,\frac{\mu\mathrm{V/V}}{\mathrm{N\,m}} \cdot 1000\,\mathrm{N\,m} \cdot \frac{1\,\mathrm{V}}{60\,\frac{1}{\mathrm{min}}} \cdot 60\,\frac{1}{\mathrm{min}}} = 6283$$

Die Brückenspannung muss mit dem Faktor 6283 verstärkt werden, damit das Display die Leistung ziffernrichtig in Watt angezeigt.

13. Die Idee, auf diese Weise einen Weg zu messen, klingt erst einmal verlockend. Das Problem dabei: Bei der kleinsten Nullpunktabweichung wird diese ebenfalls zweifach integriert. Der Wegfehler steigt mit der Zeit immer schneller an.

    Ein Hochpass vorm Integrator kann den Gleichanteil abblocken. Jedoch entstehen bei dieser Anordnung Abweichungen, sobald im Nutzsignal Frequenzen auftreten, die in der Nähe der Grenzfrequenz des Hochpasses liegen.

14. Es ist letztendlich die Frage zu beantworten, wie lange es dauert, bis die Abweichung auf 10 mm angewachsen ist. Bekannt ist, dass der Weg durch Doppelintegration gewonnen wird:

    $$s(t) = \iint a(t)dt$$

    Führt man diese unter der Annahme a(t) ist gleich 0 durch und unterstellt man, dass ein konstantes a_0 (verbliebener Offset) existiert, erhält man:

    $$s = \frac{a}{2} \cdot t^2$$

    Nun wird nach der gesuchten Größe umgestellt. Der Beschleunigungsoffset ist durch den Quotienten aus verbliebenem Spannungsoffset und Empfindlichkeit zu ersetzen:

    $$t = \sqrt{\frac{2 \cdot s}{a_0}} = \sqrt{\frac{2 \cdot s}{\frac{U_0}{E}}} = \sqrt{\frac{2 \cdot 10\,\mathrm{mm}}{\frac{20\,\mu\mathrm{V}}{0{,}1\,\frac{\mathrm{V}}{\mathrm{ms}^{-2}}}}} = 10\,\mathrm{s}$$

    Nach 10 s kann die zulässige Abweichung von 10 mm überschritten sein. Man beachte, dass der durch die Offsetspannung des Beschleunigungsaufnehmers verursachte Wegfehler quadratisch über der Zeit anwächst!

15. Nach Anregung mit einem Sprung- oder mit einem Stoßsignal wird die Sprung- oder die Stoßantwort aufgenommen. Aus dem Zeitverlauf des Antwortsignals kann die Eigenfrequenz abgelesen werden. Die Herausforderung liegt in der Generierung einer Sprung- bzw. Stoßfunktion. Letztere ist in den meisten Fällen einfacher umzusetzen, z. B. durch einen Schlag mit einem Holzhammer.

Das Bauteil kann auch periodisch mit einem Sinussignal veränderlicher Frequenz und konstanter Amplitude angeregt werden, um den Amplitudengang aufzunehmen. Hierfür eignen sich Schwingerreger (Shaker) oder Schwingtische, die meist elektrodynamisch angetrieben werden. Die Resonanzfrequenz ist im Amplitudengang unter der maximalen Amplitude zu finden. Die Resonanzfrequenz ist meist nur unwesentlich kleiner als die Eigenfrequenz des realen Systems.

Prinzipiell ist auch die Anregung mit einem breitbandigen Rauschen möglich. Im Amplitudenspektrum des Antwortsignals findet man die Resonanzfrequenz.

16. Beim Einsetzen in die Näherungsgleichung muss beachten werden, dass der stationäre Endwert 8 bar beträgt.

$$D \approx \frac{\ln \frac{A_1}{A_2}}{2\pi} = \frac{\ln \frac{2{,}65\ \text{bar}}{2\ \text{bar}}}{2\pi} = 0{,}045$$

Der Dämpfungsgrad beträgt ca. 0,05.

Ob mit dem ersten und zweiten oder mit dem zweiten und dritten Wert gerechnet wird, spielt fast keine besondere Rolle. *Man kann jedoch davon ausgehen, dass die größeren Werte kleinere relative Fehler enthalten.*

17. Die Zeitkonstante beträgt ein Drittel der Einschwingzeit: 11 ms.

In der Übergangsfunktion und auch in der Gewichtsfunktion findet man den folgenden Term:

$$e^{-D\omega_0 t}$$

Dieser beschreibt den Verlauf der Einhüllenden. Der Verlauf entspricht dem einer e-Funktion, die durch die Zeitkonstante (im Beispiel 11 ms) charakterisiert wird:

$$e^{-t/\tau}$$

Aus dem Koeffizientenvergleich folgt:

$$D\omega_0 = \frac{1}{\tau}$$

Durch Umstellen und Einsetzen gewinnt man den Dämpfungsgrad:

$$D = \frac{1}{\tau \cdot \omega_0} = \frac{1}{\tau \cdot 2\pi f_0} = \frac{1}{11\ \text{ms} \cdot 2\pi \cdot 2{,}5\ \text{kHz}} = 0{,}006$$

Ein Dämpfungsgrad von 0,006 ist sehr niedrig aber durchaus realistisch.

18. Die Abtastfrequenz war hinreichend hoch. Die Grenzfrequenz war leider zu niedrig eingestellt. Dennoch gibt es keinen Grund anzunehmen, dass die Werte für Eigenfrequenz, Einschwingzeit, Zeitkonstante und Dämpfungsgrad falsch sind. Begründung: Selbst ein Tiefpass 4. Ordnung mit einer Grenzfrequenz von 2 kHz „lässt Frequenzen von 2,5 kHz durch“. Natürlich sind alle gemessenen Werte zu klein. Aber die Frequenz

wird durch den Tiefpass nicht beeinflusst und die Amplitudenabweichung ist relativ gesehen konstant. (Alle Messwerte liegen möglicherweise um Faktor 2 bis 3 zu niedrig.) Deshalb kann trotz der fehlerhaften Einstellung die Einschwingzeit korrekt ermittelt werden. Zeitkonstante und Dämpfungsgrad sind berechnete Werte, die demzufolge ebenfalls glaubwürdig sind.

19. Der Beschleunigungsaufnehmer und der Messverstärker sollen eine untere Grenzfrequenz kleiner 1 Hz und eine obere Grenzfrequenz größer 1 kHz aufweisen. Der ADU muss eine Abtastfrequenz größer 2 kHz besitzen. 10 kHz ist eine empfehlenswerte Frequenz.

20. Auch wenn es nicht offensichtlich ist: Das Abtasttheorem wird verletzt. Sobald Frequenzen auftreten, die größer als die halbe Messrate sind, treten Alias-Frequenzen auf. Die halbe Messrate beträgt 50 Hz. Die Störsignale von 60 Hz liegen am DAQ-System an und werden vom Tiefpass (Bandbreite = 40 Hz) bedämpft, jedoch nicht restlos beseitigt. Am ADU liegt also ein (wenn auch kleines) Signal einer Frequenz von 60 Hz an, die 10 Hz über der halben Abtastrate liegt. Subtrahiert man diese 10 Hz von der halben Abtastrate, erhält man 40 Hz. Durch die Abtastung entsteht eine Alias-Frequenz, die als Spektrallinie zu sehen ist.

21. Die Messzeit ergibt sich aus der Zahl der erfassten Messwerte dividiert durch die Messrate. Die Erfassung von 8192 Werten dauert 0,8533 s. Aus dem Kehrwert der Messzeit erhält man die Frequenzauflösung des Spektrums mit 1,1719 Hz. Die diskreten Frequenzen liegen entsprechend voneinander entfernt. Es werden also für die Frequenzen 9,375 Hz und 10,55 Hz die Amplituden berechnet. Für die gesuchte Frequenz wird keine Amplitude berechnet! Für die Frequenzen 9,375 Hz und 10,55 Hz werden Amplituden berechnet, obwohl diese Frequenzen möglicherweise gar nicht im Signal enthalten sind.

    Das Problem ist lösbar, indem man einen Datensatz von 9600 Werten erfasst. Wenn es sich nicht um eine FFT handelt, können alle 9600 Messwerte für die Berechnung des diskreten Spektrums herangezogen werden. Die effektive Messzeit beträgt dann eine Sekunde und die spektrale Auflösung ein Hertz. Amplituden werden u. a. genau 9 Hz, 10 Hz und 11 Hz berechnet.

22. Bei transienten Signalen empfiehlt sich die Anwendung eines einfachen Rechteckfensters. Es ist sehr wahrscheinlich, dass die Zeitsignale mit dem Wert enden, mit dem diese auch begonnen haben. Deshalb sind Abschneidefehler nicht zu erwarten. Spezielle Fenster würden daher nur die Zeitsignale verzerren und deren Amplitude vermindern.

23. In diesem Fall darf die Frequenzauflösung nicht aus dem Kehrwert der Messzeit gebildet werden. Nach einer Sekunde sind 20 000 Messwerte erzeugt worden. Da es sich um eine FFT handelt, werden für die Spektralanalyse nur 16 384 Messwerte verwendet.

$$\Delta f = \frac{f_A}{N} = \frac{20\ \text{kHz}}{16384} = 1{,}221\ \text{Hz}$$

Die diskreten Frequenzen haben einen Abstand von 1,221 Hz.

Durch die Multiplikation der 16384 Werte mit dem Henning-Fenster wird die Amplitude des Zeitsignals auf 50% reduziert. Deshalb wird für die Frequenz von 0 Hz eine Amplitude von 12 V berechnet. Diese Abweichung ist systematischer Natur.

Das Spektrum des Henning-Fensters ist im Ergebnis der FFT zu finden. Die zeitliche Länge des Fensters ist gleich dem Produkt aus Anzahl der tatsächlich verwendeten Messwerte und Abtastperiode:

$$T_W = N \cdot T_A = 16384 \cdot 0{,}05\ \text{ms} = 819{,}2\ \text{ms}$$

Das entspricht natürlich genau der zeitlichen Länge des von der FFT benutzten Datensatzes. Die Fensterfunktion hat folgenden Verlauf:

$$w(t) = \frac{1}{2}\left[1 - \cos\left(2\pi \frac{t}{T_W}\right)\right]$$

Die Cosinus-Funktion hat die Periodendauer von 819,2 ms. Der Kehrwert beträgt 1,221 Hz. Deshalb ist es folgerichtig, dass bei dieser Frequenz eine nennenswerte Amplitude im Spektrum zu finden ist, obwohl diese vom Netzteil nicht erzeugt wird.

14.13 Kapitel 13: Verschiedenes

1. Der Selbstjustage geht immer eine Kalibrierung in dem Sinne voran, dass der Eingang der Messeinrichtung mit der bekannten Größe beaufschlagt wird. Handelt es sich z. B. um ein Temperaturmessgerät, müssen für eine Zweipunktkalibrierung zwei unterschiedliche Temperaturen mit hoher Präzision erzeugt werden, was naturgemäß nicht einfach ist. Praktikabel ist die Autojustage für den elektrischen Teil, weil Präzisionswiderstände oder -spannungsquellen leicht zuschaltbar sind.
2. Die Temperaturempfindlichkeit wird vermindert und die Langzeitstabilität wird erhöht.
3. Vier Leiter sind ausreichend, um eine Vollbrücke zu betreiben. Jedoch fließt immer ein gewisser Speisestrom, der in den Speiseleitungen zu einem Spannungsabfall führt. Bei einem 6-adrigen Anschlusskabel können zwei Leiter (Fühlleiter) verwendet werden, um die Spannung direkt an der Brücke zu messen.
4. Für die Speisung werden zwei Adern benötigt, die je 100 m lang sind.

$$R_{\text{Zuleiter}} = \frac{\rho \cdot l}{A} = \frac{0{,}018\ \frac{\Omega \cdot \text{mm}^2}{\text{m}} \cdot 200\ \text{m}}{0{,}14\ \text{mm}^2} = 25{,}7\ \Omega$$

Der Widerstand der Speiseleitung beträgt 25,7 Ω.

Da sich dieser in Serie zum Eingangswiderstand der Vollbrücke befindet, gilt die Spannungsteilerregel:

$$E = \frac{R_{\text{Brücke}}}{R_{\text{Brücke}} + R_{\text{Zuleiter}}} = \frac{350\,\Omega}{350\,\Omega + 25{,}7\,\Omega} = 0{,}932$$

Die Speisespannung vor Ort beträgt nur noch 93,2 % des ursprünglichen Wertes. Entsprechend kleiner sind auch Ausgangsspannung und Messwert:

$$M_{\text{Ist}} = E \cdot M_{\text{Soll}} = 0{,}932 \cdot 600\text{ kg} = 559{,}2\text{ kg}$$

Die Abweichung beträgt −40,8 kg bzw. −6,8 %.

Weil die Abweichung systematisch und multiplikativ ist, wird man in der Praxis die Verstärkung um 7,3 % erhöhen. Sind schwankende Kabelwiderstände (Verlegung im Außenbereich, Übergangswiderstände an Steckverbindungen) zu erwarten, ist es jedoch besser, die 6-Leiter-Technik zu verwenden.

5. Der Widerstand der Speiseleitung ist temperaturabhängig.

$$\Delta R_{\text{Zuleiter}} = R_{\text{Zuleiter}} \cdot \alpha_{Cu} \cdot \Delta T = 25{,}7\,\Omega \cdot 0{,}0039\,\frac{1}{\text{K}} \cdot (-20\text{ K}) = 2{,}0\,\Omega$$

Der Widerstand der Speiseleitung sinkt von 25,7 Ω auf 23,7 Ω.

Die Spannungsteilerregel ergibt:

$$E = \frac{R_{\text{Brücke}} + R_{\text{Zuleiter}}}{R_{\text{Brücke}} + R_{\text{Zuleiter}} + \Delta R_{\text{Zuleiter}}} = \frac{350\,\Omega + 25{,}7\,\Omega}{350\,\Omega + 25{,}7\,\Omega - 2{,}0\,\Omega} = 1{,}005$$

Die Empfindlichkeit steigt um 0,5 %. Entsprechend größer ist der Messwert:

$$M_{\text{Ist}} = E \cdot M_{\text{Soll}} = 1{,}005 \cdot 600\text{ kg} = 603\text{ kg}$$

Die Abweichung beträgt 3 kg bzw. 0,5 % vom Messwert.

6. Unter einer Differentialanordnung versteht man eine Struktur, bei der der Informationsparameter des einen messgrößenempfindlichen Elements (Kondensator, Spule, DMS) in dem Maße proportional zur Messgröße ansteigt wie der eines zweiten sinkt. Typische Beispiele sind der Differentialkondensator und die Differentialdrossel, die üblicherweise innerhalb einer Wheatstoneschen Halbbrücke betrieben werden. Angewendet wird das ebenfalls bei DMS-basierten Aufnehmern. In diesen steigen zwei Widerstände während zwei andere sinken, was mit einer Vollbrückenschaltung ausgewertet wird.

Vorteile einer solchen Anordnung im Vergleich zur Verwendung nur eines messgrößenabhängigen Elements sind:

größere Empfindlichkeit,

Einflussgrößenunterdrückung,

Linearität der Brücken-Kennlinie,

Linearisierungseffekte bei nichtlinearen messgrößenempfindlichen Elementen.

7. Treten Störungen auf dem Messkabel auf, dann wird beim Single-Ended-Input nur der Signalleiter von dieser beeinflusst. Der Masseleiter bleibt unberührt. Der Verstärker am Ende des Kabels kann das Störsignal nicht vom Nutzsignal unterscheiden.

   Befindet sich am Ende des Kabels ein Verstärker mit Differenzeingang (Differenzverstärker oder Instrumentationsverstärker), wird dieser nur die Spannungsdifferenz zwischen den beiden Leitern verarbeiten. In erster Näherung geht man davon aus, dass die Störungen auf den beiden Signalleitern gleich groß sind. Diese fallen dann bei der Differenzbildung heraus.

8. Werden Störungen in beide Signalleitungen im selben Maß eingekoppelt, ist deren Differenz zwar 0, aber jeder Differenzverstärker hat eine gewisse Gleichtaktempfindlichkeit. Das bedeutet, wenn an beiden Differenzeingängen die Spannung um z. B. 1 V steigt, ändert sich die Ausgangsspannung dennoch. Je größer die Gleichtaktunterdrückung des Differenzverstärkers ist, desto geringer ist dieser Effekt.

9. Ein solcher Schirm ist eine wirkungsvolle Maßnahme gegenüber elektrischen Feldern, die bei ungeschirmten Kabeln kapazitiv einkoppeln. Der Grund liegt in der guten Leitfähigkeit der Materialien. Wichtig ist, dass der Schirm auf Masse aufgelegt ist.

10. Möchte man sicherstellen, dass die Messleitung wie in einem Faradayischen Käfig gegenüber elektrischen Feldern geschirmt ist, muss der Schirm die Leitungen auf dem gesamten Signalweg umhüllen. In diesem Fall liegt er automatisch beidseitig (an Quelle und Senke) auf. Leider können dadurch Probleme verursacht werden, sobald die Massepotentiale zwischen Quelle und Senke differieren. Die daraus resultierenden Ströme im Schirm erzeugen ihrerseits Störungen in den Messleitungen. Abhilfe kann eine Potentialausgleichsleitung mit großem Querschnitt schaffen. *Alternativ wird in der Praxis oft einfach die Masseverbindung auf einer Seite gelöst. Überbrückt man die vorherige Verbindungsstelle mit einem Scheibenkondensator, ist aber immerhin das Abfließen von HF-Störungen über diesen möglich. Die allgemein niederfrequenten Potentialausgleichsströme können nicht fließen.*

11. Da die relative Permeabilität dieser Materialien gleich 1 ist, dringt ein magnetisches Störfeld hindurch. Um ein Messkabel vor magnetischen Feldern zu schützen, sind Eisenrohre geeignet. Mu-Metall hat eine noch größere Schirmwirkung.

12. Twisted Pair bezeichnet verdrillte Adernpaare. Zum einen wird auf beide Adern fast dieselbe elektrische Feldstärke wirken, was der Störsignalkompensation durch den anschließenden Differenzverstärker entgegenkommt. Zum anderen hebt jeder zweite Adernschlag die Wirkung des magnetischen Feldes im vorangegangenen Adernschlag auf. Grund ist die Vorzeichenumkehr der in den aufeinander folgenden Leiterschleifen induzierten Spannungen.

Glossar

Abtastfrequenz

Anzahl der Abtastungen je Zeiteinheit

Abtastperiode

Zeitlicher Abstand zwischen zwei Abtastvorgängen

Abtastrate

Anzahl der Abtastungen je Zeiteinheit

Abtastzeit

Zeitlicher Abstand zwischen zwei Abtastvorgängen

ADU

Analog-Digital-Umsetzer

Amplitudengang

Darstellung des Übertragungsfaktors (Betrag der Übertragungsfunktion) oder der Amplitude des Ausgangssignals eines Systems als Funktion der Eingangssignalfrequenz

Amplituden-Frequenz-Kennlinie

Darstellung des Übertragungsfaktors (oder der Amplitude des Ausgangssignals) eines Systems als Funktion der Frequenz des Eingangssignals

Ansprechschwelle

Kleinster Wert der Messgröße, der eine erkennbare Änderung der Ausgangsgröße zur Folge hat

Anstiegszeit

Wird aus der Sprungantwort entnommen. Ist die Zeit, die zwischen dem Erreichen von 10% und dem Erreichen von 90% des stationären Endwertes liegt. Die Anstiegszeit wird meist für die Charakterisierung digitaler Systeme oder Signale verwendet.

Auflösung

Fähigkeit eines Messgerätes zwischen dicht beieinanderliegenden Messwerten eindeutig zu unterscheiden

Aufnehmer

Teil des Messsystems, der unmittelbar auf die Messgröße (mit einer elektrischen Ausgangsgröße) reagiert

Bandbreite

Differenz zwischen oberer und unterer Grenzfrequenz

Brutto

Das Bruttogewicht ist die Summe aus dem Gewicht des Wägeguts und aller anderen Gewichte, die zwangsläufig mit erfasst werden (Waagschale, Verpackung oder Behältnis).

CCD

Charge-coupled Device. Ladungsgekoppelte lichtempfindliche elektronische Bauelemente, die in CCD-Arrays und in CCD-Zeilensensoren verwendet werden

CF

Carrier Frequency. Trägerfrequenz (TF)

CMOS

Complementary metal-oxide-semiconductor. Aktive Bauelemente, bestehend aus sich ergänzenden Metall-Oxid-Halbleitern

DAkkS-Labor

Kalibrierlabor, das von der Deutschen Akkreditierungsstelle zertifiziert wurde. Die Normale dieser Labore werden direkt mit nationalen Normalen verglichen und weisen eine sehr niedrige Unsicherheit auf. In Deutschland werden diese Labore als DKD-Labore (Deutscher Kalibrierdienst) bezeichnet.

DAQ-System

Ein Data Acquisition System ist ein Gerät für die Messwerterfassung. Es kann mehrere Analogsignale gleichzeitig in Digitalwerte umsetzten, abspeichern, anzeigen und/oder verarbeiten.

DAU

Digital-Analog-Umsetzer

DC

Direct current, Gleichstrom

DKD

Deutscher Kalibrierdienst. Steht unter Leitung der PTB, sichert die messtechnische Infrastruktur durch rückführbare Kalibrierungen

DFT
Diskrete Fourier Transformation

DN
Diameter Nominal (Rohrdurchmesser innen, Angabe in mm)

Doppler-Effekt
Physikalischer Effekt der Frequenzverschiebung, entdeckt durch Christian Doppler

Doppler-Frequenz
Als Doppler-Frequenz bezeichnet man die Differenz der Frequenzen von Sende- und Empfangssignal infolge Geschwindigkeitsdifferenz.

Drift
Langsame zeitliche Änderung einer Messgeräteeigenschaft, z. B. des Nullpunkts. Liegt die Ursache in der Alterung, ist diese kaum vorhersagbar. Die Temperaturdrift ist hingegen temperaturproportional und vorhersagbar, wenn die Temperatureinflusskoeffizienten bekannt sind.

Dynamische Messung
Messung einer physikalischen Größe, die sich zeitlich relativ schnell verändert

Effektivwert
Quadratischer Mittelwert. Der Effektivwert einer Wechselspannung setzt an einem ohmschen Widerstand ebenso viel Wärme um, wie die entsprechende Gleichspannung.

Eichung
Gesetzlich vorgeschriebene Handlung, die mit dem Zweck ausgeführt wird, festzustellen, ob die Messabweichungen eines eichpflichtigen Messgeräts die Eichfehlergrenzen einhalten

Eigenfrequenz
Ein schwingungsfähiges System (LC-Schwingkreis, Gitarrensaite, Drehspulmesswerk) führt nach Anregung (Impuls, Sprung, Rauschen) periodische Schwingungen mit einer systemeigenen Frequenz aus. Diese heißt Eigenfrequenz und liegt nahe der Resonanzfrequenz.

Einflussgröße
Die Einflussgröße wirkt von außen auf das Messsystem, beeinflusst den Messwert, ist jedoch nicht Ziel der Messung. Deshalb wird diese Größe auch als Störgröße bezeichnet.

Einflussgrößenempfindlichkeit
Beschreibt quantitativ, wie ein System auf Einflussgrößen reagiert. Wird auch Störgrößenübertragungsfaktor genannt

Eingeprägte Spannung

Gibt ein Messsystem eine Gleichspannung aus (z. B. 0 bis 10 V), deren Amplitude proportional zur Messgröße ist, spricht man von einer eingeprägten Spannung. Die eingeprägte Spannung ist (in gewissen Grenzen) unabhängig vom Eingangswiderstand der nachfolgenden Baugruppe.

Eingeprägter Strom

Gibt ein Messsystem einen Gleichstrom aus (z. B. 4 bis 20 mA), dessen Amplitude proportional zur Messgröße ist, spricht man von einem eingeprägten Strom. Der eingeprägte Strom ist (in gewissen Grenzen) unabhängig vom Eingangswiderstand der nachfolgenden Baugruppe.

Einheitssignale

Einheitssignale werden auch Standardsignale genannt. Diese sind elektrische (oder auch pneumatische) Signale mit festem Wertebereich. Z. B.: 0/5V, 0/10V, 2/10V, 0/20mA, 4/20mA

Einschwingzeit

Zeitspanne zwischen sprunghafter Änderung der Eingangsgröße und dem endgültigen Verbleiben der Ausgangsgröße in einem vorgegebenen Toleranzband. Oft wird ein Toleranzband in der Breite von ±5 % benutzt, so dass die 95 % Einschwingzeit abgelesen werden kann. Verwendet werden ebenso Toleranzbänder von ± 1 %, 10 %, 30 % und sogar 50 %.

Empfindlichkeit

In der Mess- und Sensortechnik wird der Übertragungsfaktor als Empfindlichkeit bezeichnet. Er ist identisch mit dem Anstieg der statischen Kennlinie und gibt das Verhältnis von Ausgangsgrößenänderung zur Eingangsgrößenänderung an.

Fehlergrenzen

Zugesicherte Maximalbeträge für Messabweichungen eines Messgerätes

Fehlerklasse

Die Fehlerklasse ist eine quantitative Angabe zur Bestimmung der Messunsicherheit. Sie wird häufig von Messgeräten für elektrische Größen angegeben (z. B. Voltmeter mit analogem Messwerk). Die Fehlerklasse wird in Prozent ausgewiesen und bezieht sich auf den Messbereich. Das Prozentzeichen wird konventionsbedingt weggelassen. Die Angabe heißt Klassenzeichen (z. B. 0,5). Multipliziert man die Fehlerklasse mit dem Messbereich, ergibt sich die Fehlergrenze.

FFT

Fast Fourier Transformation

FIFO-Speicher

Ein First In – First Out Speicher gibt Daten in der Reihenfolge aus, in der diese abgespeichert wurden.

FMCW

Frequency Modulated Continuous Wave (Frequenzmoduliertes Dauerstrichradar)

Formfaktor

Quotient aus Effektivwert und Gleichrichtwert

Frequenzanaloges Signal

Im Gegensatz zum geläufigen spannungsanalogen Signal ist der Informationsparameter beim frequenzanalogen Signal die Frequenz.

FSO

Full Scale Output bedeutet: „bezogen auf den gesamten Bereich".

Gain

Verstärkung eines Übertragungssystems

Garantiefehlergrenzen

Maximalbeträge für Messabweichungen, für die der Hersteller bei Betrieb des Messgeräts innerhalb der Nennbedingungen gewährleistet

Genauigkeitsklasse

Die Genauigkeitsklasse ist in DIN 1319 definiert als eine Klasse von Messgeräten, die bestimmte Forderungen erfüllen, so dass Messunsicherheiten bestimmte Beträge nicht überschreiten. Wie groß diese Beträge sind, ist nur für einige Gruppen von Messgeräten in Normen oder Richtlinien hinterlegt.

Gleichwert

Arithmetischer Mittelwert, Gleichanteil einer Wechselgröße bzw. Mischgröße

Gleitmodul

Dieser beschreibt eine mechanische Materialeigenschaft: das Verhältnis von Schubspannung zu Schiebungswinkel. Kann aus E-Modul und Querdehnzahl berechnet werden. Ist kein eigenständiger Materialkennwert. Wird auch Schubmodul genannt

GMR

Ein Giant Magnetic Resistor ist ein speziell aufgebauter Widerstand, der einen quantenmechanischen Effekt ausnutzt. Der Widerstandswert ist abhängig von der Magnetfeldstärke.

Grenzfrequenz

Die Frequenz, bei der die Empfindlichkeit (bzw. Amplitude) um einen bestimmten Faktor abgesunken ist. Falls nicht explizit angegeben, geht man vom Faktor 0,707 aus, was einer Minderung um 3 dB (29,3 %) entspricht.

Grenzwertschalter

Grenzwert- bzw. Schwellwertschalter haben einen analogen Eingang und vergleichen das Signal mit einem Grenzwert. Bei Überschreitung bzw. Unterschreitung wird ein Schalter geschlossen oder geöffnet.

Grundeigenfrequenz

Die Eigenfrequenz, die ein schwingungsfähiger Sensor aufweist, auf den keine zusätzliche Masse bzw. zusätzliches Trägheitsmoment wirkt, heißt Grundeigenfrequenz. Diesen Wert geben Hersteller im Datenblatt an.

GUM

Guide to the Expression of Uncertainty in Measurement. Leitfaden zur Angabe der Unsicherheit beim Messen. DIN EN 13005

HART

Highway Addressable Remote Transducer ist ein standardisiertes Kommunikationssystem, das die 4/20 mA-Stromschleife nutzt. Es ist in der Prozessindustrie weit verbreitet.

Hochpassfilter

Lässt hohe Frequenzen leichter passieren als niedrige

Hysterese

Eigenschaft eines Messgeräts, die darin besteht, dass (auch im Beharrungszustand) die Werte der Ausgangsgröße vom zeitlichen Verlauf der Werte der Eingangsgröße abhängig sind. Als quantitatives Maß wird die Umkehrspanne angegeben.

IEPE

Integrated Electronics Piezo Electric ist eine Technologie, die einen Ladungs-Spannungs-Wandler (Ladungsverstärker) im piezoelektrischen Aufnehmer integriert.

Informationsparameter

Der IP ist der Parameter eines Signals, der die Information über den Wert der Messgröße enthält. Bei einer Wechselspannung kann das u. a. die Amplitude, die Frequenz oder der Effektivwert sein.

Inkrementalgeber

Diese Sensoren erzeugen Inkrementalsignale. Ein typisches Beispiel ist eine Lochscheibe kombiniert mit einer Lichtschranke für die Drehzahl- oder die Drehwinkelmessung.

Inkrementalsignal

Bei diesem Signal steckt die Information in der Zahl der Inkremente. Diese werden gezählt oder deren Häufigkeit je Zeiteinheit wird gemessen.

Internationales Normal

Normal, das weltweit als genauestes anerkannt ist.

Isotropstrahler

Ein isotroper Strahler (auch Kugelstrahler oder isotrope Antenne genannt) ist ein hypothetischer Punktstrahler, der gleichmäßig in alle Raumrichtungen sendet bzw. empfängt. Er wird als Referenz verwendet, um Richtwirkung oder Gewinn anzugeben.

Justieren

Einstellen (oder auch Abgleichen) der statischen Kennlinie einer Messeinrichtung

Kalibrieren

Das Kalibrieren (oder auch Einmessen) hat zum Ziel, die Lage der statischen Kennlinie einer Messeinrichtung festzustellen.

Kanalmessrate

Zahl der gewonnenen Messwerte je Zeiteinheit für einen einzigen Messkanal

Kennlinie

Die (statische) Kennlinie beschreibt quantitativ den Zusammenhang zwischen Ein- und Ausgangsgröße einer Messeinrichtung im eingeschwungenen Zustand (nach Abklingen aller Übergangsvorgänge).

Kennwert

Der Kennwert ist die Differenz der Ausgangssignale bei Nennwert und Nullwert am Eingang.

Langzeitdrift

Gibt an, wie stark sich das Übertragungsverhalten einer Messeinrichtung über der Zeit ändern kann. Wird auch Langzeitstabilität genannt

Loop

Eine Stromschleife mit einem eingeprägten Strom von 4 bis 20 mA wird in der Prozessindustrie als Loop bezeichnet.

LSB

Least Significant Bit. Bit mit der geringsten Bedeutung

Linearitätsabweichung

Gibt die Abweichung der statischen Kennlinie von einer Bezugsgeraden an

LSD

Least Significant Digit. Ziffer mit der geringsten Wertigkeit

LVDT

Linear Variable Differential Transformator ist ein Prinzip für die induktive Wegmessung.

Maßverkörperung

Gegenstand, der bestimmte Werte (oder nur einen) einer physikalischen Größe (oft hochgenau) darstellen kann.

MEMS

Mikro-Elektromechanisches-System

Messabweichung

Die Messabweichung ist die Differenz aus Messwert und wahrem Wert. Ist der Messwert kleiner als der wahre Wert der Messgröße, ist die Messabweichung negativ.

Messabweichung, relativ

Die relative Messabweichung (meist in Prozent angegeben) ist der Quotient aus Messabweichung und wahrem Wert. Da der wahre Wert unbekannt ist, wird in der Praxis durch das Messergebnis geteilt.

Messbereich

Der Bereich des Eingangssignals einer Messeinrichtung, der genutzt werden soll. In diesem Bereich (oft Nennmessbereich genannt) gelten die Angaben im Datenblatt, so dass Messabweichungen in festgelegten Grenzen bleiben. Der Arbeitsbereich ist meist größer.

Messfühler

Messgrößenempfindliches Element (Sensor). Teil des Messsystems, das unmittelbar auf die Messgröße (mit einer elektrischen Ausgangsgröße) reagiert

Messgröße

Physikalische Größe, deren Wert ermittelt werden soll, der eine Zahl mit Einheit zuzuordnen ist

Messgrößenaufnehmer

Teil des Messsystems, das unmittelbar auf die Messgröße (mit einer elektrischen Ausgangsgröße) reagiert. Oft wird darunter der Sensor mit allen Anbauteilen (Gehäuse, mechanischer Anschluss, Kabelanschluss) verstanden.

Messmethode

Vorgehensweise bei der Messung (unabhängig vom Messprinzip) – erkennbar am Signalflussbild, z. B. Ausschlag-, Differenz-, Kompensationsmethode

Messobjekt

Der die Messgröße enthaltende Gegenstand, Zustand oder Vorgang

Messprinzip

Physikalischer Effekt (gesetzmäßiger Zusammenhang), der für die Messung genutzt wird

Messrate

Zahl der gewonnenen Messwerte je Zeiteinheit. Meist identisch mit Abtastrate bzw. -frequenz

Messsignal

Größe in oder aus einer Messeinrichtung, die der Messgröße eindeutig zugeordnet ist und oft zu dieser proportional ist

Messumformer

Messumformer erzeugen ein zur Messgröße (Druck, Temperatur, ...) proportionales Einheitssignal.

Messunsicherheit

Diese gibt an, wie weit der Messwert vom wahren Wert abweichen kann. Die Unsicherheitsangabe soll von der Angabe der Wahrscheinlichkeit begleitet werden, mit der die Messabweichung innerhalb der Unsicherheit bleibt.

Messverfahren

Kombinierte Anwendung eines Messprinzips und eines Messverfahrens

Messwert

Wird im Ergebnis einer Messung der Messgröße zugeordnet (Zahl und Einheit)

Messvolumen

Drucksensoren haben wegen des hookeschen Gesetzes ein Messvolumen. Unter diesem versteht man die Volumenänderung vor der Membran (oder im Tubus) infolge einer Druckänderung von 0 auf Nennwert.

Metrologie

Wissenschaft vom Messen

Mischgröße

Periodische Größe mit einem Gleichwert (Gleichanteil) ungleich 0

MSB

Most Significant Bit. Bit mit der größten Bedeutung

MSD

Most Significant Digit. Ziffer mit der höchsten Wertigkeit

MSR

Messen Steuern Regeln

Nationales Normal

Das Normal eines Landes, das die geringste Unsicherheit aufweist

Natürliches Signal

Das Rohsignal am Sensorausgang (z. B. der Widerstand eines Pt100) wird auch als natürliches Signal bezeichnet.

Nennkennwert

Kennwert, auf den der Hersteller den Aufnehmer typspezifisch abgleicht. Der Nennkennwert ist im Datenblatt (meist mit einer Toleranz) angegeben.

Nennmessweg

Kraftaufnehmer und Wägezellen werden unter Last verformt. Die Verformung unter Nennlast wird als Nennmessweg bezeichnet.

Netto

Beim Nettogewicht handelt es sich um das Gewicht des Produkts (Wägegut ohne Verpackung), dessen Masse bestimmt werden soll. Es gilt: Brutto minus Tara gleich Netto.

Normal

Maßverkörperung, dient zur präzisen Darstellung einer Einheit und ist beim Kalibrieren und bei einer Eichung unerlässlich.

Nullpunkt

Wert, bei dem die statische Kennlinie einer Messeinrichtung die Ordinate schneidet

OIML

Die Organisation Internationale de Métrologie Légale ist eine internationale Organisation für das gesetzliche Messwesen. Diese regelt messtechnische Aspekte im Eichwesen.

OPV

Operationsverstärker

Ortsperiode

Länge einer räumlichen Periode (Kehrwert der Ortsfrequenz)

Phasengang

Darstellung der Phasenverschiebung (Argument der Übertragungsfunktion) des Ausgangs- gegenüber dem Eingangssignal eines Systems als Funktion der Eingangssignalfrequenz

Phasen-Frequenz-Kennlinie

Darstellung der Phasenverschiebung (Argument der Übertragungsfunktion) des Ausgangs- gegenüber dem Eingangssignal eines Systems als Funktion der Eingangssignalfrequenz

Pre-Trigger

Zeichnet ein System Signale auf, die unmittelbar vorm Auftreten des Triggerereignisses anlagen, bezeichnet man diese Funktion als Pre-Trigger.

Prozessmesstechnik

Messtechnik, die in der Prozesstechnik (Verfahrenstechnik, Wasseraufbereitung, Chemieindustrie) Einsatz findet

Prüfen

Feststellen, ob ein Prüfling bestimmte Forderungen erfüllt

PSD

Position Sensitive Device bzw. Position Sensitive Detector, Photodiode mit Ortsauflösung

PTB

Physikalisch-Technische Bundesanstalt: nationales Metrologieinstitut. Wissenschaftlich-technische Bundesoberbehörde. Oberste Fachbehörde für Kalibrierstellen und Eichämter. Hüterin der Einheiten in Deutschland

ppm

parts per million, Teile bezogen auf eine Million Teile

Pratze

Fuß oder seitliches Befestigungselement eines Silos oder Tanks

Quantisierungsfehler

Fehler, der bei der Digitalisierung analoger Signale zwangsläufig auftritt, weil niemals ein beliebig großer Zahlenvorrat (eine beliebig hohe Auflösung) zur Verfügung steht

Range

Bereich bzw. Messbereich

Relative Messunsicherheit

Quotient aus Messunsicherheit und Betrag des Messwerts (meist in Prozent angegeben)

Resonanzfrequenz

Die Frequenz, bei der die Amplitude einer Amplituden-Frequenz-Kennlinie den Maximalwert hat

Rückwirkung

(Unerwünschte) Eigenschaft eines Systems, die Eingangsgröße zu beeinflussen

SAW

Surface acoustic wave

Schallkennimpedanz

Akustischer Wellenwiderstand

Schallreflexionsfaktor

Verhältnis von Schalldruck der an der Grenzfläche reflektierten Welle zum Schalldruck der auf die Grenzfläche fallenden Welle

Scheitelfaktor

Quotient aus Scheitelwert und Effektivwert

Schubmodul

Dieser beschreibt eine mechanische Materialeigenschaft: das Verhältnis von Schubspannung zu Schiebungswinkel. Kann aus E-Modul und Querdehnzahl berechnet werden. Ist kein eigenständiger Materialkennwert. Wird auch Gleitmodul genannt

Sensor

Messgrößenempfindliches Element. Teil des Messsystems, das unmittelbar auf die Messgröße (mit einer elektrischen Ausgangsgröße) reagiert

Span

Spanne, Bereich

Statische Messung

Messung einer zeitlich konstanten Größe

Störgröße

Größe, die den Messwert beeinflusst, die jedoch nicht gemessen werden soll. Der Begriff Einflussgröße ist zu bevorzugen.

Strouhal-Zahl

Eine dimensionslose Größe, die von der Form eines Körpers abhängt, der sich in einem Fluidstrom befindet. Die Strouhal-Zahl ist der Quotient aus Störkörperbreite mal Wirbelablösefrequenz und Strömungsgeschwindigkeit.

Summenmessrate

Gesamtzahl der gewonnenen Messwerte je Zeiteinheit eines mehrkanaligen Messgeräts. Ergibt sich aus der Summe der Kanalmessraten

Systematische Messabweichung

Der Teil der Messabweichung, der unter gleich bleibenden Umständen konstant ist und teilweise in Betrag und Vorzeichen vorhersagbar ist

Tara

Differenz zwischen Gesamtgewicht und dem Gewicht des Wägeguts, z.B. das Gewicht einer Verpackung oder das eines leeren Tanks mit allen Ein- und Anbauten

Tastverhältnis

(auch Tastgrad) Gibt für ein periodisches Rechtecksignal das Verhältnis der Impulsdauer (Pulsbreite) zur Periodendauer an

TEDS

Transducer Electronic Data Sheet

Temperaturempfindlichkeit

Die statische Kennlinie einer Messeinrichtung unterliegt dem Einfluss der Temperatur. Das Phänomen ist unerwünscht, aber nicht gänzlich vermeidbar. Quantitativ wird der Effekt durch Temperaturkoeffizienten beschrieben.

Temperaturkoeffizient der Empfindlichkeit

Der TKE (oder der TKK bzw. TKC) gibt an, wie sehr sich die Empfindlichkeit (oder der Kennwert) eines Systems unter Temperatureinfluss ändert.

Temperaturkoeffizient des Nullpunkts

Der TKN (auch TK0) gibt an, wie sehr sich der Nullpunkt eines Systems unter Temperatureinfluss ändert.

TF

Trägerfrequenz

Tiefpassfilter

Lässt niedrige Frequenzen leichter passieren als hohe

TK

Temperaturkoeffizient

TKE

Temperaturkoeffizient der Empfindlichkeit

TKK

Temperaturkoeffizient des Kennwerts

TKN

Temperaturkoeffizient des Nullpunkts

TK0

Temperaturkoeffizient des Nullpunkts

Trigger

Auslöser, Schwellwertschalter

Übergangsfunktion

Normierte Sprungantwort

Überschwingweite

Relativangabe für die Amplitude des ersten Überschwingers einer Sprungantwort bezogen auf den stationären Endwert

Übertragungsfaktor

Anstieg der statischen Kennlinie bzw. Verhältnis von Ausgangsgrößenänderung zur Eingangsgrößenänderung

Übertragungsfunktion

(auch Systemfunktion) Beschreibt mathematisch die Beziehung zwischen dem Ein- und Ausgangssignal eines Systems im Frequenzbereich

Übertragungsverhalten

Beziehung zwischen den Werten am Eingang eines Messgeräts (dem Eingangssignal) und den Ausgabewerten (dem Ausgangssignal). Es umfasst sowohl statische als auch dynamische Eigenschaften.

Umkehrspanne

Maß für die Hysterese

Verstärkung

Bezeichnung für die Empfindlichkeit (Übertragungsfaktor) eines Verstärkers

Vollständiges Messergebnis

Dieses besteht aus dem (um bekannte systematische Abweichungen korrigierten) Messwert und der Messunsicherheit, die durch die Angabe einer Wahrscheinlichkeit für die Einhaltung der Vertrauensgrenzen begleitet werden soll.

Zero

Nullpunkt

Zufällige Messabweichung

Der Teil der Messabweichung, der sich auch unter konstanten Bedingungen ändert, ohne dass eine Voraussage in Betrag und Vorzeichen möglich ist

Literaturverzeichnis

Bonfig, Karl Walter: Technische Durchflußmessung. Vulkan-Verlag, Essen 2001

Devine, Peter: Füllstandsmessung mit Radar – Leitfaden für die Prozessindustrie. VEGA Grieshaber KG, Schiltach 2000

DIN 1319-1: Grundlagen der Messtechnik – Grundbegriffe. 1995

DIN 1319-2: Grundlagen der Messtechnik – Begriffe für Messmittel. 2005

DIN 1319-3: Grundlagen der Messtechnik – Auswertung von Messungen einer einzelnen Messgröße, Messunsicherheit. 1996

DIN 1319-4: Grundlagen der Messtechnik – Auswertung von Messungen, Messunsicherheit. 1999

DIN EN 13005: Leitfaden zur Angabe der Unsicherheit beim Messen. 1999

Felderhoff, Rainer; Freyer, Ulrich: Elektrische und elektronische Messtechnik. Grundlagen, Verfahren, Geräte, Systeme. Carl Hanser Verlag, München, Wien 2007

Gommola, Gert: Anwendung und Einbau von Wägezellen. Hottinger Baldwin Messtechnik, Darmstadt 2002

Götte, K.; Hart, H.; Jeschke, G.: Taschenbuch der Betriebsmeßtechnik. Verlag Technik, Berlin 1982

Grothey, H.; Habersetzer, C.: Praxis der industriellen Durchflussmessung. ABB Automation Products, Göttingen 2004

Hengstenberg, J.; Sturm, B.; Winkler, O.: Messen, Steuern und Regeln in der Chemischen Industrie. Band I: Messung von Zustandsgrößen, Stoffmengen und Hilfsgrößen. Springer-Verlag, Berlin, Heidelberg, New York 1980

Hengstenberg, J.; Sturm, B.; Winkler, O.: Messen, Steuern und Regeln in der Chemischen Industrie. Band II: Messung von Stoffeigenschaften und Konzentrationen. Springer-Verlag, Berlin, Heidelberg, New York 1980

Hoffmann, Jörg: Taschenbuch der Messtechnik. Carl Hanser Verlag, München, Leipzig 2015

Hoffmann, Karl: Einführung in die Technik des Messens mit Dehnungsmessstreifen. Hottinger Baldwin Messtechnik, Darmstadt 1987

Keferstein, Claus; Dutschke, Wolfgang: Fertigungsmesstechnik. Vieweg+Teubner, Wiesbaden 2008

Kochsiek, Manfred: Handbuch des Wägens. Vieweg, Braunschweig, Wiesbaden 1989

Krause, Lutz: Dynamische Wägetechnik. Wissenschaftlicher Verlag, Berlin 2005

Pfeiffer, Wolfgang: Digitale Meßtechnik. Grundlagen, Geräte, Bussysteme. Springer-Verlag, Berlin, Heidelberg 1998

Rodewald, Arnold: Elektromagnetische Verträglichkeit. Grundlagen, Praxis. Vieweg, Braunschweig, Wiesbaden 2000

Rohrbach, Christoph: Handbuch der experimentellen Spannungsanalyse. Springer, Berlin 1989

Schicker, Rainer; Wegener, Georg: Drehmoment richtig messen. Hottinger Baldwin Messtechnik, Darmstadt 2002

Schmusch, Wolfgang: Elektronische Messtechnik. Prinzipien, Verfahren, Schaltungen. Vogel, Würzburg 2005

Schnell, Gerhardt: Sensoren für die Prozess- und Fabrikautomation. Vieweg+Teubner, Wiesbaden 2009

Schrüfer, Elmar; Reindl, Leonhard; Zagar, Bernhard: Elektrische Messtechnik. Messung elektrischer und nichtelektrischer Größen. Carl Hanser Verlag, München, Leipzig 2014

Stefanescu, Dan Mihai: Handbook of Force Transducers: Principles and Components. Springer, Wien 2011

Weiler, Wolfgang: Handbuch der physikalisch-technischen Kraftmessung. Vieweg, Braunschweig, Wien 1993

WIKA-Handbuch: Druck- und Temperaturmeßtechnik. Alexander Wiegand GmbH, Klingenberg 1995

Index